CAD-Praktikum für den Maschinen- und Anlagenbau mit PTC Creo

Peter Köhler
Herausgeber

CAD-Praktikum für den Maschinen- und Anlagenbau mit PTC Creo

Mit 401 Abbildungen und 21 Tabellen

Unter Mitarbeit von René Andrae,
Stéphane Danjou, Ansgar Heinemann,
Marcin Humpa, Phil Hungenberg,
Thivakar Manoharan und Alexander Martha

Springer Vieweg

Herausgeber
Peter Köhler
Fakultät für Ingenieurwissenschaften (IPE/CAE),
Universität Duisburg-Essen
Duisburg, Deutschland

ISBN 978-3-658-15388-5   ISBN 978-3-658-15389-2 (eBook)
DOI 10.1007/978-3-658-15389-2

Die Deutsche Nationalbibliothek verzeichnet diese Publikation in der Deutschen Nationalbibliografie; detaillierte bibliografische Daten sind im Internet über http://dnb.d-nb.de abrufbar.

Springer Vieweg
© Springer Fachmedien Wiesbaden GmbH 2016

Lektorat: Thomas Zipsner

Gedruckt auf säurefreiem und chlorfrei gebleichtem Papier.

Springer Fachmedien Wiesbaden GmbH ist Teil der Fachverlagsgruppe Springer Science+Business Media
(www.springer.com)

Vorwort

Das vorliegende Buch ist keine direkte Neuauflage der bereits von uns erschienenen Pro/ENGINEER- bzw. CATIA-Lehrbücher zu einführenden und fortgeschrittenen Arbeitstechniken der parametrischen 3D-Konstruktion ([3] bis [10]), auch wenn wir bewährte Aufgabenstellungen daraus übernommen haben. Ziel war vielmehr, auf Basis grundlegender Modellierungstechniken auch methodische Lösungsansätze zu entwickeln, die unabhängig von einem speziellen CAD-System anwendbar sind und der weiteren Qualifizierung der Produktdatenmodelle dienen. Darüber hinaus sollten die Möglichkeiten zur Abbildung der Produktlogik und zur Verknüpfung von Engineering-Prozessen im CAD an sinnvollen Beispielen des Maschinen- und Anlagenbaus weiter vertieft werden.

Diese im Buch enthaltenen Lösungsansätze wurden mit *PTC Creo* beispielhaft umgesetzt. Für fortgeschrittene CAD-Nutzer sind diese mehrheitlich problemlos auf andere vergleichbare Systeme übertragbar. Dazu geben wir in den ersten beiden Kapiteln einige Hinweise.

In Kapitel 3 wurden Hinweise und Beispiele zur Generierung von Modellreferenzen zusammengefasst, auf die bei der Bearbeitung der einzelnen Aufgabenstellungen zurückgegriffen werden kann. Die weiteren Abschnitte des Buches bieten zunächst eine schrittweise Einführung in die parametrische Produktmodellierung. Neben der Bauteil- und Baugruppenkonstruktion werden auch Hinweise für Modellanalysen, Modelländerungen, Vereinfachungen und zur Abbildung von internen und übergreifenden Modellzusammenhängen gegeben.

In Kapitel 6 werden Grundlagen und Arbeitsweisen der Produktdokumentation behandelt. Dazu gehören neben der Zeichnungserstellung auch die Abbildung von Produktmerkmalen im 3D-Datenmodell und der Einsatz von Animationstools.

Im Kapitel 7 werden ausgewählte Aspekte zur Produktoptimierung weiter vertieft. Schwerpunkte bilden dabei fortgeschrittene Arbeitstechniken zur Geometrieoptimierung und zur Wissensintegration sowie die Einbindung konstruktionsbegleitender Berechnungen und Simulationen.

In Kapitel 8 werden dann Anwendungsbeispiele aus dem Maschinen- und Anlagenbau genutzt, um die Möglichkeiten zur Wissensintegration in Engineering-Prozesse weiter zu vertiefen.

Ich wünsche allen Lesern viel Erfolg bei der Bearbeitung der Aufgabenstellungen.

Ich danke den Mitarbeitern des Lehrstuhles „Rechnereinsatz in der Konstruktion" der Universität Duisburg-Essen für die engagierte und kreative Mitarbeit bei der Erarbeitung des Manuskriptes und den studentischen Mitarbeitern für die kritische Durchsicht der Übungsbeispiele. Dank gilt auch dem Verlag, insbesondere Herrn Thomas Zipsner und Frau Imke Zander für die wertvolle Unterstützung sowie Herrn Dr. Yousef Hooshmand für die kritische Durchsicht des Manuskriptes und die wertvollen Anregungen bei der Neugestaltung des Buches.

Duisburg, im Juli 2016   Peter Köhler

Inhaltsverzeichnis

1 Einführung

Der erfolgreiche Einsatz von Methoden der virtuellen Produktentwicklung hängt nicht nur von den Leistungsmerkmalen der verwendeten Softwaresysteme ab. Entscheidend bleibt die Sachkompetenz und Kreativität der Bearbeiter, die durch diese Werkzeuge mehr oder weniger gut unterstützt werden.

Parametrische 3D-CAx-Systeme eröffnen vor allem dann neue Möglichkeiten für die Produktentwicklung und Vermarktung, wenn auch im Konstruktionsmanagement den veränderten Arbeitsweisen entsprochen wird. Erfolge einer kooperativen rechnerintegrierten Produktentwicklung werden dort sichtbar, wo auch Konstruktionssystematik und Methodik als fester Bestandteil des Arbeitsprozesses anerkannt sind. [1]

Dazu gehört ein konstruktionsphasenbezogenes Vorgehen (erst Grobgestaltung, dann Feingestaltung) und das Aufstellen von Konstruktionsrichtlinien für die Arbeit mit CAD-Systemen (Voreinstellungen, Bezeichnungsregeln ...).

Vor der Konstruktion mit parametrischen CAD-Systemen sollte untersucht werden, inwieweit auch die Produktlogik der Erzeugnisse abgebildet werden kann, um so eine optimale Verwendung der rechnerinternen Produktdaten zu sichern. Es gilt, die vielfältigen Beziehungen zwischen Einzelteilen, Baugruppen, Baureihen und kundenorientierten Varianten zu erfassen und sinnvoll im Datenmodell abzubilden. Vorhandene Auswahl- bzw. Baureihen sind unter Umständen zu überarbeiten, wenn Ähnlichkeitsprinzipien bisher nicht konsequent genug umgesetzt wurden.

Sollen von bereits vorliegenden Konstruktionen anpassungsfähige 3D-CAD-Modelle erzeugt werden, ist häufig eine komplette Überarbeitung notwendig. Eine 1:1-Übertragung wird in der Regel nicht gelingen, da neben objektiv notwendigen Änderungen auch subjektive Entscheidungen in den alten Konstruktionen zu kompensieren sind.

Vor der Modellbildung muss geklärt werden, welche Parameter maßgebend sind (z. B. für die Erfüllung der Funktion, für den Bauraum bzw. die Halbzeugabmessungen) und somit die Grobgestalt beschreiben. Rundungen, Fasen, Zentrierbohrungen u. a. sind dagegen der Feingestaltung zuzuordnen. Anhand der vom CAD-System zur Verfügung gestellten Werkzeuge muss dann entschieden werden, ob und wenn ja, in welcher Form (Grob- oder Feingestalt) eine voll- oder teilautomatisierte Variantenkonstruktion komplexerer Einzelteile oder Baugruppen realisiert werden kann.

Abhängig von den Leistungsmerkmalen des CAD-Systems können unterschiedliche Modellierungsstrategien zum Einsatz kommen. Bei der Bauteilgrobgestaltung kann zum Beispiel zunächst zwischen volumen- und flächenorientierten Arbeitstechniken unterschieden werden. Hier kann aber noch weiter untergliedert werden, da ja auch verschiedene Optionen zur Generierung dünnwandiger Bauteile und zur Verknüpfung von Flächen und Volumenmodellen zur Verfügung stehen.

Neben grundlegenden Funktionen zur Bauteil- und Baugruppenmodellierung sowie zur Zeichnungserstellung sind auch zahlreiche Möglichkeiten vorhanden, Produktwissen zu digitalisieren,

Produktmodelle zu analysieren und zu optimieren. Darüber hinaus sind in einigen Systemen bereits branchenspezifische Anwendungstools integriert. Dazu gehören Funktionen u. a. zur Blechteilmodellierung, zur NC-Bearbeitung, zur Verkabelung und zur Toleranzanalyse. Ebenso stehen Module bzw. Schnittstellen zur Verfügung, die u. a. für das Produktdatenmanagement und für die Berechnungsintegration genutzt werden können.

Auch wenn jeder CAD-Systemanbieter eine eigene Philosophie hinsichtlich des Leistungsspektrums und der Dialoggestaltung verfolgt, so gibt es doch bei den leistungsstärksten Systemen viele Gemeinsamkeiten.

In den folgenden Abschnitten werden verschiedene Aufgabenstellungen des Maschinen- und Apparatebaus diskutiert und deren Umsetzung beispielhaft mit Hilfe des CAD-Systems *PTC Creo* erläutert. Zusätzlich werden methodische Hinweise zur Problemlösung gegeben, so dass die Lösungsstrategien auch auf andere CAD-Systeme übertragen werden können.

Neben einigen einführenden Beispielen werden vor allem Problemstellungen behandelt, die eine Qualifizierung von CAD-Modellen und CAD-Prozessen unterstützen. Nicht in jedem Fall werden alle Modellierungsschritte und Bemaßungswerte vorgegeben, so dass genügend Spielraum bleibt, um fortgeschrittene Arbeitstechniken der parametrischen Produktmodellierung selbstständig anzuwenden.

Zur Dialogbeschreibung werden weniger die speziellen Symbole des verwendeten CAD-Systems, sondern vielmehr Textbausteine zur Dialogbeschreibung verwendet. Damit soll zugleich eine Entkopplung der Benutzerdialogbeschreibung von speziellen Systemkonfigurationen erreicht und dem fortschreitenden Erkenntnisstand der Leser im Verlauf des Praktikums entsprochen werden. Die zu verwendenden Befehle und Modellierungselemente können in den meisten CAD-Systemen auch über eine entsprechende Suchfunktion gefunden werden.

Erforderliche Tastatur-Eingaben stehen immer nach einem Doppelpunkt. Einzelne Befehlsreihenfolgen sind durch Verwendung von Pfeilen im entsprechenden Block festgelegt.

Auswahlaktionen werden als Funktion dargestellt, wobei in der Klammer das auszuwählende Element steht. Das gilt sowohl für Dateien, als auch für Konstruktionselemente und andere Modellkomponenten. Wenn mehrere Elemente gleichzeitig (mit gedrückter Strg-Taste) auszuwählen sind, wird das durch ein "+" verdeutlicht.

In den einzelnen Kapiteln erfolgen jeweils nur an einigen einführenden Beispielen detailliertere Dialogbeschreibungen. Ansonsten werden vor allem auch die Lösungsansätze beschrieben, die dem Leser bei der Lösung ähnlicher Probleme helfen werden.

2 Die Benutzerschnittstelle des CAD-Systems

2.1 Allgemeine Hinweise zur Arbeit mit CAD-Systemen

Bei den grundlegenden Arbeitstechniken zur Flächen-, Bauteil- und Baugruppenmodellierung sowie zur Ableitung technischer Zeichnungen aus dem 3D-Modell gibt es viele Gemeinsamkeiten zwischen den aktuell verfügbaren parametrischen, featurebasierten CAD-Systemen. Viele der in den folgenden Kapiteln behandelten Beispiele und Aufgabenstellungen, deren Umsetzung mit *PTC Creo* erläutert wird, wurden in ähnlicher Form von den Autoren auch in anderen CAD-Systemen (*CATIA, Siemens NX, SolidWorks, Inventor*) umgesetzt.

Natürlich werden in den CAD-Systemen nicht immer die gleichen Namen für die Dialog- und Systemelemente verwendet. Mit Grundkenntnissen in den grundlegenden Modellierungsstrategien beim Aufbau dreidimensionaler Bauteil- und Baugruppenmodelle ist sicher leicht zu durchschauen, dass Begriffe wie *Extrusion, Extrude* oder *Linear ausgetragen* dem *Creo* Befehl *Profil* entsprechen, mit der ebene Schnitte senkrecht zur jeweiligen Skizzenebene verschoben werden.

Auch für andere in allen Systemen vorhandenen Grundfunktionen gibt es unterschiedliche Bezeichnungen. Tabelle 2-1 zeigt einige Beispiele hinsichtlich ausgewählter Bauteilmodellierungsoptionen. In einigen Systemen kann vergleichbar mit *Creo* eingestellt werden, ob mit dem Feature Material hinzugefügt oder entfernt werden soll. In anderen Systemen sind dagegen generell diese mengentheoretischen Verknüpfungen in einem weiteren Dialog durch den Benutzer zu verankern.

Tabelle 2-1: Beispiele für alternative Befehlsbezeichnungen in anderen Systemen

Creo Befehl	alternative Bezeichnungen	Bemerkung
Profil	*Extrusion, Extrude, linear ausgetragen, Linear ausgetragener Aufsatz (bzw. Schnitt), Extrudierter Körper*	*2D-Schnitt senkrecht zur jeweiligen Skizzenebene verschieben*
Drehen	*Rotation. Revolve, Aufsatz/Basis rotiert (Rotierter Schnitt), Drehung*	*2D-Schnitt um eine definierte Achse drehen*
Zug-KE	*Sweep, Aufsatz/Basis ausgetragen / Ausgetragener Schnitt, Sweeping, Entlang Führung extrudieren*	*2D-Schnitt entlang einer Leitkurve ziehen*
Verbund / Zug-Verbund	*Aufsatz/Basis ausgeformt / Ausgeformter Schnitt, Erhebung, Gestaltete Extrusion*	*2D-Schnitte entlang einer Leitkurve ziehen und verbinden*

Die Feature zur Feingestaltung (Bohrungen, Rundungen, Fasen, …) oder zur Positionierung von Baugruppenkomponenten sind in allen Systemen eindeutig identifizierbar.

Hinsichtlich der Ableitung von Produktdokumentationen sind zwischen den CAD-Systemen kleinere Unterschiede erkennbar. Das gilt nicht so sehr für die Ableitungen von technischen

Zeichnungen und Stücklisten aus den 3D-Modellen, sondern vor allem hinsichtlich der Informationsanreicherung der 3D-Produktmodelle, durch die zukünftig die Engineering-Prozessketten noch weiter qualifiziert und optimiert werden sollen.

In allen Systemen werden für bestimmte Modellierungsaufgaben mehrere Modellierungsstrategien umsetzbar sein, so dass schon in Vorüberlegungen geklärt werden sollte, welche Strategie die Modelleigenschaften am besten absichert. Gerade bei flächenorientierten Modellierungsstrategien bieten die CAD-Systeme häufig unterschiedliche Optionen zum Aufbau von Flächenverbünden oder zur Absicherung von Krümmungseigenschaften an. Daher sind bei komplexeren Modellierungsaufgaben Kenntnisse aus der konstruktiven Geometrie bzw. der Differentialgeometrie sehr hilfreich, um über die verschiedenen Optionen und Parameter einer Modellierungsfunktion die richtigen Einstellungen festzulegen.

Abbildung 2-1 zeigt ein Flächenstück, das zunächst über vier Bezugskurven aufgespannt wurde. In weiteren Modellierungsschritten wurde die Fläche an einer Seite tangential verlängert. Zusätzlich wurde dann noch eine Fläche an einer *Berandungskurve* hinzugefügt, die senkrecht auf eine Bezugsebene trifft. Gerade beim Verlängern gekrümmter Flächen sind aus mathematischer Sicht mehrere Optionen denkbar, je nachdem welche Stetigkeitsforderungen (Tangenten, Krümmungen) erfüllt werden müssen. Mehrheitlich bestehen auch unterschiedliche Möglichkeiten, um das Ausmaß der Verlängerung festzulegen. Bei Bedarf muss hier eine Kombination aus Verlängern und Trimmen gewählt werden. Für das gewählte Beispiel werden alternative Strategien im Kapitel 4 diskutiert.

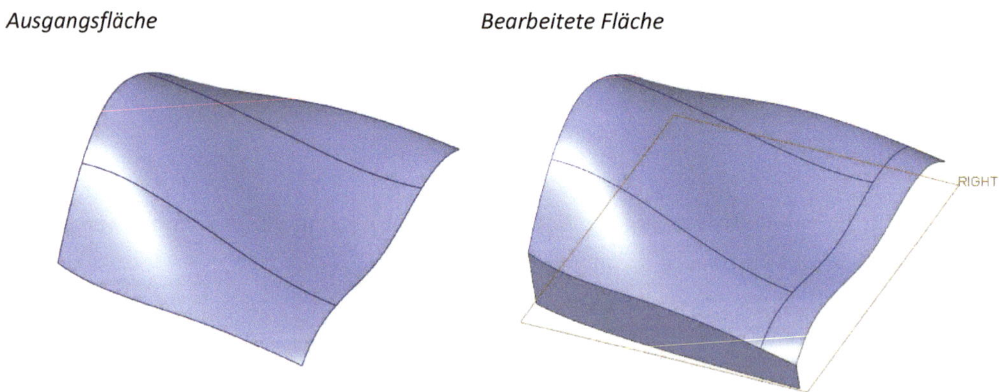

Abbildung 2-1: Modellbearbeitung

Unabhängig von dem vom System angebotenen Einstellungsmöglichkeiten innerhalb eines Features, können in den modernen CAD-Systemen durch Kombination verschiedener Feature identische Ergebnisse erzielt werden, in einigen Fällen einfacher und schneller und in einigen durch Umwege.

Deutlichere Unterschiede zwischen den Systemen ergeben sich hinsichtlich der Möglichkeiten zur Abbildung der Produktlogik. In allen Systemen können zwar geometrische Randbedingungen (Constraints) oder Beziehungen zwischen den Modellparametern definiert werden, doch bei der Abbildung modellübergreifender Abhängigkeiten oder regelbasierter Modellkonfigurationen sind unterschiedliche Ansätze festzustellen.

Im vorliegenden Buch werden diese Themen vor allem in den Kapitel 7 und 8 anhand von Beispielen diskutiert. Dabei werden für fortgeschrittene Anwender Lösungsstrategien vorgestellt, die durchaus unabhängig vom verwendeten CAD-System Gültigkeit haben.

2.2 Anwenderunterstützung

CAD-Systeme bieten dem Anwender sowohl beim Einstieg als auch bei der fortgeschrittenen Bedienung durch verschieden Tools Unterstützung. Hierbei sind die bekannten Benutzerhandbücher und Hilfedateien meist mit der Installation mitgeliefert. Neben den allgemeinen Dokumenten, die auch Unterstützung bei der Installation und Einrichtung der Systeme geben, gibt es meistens separate Dokumente für die einzelnen Module. Zudem gibt es immer mehr Online-Dokumentationen, die oft durch Screencasts ergänzt worden sind.

Während der Nutzung des Systems werden die Funktionen und Einstellmöglichkeiten durch Tooltips erklärt, welche angezeigt werden können, wenn der Mauszeiger für eine kurze Zeit unbewegt über das entsprechende Element verweilt.

Eine weitere Suchfunktion ist die Befehlssuche. Dieser ist meist in der rechten oberen Ecke des Fensters durch eine Lupe gekennzeichnet, worüber sich Funktionen direkt über den Befehlsnamen aufrufen lassen.

2.3 Die Arbeitsumgebung von PTC Creo

2.3.1 Interaktionen im Hauptarbeitsfenster

Der *Benutzerdialog* wird über das *Hauptfenster* (Abbildung 2-2) gesteuert, dessen Inhalte sich in Abhängigkeit von der gewählten Option anpassen. Über die obere Menüleiste des Hauptfensters und die dahinter verborgenen Untermenüs können alle Funktionen der jeweils aktiven Arbeitsumgebung ausgewählt werden. Die Symbole bzw. Dialogoptionen können über das Kontextmenü angepasst, ein- oder ausgeblendet werden.

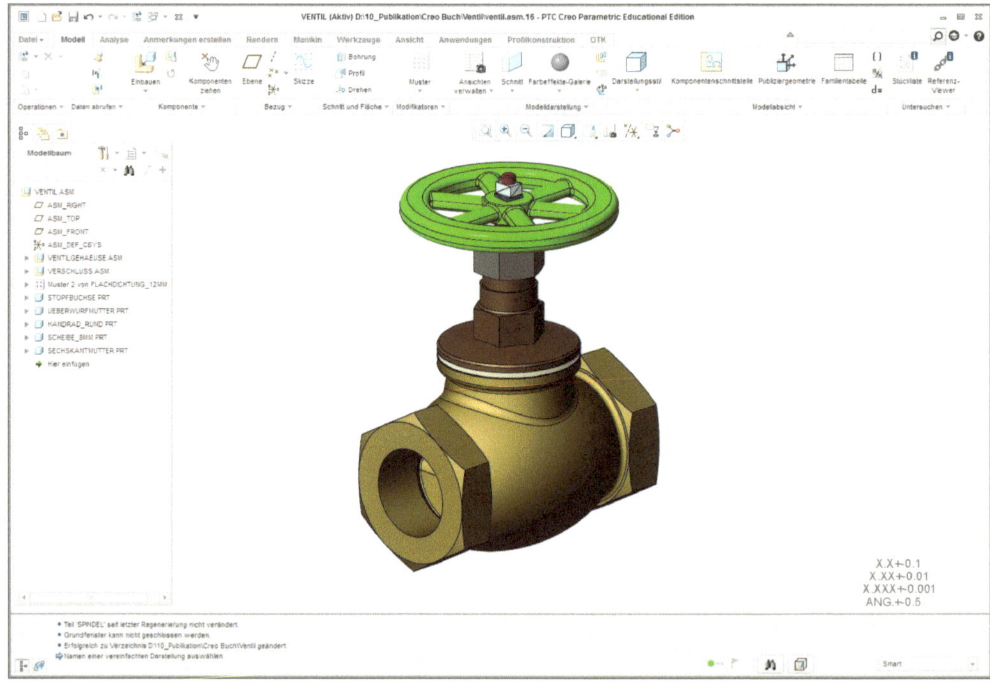

Abbildung 2-2: Hauptfenster

Unten ist der Informationsbereich angeordnet, in dem alle Mitteilungen angezeigt werden, die sich unmittelbar auf die im betreffenden Fenster durchgeführten Operationen beziehen. Hier ist auch das Ampelsymbol enthalten, welches den Regenerierungsstatus verdeutlicht und möglichst auf *grün* stehen sollte.

Im Grafikfenster werden die Objekte dargestellt und bearbeitet. Für jede geöffnete Datei gibt es ein entsprechendes Fenster. Das aktive Fenster befindet sich jeweils im Vordergrund. Die Auswahl erfolgt über die entsprechende Ansichtsoption.

Der Navigationsbereich befindet sich auf der linken Seite des Hauptfensters. Dieser Bereich enthält verschiedene Registerkarten (Modellbaum, Ordner-Browser, …).

In Abbildung 2-2 ist der Modellbaum im Vordergrund. Hier wird die Modellstruktur in einem hierarchischen Format angezeigt. Der Informationsgehalt kann über verschiedenen Optionen beeinflusst werden. Zu jedem aufgelisteten Element kann darüber hinaus ein Kontextmenü (rechte Maustaste) aufgerufen werden, welches objektbezogene Änderungsmöglichkeiten anbietet (Umbenennen, Umdefinieren, Löschen, …).

Die Bedienung des Programms erfolgt in erster Linie mit der Maus. Es können die unter Windows bekannten Tastatur- und Maustastenaktionen genutzt werden, so zum Beispiel die Mehrfachauswahl durch die Strg-Taste oder das Löschen von Elementen mit der Entf-Taste. Zusätzlich muss beachtet werden, dass zum Aufruf des Kontextmenüs im Modellfenster die rechte Maustaste länger gedrückt werden muss. Durch mehrmaliges Antippen der rechten Maustaste können Elemente, die übereinander liegen, der Reihe nach ausgewählt werden.

In *Creo* werden Befehle mit der mittleren Maustaste bestätigt oder abgeschlossen. Zum Orientieren des Modells im Grafikbereich kann die mittlere Maustaste genutzt werden. Durch einfaches Festhalten wird das Modell gedreht, durch zusätzliches Betätigen der Shift- bzw. Strg-Taste kann das Modell verschoben bzw. gezoomt werden. Zum Zoomen kann auch das Mausrad benutzt werden.

Vor allem bei großen Bauteilen und Baugruppen ist das Auffinden bestimmter Objekte mit Hilfe der Selektion im Grafikfenster nicht immer einfach. Häufig wird es sinnvoll sein, über die rechte Maustaste im Grafikbereich die Auswahloption *Aus Liste wählen* zu verwenden. Das ebenfalls verfügbare Such-Tool bietet die Möglichkeit, Objekte nach bestimmten Regeln aufzufinden. Die einmal erzeugten Abfragen können gespeichert und die damit aufgefundenen Objekte automatisch auf eine Folie gelegt werden, um so einen schnellen Zugriff zu erhalten.

2.3.2 Systemkonfiguration und Dateimanagement

Zu Beginn jeder Sitzung ist über die entsprechende Menüoption festzulegen, in welchem Arbeitsverzeichnis die Daten abgelegt werden sollen. Falls nichts Anderes bei der Systeminstallation festgelegt wurde, ist ansonsten das Startverzeichnis auch das *Arbeitsverzeichnis*, in dem die Bauteile, Baugruppen, Zeichnungen etc. gespeichert werden.

Datei → Sitzung verwalten → Arbeitsverzeichnis auswählen

Bei der Erzeugung einer neuen Datei kann für Teile,- Baugruppen-, Fertigungs- und Zeichnungsdateien eingestellt werden, ob über eine *Standardschablone* gleich zu Beginn vom System vordefinierte Modellelemente (Ebenen, Koordinatensysteme, ...) eingefügt werden sollen.

Datei → Neu → Standardschablone verwenden

Wenn dieser Schalter deaktiviert wird, besteht die Möglichkeit, andere vordefinierte Schablonen oder andere gleichartige Modelldateien in das aktuelle Modell zu übernehmen. Hier kann aber auch die Option *leer* gewählt werden, so dass dann notwendige Bezugselemente separat zu definieren sind.

Die Dateinamen sollten so gewählt werden, dass sie das persönliche bzw. firmenspezifische Datenmanagement erleichtern. Allgemeine Regeln für die Namensgebung, wie die Länge der Dateinamen, Groß- und Kleinschreibung usw. hängen vom jeweiligen Betriebssystem ab. Auf keinen Fall dürfen Umlaute und Sonderzeichen (!, /, @, Leerzeichen, ...) enthalten sein.

Das System verwendet bei der Speicherung unterschiedliche *Dateiendungen*, zum Beispiel *.prt für Bauteile oder *.asm für Baugruppen. Dabei erhalten Arbeitsdateien (Bauteile, Baugruppen, Zeichnungen etc.) einen zusätzlichen Index n. Bei jedem Speichervorgang wird der Index um eins erhöht und damit eine neue Version der Datei erzeugt. Somit lassen sich diese gespeicherten Konstruktionszwischenstände auch wieder aufrufen.

Das Löschen alter Konstruktionsstände erfolgt über:

Datei → Datei verwalten → Alte Versionen löschen

Die komplette Löschung der Arbeitsdatei wird über die Option *Alle Versionen löschen* veranlasst. Alternativ können alle Konstruktionsstände im Datei-Browser gelöscht werden.

Zusätzlich besteht die Möglichkeit, Arbeitsdateien aus dem Arbeitsspeicher zu entfernen:

Datei → Sitzung verwalten → Nicht angezeigte aus der Sitzung löschen

Allgemeine Voreinstellungen können unter dem Menüpunkt

Datei → Optionen

verändert werden. Hierüber lassen sich u. a. *Mapkeys* und spezielle *Konfigurationsdateien* (Umgebung) definieren. Ebenso können Darstellungsattribute sowie die Benutzeroberfläche beeinflusst werden.

Die Voreinstellungen der Standardinstallation sind in der Konfigurationsdatei *config.pro* enthalten. Sie kann über

Datei → Optionen → Konfigurationseditor

aufgerufen und angepasst werden. Hier ist insbesondere darauf zu achten, dass das *Einheitensystem* (Option *pro_unit_sys*) den üblichen SI-Einheiten entspricht, was jedoch bereits bei der Installation eingestellt werden kann.

Über

Datei → Vorbereiten → Modelleigenschaften

können bestimmte Modelleigenschaften angezeigt und verändert werden. Dazu gehören auch das Einheitensystem sowie Materialeigenschaften und Toleranzklassen.

2.3.3　Namenskonventionen für Modellelemente und Parameter

Vom System werden für alle erzeugten Geometrieelemente und den daraus resultierenden Geometrieparametern Namen vergeben, die letztendlich aus dem Elementtyp und einer laufenden Nummer besteht. Zusätzlich werden systemintern *Identifikationsnummern* (ID) vergeben. Die ID kann der Anwender nicht verändern, den Namen allerdings schon. Das macht in vielen Fällen auch Sinn, um die Nachvollziehbarkeit des Modells bzw. des Modellaufbaus auch für Folgeprozesse bzw. Modellanpassungen zu sichern. Namensänderungen von bereits erzeugten Konstruktionselementen können direkt im Modellbaum vorgenommen werden.

Nachfolgend soll gezeigt werden, wie die Bezeichnungen von *Maßparametern* geändert werden können. Vom System werden alle Maße mit dem Buchstaben (z. B. d (*wie dimension*)) und einer fortlaufenden Ziffer bezeichnet. Systemintern werden unter anderem folgende Bemaßungssymbole unterschieden (# ist eine laufende Nummer):

- sd#   Bemaßungen im Skizziermodus

- d#   Bemaßungen im Teile- oder Baugruppenmodus

- rd#   Referenzbemaßungen im Teile- oder Baugruppenmodus

- p#   Parameter für die Anzahl der Varianten in einer Richtung eines Musters.

Gerade für den Zusammenbau einer Baugruppe oder für die Definition von Maßbeziehungen sind markantere Maßbezeichnungen sinnvoll. Zu den bereits vergebenen Parameternamen gehören PI (π) und G (Gravitationskonstante).

In Abbildung 2-3 wurde der Durchmesser mit einem entsprechenden Namen versehen. Auf die gleiche Weise können die Bezeichnungen weiterer gestaltbestimmender Größen geändert werden.

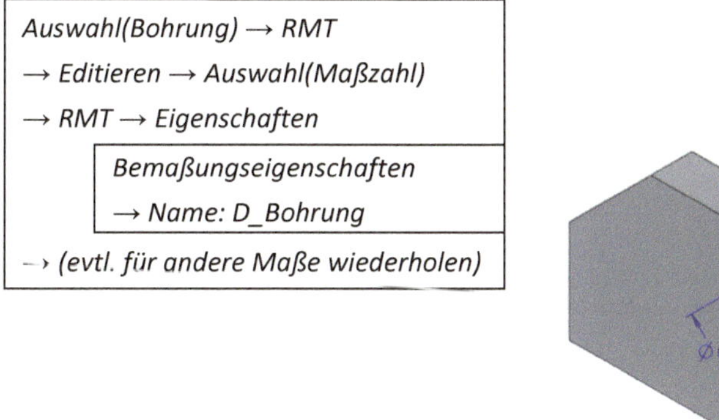

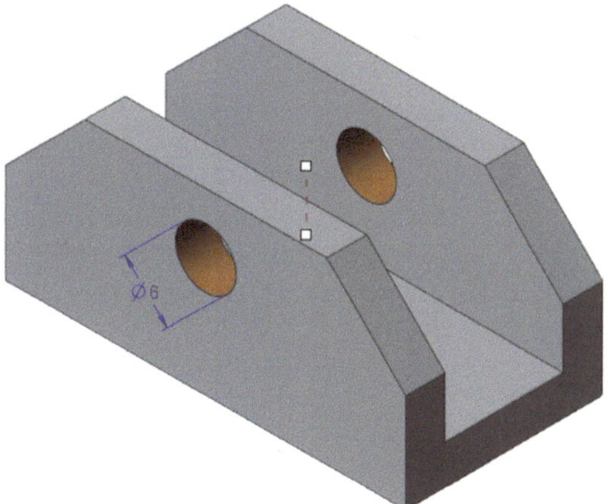

Abbildung 2-3: Maßkosmetik

2.3.4 Folien

Folien (*Layer*) werden im System zur Gruppierung von Konstruktionselementen genutzt, um bestimmte Darstellungs- und Manipulierungsaktionen zu vereinfachen. Beispielsweise zum Ausblenden zeitweise nicht benötigter Elemente, die ansonsten eine weitere Bearbeitung des Modells unübersichtlich werden lässt. Das Ausblenden und Zeigen von Folien wirkt sich nicht auf die Modellgeometrie aus, da diese Funktionen nur die KEs betreffen, die keinen Einfluss auf die Massenwerte haben, z. B. Bezugsebenen, Achsen und Koordinatensysteme. Andererseits lassen einige Bearbeitungsfunktionen, wie das Gruppieren, die Auswahl von Elementen einer bestimmten Folie zu.

Im Folienbaum können Folien, deren Elemente und der jeweilige Darstellungsstatus bearbeitet werden. Die einzelnen Folienfunktionen können über Schaltflächen aufgerufen werden:

Ansicht → Folien

Änderungen an den Folien sind immer separat im Folienbaum über

RMT → Status speichern

zu sichern, um sie für einen späteren Bauteilaufruf zu speichern.

In *Creo* wird zwischen folgenden Folientypen unterschieden:

- Einfache Folien: Elemente werden manuell zur Folie hinzugefügt

- Standardfolien: Mit der Konfigurationsoption def_layer erstellt

- Regelfolien: Primär mit Regeln definierte Folien

- Verschachtelte Folie: Folie, die primär andere Folien enthält

- Folie mit gleichem Namen: Hält für alle Komponenten alle Folien mit gleichem Namen

  in der Baugruppe.

Die prinzipielle Vorgehensweise zum Umgang mit Folien veranschaulicht Abbildung 2-4 anhand eines Beispiels. Sämtliche Rundungen und Fasen der detaillierten Welle werden hier auf einer Folie abgelegt, um diese dann gemeinsam unterdrücken und wieder zurückholen zu können. Die Folienerstellung sowie die Zuordnung von Konstruktionselementen kann ebenso mit Hilfe spezieller Einträge in der Konfigurationsdatei *config.pro* automatisiert werden.

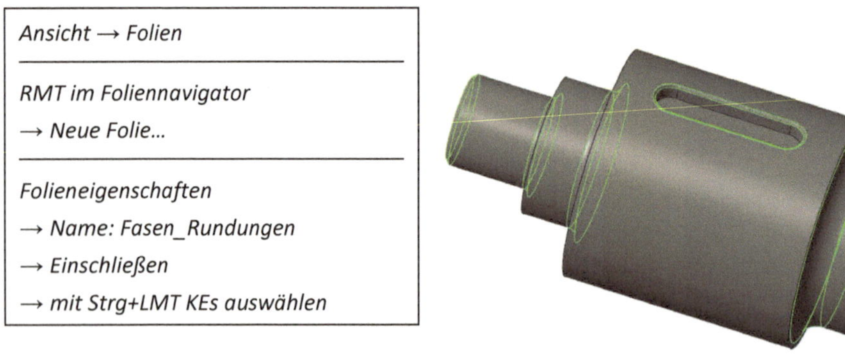

Abbildung 2-4: Folientechnik zur Gruppierung von KEs

Eine weitere Möglichkeit, um Elemente in Folien zu gruppieren, bietet das Such-Tool. Abbildung 2-5 zeigt, wie in einem Bauteil alle Bohrungen aufgefunden und in der Folie Bohrung abgelegt werden.

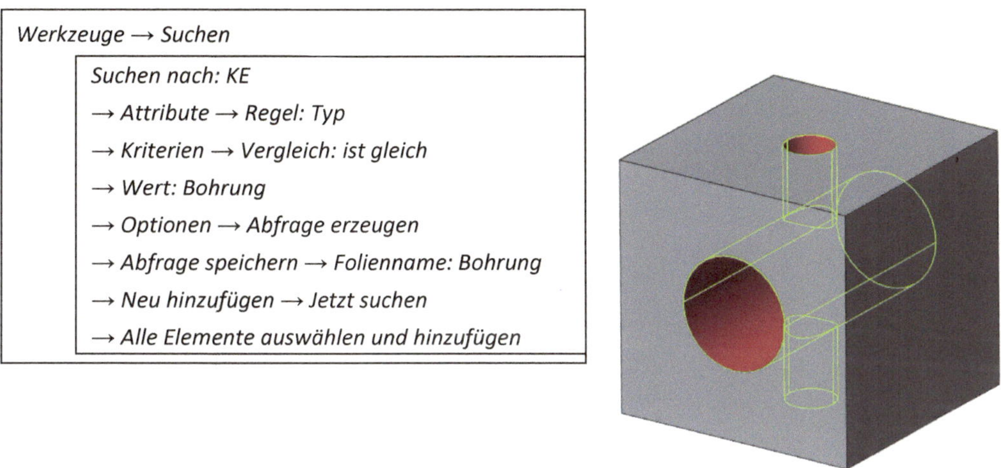

Abbildung 2-5: Automatische Folienerzeugung durch das Such-Tool

2.3.5 Unterdrückung von Konstruktionselementen

Durch die vorübergehende Vereinfachung des rechnerinternen Modells können gerade bei komplexeren Teilen und Baugruppen die systeminternen Algorithmen zur Sichtbarkeitsklärung, zum Schattieren usw. wesentlich beschleunigt werden. Auch bei der Modellierung selbst können so ungewollte *Eltern-Kind-Beziehungen* vermieden werden. Das Herauslösen von Elementen eignet sich ebenfalls zur nachträglichen Dokumentation unterschiedlicher Bearbeitungszustände. Abbildung 2-6 zeigt dies am Beispiel einer Spindel.

Durch

Auswahl(KE) → RMT → Unterdrücken

können ein oder mehrere Konstruktionselemente unterdrückt werden.

Falls *Kinder* solcher Elemente nicht mit zur Unterdrückung ausgewählt wurden, sind weitere Interaktionen notwendig. Unterdrückte Elemente werden weiterhin im Modellbaum angezeigt, jedoch entsprechend markiert.

Das Zurückholen unterdrückter Elemente geschieht in ähnlicher Weise:

Auswahl(KE) → RMT → Zurückholen

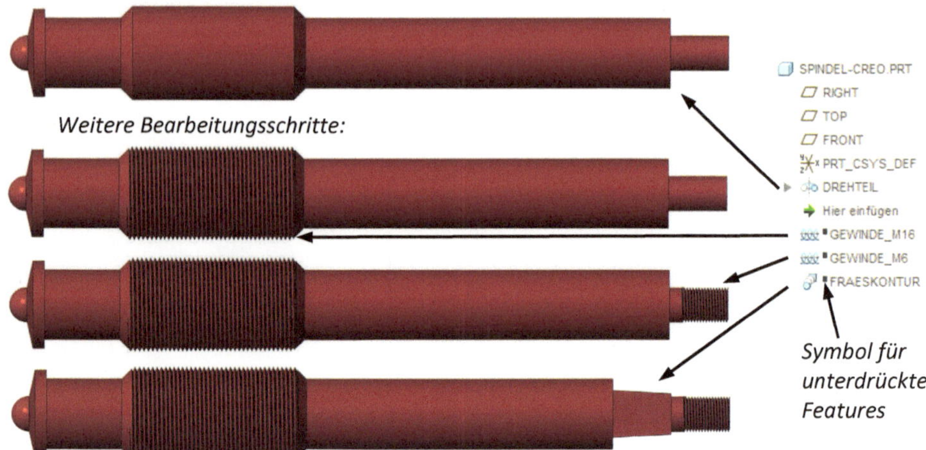

Abbildung 2-6: Bearbeitungszustände der Spindel

Klar zu unterscheiden sind diese *Unterdrückungsmöglichkeiten* von der Option zur vorüberge-
henden Elementausblendung bei der grafischen Bildschirmdarstellung.
Über

Auswahl(KE) → RMT → Ausblenden/Einblenden

kann die Bildschirmdarstellung für alle KEs beeinflusst werden, die keinen Einfluss auf die Massenwerte haben. Für die Bezugselemente ist das aber schon über die vordefinierten Grafiksymbole möglich. Soll der gewählte Status auch beim nächsten Modellaufruf noch aktiv sein, muss
er über

Ansicht → Status → Status speichern

gesichert werden.
Das Aus- und Einblendung von Volumenelementen und Materialschnitten ist möglich über

Auswahl(KE) → RMT → Darstellung → Ausschließen/Einschließen

Damit kann vor grafischen Interaktionen die Übersichtlichkeit auf dem Bildschirm verbessert
bzw. erhöht werden. Das Feature nimmt dann immer noch am physischen Modell teil, z. B. bei
der Berechnung von Masseneigenschaften.

2.3.6 Darstellungsoptionen und Farbeffekte

Über den Button *Farbeffekte-Galerie* können die Farbeigenschaften eines Modells, eines Konstruktionselementes oder einzelner Flächen angepasst werden. Neben der Farbgebung können auch die Transparenz der gewählten Objekte eingestellt oder Oberflächen mit Texturen belegt werden. In Abbildung 2-7 wurden einzelnen Flächen unterschiedliche Farben zugewiesen und bei einer Farbe eine fünfzigprozentige Transparenz eingestellt.

Abbildung 2-7: Einfärben von Modellen bzw. Modellflächen in Creo

2.3.7 Modellinformationen

Es gibt vielfältige Möglichkeiten zur Beschaffung detaillierter *Modellinformationen* und deren Archivierung. Über

Werkzeuge → Untersuchen

können verschiedene Informationen zum aktuellen Bearbeitungszustand des Modells abgerufen werden. Dazu gehören eine KE-Liste, Eltern-Kind-Beziehungen, Modellreferenzen und andere Zusammenhänge.

Durch die Befehlsfolge

Werkzeuge → Untersuchen → Modellgröße

wird das System veranlasst, den kleinsten Quader zu ermitteln, der das Teil umschließt. Im Mitteilungsfenster wird die Länge der entsprechenden Raumdiagonale angezeigt.

Weiterreichende Geometrieinformationen können über die Hauptmenüoption *Analyse* ermittelt werden. Neben reinen Messfunktionen können hierüber auch weiterführende Modellprüfungen vorgenommen werden. In Abbildung 2-8 ist die Ermittlung von *Masseneigenschaften* dargestellt.

Falls für das Bauteil bereits über

Datei → Vorbereiten → Modelleigenschaften

der Werkstoff festgelegt wurde, übernimmt das System automatisch die vorhandenen Kennwerte. Ansonsten ist für das Einheitensystem [mmNs] die Dichte in [t/mm³] anzugeben.

Abbildung 2-8: Modellmassenwerte

Neben der Berechnung von Abständen, Kurvenlängen, Flächeninhalten, Flächen- und Bauteilschwerpunkten sind auch Kurven-, Flächen- und Bauteilanalysen nach differentialgeometrischen Gesichtspunkten durchführbar. Nach der Befehlsfolge

Analyse → Geometrie prüfen → ...

kann wieder festgelegt werden, welche Größe berechnet werden soll. Zur Auswahl stehen bei einer Kurvenanalyse unter anderem Krümmung, Radius, Versatz und Abweichung. Bevor die Berechnung entsprechend des ausgewählten Typs gestartet werden kann, ist die Kurve bzw. Kantenkette auszuwählen. Bei einigen Analysemöglichkeiten können die Ergebnisse auch grafisch dargestellt werden. Das gilt im besonderen Maße für durchgeführte Flächenanalysen (Abbildung 2-9).

Abbildung 2-9: Flächenanalyse

Für das in der Abbildung dargestellte Blechteil (Übergangsstück in der Mitte) wurde untersucht, ob die Mantelfläche exakt abwickelbar modelliert wurde. Dafür muss die Gauß´sche Krümmung gleich Null sein. Die Farbskala bzw. die berechneten Krümmungswerte zeigen, dass dies nicht der Fall ist. Eine abwicklungsgerechte Modellierung dieses Bauteils wird in Kapitel 8.2.2 beschrieben.

2.4 Ansichtsmanager von PTC Creo

In den CAD-Systemen gibt es vielfältige Möglichkeiten, die Schnelligkeit des Bildaufbaus und die Bildqualität zu beeinflussen. Funktionalitäten zum Ein- und Ausblenden von Bezugselementen (Bezugsebenen, Achsen, usw.), einzelnen Konstruktionselementen oder auch Bauteilen in Baugruppen erleichtern die Modellbearbeitung. Der Bearbeiter eines Modells sollte sich nur so viele grafische Informationen wie nötig anzeigen lassen, um sich auf das Wesentliche konzentrieren zu können. Auch für Präsentationszwecke können diese Filterfunktionen sinnvoll eingesetzt werden.

Gebräuchliche Ansichten (Isometrie, Vorderansicht, Seitenansicht, ...) sind bereits vordefiniert. Über den Orientierungsdialog lassen sich weitere Ansichten benutzerdefiniert hinzufügen.

Im *Ansichtsmanager* sind verschiedene Optionen der Objektdarstellung zusammengefasst. So können hier vereinfachte Darstellungen, Querschnitte, vordefinierte Ansichten und kombinierte Zustände definiert und angezeigt werden:

Ansicht → Ansichten verwalten → Ansichtsmanager

Die Einstellung und Speicherung vordefinierter Ansichten erfolgt über den Menüreiter *Orientieren*. Gleiches kann über das bereits genannte Icon erfolgen.

2.4.1 Vereinfachte Darstellungen

Vereinfachte Darstellungen sind in den meisten Umgebungen bzw. Modulen verfügbar. Der Name der aktiven vereinfachten Darstellung erscheint im Grafikfenster als Kennung in der Form *Vereinfachte Darstellung: Namen*.

Im Teilemodus dienen vereinfachte Darstellungen der Vereinfachung der Geometrie eines Bauteils, indem einzelne KEs ein- oder ausgeschlossen werden. Dadurch können Regenerierungs- und Darstellungszeiten verringert werden, da der Speicherbedarf sinkt. Im Baugruppenmodus kann z. B. das Ausblenden sämtlicher Fasen und Rundungen signifikanten Einfluss auf die Ladezeit der Baugruppe haben.

Ein weiterer positiver Effekt ist, dass auf diese Weise die Übersichtlichkeit im augenblicklichen Arbeitsbereich erhöht werden kann, wobei die *Unterdrückung* der gewählten KEs dauerhaft gespeichert werden kann. Die Verfügbarkeit von vereinfachten Darstellungen ist auch für die Baugruppen- und Zeichnungserstellung gegeben. Im Zeichnungsmodus können so mit Hilfe unterschiedlicher vereinfachter Darstellungen mehrfache Ansichten einer Baugruppe erzeugt werden.

Praxisorientierte Anwendungen dieser Option sind die Darstellung unterschiedlicher Bearbeitungszustände eines Bauteils oder die Vorbereitung der Vereinfachung (Defeaturing) eines Modells für die Simulation.

In vereinfachten Darstellungen können auch Konstruktionselemente hinzugefügt werden, die in der Masterdarstellung nicht enthalten sind. Das macht allerdings nur dann Sinn, wenn damit in der vereinfachten Darstellung komplexere Gruppierungen von Konstruktionselementen der Masterdarstellung ersetzt werden sollen. Diese neu hinzugefügten Konstruktionselemente werden in der Masterdarstellung unterdrückt dargestellt. Sie sind damit ausschließlich der vereinfachten Darstellung zugeordnet, in der sie erzeugt wurden. Jedoch sind Änderungen in der vereinfachten

Darstellung nur bedingt möglich. Für das Bauteil *Finger* wurde in Abbildung 2-10 eine vereinfachte Darstellung definiert, in der alle Fasen und Rundungen unterdrückt sind.

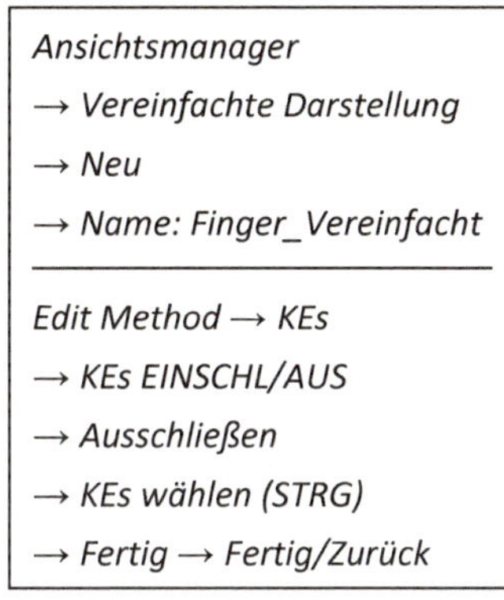

Abbildung 2-10: Vereinfachte Bauteildarstellung

Über *Eigenschaften* wird nach Erzeugung der Ansicht angezeigt, welche Elemente zur Zeit welchen Status haben. Eine Änderung wird über die entsprechenden Icons vorgenommen. Im Fenster Ansichtsmanager wird per Doppelklick festgelegt, welche Ansichtsoption aktiv ist. Die Ansichten können über *Editieren* oder *RMT auf Ansichtsname* bearbeitet werden.

Wie bei der Einzelteilmodellierung, kann auch bei Baugruppen eine vereinfachte Darstellung sinnvoll sein, um z. B. die Übersichtlichkeit zu erhöhen. Das Vorgehen ist analog zum Vorgehen bei der Erzeugung einer vereinfachten Darstellung bei der Einzelteilmodellierung. Hier soll die zuvor erzeugte vereinfachte Darstellung für den Finger in einer vereinfachten Darstellung der Baugruppe Arm angezeigt werden.

Für das Beispiel in Abbildung 2-11 wurde eine vereinfachte Baugruppendarstellung erzeugt, bei der die Komponente *Stift* von der Darstellung ausgeschlossen wurde. Für die Komponente *Finger* wurde die bereits im Bauteilmodell vorhandene Vereinfachung aktiviert.

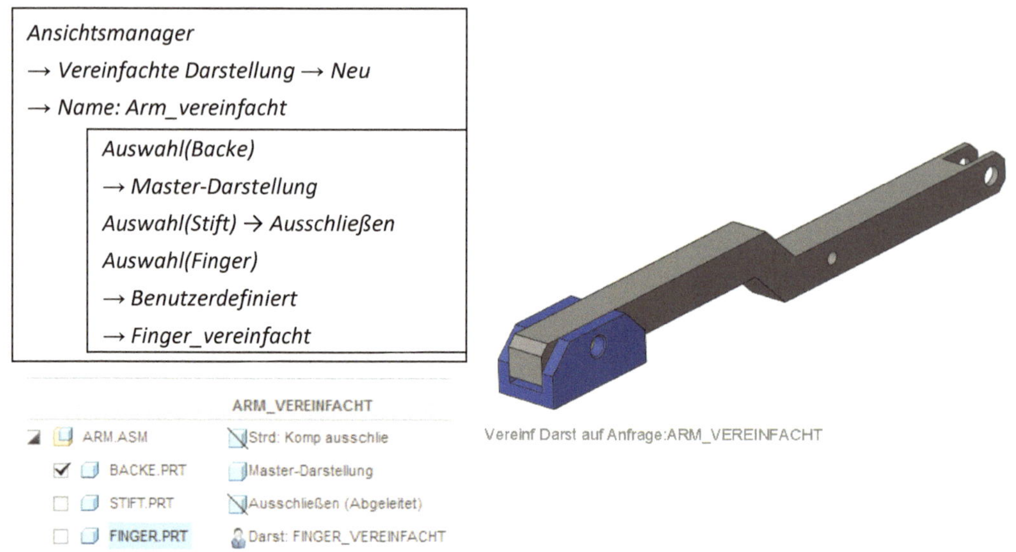

Abbildung 2-11: Vereinfachte Darstellung einer Baugruppenmodus

2.4.2 Speicherung von Darstellungsvarianten in Baugruppen

Auf Bauteilebene zugewiesene Darstellungsattribute werden mit in die Baugruppe übernommen. Zu beachten ist, dass Attributeinstellungen, die einer Unterbaugruppe oder Komponente innerhalb der Baugruppe zugewiesen wurden, auch nur dort gültig sind.

Verdeckte Baugruppenkomponenten werden sichtbar, wenn andere Komponenten transparente Farben haben (Abbildung 2-12).

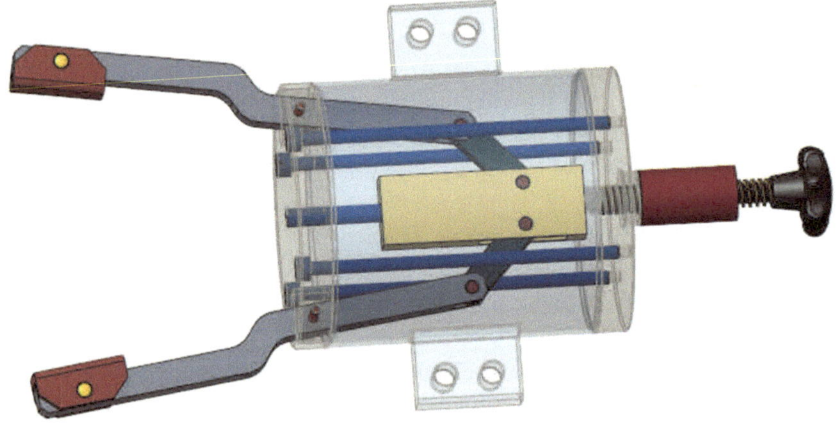

Abbildung 2-12: Transparenz in der Baugruppe

Die Zuweisung der Änderung kann allgemein für einzelne Flächen, Komponenten oder die gesamte Baugruppe erfolgen. Neben der Farbzuordnung einzelner Komponenten lässt sich auch deren Darstellungsart verändern. Die neue Ansicht wird unter einem entsprechenden Namen abgespeichert. Das Vorgehen wird nachfolgend thematisiert.

In der Baugruppe Arm soll dem Bauteil Finger die Drahtmodelldarstellung zugewiesen werden. Nach dem Aufruf der Baugruppe Arm wird diese schattiert dargestellt. Um spezielle Visualisierungsformen einzustellen, ist wie folgt vorzugehen:

Ansicht → Ansichtsmanager → Stil → Neu → Name: Arm_Drahtmodell

Der Name *Style0001* wird standardmäßig vorgeschlagen, kann aber geändert werden. Im nächsten Schritt können die Darstellungsarten ausgewählt und den einzelnen Komponenten zugeordnet werden:

EDIT: ARM_DRAHTMODELL → Anzeigen → Drahtmodell → Auswahl(Finger) → OK

Die neue Darstellungsvariante wird direkt angezeigt (Abbildung 2-13).

Abbildung 2-13: Arm in veränderter Darstellung

Auch hier kann wieder eingestellt werden, welcher Ansichtszustand nach dem Verlassen des Ansichtsmanagers aktiv sein soll.

2.4.3 Explosionsdarstellung

Explosionsdarstellungen von Baugruppen dienen der übersichtlichen Wiedergabe der eingebauten Komponenten. Es lassen sich beliebige Explosionsdarstellungen erzeugen und ein- oder ausblenden. Abbildung 2-14 zeigt den Explosionszustand für die Baugruppe Arm, der über eine Standardeinstellung des Systems sofort angezeigt werden kann.

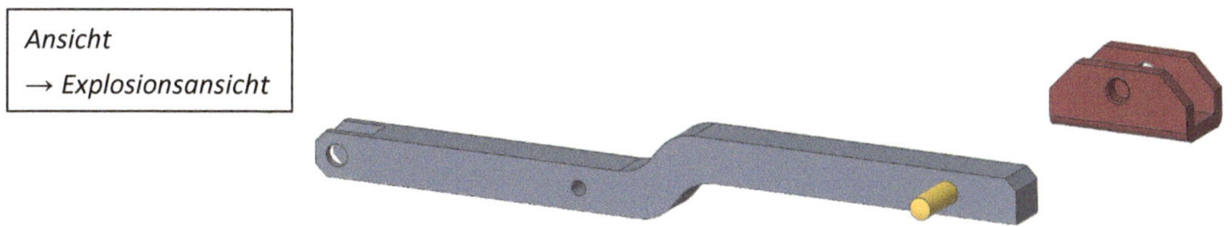

Abbildung 2-14: Standard-Explosion

Im Gegensatz dazu zeigt Abbildung 2-15, wie eine eigene Explosionsdarstellung definiert werden kann. Dazu ist nun wieder der *Ansichtsmanager* zu nutzen. Im Untermenü *Position editieren*, das auch ohne den Ansichtsmanager aktiviert werden kann, stehen verschiedene Positionierungsmethoden zur Verfügung (Abbildung 2-15).

Der aktive Explosionszustand kann später im Ansichtsmanager ausgewählt und dann über

Ansicht → Explosionszustand → Einblenden/Ausblenden

gesteuert werden.

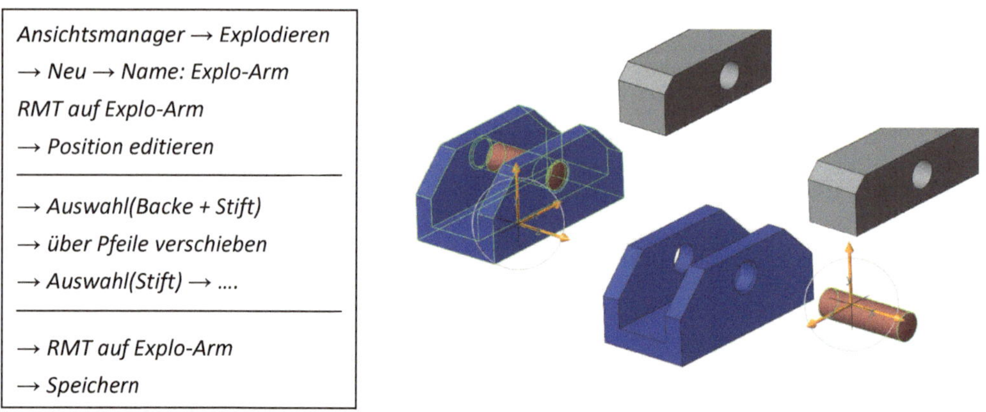

Abbildung 2-15: Benutzerdefinierte Explosionsdarstellung

Die Abbildung 2-16 zeigt die Explosionsdarstellung des kompletten Greifers. Sie soll den Zusammenbau und die funktionale Zusammengehörigkeit der einzelnen Komponenten verdeutlichen. Hierbei wurden einige Explosionslinien erzeugt.

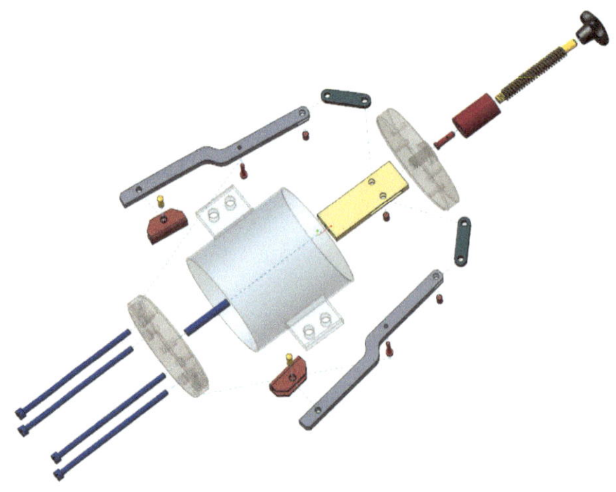

Abbildung 2-16: Explosionsdarstellung des Greifers

2.4.4   Querschnitte

Die Menüoption Schnitt dient in *Creo* der Erzeugung und Verwaltung von einfachen und stufen-förmigen *Schnittdarstellungen*, die dann auch im Zeichnungsmodus zur Verfügung stehen. Sie können auch genutzt werden, um Bezugskurven zu erzeugen. Für die definierten Querschnitte können darüber hinaus vom System die interessierenden Größen wie Flächenschwerpunkt, Träg-heitsmomente u. a. berechnet werden. Darauf wird später noch näher eingegangen.

Die Erzeugung von Querschnitten wird über den Ansichtsmanager eingeleitet. Das weitere Vor-gehen wird anhand eines Beispiels erläutert (Abbildung 2-17). Nachdem die Namensfestlegung mit der Enter-Taste abgeschlossen wurde, ist die Komplexität des Schnittes festzulegen. Im ers-ten Beispiel ist es ein Vollschnitt. Auf dem Bildschirm wird der erzeugte Querschnitt im 3D-Modell angezeigt. Die Sichtbarkeit kann über den Ansichtsmanager gesteuert werden. Das Schraffurmuster kann hier ebenfalls den Erfordernissen angepasst werden.

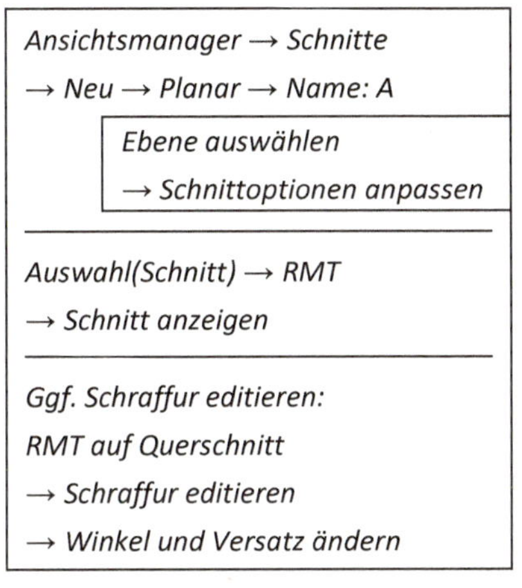

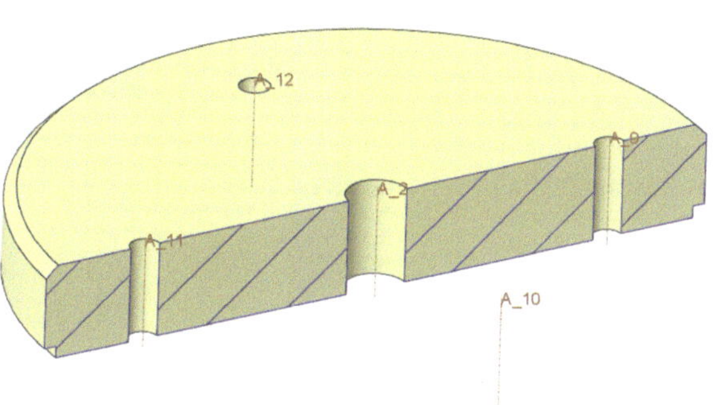

Abbildung 2-17: Querschnitte

In Abbildung 2-18 ist die Definition eines *Stufenschnitts* an einer Bohrplatte verdeutlicht. Als Skizzierfläche kann eine Deckfläche oder auch eine Referenzebene gewählt werden. Die Option *Beide Seiten* sichert, dass der Schnitt wie gewünscht erzeugt wird.

Die Erzeugung eines Baugruppenquerschnittes erfolgt analog zu der Querschnittserzeugung für Bauteile. Es ist jedoch darauf zu achten, dass als Schnittebene oder Skizzierebene für einen Stu-fenschnitt eine Baugruppenbezugsebene gewählt wird. Im Baugruppenmodus bestehen darüber hinaus weitere Möglichkeiten, um Bereiche und Arbeitsräume hervorzuheben.

Ansichtsmanager → Schnitte	
→ Neu → Versatz → Name: A	
	Ebene auswählen
	→ Skizze definieren
	→ Schnittoptionen anpassen

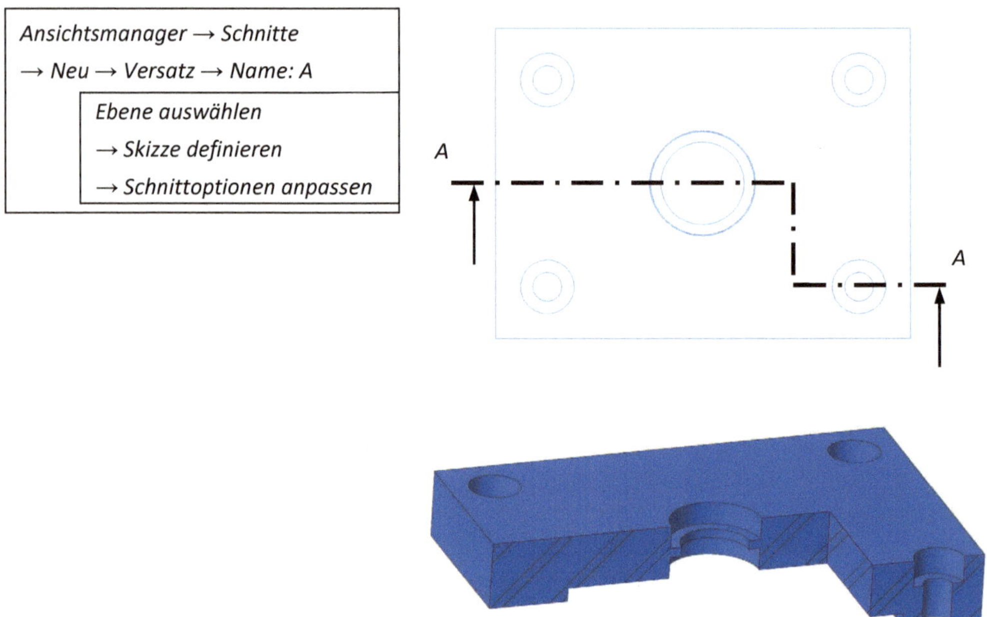

Abbildung 2-18: Stufenschnitt

3 Modellreferenzen

3.1 Standardbezugselemente

Wenn ein neues Teil oder eine neue Baugruppe erzeugt werden soll, hat der Nutzer die Möglichkeit, über eine systeminterne oder selbst definierte Standardschablone notwendige Bezugselemente als erste Elemente automatisch in den Modellbaum einzubinden. In der Grundeinstellung enthält die Standardschablone ein Koordinatensystem und drei Ebenen.

Die Namensgebung aller Modellbaumelemente kann über die Option Umbenennen des Kontextmenüs verändert werden.

Die Erzeugung zusätzlich erforderlicher *Bezugselemente* wird über die Auswahl des entsprechenden Icons initiiert.

Zur Definition von Bezugselementen kann es erforderlich sein, zunächst andere Bezugselemente zu erzeugen, auf die dann zurückgegriffen werden kann.

Für Abbildung 3-1 wurde eine neue Ebene DTM2 definiert, die senkrecht zur FRONT-Ebene (YZ-Ebene) steht und die TOP-Ebene (XY-Ebene) in einem Winkel von 45° schneidet. Dabei sollte die sich ergebende Schnittgerade (im Bild Achse A_1) auf der y-Achse liegen und einen Abstand von 500 mm zum Nullpunkt haben. Für die Erzeugung einer solchen Ebene gibt es mehrere Möglichkeiten. Da keine drei Punkte dieser Ebene bekannt sind, wurde im Beispiel zunächst eine Versatzebene DTM1 zur TOP-Ebene erzeugt, aus der dann mit der RIGHT-Ebene die Bezugsachse Achse A_1 generiert wird. Mit dieser Achse und der TOP-Ebene (auch die RIGHT-Ebene wäre möglich) ergibt sich DTM2.

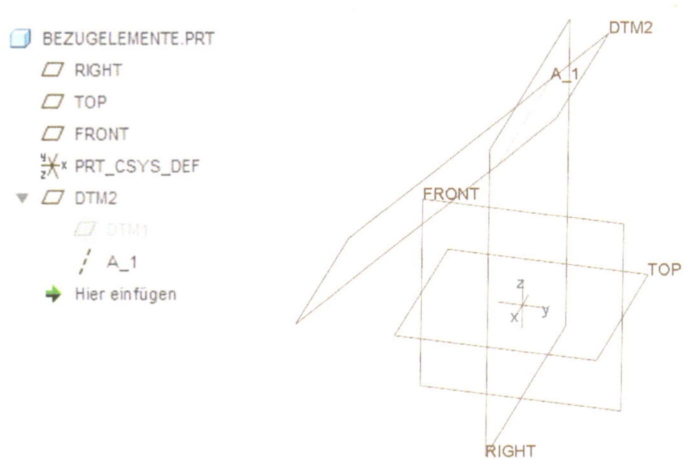

Abbildung 3-1: Hinzufügen von Bezugselementen

Damit im Modellbaum nicht unnötig viele Elemente sichtbar sind, kann die Generierung bzw. Anordnung von Bezugselementen auch verschachtelt erfolgen. Hierzu können die referenzierten Bezugselemente entweder nachträglich dem Konstruktionselement per Drag und Drop untergeordnet werden oder während der Erstellung des Konstruktionselements erzeugt werden. So ordnet sich das Bezugselement automatisch dem Konstruktionselement unter und wird ausgeblendet. Verschachtelte Bezugselemente können im weiteren Verlauf der Modellierung nicht von anderen Konstruktionselementen genutzt werden. Über eine Kontextmenüoption kann auch die Sichtbarkeit im Modellfenster individuell gesteuert werden. In Abbildung 3-1 wurde DTM1 ausgeblendet.

Zur Definition von Bezugspunkten stehen verschiedene Optionen zur Verfügung, die später noch ausführlicher an den Beispielen erläutert werden. Im einfachsten Fall sind die Koordinaten der Punkte bezogen auf ein räumliches Koordinatensystem bekannt, so dass dann nach der Typauswahl die Koordinatenwerte eingegeben werden können. Nach Auswahl des Koordinatensystems kann bei der Punkteingabe noch entschieden werden, ob diese z. B. statt in kartesischen in Zylinderkoordinaten erfolgen soll (Abbildung 3-2). Die vom System vorgeschlagenen Namen können verändert werden.

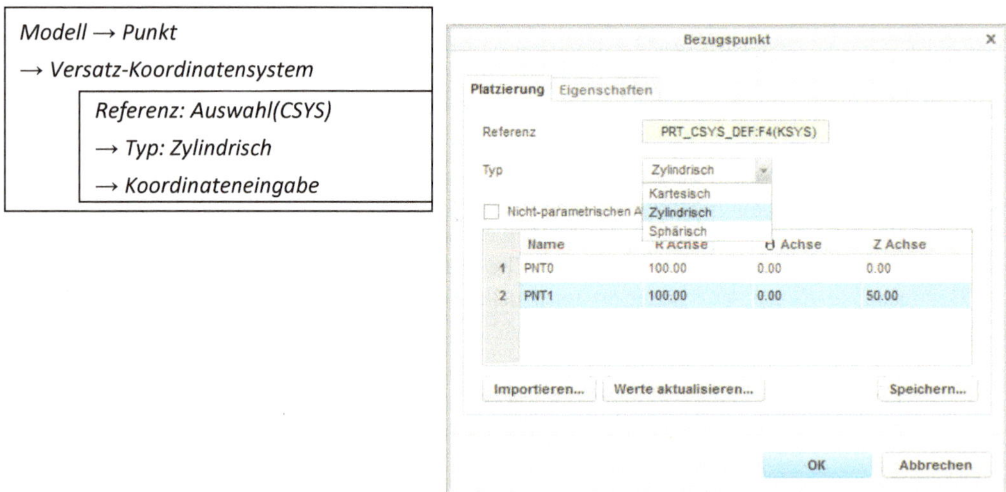

Abbildung 3-2: Punktdefinition über ein Koordinatensystem

Alle so gleichzeitig erzeugten Bezugspunkte werden im Modellbaum nur als Gruppe sichtbar. Im Grafikbereich sind diese jedoch auch einzeln sichtbar und auswählbar. Das Gleiche gilt für Geometriepunkte, die in einer Skizze erzeugt wurden.

Statt der in Abbildung 3-1 zur FRONT-Ebene parallelen Bezugsebene hätte für das Beispiel auch ein Bezugspunkt über die Option *Versatz-Koordinatensystem* erzeugt werden können, in dem dann senkrecht zur FRONT-Ebene eine Achse und anschließend die Ebene erzeugt werden kann. Über dieses Bezugspunkt-KE könnten gleich mehrere Bezugspunkte definiert werden und dennoch kann jeder Punkt einzeln ausgewählt werden. Auf weitere Möglichkeiten zur Definition von Bezugspunkten wird später noch eingegangen.

In einigen Fällen wird es sinnvoll sein, ein zusätzliches räumliches Koordinatensystem zu definieren, das dann Ausgangspunkt für weitere Aktionen ist. In Abbildung 3-3 wird über ein zusätzliches Koordinatensystem eine Ebene erzeugt, die später für eine schiefe Kreisverbundfläche benötigt wird. Zur Überprüfung der erreichten *Schieflage* kann die entsprechende Analysefunktion zur Winkelmessung genutzt werden.

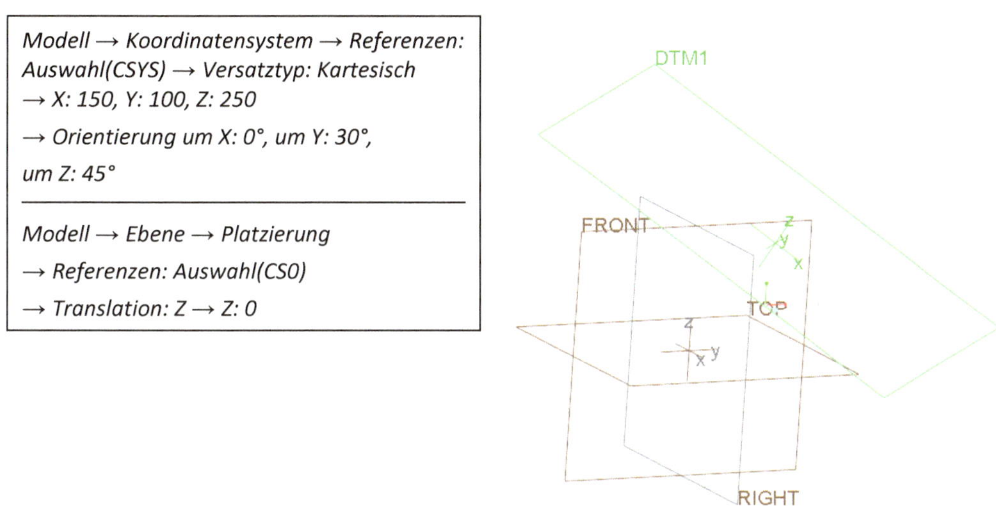

Modell → Koordinatensystem → Referenzen:
Auswahl(CSYS) → Versatztyp: Kartesisch
→ X: 150, Y: 100, Z: 250

→ Orientierung um X: 0°, um Y: 30°,
um Z: 45°

Modell → Ebene → Platzierung
→ Referenzen: Auswahl(CS0)
→ Translation: Z → Z: 0

Abbildung 3-3: Ebenendefinition über ein benutzerdefiniertes Koordinatensystem

Abbildung 3-4 zeigt, wie ein Koordinatensystem auf einer gekrümmten Fläche so definiert wird, dass dessen Achse ein Normalenvektor der Fläche ist. Im Beispiel soll der Nullpunkt des neuen Koordinatensystems auf der FRONT-Ebene liegen und zur RIGHT-Ebene einen Versatz von 700 mm haben.

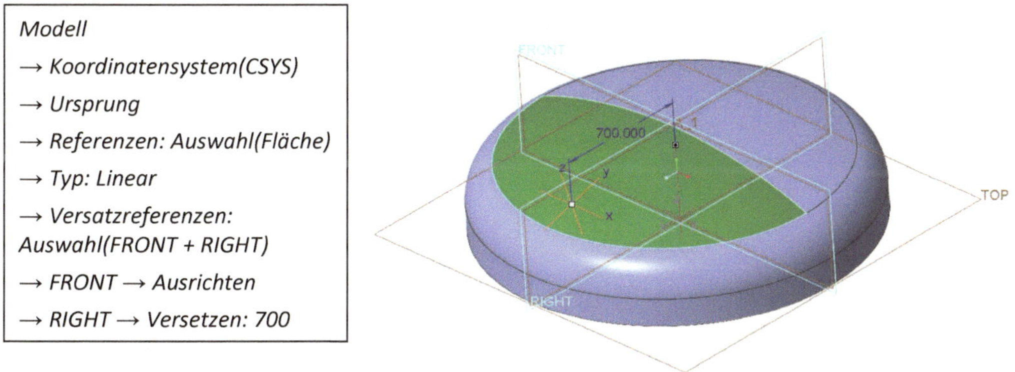

Modell
→ Koordinatensystem(CSYS)
→ Ursprung
→ Referenzen: Auswahl(Fläche)
→ Typ: Linear
→ Versatzreferenzen:
Auswahl(FRONT + RIGHT)
→ FRONT → Ausrichten
→ RIGHT → Versetzen: 700

Abbildung 3-4: Koordinatensystem auf eine Tangentialebene

3.2 Schablonen erstellen

Wie schon erwähnt, können vom Anwender auch benutzerdefinierte Schablonen erstellt werden. Im Folgenden wird exemplarisch eine *Schablone* erzeugt, die bei additiv zu fertigenden Bauteilen angewendet werden kann. Dazu soll eine Ebene *Bauplattform*, wie auch ein zusätzliches Koordinatensystem CSYS_RP, welches den Bauteilursprung festlegt, definiert werden. Das neue Koordinatensystem CSYS_RP referenziert dabei auf das ursprüngliche CS0. Als Variablen werden die Höhe und die Rotation und die jeweilige Koordinatenachse definiert. Im ersten Schritt muss ein neues Teil definiert werden:

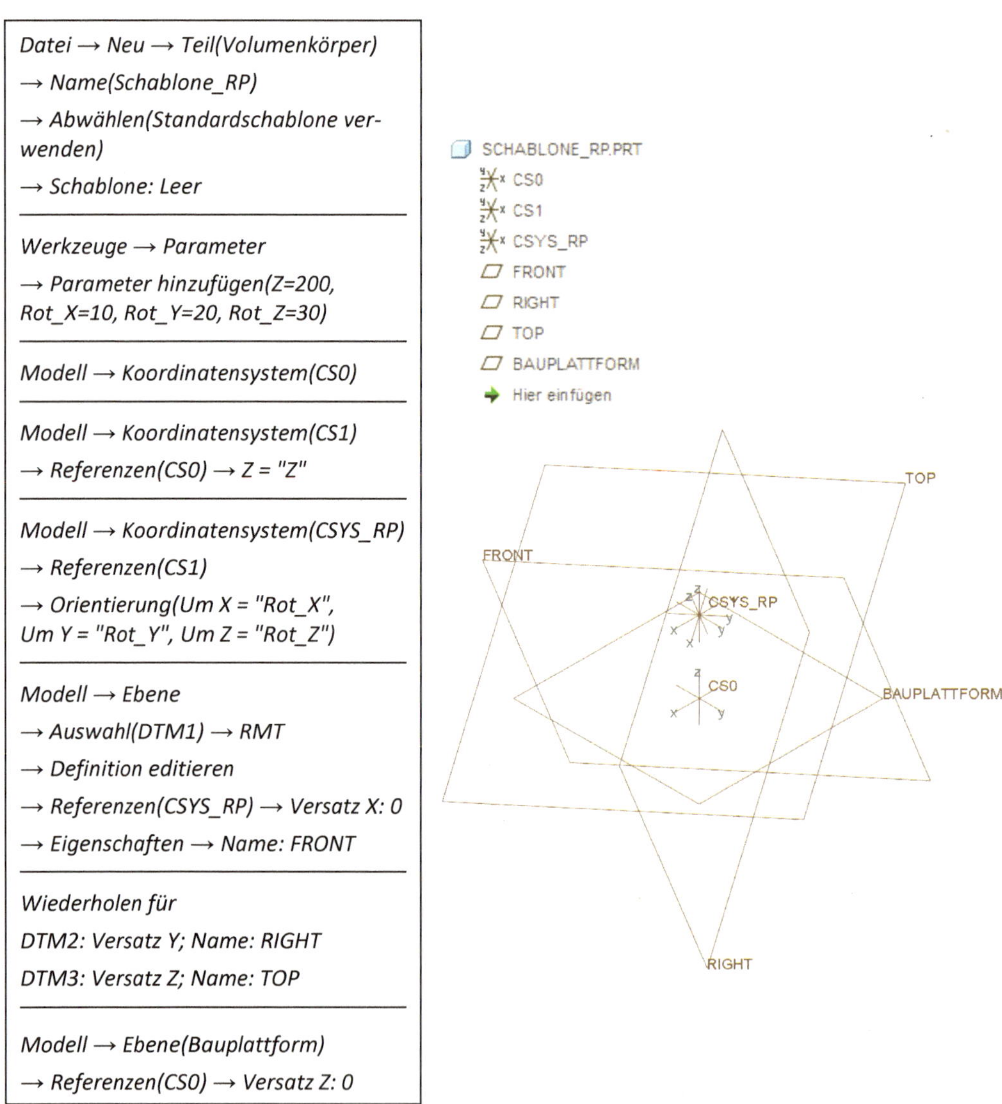

Abbildung 3-5: Schablone erstellen

In einem nächsten Schritt wird ein Anmerkungs-KE erstellt, um die zuvor erzeugten Parameter darzustellen und hierüber dem Benutzer die Möglichkeit zu geben, die Werte direkt zu ändern.

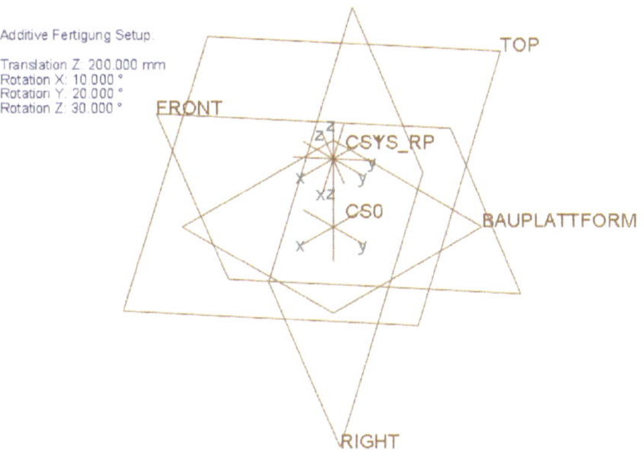

Anmerkungen erstellen

→ *Anmerkungs-KE*

→ *Nicht angesetzte Notiz erzeugen*

→ *Auswahl(Bildschirmpunkt)*

→ *Text unten einfügen → MMT*

→ *Orientierung → Flach zum Bildschirm*

Additive Fertigung Setup:

Translation Z: &Z mm

Rotation X: &ROT_X°

Rotation Y: &ROT_Y°

Rotation Z: &ROT_Z°

Abbildung 3-6: Schablone anpassen

Durch Auswahl der Notiz innerhalb des Anmerkungs-KEs und anschließendem Doppelklick auf dem angezeigten Wert eines Parameters, lässt sich der Wert verändern.

Nachdem das Bauteil gespeichert worden ist, kann diese Modelldatei über die *config.pro* verlinkt oder manuell als Schablone ausgewählt werden.

3.3   Skizzierte Bezugselemente

3.3.1   Die Skizzieroberfläche

Die Arbeitsumgebung zum *Skizzieren* kann auf verschiedene Arten erreicht werden, z. B.:

- über das Skizzensymbol *Skizze* in der jeweiligen Arbeitsumgebung

- Öffnen einer vorhandenen Skizze

- KE-interner Skizzierer

- Wahl des Modus Skizze zur Erzeugung einer neuen eigenständigen Skizzendatei

Bevor im ersten Fall die Skizzieroberfläche endgültig aktiviert wird, ist eine Skizzierebene festzulegen. Dies kann eine Bezugsebene oder eine ebene Fläche eines Volumen- oder Flächenelements sein. Falls kein geeignetes Element zur Verfügung steht, muss eine neue Bezugsebene erzeugt werden. Die Auswahl der Arbeitsebene ist erst abgeschlossen, wenn auch die Blickrichtung auf die Skizze (*Skizzen-Ansichtsrichtung*) und die Lage des *Skizzenblattes* festgelegt wurde. Dazu wird eine weitere (orthogonale) Referenzebene benötigt (Abbildung 3-7).

Modell → Skizze → Auswahl(Ebene) → Auswahl(Referenz) → Skizze

Wenn das Skizzentool im Bauteil- oder Baugruppenmodus aktiviert wird, können in der Dialogleiste die vom System vorgeschlagenen Referenzen (Bezugselemente) durch andere ersetzt bzw. ergänzt werden. Diese Referenzen dienen der Skizzenfixierung bzw. der Verknüpfung der Skizze mit dem Modell. Sie sind daher auch Grundlage der Systembemaßungen im Skizzenmodus.

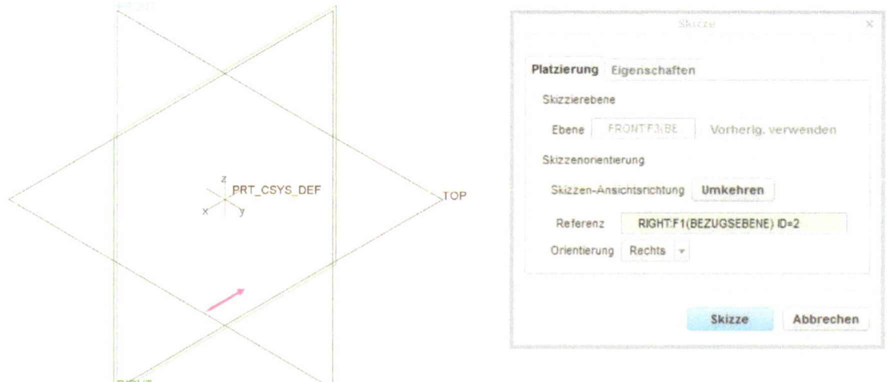

Abbildung 3-7: Einrichten der Skizzierebene

Nach dem Aufruf des Skizzierers werden die Symbolleisten erweitert bzw. verändert. Zur Unterstützung kann über Icons ein Raster aktiviert werden. Ebenso können Bemaßungen oder Zwangsbedingungen ein- und ausgeblendet werden.

Einige Voreinstellungen können über die Setup-Option der Skizzenfunktionsleiste angepasst werden. Hier kann z. B. veranlasst werden, dass Rasterpunkte gefangen werden.

Die Skizzierfunktionen sind durch ihre Symbole mit der eingeblendeten Kurzhilfe selbsterklärend. Wenn sich der Cursor bereits im Grafikfenster befindet, sind einige Funktionen auch über die rechte Maustaste erreichbar. Einige Funktionen sind in der Arbeitsumgebung gruppiert, so dass nur das zuletzt Genutzte angezeigt wird. Gruppierungen sind durch „>" gekennzeichnet. Bei den Strich-Punkt-Linien ist zwischen den einfachen *Mittellinien*, die nur in der Skizze für Symmetrieeigenschaften genutzt werden und Geometriemittellinien, die beispielsweise auch im Modell als Rotationsachse genutzt werden können, zu unterscheiden. Vergleichbares gilt für Punkte, bei denen zwischen Konstruktions- und Geometriepunkten unterschieden wird.

Bereits vorhandene Skizzen können über

Skizze → Dateisystem

in die aktuelle Sitzung eingebunden werden.

Darüber hinaus gibt es bereits verschiedene vordefinierte Konturen (Vielecke etc.), die über die Option

Skizze → Palette

in die Skizze integriert werden können. Die Auswahl eines Palettenelements erfolgt durch einen Doppelklick mit der linken Maustaste. Anschließend ist mit der gleichen Taste im Grafikbereich ein Fenster aufzuziehen, das grob die Skizzengröße definiert. Über das Dialogfenster Skalieren/Rotieren können die einzufügenden Elemente entsprechend angepasst werden.

Die Symbolleiste Prüfen bietet hilfreiche Tools zur Überprüfung der skizzierten Kontur, was die Fehlersuche vereinfacht (Tabelle 3-1).

Tabelle 3-1: Diagnoseoptionen

Geschlossene Schleifen schattieren

Offene Enden hervorheben

KE-Anforderungen

Überlappende Geometrie

Im Skizzierer wird ausschließlich parametrisch gearbeitet. Das System erzeugt und löscht automatisch notwendige bzw. überflüssige Bemaßungen und Zwangsbedingungen. Die Geometrieelemente werden daher erst grob *skizziert* und anschließend über die *Bemaßungsfunktionen* oder verschiedene Zwangsbedingungen den Erfordernissen angepasst (Abbildung 3-8). Bei jeder Änderung und Anpassung wird das Datenmodell vom System automatisch regeneriert.

Während des Skizzierens werden in Abhängigkeit von der Mausposition aktuelle Bedingungen angezeigt bzw. vorgeschlagen. Dazu gehören das Ausrichten auf vorhandene End- und Mittelpunkte, die Kennzeichnung horizontaler und vertikaler Linien, die Festlegung paralleler, senkrechter, tangentialer oder koaxialer Ausrichtungen sowie Symmetrieeigenschaften. Diese geometrischen Zwangsbedingungen helfen, die Anzahl der Bemaßungsparameter zu reduzieren. Alle Zwangsbedingungen können jederzeit gelöscht werden. Das System fügt dann selbstständig notwendige Bemaßungen hinzu.

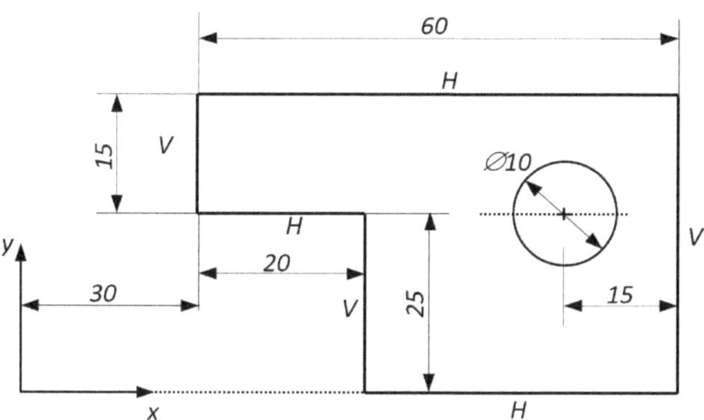

Abbildung 3-8: Parametrische Skizze

Systemgetriebene schwache Bemaßungen können vom Anwender nicht gelöscht werden. Sie werden allerdings automatisch entfernt, falls sie durch benutzerdefinierte Bemaßungen oder Zwangsbedingung überflüssig werden. Wenn dies verhindert werden soll, ist die entsprechende Bemaßung mit Hilfe des Kontextmenüs zu stärken. Dies ist nicht mehr notwendig, wenn die Maßzahl durch den Benutzer bereits korrigiert wurde.

Benutzerdefinierte Bemaßungen können über die Bemaßungsfunktion eingefügt werden. Die Maßzahl wird bei allen Bemaßungsvorgängen erst angezeigt, nachdem das Maß mit der mittleren Maustaste an der gewünschten Stelle abgelegt wurde. Abbildung 3-9 verdeutlicht das Vorgehen an ausgewählten Beispielen. Jede Maßzahl kann für eine Wertanpassung durch einen Doppelklick ausgewählt werden.

Skizze → Bemaßung(Senkrecht) → Auswahl(Punkte, Kurven, Referenzen etc.) → MMT

Umfangreichere Maßänderungen sollten über die entsprechende Editieroption erfolgen, wobei es hier sinnvoll sein kann, während der Änderung mehrerer Maße die automatische Regenerierung zu deaktivieren.

Auswahl(Bemaßungen) → Skizze → Editieren → Ändern

Zu den Editieroptionen gehören auch Funktionen, die das Verlängern, Verkürzen, Trimmen, Spiegeln, Verschieben, Drehen, Skalieren und andere Anpassungen ermöglichen.

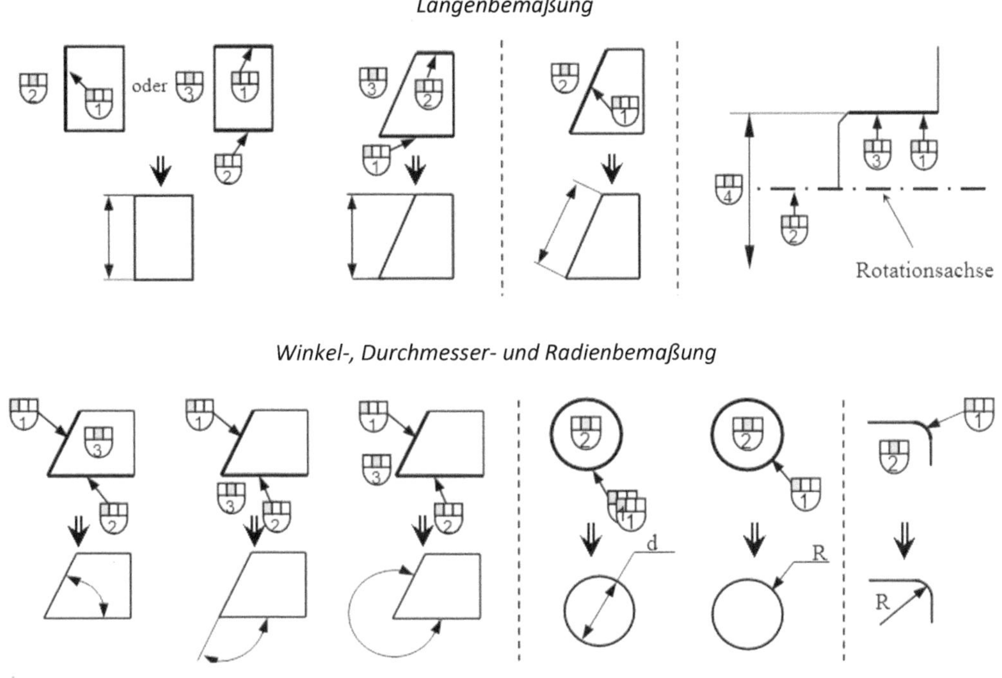

Abbildung 3-9: Bemaßung

Bei besonderen geometrischen Zusammenhängen kann es sinnvoll sein, in der Skizze Hilfselemente zu erzeugen, die dann eine Strich-Strich-Linie repräsentiert werden.

Das kann über

Skizze → Konstruktionsmodus

initiiert werden. Diese Elemente sind dann außerhalb der Skizze unsichtbar und können daher auch nicht in weiteren Modellierungsschritten verwendet werden. Auch bereits vorhandene Skizzenelemente können nachträglich zu einem Hilfselement umgewandelt werden. Dafür ist nach der Auswahl im Kontextmenü die Option *Konstruktion* zu wählen. Ebenso können Hilfselemente auch nachträglich zu Geometrieelementen erklärt werden.

3.3.2   Beispielskizze

Für das nachfolgende, einführende Beispiel wird ausdrücklich die Option *Skizze* bei der Erzeugung einer neuen Datei gewählt. Es soll ein Viereck gezeichnet werden, dessen Eckpunkte auf einem Hilfskreis liegen und bei dem zwei Seiten stets gleich lang sind. Die Lage einer dieser Geraden soll über ihre Mittelsenkrechte gesteuert werden können (Abbildung 3-10).

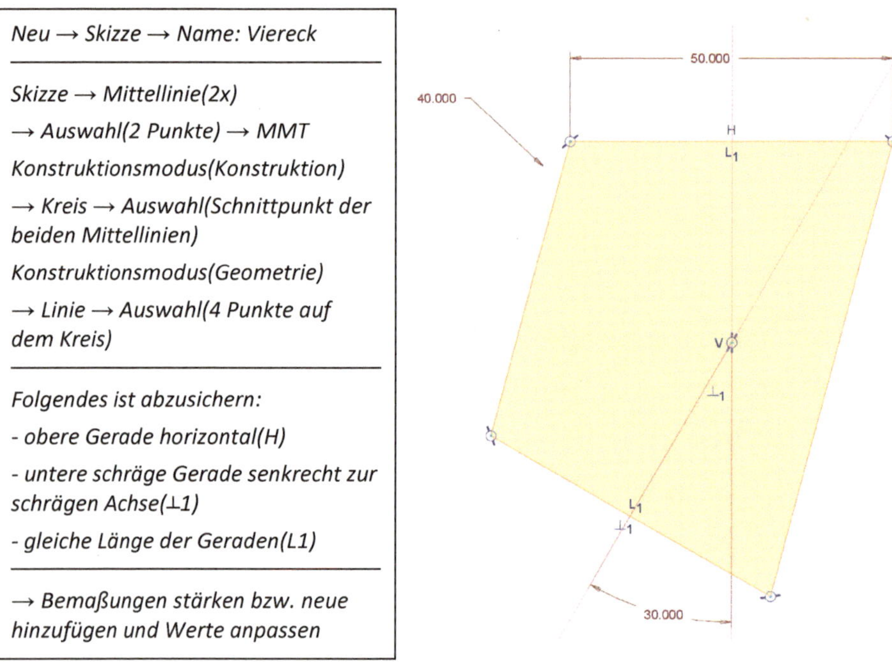

Abbildung 3-10: Viereck mit Hilfskreis

Um zu prüfen, ob alle Randbedingungen beachtet wurden, sind die Bemaßungswerte testweise zu verändern.

3.3.3   Kegelschnittkurven

Zu den *Kurven zweiter Ordnung* (*Kegelschnitte*) gehören Kreis, Ellipse, Hyperbel und Parabel. Für diese Kurven existieren verschiedenen Möglichkeiten zur analytischen Beschreibung, die über die Option *Kurve aus Gleichung* in *Creo* umgesetzt werden können (siehe Kapitel 3.5.1).

Kreise und Ellipsen sind natürlich auch Standardskizzierelemente in jedem CAD-System. Entsprechende Bögen können durch Trimmen oder über Bogenfunktionen erzeugt werden.

Die Bogenfunktion in *Creo* ermöglicht mit der Option *Kegel* auch die Generierung von Hyperbel- und Parabelbögen. Dabei kann über den Parameter rho gesteuert werden, ob der Bogen elliptisch (0.05 < rho < 0.5), parabolisch (rho = 0.5) oder hyperbolisch (0.5 < rho < 0.95) ist. Die

Wertebereiche machen deutlich, dass mit dieser Funktion auch Kreis- und Ellipsenbögen generiert werden können, die allerdings etwas kleiner sein müssen als der Halbkreis bzw. die halbe Ellipse. Deutlich wird auch, dass die eigentliche Konstruktionsabsicht (z. B. Hyperbelbogen mit den Halbachsen a = 300 mm und b = 400 mm) nicht gleich einem konkreten Wert von rho zuzuordnen ist.

Zur Erzeugung eines konischen Bogens sind drei Punkte festzulegen. Das System wendet dann automatisch ein Bemaßungsschema an, das den Wert rho sowie die Positions- bzw. Tangentialwinkel der Endpunkte als schwache Bemaßungen festlegt. Der Wert für rho wird zunächst systemintern mit 0.5 festgelegt.

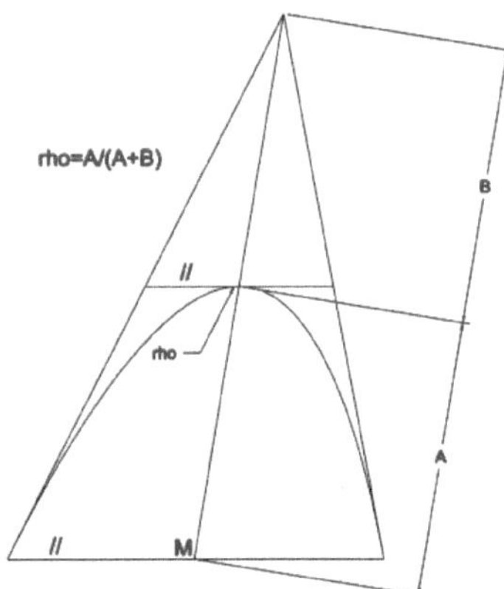

Abbildung 3-11: Parameterdefinition des konischen Bogens

Abbildung 3-11 zeigt, wie dieser Parameter gebildet wird. Für die Parabel gilt daher $A = B$.

Um der Kegelschnittkurve die gewünschte Gestalt zu geben, müssen Bemaßungen und Bedingungen angepasst werden.

Abbildung 3-12 zeigt einen symmetrischen Parabelbogen, dessen Sehnenmaß und der (doppelte) Abstand des Scheitelpunktes zur Sehne bekannt sind.

Um die gewünschte Konstruktionsabsicht umzusetzen, sollten zunächst drei Mittellinien erzeugt werden. Die horizontale Linie dient als Symmetrielinie, die beiden schrägen Linien, deren Schnittpunkt auf der Symmetrielinie liegt, dienen in den nächsten Schritten der Festlegung der Tangentialitätsbedingungen. Nach Erzeugung des konischen Bogens (mit *rho* = 0.5) werden die Endpunkte mit einer Symmetriebedingung versehen. Da bei der Aufprägung des in der Abbildung dargestellten Bemaßungsschemas nicht direkt auf den Scheitelpunkten der Parabel zugegriffen werden kann, wird der doppelte Abstand bemaßt, da für die Parabel der Scheitelpunkt stets symmetrisch zwischen der Sehne und dem Schnittpunkt der Tangenten liegt.

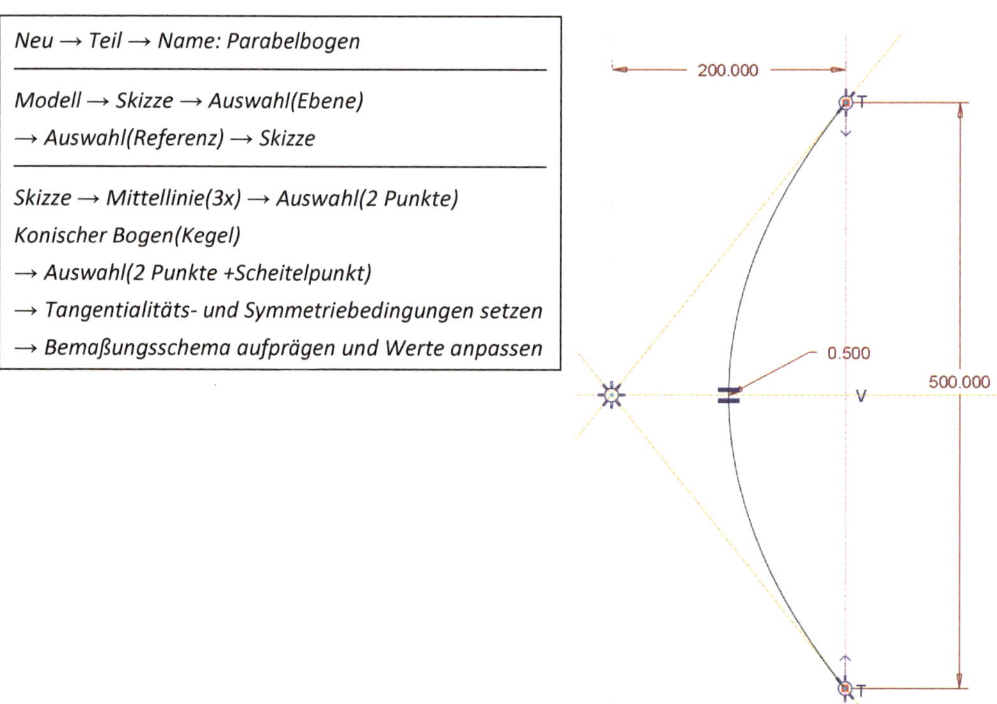

Abbildung 3-12: Symmetrischer Parabelbogen

Abbildung 3-13 zeigt ein Ellipsensegment, dessen Endpunkttangenten rechtwinklig zueinander stehen und damit ein Dreieck bilden, dessen Kathetenlängen den Halbachsen der Ellipse entsprechen. Um die gewünschte Konstruktionsabsicht umzusetzen, sollten zunächst zwei Mittel- oder Konstruktionslinien erzeugt werden, die dann der Festlegung der Tangentialitätsbedingungen dienen. Für einen Viertelkreis und ein entsprechendes Ellipsensegment gilt

rho = sqrt(2) - 1

Diese Beziehung ist in der Skizze für *rho* zu erzeugen.

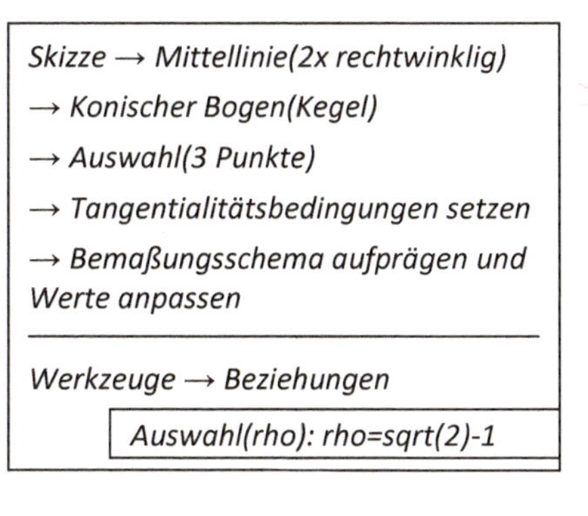
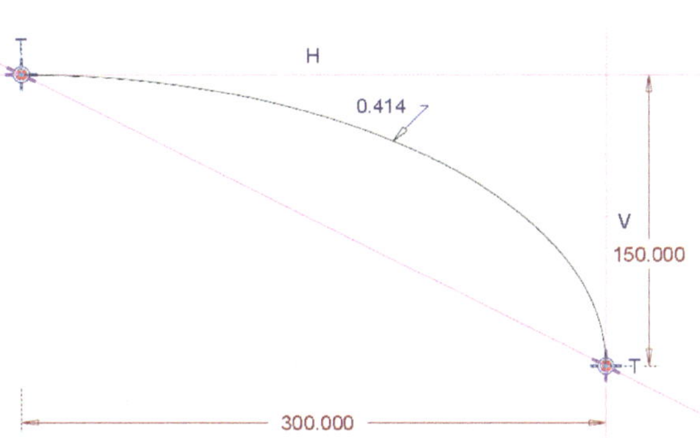

Abbildung 3-13: Ellipsensegment

Abbildung 3-15 zeigt eine gleichseitige Hyperbel (Halbachse a = b), deren Sehne durch den Brennpunkt geht. Für diesen Fall kann der Tangentenwinkel ß an den symmetrischen Endpunkten und der Wert für *rho* aus den angegebenen Gleichungen ermittelt werden.

Diese Hyperbelbogen kann dann weiteren Erfordernissen angepasst werden. Im Beispiel wurde eine Bogenhälfte einschließlich der Tangente gelöscht. Da sich der rho-Wert bei Veränderung der Bogenlänge verändern kann, wurde nach dem Trimmen des Bogens die Beziehung für *rho* wieder gelöscht und stattdessen eine Beziehung für den Abstand der Ausgangssehne zum Scheitelpunkt definiert.

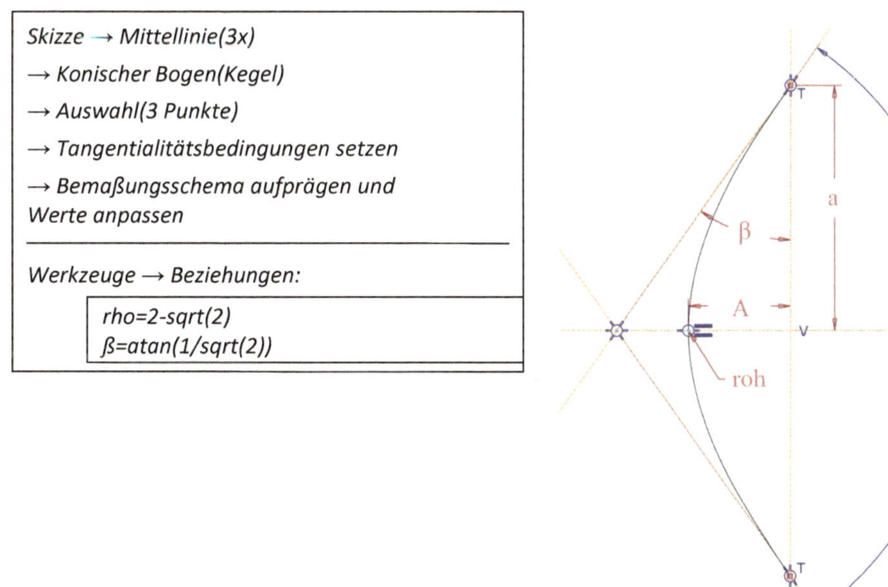

Abbildung 3-14: Hyperbel

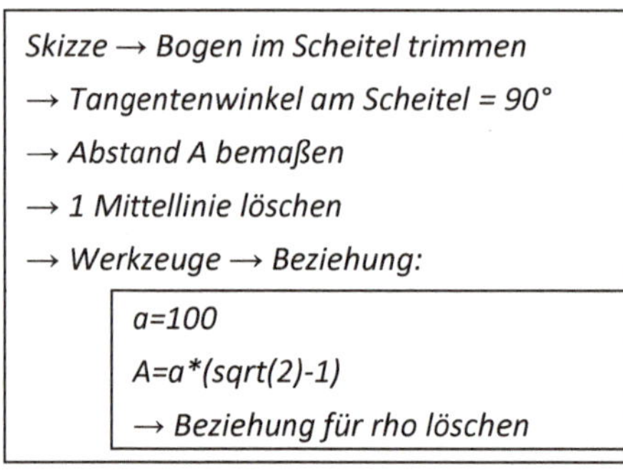

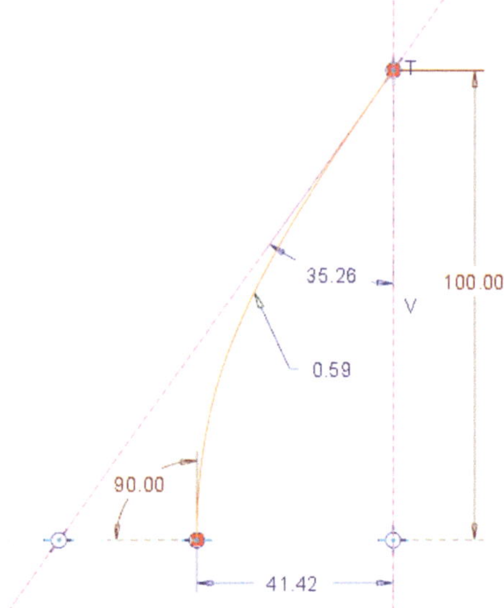

Abbildung 3-15: Angepasster Hyperbelbogen

Die weitere Anpassung so definierter Bögen ist aufgrund der fehlenden Möglichkeiten zur Scheitelpunkt- und Brennpunktdefinition häufig schwierig. Aus der Mathematik ist bekannt, dass ein beliebiger Kegelschnitt eindeutig durch 5 Punkte definiert werden kann, wobei keine drei Punkte auf einer Gerade liegen dürfen. Daher kann die Konstruktionsabsicht auch umgesetzt werden, wenn der Bogen an entsprechenden Punkten ausgerichtet wird. Dabei kann es auch sinnvoll sein, bekannte zeichnerische Lösungen zur Kegelschnittkonstruktion für ausgewählte Punkte in der CAD-Skizze umzusetzen. Bessere Möglichkeiten ergeben sich allerdings durch die bereits oben genannten analytischen Lösungsmöglichkeiten.

3.3.4 Ebene Splinekurven

Unter einem *Spline* wurde ursprünglich ein flexibler dünner Stab verstanden, der mit minimaler Krümmung vorgegebene Punkte berührt. Diese *Biegelinien* wurden ursprünglich über kubische Funktionen beschrieben. Inzwischen hat sich eine allgemeinere Sichtweise auf den Spline-Begriff etabliert, so dass darunter mehrfach stetig differenzierbare Funktionen verstanden werden, die segmentweise durch Polynome n-ten Grades beschrieben werden.

Nachfolgend sollen zunächst nur ebene Spline-Kurven betrachtet werden, die im Skizzierer durch zwei und mehr Punkte definiert werden können.

Abbildung 3-16 zeigt eine Kurve, die durch 4 Punkte definiert wurde. Dabei werden vom System zunächst nur die beiden Endpunkte mit Bemaßungen versehen, die dann entsprechend angepasst werden können. Die direkte Anpassung der im Spline-Dialog gesetzten Zwischenpunkte ist nur möglich, wenn diese auch bemaßt werden.

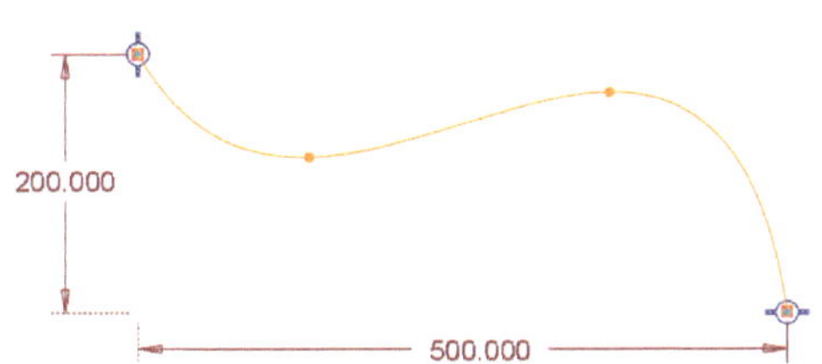

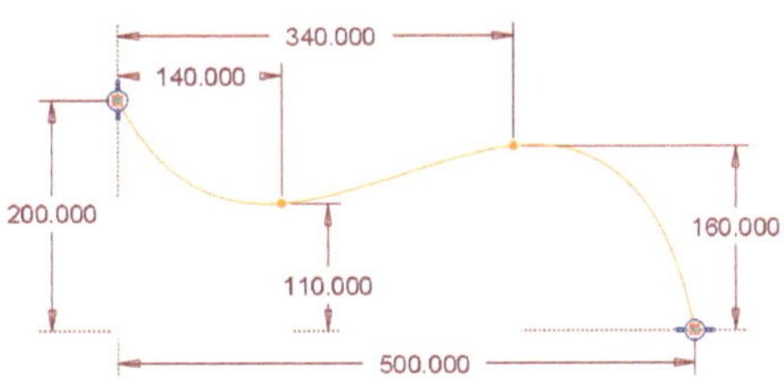

Abbildung 3-16: Splineinterpolation

Um die Kurveneigenschaften noch weiterreichender beeinflussen zu können, ist die Änderungsoption für diesen Spline zu aktivieren, z. B. durch Doppelklick oder nach Auswahl über die rechte Maustaste auswählbare Option *Ändern*:

Auswahl(Spline) → *RMT* → *Ändern*

Über den Anpassungsdialog kann dann in den Steuerpolygonmodus gewechselt werden.

Die eigentliche Bemaßung dieser Steuerpunkte erfolgt dann wieder im Skizziermodus. Bei diesem Wechsel zwischen Interpolation und Approximation gehen allerdings die eventuell bereits gesetzten zusätzlichen Bemaßungen verloren.

Abbildung 3-17 zeigt ein erzeugtes Bemaßungsschema für die Steuerpunkte des Spline aus Abbildung 3-16. Hier wurden an den Endpunkten auch Winkelbemaßungen erzeugt, mit denen letztendlich auch die Tangentialität in diesen beiden Punkten festgelegt werden kann.

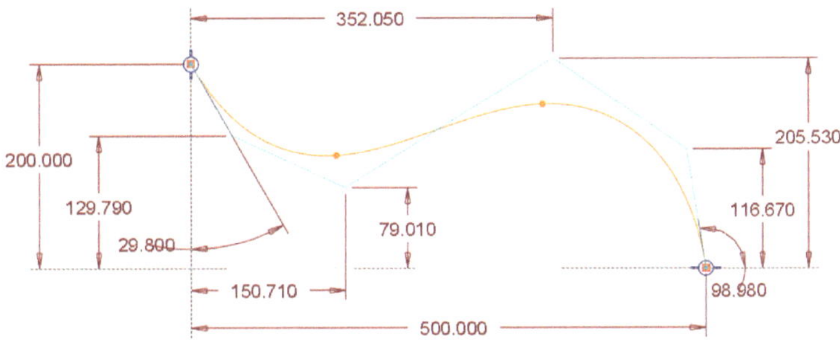

Abbildung 3-17: Bemaßung des Steuerpolygons

Wenn auch an anderen Stellen der Kurve Tangentenrichtungen vorgegeben werden sollen, muss in den Interpolationsmodus gewechselt werden. Abbildung 3-18 zeigt die Bemaßungen der Tangentenwinkel an den Interpolationspunkten.

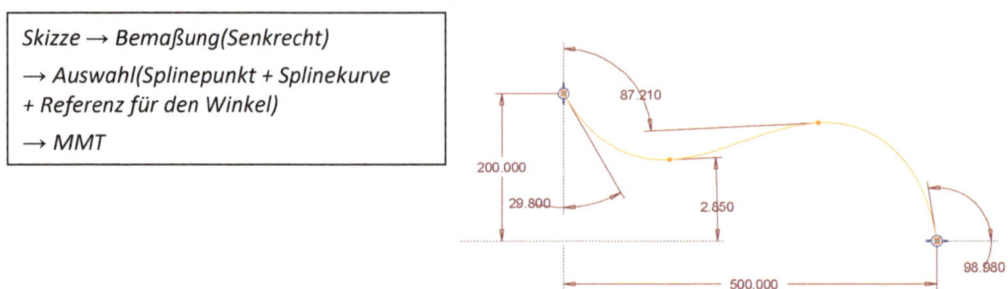

Abbildung 3-18: Tangentenbemaßungen an den Interpolationspunkten

Jede Anpassung eines Kontrollpunktes bewirkt die Verformung des Kurvensegments.

Nachfolgend soll noch gezeigt werden, wie Splinekurven tangenten- und krümmungsstetig mit anderen Kurvenelementen verbunden werden können. Der krümmungsstetige Übergang ist natürlich nur umsetzbar, wenn eine der beiden Kurven ein Spline ist.

Tangentiale Übergänge können über die vorhandene gleichnamige Option definiert werden.

Die Festlegung der Krümmungsstetigkeit erfolgt über die Gleichheitsbedingung. Im Beispiel (Abbildung 3-19) wurde die Splinekurve an einem Ende mit einer senkrechten 100 mm langen Linie krümmungsstetig verbunden. Die Krümmungsstetigkeit schließt die Tangentenstetigkeit ein.

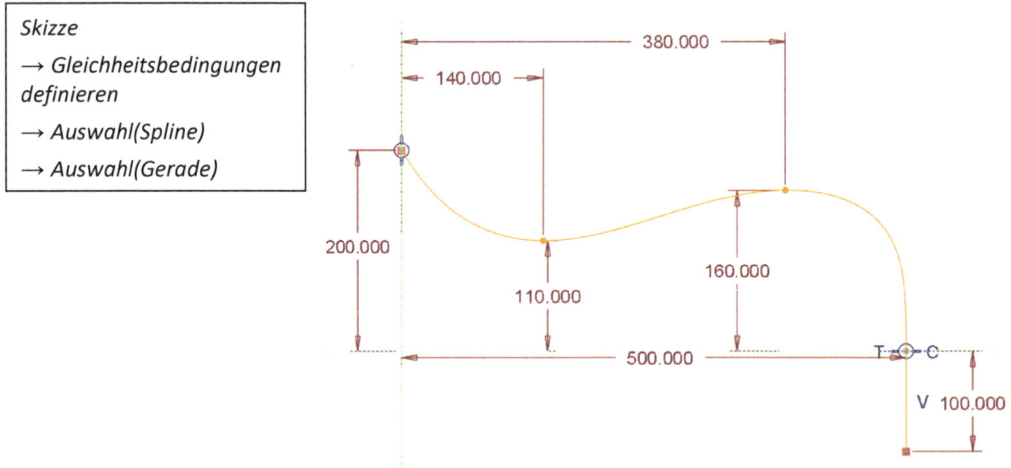

Abbildung 3-19: Krümmungsstetiger Kurvenverbund

3.4 Import von Bezugselementen

Auf die *Export-* und *Import-Funktionen* zum Datenaustausch mit anderen Systemen wird in Kapitel 3.9 etwas näher eingegangen. Nachfolgend soll vor allem auf den Import strukturierter Textdateien eingegangen werden, da deren externe Erzeugung mit jedem Editor erfolgen kann. Für Punkte, Kurven und Flächen kann das *ibl-*Format genutzt werden. Im betrachteten CAD-System sind Punktfelder aber auch als **.pts*-Dateien einlesbar. Bei Koordinatensystemen wird die Dateiendung **.trf* verwendet.

Punktefelder sollten über die Bezugspunktdefinition importiert werden. Das hat den Vorteil, dass diese Punkte dann auch im Modell noch bei Bedarf direkt verändert werden können. Vergleichbares gilt für den Import von Koordinatensystemen.

Das Einlesen anderer Bezugselemente erfolgt über:

Modell → Daten abrufen → Importieren

Die eingelesenen Elemente könnte dann über spezielle Editieroptionen weiter angepasst werden.

Tabelle 3-2 und Tabelle 3-3 enthalten die Punktelisten für zwei Bezugskurven, die außerhalb des CAD-Systems jeweils in die Textdatei zu schreiben sind. Pro Zeile ist nur ein Punkt einzutragen. Die Koordinatenwerte sind durch Leerzeichen zu trennen. Kommentare können nach einem Ausrufezeichen (!) eingegeben werden.

Tabelle 3-2: Punkteliste 1

EDITOR (Punktliste1.pts)

X	Y	Z
45	-10	0
30	-5	10
0	0	15
0	30	10
-5	45	0
0	30	-10
0	0	-15
30	-5	-10
45	-10	0

Tabelle 3-3: Punkteliste 2

EDITOR (Punkteliste2.pts)

X	Y	Z
0	8	6
-40	0	-5
-70	-2	-5
-90	10	5
-120	35	-10

Punktedateien sollten über die Bezugspunktoption (Abbildung 3-20) eingelesen werden. Hierdurch kann jeder Punkt auch nach dem Einlesen noch verändert werden.

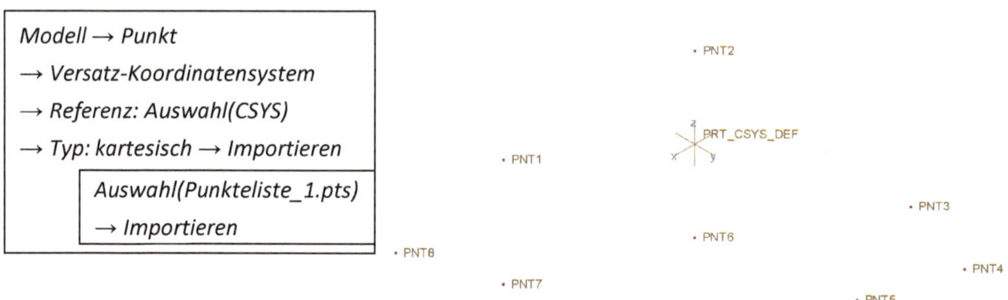

Abbildung 3-20: Punkteimport

Wenn beim Importieren der Bezugspunkte automatisch vom System eine Kurve erzeugt werden soll, muss die einzulesende Textdatei neben den Punktkoordinaten bestimmt Schlüsselwörter enthalten, um die einzelnen Kurvensegmente zu definieren. Sobald für ein Kurvensegment mehr als zwei Punkte definiert werden, erzeugt das System aus der importierten *ibl-Datei* eine Spline-Kurve, ansonsten Geraden. Im Beispiel wurde für die Erzeugung der Kurvendatei *Leitkurve1.ibl* (Tabelle 3-5) eine Kopie der Punktedatei (Tabelle 3-3) verwendet, die um einige Kopfzeilen erweitert wurde. Die Kurvendatei *Sattel.ibl* (Tabelle 3-4) enthält Kurven des im Kapitel 4 enthaltenen Sattels. Jede Sektion kann auch aus mehreren Kurven (*begin curve*) bestehen.

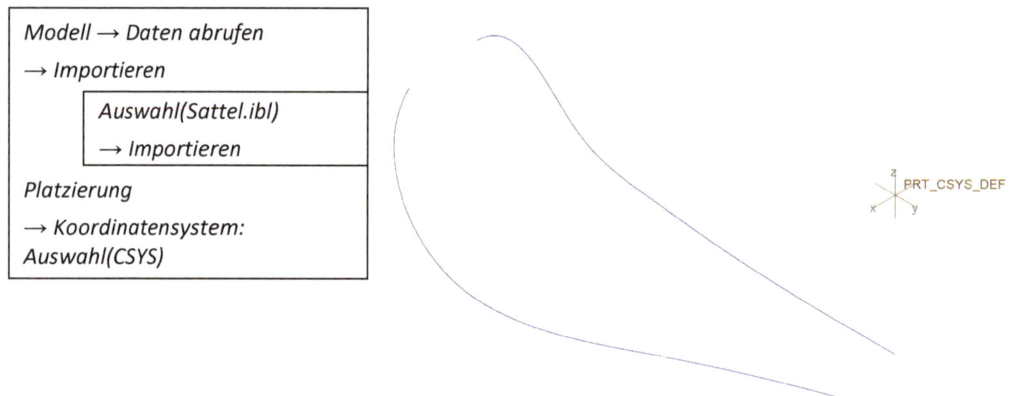

Abbildung 3-21: Kurvenimport

Tabelle 3-4: Kurvendatei 1

EDITOR (Sattel.ibl)

open		
arclength		
begin section		
begin curve		
-273	-54	44
-243	-76	81
-203	-109	84
-163	-134	54
-123	-129	43
-83	-120	37
0	-102	29
begin section		
begin curve		
-273	-49	0
-243	-39	0
-203	-70	0
-163	-81	0
-123	-86	0
-83	-89	0
0	-90	0

Tabelle 3-5: Kurvendatei 2

EDITOR (Leitkurve1.ibl)

open		
arclength		
begin section		
begin curve		
0	8	6
-40	0	-5
-70	-2	0
-90	10	5
-120	35	-10

Kurven können auch über den Befehl *Kurve aus Datei* eingelesen werden. Dieser befindet sich nicht in der Multifunktionsleiste und kann nur über die Befehlssuche aufgerufen werden. Diese Funktion bietet die Möglichkeit die Kurven im Nachhinein zu editieren. Beim Import von Kurven können über die Associative Topology Bus (ATB)-Schnittstelle diese aktuell gehalten werden. Dazu muss beim Import der *.ibl-Datei* die Schnittstelle aktiviert werden:

Daten abrufen → Importieren → Auswahl(.ibl) → ATB aktivieren → OK*

Wenn die Datei aktualisiert werden soll, kann jetzt über

Auswahl(Kurve) → Associative Topology Bus → Status prüfen
Auswahl(Kurve) → Associative Topology Bus → Aktualisieren

der Status überprüft und die Kurve aktualisiert werden.

Neben Punkten und Kurven können auch extern definierte Koordinatensysteme importiert werden. Den Aufbau einer entsprechenden *trf-Datei* zeigt Tabelle 3-6 an einem Beispiel.

Die erste Spalte enthält den Richtungsvektor der x-Achse, die zweite Spalte den der y-Achse bzw. einen Vektor, der gemeinsam mit der x-Vektor die XY-Ebene aufspannt. Die dritte Spalte ist für den Richtungsvektor der z-Achse vorgesehen. Diese Spalte wird aber beim Einlesen ignoriert, da die z-Richtung systemintern aus den beiden anderen Achsrichtungen auf Basis der

Rechte-Hand-Regel ermittelt wird. Aus diesen Richtungsvektoren werden systemintern die notwendiger Rotationswinkel ermittelt, die dann die gewünschte Orientierung bezogen auf das bereits vorhandene Koordinatensystem absichern und weitere Anpassungen ermöglichen (Abbildung 3-22). Die vierte Spalte der *trf-Datei* enthält den Translationsvektor, aus dem sich die Versatzkoordinaten bezogen auf den Ursprung ergeben.

Tabelle 3-6: Externe KS-Definition

EDITOR (Externes_KS.trf)

1	0	0	5
0	0.5	0.866	100
0	-0.866	0.5	250

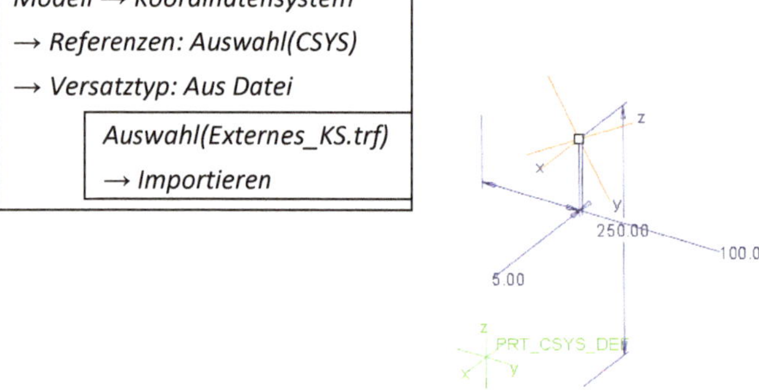

Abbildung 3-22: Einlesen eines externen Koordinatensystems

3.5 Benutzerdefinierte Bezugskurven

Häufig genutzte Möglichkeiten zur Erzeugung von *Bezugskurven* sind

- Skizzieren von ebenen Bezugskurven (siehe Kapitel 3.3)

- Einlesen von extern definierten Kurven (siehe Kapitel 3.4)

- Bezugskurven aus virtuellen Körperschnitten (→ *Kurve aus Querschnitt*) (Wenn Bezugskurven einem ebenen Querschnitt entsprechen sollen, ist vorher über den Ansichtsmanager ein Querschnitt zu definieren! Anschließend kann die Querschnittkurve als Bezugskurve auch im Modellbaum verankert werden.)

- analytische Beschreibung von Kurven in einer Parameterform (→ *Kurve aus Gleichung*)

- Kurvenerzeugung aus vorher definierten Punkten (→ *Kurve durch Punkte*)

- Ermittlung von Flächendurchdringungen (siehe Kapitel 3.6)

- Kurvenprojektion (siehe Kapitel 3.6)

3.5.1 Analytische Kurvenbeschreibung

Für die analytische Beschreibung von Kurven ist eine Parameterform zu verwenden, die sich auf ein auszuwählendes Koordinatensystem bezieht. Dabei muss noch festgelegt werden, ob die Kurvenbeschreibung für die kartesischen Koordinaten, für die Zylinder- oder für die Kugelkoordinaten erfolgt. In allen Kurvenbeschreibungen wird als Laufvariable der Parameter t verwendet, dessen Wertebereich in der Standardeinstellung von 0 bis 1 geht. Dieser Wertebereich kann aber im Definitionsdialog noch den Bedürfnissen angepasst werden.

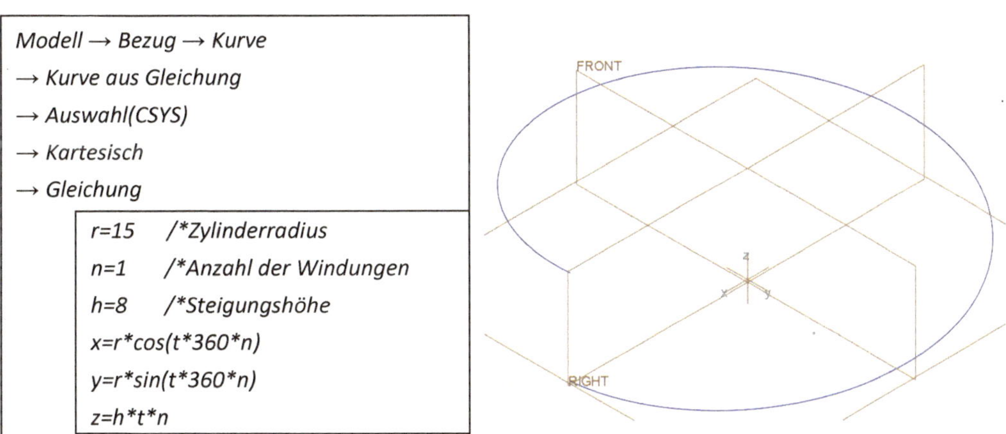

Abbildung 3-23: Parametrische Bezugskurve

Abbildung 3-23 zeigt eine Windung einer zylindrischen Schraubenlinie, die unter Einbeziehung des Gleichungseditors generiert wurde. Um auch diese Kurve anpassungsfähig hinsichtlich Radius, Steigung und Windungszahl im Modell zu integrieren, wurden vorher entsprechende gestaltbestimmende Parameter definiert. Dies kann bereits vorab im 3D-Modell über *Modellabsicht* geschehen oder (wie im Beispiel) erst im Gleichungseditor.

Für die Hyperbel in Abbildung 3-24 wurde ein Parameterform gewählt, die mit Zylinderkoordinaten einfach umsetzbar ist. Im Beispiel soll nun aber die Laufvariable *t* gleich den gewünschten Wertebereich von *theta* durchlaufen.

Diese Polargleichung kann auch für einen Parabel- oder Ellipsenbogen verwendet werden, wenn die Zwischengrößen *p* und *eps* entsprechend angepasst werden.

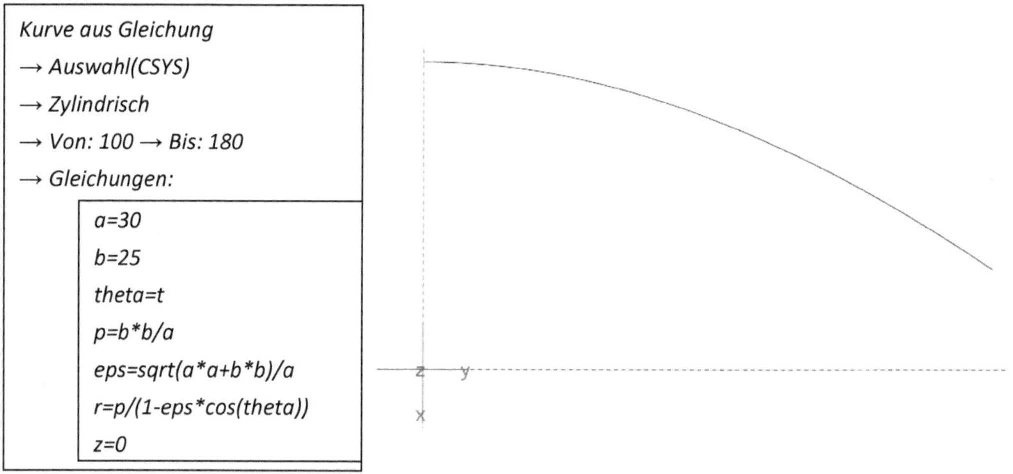

Abbildung 3-24: Hyperbeldefinition durch eine Gleichung

Wenn die Hyperbel nicht auf oder parallel zur XY-Ebene liegen soll, sondern beispielsweise in der YZ-Ebene, dann ist vorher ein entsprechend orientiertes Koordinatensystem zu erzeugen, welches dann als Referenz ausgewählt werden kann.

3.5.2   Kurven durch Punkte

Für das in Abbildung 3-25 dargestellte Beispiel wurde zunächst das Punktefeld generiert und anschließend die Kurve. Bei der Kurvenerzeugung wurde am Startpunkt die Splinedefinition so angepasst, dass die Kurve stets senkrecht auf die YZ-Ebene trifft. Hierbei ist bei der Richtung des Tangentenvektors darauf zu achten (evtl. *Umkehren*), dass er in Richtung der Kurve zeigt.

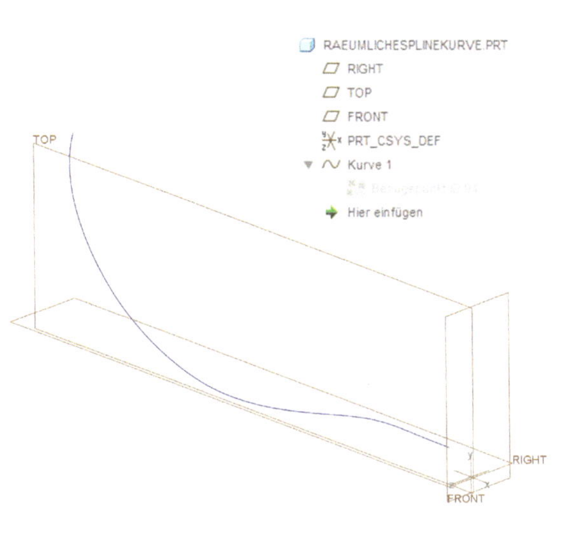

Bezugspunkt → Versatz-Koordinatensystem → Auswahl(CSYS)

→ Punkteingabe:

X	Y	Z
0	8	6
-40	0	-5
-70	-2	0
-90	10	5
-120	35	-10

Modellbaum → Auswahl(Punktefeld)

Bezug → Kurve → Kurve durch Punkte

→ Endenbedingung

→ Startpunkt → Endenbedingung: Normale → Auswahl(FRONT)

→ evtl. Richtung Umkehren

Abbildung 3-25: Räumliche Splinekurve

Für Abbildung 3-26 wurde nicht die Splineoption zur Punkteverknüpfung verwendet, sondern die Option *Gerade* mit *Verrundung hinzufügen*. An den so generierten Bezugskurven kann der Radius auch nachträglich den Erfordernissen angepasst werden. Je kleiner der Radius gewählt wird, desto mehr nähert sich die Kurve einem Polygonzug. Die Punkte wurden in diesem Beispiel über eine vorher erzeugte Punkteliste eingelesen.

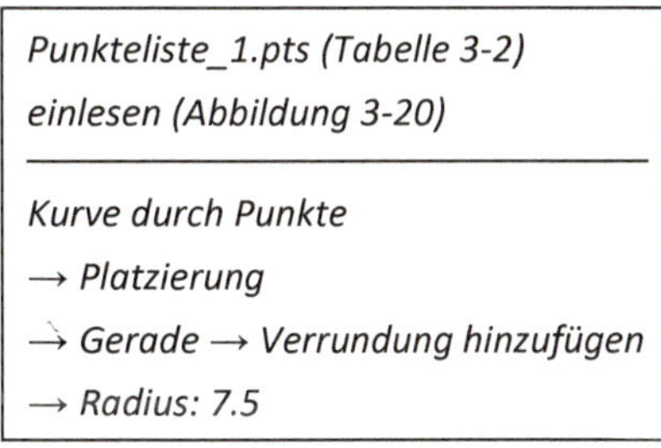

Punkteliste_1.pts (Tabelle 3-2)

einlesen (Abbildung 3-20)

Kurve durch Punkte

→ Platzierung

→ Gerade → Verrundung hinzufügen

→ Radius: 7.5

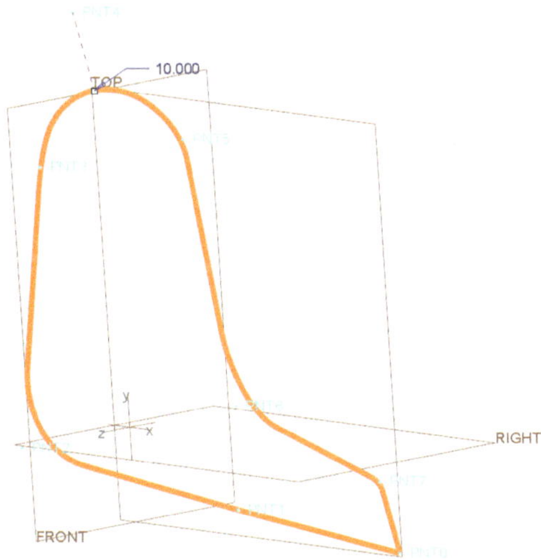

Abbildung 3-26: Stückweise gerade Bezugskurven

Sollen unterschiedliche Radien an den Eckpunkten realisiert werden, sind die Punkte über *Einzelpunkt* (anstelle von *Ganzes Array*) auszuwählen und mit einem Radius jeweils zu verändern. Sollen geschlossene Kurven entstehen, ist bei der Kurvendefinition als letzter Punkt nochmals der erste Punkt zu wählen. Im Bild ist zu erkennen, dass im Endpunkt dennoch nicht verrundet wird. Um das zu erreichen, müsste ein neuer zusätzlicher Punkt, der linear zwischen zwei bereits vorhandenen Punkten liegt, als Anfangs- und Endpunkt der zu schließenden Kurve ausgewählt werden.

Bei Splinekurven kann die Endenbedingung *Tangential* bei der Kurvendefinition genutzt werden, um die zuschließende Kurve den Erfordernissen anzupassen. Für das Beispiel wurde dazu durch den Start-/Endpunkt eine Hilfsachse erzeugt, die senkrecht zu der XY-Ebene liegt (Abbildung 3-27). Diese Achse muss im Modellbaum vor dem Kurven-Feature eingeordnet werden.

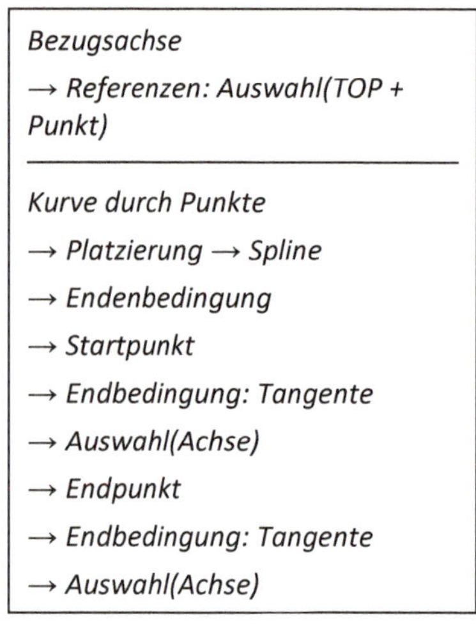

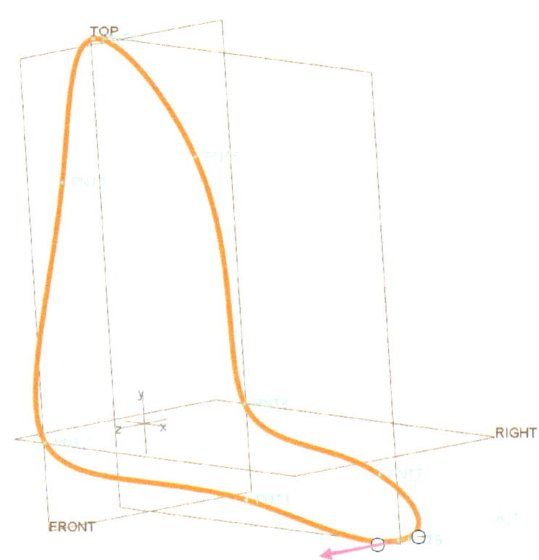

Abbildung 3-27: Tangential geschlossene Spline-Kurve

3.5.3   Punktmuster auf Bezugskurven

Auf einer im Modell bereits vorhandenen Kurve können bei Bedarf neue Bezugspunkte oder Punktefelder erzeugt werden. Das ist insbesondere dann wichtig, wenn ein oder mehrere Teilungspunkte in bestimmten Verhältnissen zur Bogenlänge auf der Kurve benötigt werden. Abbildung 3-28 zeigt, wie eine vorhandene Bezugskurve gleichmäßig mit einer definierten Anzahl von Punkten (im Beispiel sind es 11) belegt werden kann. Dafür wird zunächst ein Referenzpunkt erzeugt, entweder durch Angabe der Versatzbogenlänge oder wie im Beispiel durch die Option *Verhältnis*. Anschließend wird dieser Punkt entlang der Kurve gemustert. Der Inkrement-Wert ergibt sich bei gleichmäßiger Aufteilung aus 1/(Anzahl-1), da schon der erste Punkt bei der Punktanzahl mitgezählt wird.

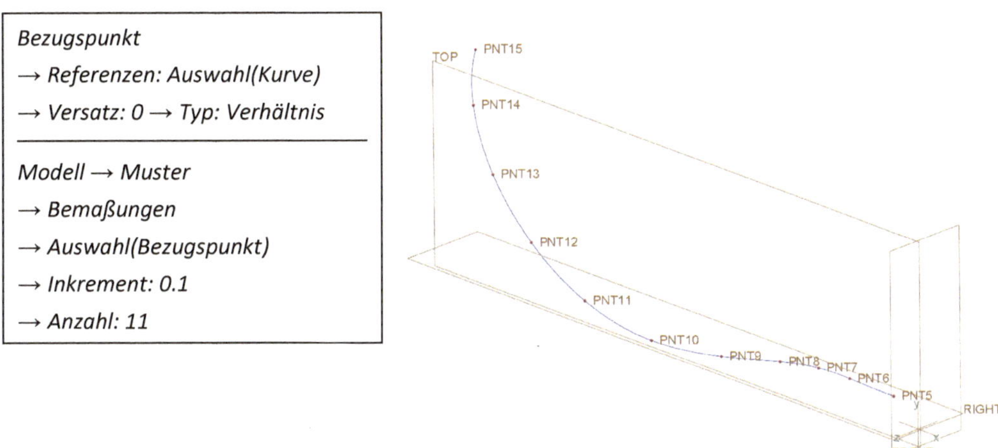

Abbildung 3-28: Punktmuster entlang einer Kurve

3.6   Referenzen aus Elementverknüpfungen

In Abbildung 3-29 wird eine Punktreferenz aus zwei Flächen und einer Ebene erzeugt.

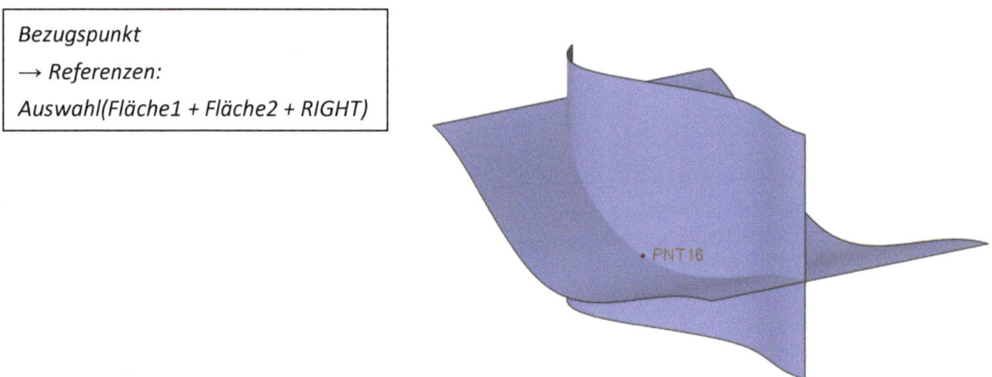

Abbildung 3-29: Punktreferenz

Nahezu jedes bereits rechnerintern vorhandene Geometrieelement kann als Referenz für andere Modellierungsschritte verwendet werden. Nicht in jedem Fall ist es jedoch erforderlich, mehrere Bezugsflächen nur gegeneinander zu trimmen bzw. zu verschneiden, um neue Referenzkurven bzw. Referenzpunkte zu erhalten.

Abbildung 3-30 zeigt dies am Beispiel einer Bezugskurve, die sich aus der virtuellen Durchdringung zweier nicht verknüpfter Flächenelemente ergibt.

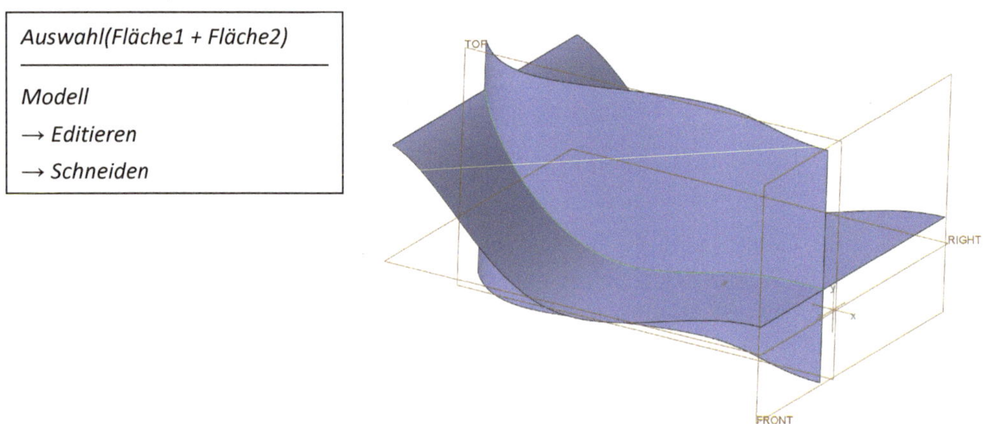

Abbildung 3-30: Verschneidungskurven

Aus den im Modell bereits vorhandenen Kurven können durch spezielle Projektionstechniken weitere Bezugskurven generiert werden.

In Abbildung 3-31 wird eine Bezugskurve durch eine senkrechte Parallelprojektion auf die RIGHT-Ebene übertragen, so dass sich eine neue Bezugskurve ergibt.

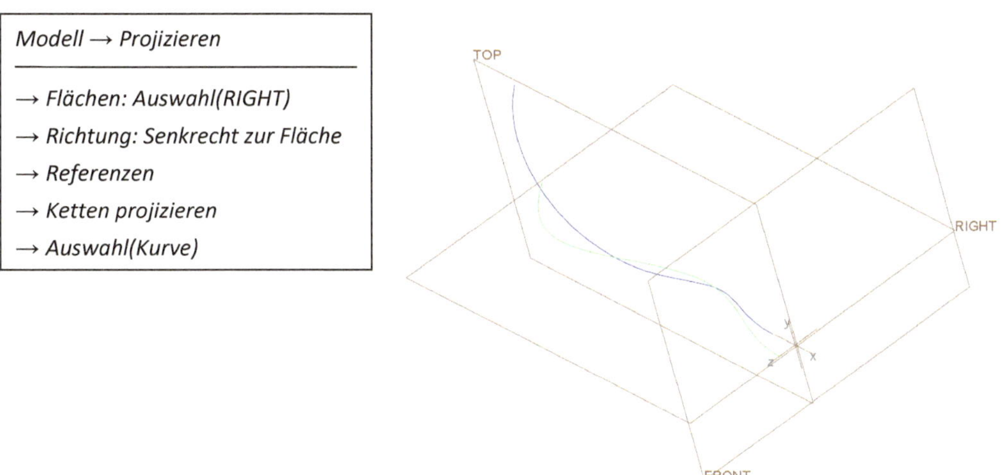

Abbildung 3-31: Projizierte Bezugskurve

Abbildung 3-32 zeigt, dass skizzierte ebene Bezugskurven durch spezielle Abbildungstechniken auf Oberflächen so übertragen werden können, dass die Bogenlängen dieser Kurven unverändert bleiben. Das gelingt allerdings nur, wenn diese Oberflächen *einfach* gekrümmt sind und zwischen den beteiligten Oberflächenelementen gerade Kanten oder zylinderförmige Verbindungen bestehen. Im Beispiel wurde ein Pyramidenstumpf mit einem skizzierten Oval versehen.

Die Vorschaugeometrie zeigt die gewickelte Bezugskurve auf der ersten Körperfläche bzw. Sammelfläche, die das Tool in der Standard-Wickelrichtung findet. Über das Kontextmenü kann nach Wunsch eine andere Fläche als Ziel gewählt werden. Im gewählten Beispiel gibt es allerdings dazu keine Alternativen.

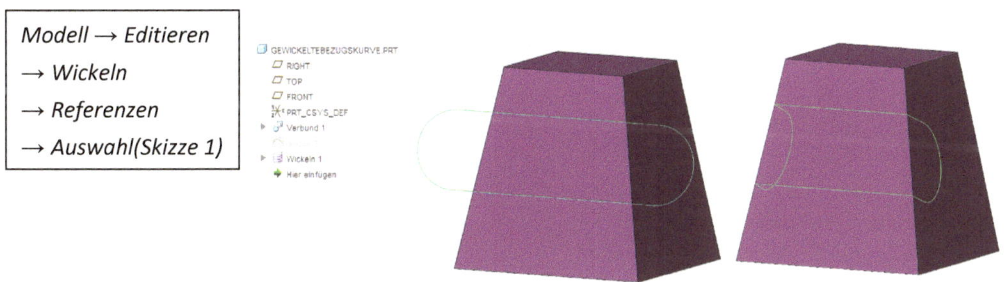

Abbildung 3-32: Gewickelte Bezugskurve

3.7 Referenzen aus Modellanalysen

Unter Einbeziehung von Modellanalysen können vor allem benötigte Punktreferenzen ermittelt werden. Dazu gehören Flächen- und Körperschwerpunkte sowie Punkte mit besonderen Lageeigenschaften zu bereits vorhandenen Elementen.

Üblicherweise ermittelt das System diese Modellgrößen nicht nach jedem Modellierungsschritt. Der Anwender hat aber die Möglichkeit, dies zu erzwingen, indem die Analyse in ein Konstruktionselement verwandelt und in den Modellbaum eingeordnet wird. Die so erzeugten neuen Bezugselemente sind allerdings nur im Modellfenster direkt auswählbar.

Abbildung 3-33 zeigt, wie der Körperschwerpunkt so ermittelt werden kann, dass er für nachfolgende Operation (zum Beispiel zur Erzeugung einer Bezugsachse) als Bezugspunkt zur Verfügung steht. Statt des Bezugspunktes bzw. zusätzlich könnte im Körperschwerpunkt auch ein weiteres Koordinatensystem erzeugt werden. Da es im gewählten Beispiel nur um die Ermittlung des Körperschwerpunktes ging, spielt der Dichte-Wert keine Rolle. Dennoch wird es sinnvoll sein, für das Teil vorher einen geeigneten Werkstoff festzulegen.

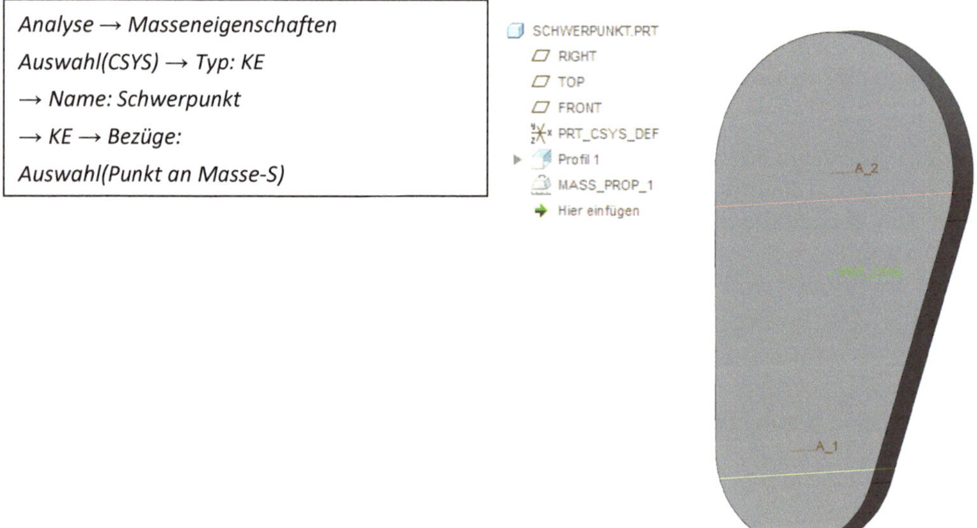

Abbildung 3-33: Körperschwerpunkt

Ähnlich kann vorgegangen werden, wenn der Schwerpunkt einer bereits vorhandenen Querschnittsfläche als Bezugspunkt für nachfolgende Modellierungsoptionen zur Verfügung stehen soll.

3.8   Abbildung von Modellzusammenhängen

3.8.1   Definition von Parametern und Beziehungen

Im Kapitel 2 wurde bereits erläutert, wie die Bezeichnung von Modellelementen und Geometrieparametern benutzerdefiniert angepasst werden können, um Modellzusammenhänge auch für Folgeprozesse deutlich zu machen.

Neben den Geometrieparametern können über

Werkzeuge → Parameter

noch weitere Parameter (Ganzzahl, Reelle Zahl, Zeichenfolge, Ja/Nein) definiert werden, die dann als Steuergrößen zum Geometrieaufbau oder zur Integration technischer Größen in komplexere Beziehungen dienen können. Dies geschieht über

Werkzeuge → Beziehungen

Abbildung 3-34 zeigt, wie Beziehungen zwischen Geometrieparametern dazu eingesetzt werden können, um Konstruktionsabsichten im Modell zu verankern.

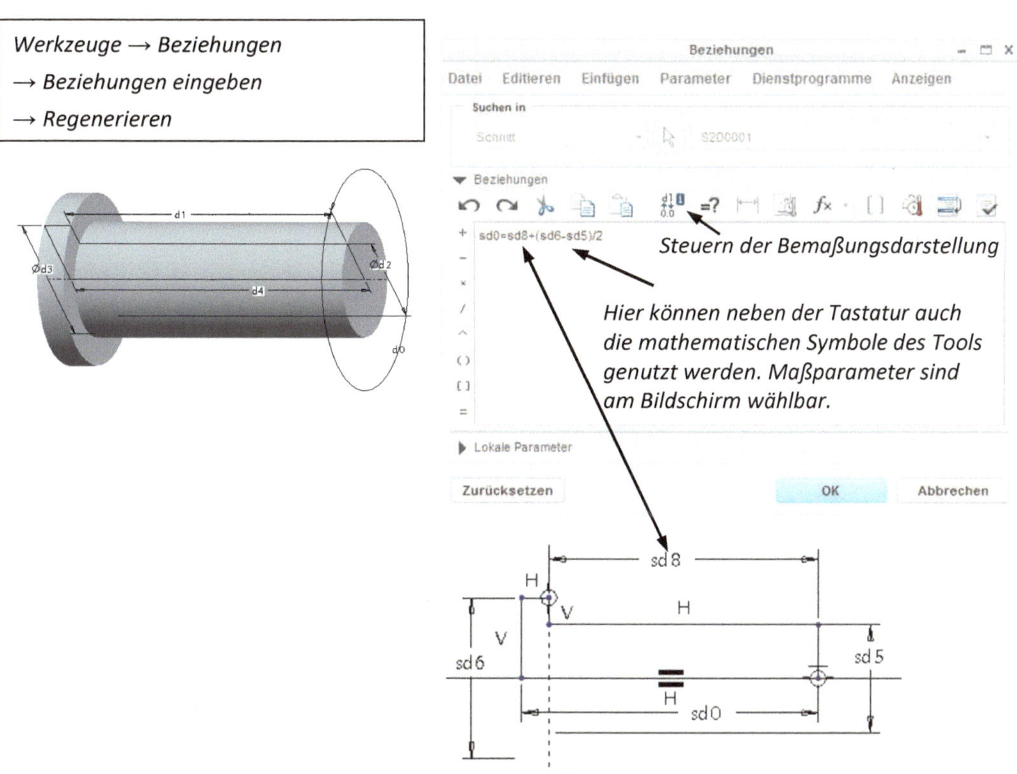

Abbildung 3-34: Maßanpassungen über Beziehungen

Bei der Bauteilmodellierung können Parameter und Beziehungen auch über die Option *Modellabsicht* eingefügt werden. Im Beispiel wurde bereits beim Skizzieren des Querschnitts das Beziehungstool genutzt, das in diesem Fall über *Werkzeuge* aufgerufen werden muss. Durch die angegebene Beziehung wird letztendlich die Dicke des Bolzenkopfes, die in diesem Fall nicht direkt als Bemaßung in der Skizze vorhanden ist, durch die beiden Durchmesserparameter gesteuert.

Die Maßsymbole sind der Bildschirmdarstellung zu entnehmen. Statt der Eingabe über die Tastatur können die Parameter auch während der Beziehungsdefinition auf dem Bildschirm oder aus einer Liste ausgewählt werden.

In der Abbildung 3-34 ist auch das Grobmodell des Bolzens mit den Modellparametern dargestellt. Es ist zu erkennen, dass die Geometrieparameter hier andere Namen haben. Systemintern sind die Skizzenparameter jedoch mit den Modellparametern verknüpft, so dass im Beispiel der Modellparameter d4 durch die im Skizzierer erzeugte Beziehung für sd0 gesteuert wird und daher auch nicht mehr geändert werden kann. Das Gleiche gilt auch umgekehrt, wenn die Beziehungen im 3D-Modell definiert werden. In Beziehungen können auch trigonometrische und andere mathematische Funktionen verwendet werden. Ebenso ist es möglich, neue Parameter zu erzeugen und in die Beziehungen zu integrieren. Darauf wird in einigen Anwendungsbeispielen noch ausführlicher eingegangen.

Beziehungen können unterschiedlichen Objekttypen zugeordnet werden. Die jeweils unterstützten Objekttypen (Teil, Baugruppe, KE, Schnitt, Muster, Bauteil, Skelett, …) können im Dialogfenster Beziehungen (*Suchen in*) angezeigt werden. Bei übergreifenden Beziehungen müssen während der Beziehungsdefinition die jeweiligen Komponenten bzw. Konstruktionselemente aktiviert und dann die entsprechenden Bemaßungen ausgewählt werden. In Baugruppen werden die Parameternamen um einen Index erweitert, so dass eindeutige Zuordnungen jederzeit gesichert sind.

Über die Option *Beziehungen* können nicht nur Gleichungen zur Berechnung oder Wertzuweisung für einen oder mehrere Parameter definiert werden. Möglich sind auch Ungleichungen, die beispielsweise für die Integration einer bedingten Anweisung benötigt werden, oder die Auflösung eines Gleichungssystems. Abbildung 3-35 enthält dazu ein einfaches Beispiel. Die Parameter a, b, c definieren den Quader und r den Radius der Rundung. Zusätzlich wurden die Parameter V (Volumen des Quaders (ohne Rundung)) und GL (Gesamtkantenlänge (ohne Rundung)) eingeführt. Im Modell wird nun (bei sinnvollen Eingaben) gesichert, dass das vorgegebene Volumen und die Gesamtkantenlänge und zusätzlich noch die definierte Abhängigkeit der Kantenlänge c von a und b eingehalten wird. Darüber hinaus wird nach der Gleichungslösung durch bedingte Zuweisungen gesichert, dass der Radius r noch sinnvoll ist.

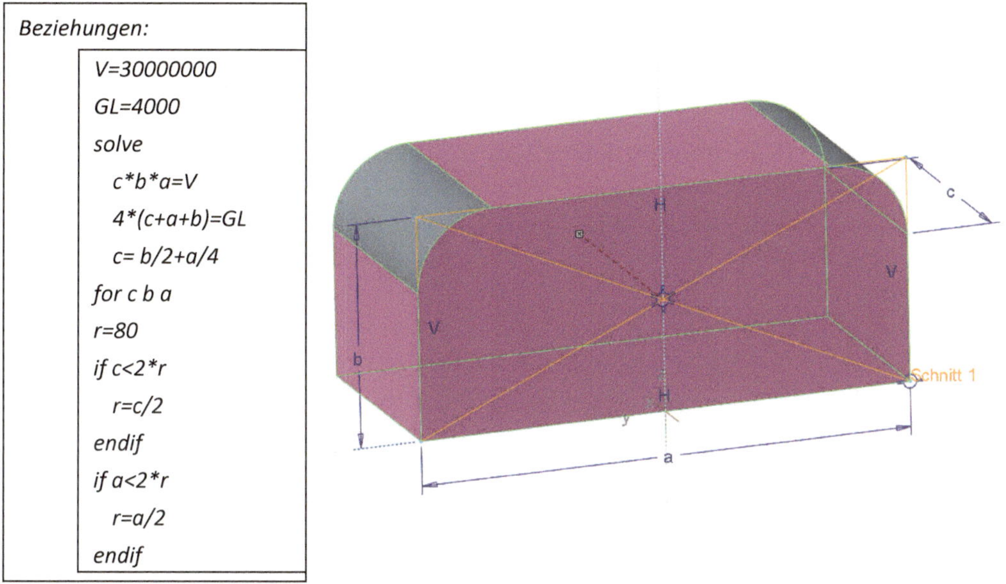

Abbildung 3-35: Modellbeziehungen

3.8.2   Zusammenfassen von Referenzen über Referenz-KE

Für Deklaration von Bezügen lassen sich Referenzen allgemein als *Referenz-KE* zusammenfassen:

Modell → Bezug → Referenz

Im Folgenden wird dies am Beispiel des *Handrades* gezeigt. Die Referenzen für die Rundungen werden über das Referenz-KE festgelegt (Abbildung 3-36). Das Referenz-KE funktioniert auch mit Fasen, Ebenen, Kurven, etc.

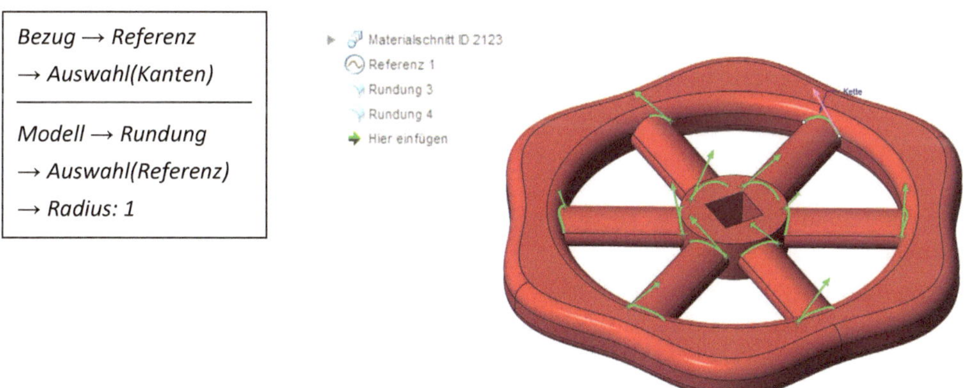

Abbildung 3-36: Referenz-KE

3.8.3   Graphgesteuerte Parameteranpassung

Zur rechnerinternen Abbildung von Parameterabhängigkeiten kann in *Creo* auch eine skizzierte Kurve (*Graph*) genutzt werden. Ein Graph kann auch auf Basis einer durchgeführten Analyse definiert werden. In Beziehungsdefinitionen können dann über die Auswertung dieser Graphen Modellparameter gesteuert werden.

Durch Vergleich zweier Graphen können Abweichungen der Verteilung eines bestimmten Parameters entlang eines anderen Parameters ermittelt werden. Darauf wird später noch ausführlicher eingegangen.

Mit Hilfe der Auswertungsfunktion *evalgraph(„graph_name", x)* können Bemaßungsparametern die im Graph-KE vorbestimmten Funktionswerte zugewiesen werden.

Das zweite Argument der Auswertungsfunktion gibt den Abszissenwert des Graphen an, für den der zugehörige Ordinatenwert zurückgegeben werden soll. Mehrfachlösungen bei der Auswertung sind nicht zulässig, d. h. Graphen dürfen für jeden beliebigen x-Wert nur genau einen y-Wert zurückgeben. Werte außerhalb des Graphen werden extrapoliert.

Abbildung 3-37 zeigt eine archimedische *Spirale*, die komplett in der XY-Ebene liegt. Eigenschaft dieser in Polarkoordinaten gegebenen Spirale ist, dass sich der Radius proportional zum Drehwinkel ändert und der Windungsabstand konstant bleibt.

Diese Kurve soll Ausgangspunkt sein, um daraus später dann einen Strömungskanal zu definieren, der tangential auf die z-Achse trifft.

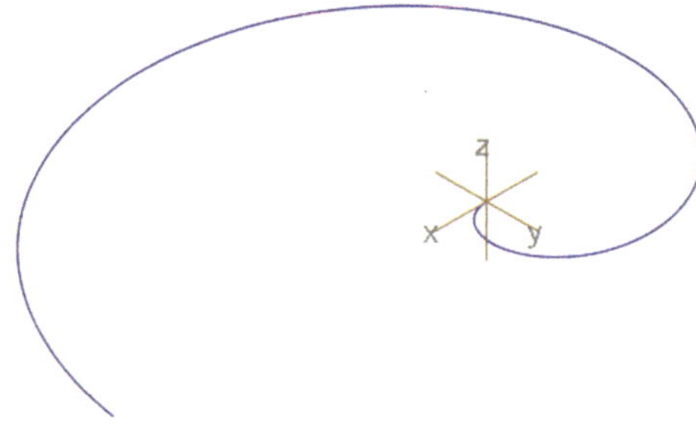

Bezug → Kurve → Kurve aus Gleichung

→ Auswahl(CSYS)

→ Zylindrisch

→ Von: 0° → Bis: 360°

→ Gleichungen:

a=40

theta=t

r=a*t*pi/180

Abbildung 3-37: Archimedische Spirale

Abbildung 3-39 zeigt die entsprechend angepasste Spirale. Der Wertebereich des Winkelparameters soll dabei von 0° bis 360° gehen. Über eine 2D-Graph-Beziehung werden nun die z-Koordinaten der Spirale geändert. Die Draufsicht dieser neuen Spirale ist identisch mit der archimedischen Spirale.

Abbildung 3-38 zeigt die Graph-Definition. Der Viertelkreis soll im Beispiel dafür sorgen, dass der tangentiale Übergang zur z-Achse und zur XY-Ebene gesichert wird. Hierfür hätte auch eine andere Kurve mit entsprechenden Tangentialitätsbedingungen genutzt werden können. Hieraus ergibt sich dann automatisch der Bereich, in dem die Spiralkurve auf der XY-Ebene bleibt.

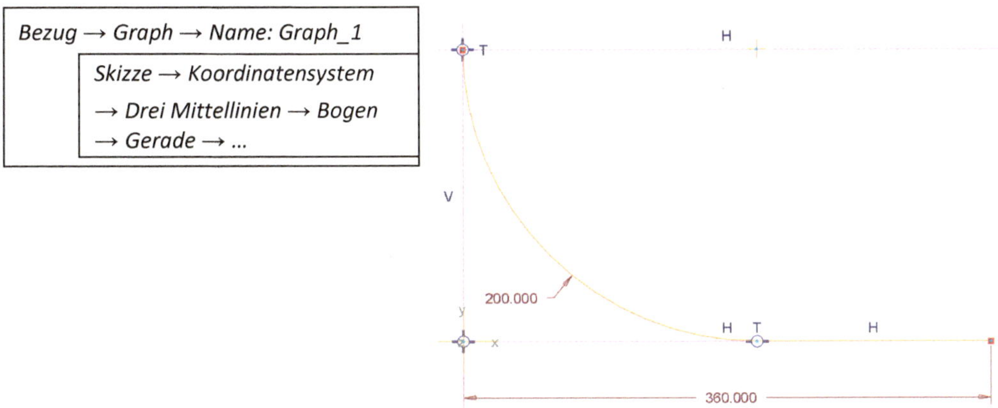

Abbildung 3-38: Graph-Definition

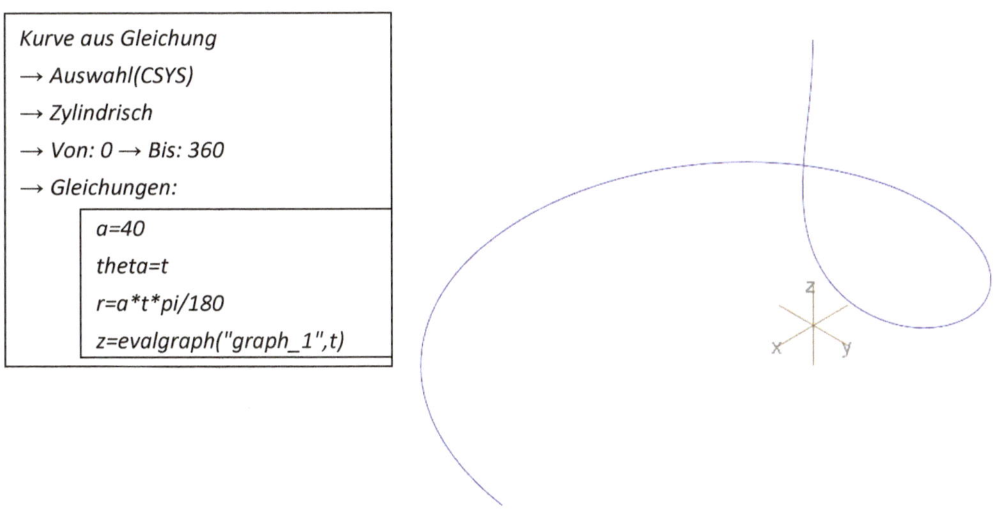

Abbildung 3-39: Graphgesteuerte Spirale

Bei eventuell notwendigen Veränderungen des Steigungsverlaufes der Spirale kann der Graph gelöscht oder auch vollständig neu gezeichnet werden, ohne dass die darauffolgenden Konstruktionselemente beeinträchtigt werden.

3.8.4   Steuerung von Modellzusammenhängen

Die Abbildung weiterreichender Produktmodellzusammenhänge kann in einer oder mehreren speziellen Layout-Dateien erfolgen, die über die Option

Datei → Neu → Notizbuch

erzeugt werden können.

Notizbücher werden mit der Dateiendung *.lay* gespeichert. Diese sind nicht zu verwechseln mit den Layout-Dateien mit der Dateiendung *.cem*.

Nach Festlegung der Blattgröße können Skizzen erzeugt oder auch vorhandene grafische Darstellungen (auch Schnittdarstellungen, aber nicht die 3D-Objekte selbst) eingebunden werden. Diese graphischen Darstellungen dienen nur der bildhaften Erläuterung von Zusammenhängen. Die gewünschte Konstruktionsabsicht wird in Form von Parameterdefinitionen und mathematische Beziehungen verankert. Diese *Notizbücher* werden einem oder mehreren Modellen zugeordnet. Die Inhalte können allerdings nur in der Notizbuch-Datei selbst verändert werden.

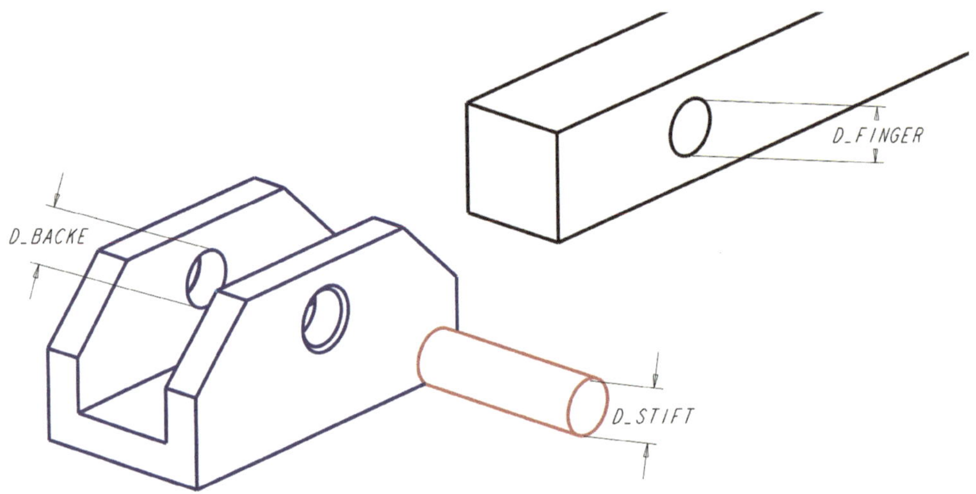

Abbildung 3-40: Erstellung eines Notizbuch-Layouts

Im Beispiel (Abbildung 3-40) wurde in das Notizbuch-Layout eine vorher erzeugte grafische Darstellung des Arms eingebunden. Es handelt sich um eine Explosionsdarstellung der Unterbaugruppe, die als CGM-Datei (siehe Kapitel 3.9.1) im Baugruppenmodus exportiert wurde:

Layout → Zeichnung/Daten importieren → Aus Datei: Auswahl(Arm.cgm)

Über

Skizze → ...

können diese Elemente auch weiter den Erfordernissen angepasst werden. Zur Einbindung der gewünschten Zusammenhänge wurden im Layout an den Bohrungen der Backen-, Finger- und Stiftskizze über

Anmerkungen → ...

entsprechende Bemaßungen erzeugt und den Bemaßungswerten die Parameternamen zugeordnet. Die Art der Bemaßungserstellung ist beliebig, da in erster Linie der visuelle Eindruck im Vordergrund steht. Die Parameternamen sollten möglichst nicht identisch mit Parameternamen sein, die in den später zugeordneten Modellen bereits enthalten sind.

Anschließend wurden diese Parameter über

Werkzeuge → Beziehungen

miteinander in Beziehung gesetzt, so dass nun zum Beispiel die Parameterwerte von *D-Finger* und *D-Stift* durch den Wert von *D-Backe* gesteuert werden.

Das so erstellte Notizbuch kann nun den jeweiligen Modelldateien über

Datei → Datei verwalten → Deklarieren → ...

oder über

Modell → Modellabsicht → Deklarieren → ...

zugeordnet werden, so dass die definierten Parameter und Beziehungen für weitere Aktionen im aktuellen Bauteil- oder Baugruppenmodell zur Verfügung stehen.

3.8.5 Erzeugung geometrischer Abhängigkeiten

Bei der Modellierung steht eine Reihe von Funktionen zur Verfügung, die es dem Nutzer ermöglichen, bereits vorhandene Elemente zu kopieren. Dabei kann noch festgelegt werden, ob die Duplikate von den gleichen oder neuen Geometrieparametern gesteuert werden sollen.

Zu den modellinternen Dupliziermethoden gehören das Spiegeln und Mustern von Elementen. Beispiele dazu sind in den folgenden Kapiteln enthalten. Möglich ist auch die Option

Modell → Kopieren → ... bzw. Copy & Paste

In jedem Fall müssen entsprechende Referenzen vorhanden sein.

Weiterreichende Möglichkeiten zum anpassungsfähigen Modellaufbau ergeben sich durch spezielle Bezugsreferenz-KEs durch die letztendlich benutzerdefinierten Flächensätze, Kantenketten und andere Bezugselemente als sogenannte *Absichtsobjekte* in die Modellierung eingebunden werden können. Durch die Verwendung dieser speziellen Referenzobjekte können topologische Änderungen an komplexeren Modellen leichter abgefangen werden. Wenn mehrere KEs auf das gleiche Absichtsobjekt referenzieren und nach einer Definitionsänderung des Absichtsobjekts eine Änderung erforderlich ist, werden die Konstruktionselemente, die auf das Absichtsobjekt referenzieren, automatisch aktualisiert. Auf das Absichtsobjekt kann auch über dessen Namen referenziert werden.

Modell → Bezug → Referenz

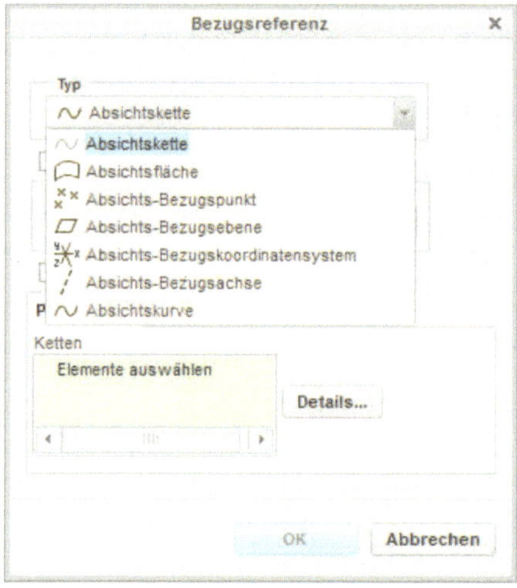

Abbildung 3-41: Absichtsobjekt

Die modellübergreifende Abbildung geometrischer Abhängigkeiten kann auch über *Kopie-Geo-metrie-KEs* oder eine *Geometrievererbung* erfolgen

Modell → Daten abrufen → ...

Mit Kopie-Geometrie-KEs können beliebige Arten geometrischer Referenzinformationen und benutzerdefinierte Parameter, aber keine (!) Volumenelemente weitergegeben werden. Alternativ zur benutzerdefinierten Auswahl von zu kopierenden Elementen kann eine zulässige Auswahlmenge bereits im Vorfeld im Quellenmodell als *Publiziergeometrie*

Modell → Modellabsicht → Publiziergeometrie

definiert werden. Dadurch können abgestimmte Konstruktionsabsichten leichter bzw. sicherer übernommen werden.

Vererbungs-KEs ermöglichen die assoziative Übertragung von Daten von einem Referenzmodell zu einem Zielmodell. Mit Vererbungs-KEs lassen sich Varianten bestehender Modelle erzeugen, die unterschiedliche Detaillierungsgrade aufweisen. Dadurch kann Materialgeometrie hinzugefügt oder auch entfernt werden. Ebenso kann eingestellt werden, ob die Abhängigkeit zum Referenzteil aufgehoben werden soll.

Bei der Baugruppenmodellierung besteht des Weiteren die Möglichkeit, als erste Komponente in das Baugruppenmodell ein sogenanntes Skelettmodell zu integrieren, das beliebige Bezugs- und Flächenelemente (aber keine Volumenelemente) enthalten kann.

Auf die nur kurz erläuterten besonderen Referenzierungsmöglichkeiten wird in den Anwendungsbeispielen noch etwas ausführlicher eingegangen.

3.9 Datenaustausch

3.9.1 Datenschnittstellen

Definierte Datenschnittstellen in durchgängigen CAx-Prozessketten sind dann erforderlich, wenn die zu integrierenden Softwaresysteme kein einheitliches Datenformat verwenden. Der Austausch von Daten erfolgt dann nach einem der folgenden Konzepte:

- direkte Konvertierung der Daten von einem System in das andere oder

- Verwendung eines systemneutralen Datenformates

Hierbei sind eine Reihe von Einstellungsoptionen für den Datenexport und Datenimport in den verschiedenen Datenformaten möglich. Darüber hinaus sind weitere Optionen in den Konfigurationsdateien einstellbar. Festzuhalten ist, dass in den meisten Fällen die Parametrik nicht mit exportiert werden kann. [1]

Das *Importieren* von Modell-Dateien erfolgt wie das Öffnen anderer Produktdateien. Das System fragt entsprechend dem Typ ab, was erzeugt werden soll (Teil, Baugruppe, Zeichnung, ...). Der Import wird durch die Ausgabe eines Informationsfensters, das verschiedene Informationen zu den importierten Elementen enthält, abgeschlossen.

Datei → Öffnen → Typ: Auswahl(Typ) → Auswahl(Datei) → Importieren → ...

Das *Exportieren* von bildlichen Darstellungen erfolgt entsprechend der aktuell eingestellten Darstellungsoptionen. Vektorgrafiken (z. B. im CGM-Format) können daher nur dann abgespeichert werden, wenn die schattierte Darstellung nicht aktiv ist. Pixelformate (TIF, JPEG, ...) sind dagegen immer ableitbar.

Datei → Speichern als → Typ: Auswahl(Typ) → ...

3.9.2 Aufbereitung importierter Daten

Zur Aufbereitung importierten Geometrien stehen im CAD-System verschiedene Optionen zur Verfügung. Von besonderem Interesse sind hier vor allem die Möglichkeiten zur Feature-Erkennung und zur Manipulierung der Flächenelemente. Im Folgenden werden die Funktionen im Rahmen eines Preprocessings hinsichtlich einer konstruktionsbegleitenden Simulation aufgezeigt. Bei dem in Abbildung 3-42 dargestellte Bauteil können nach Analyse der gegeben Last- und Randbedingungen die rot dargestellten Fasen und Nuten entfernt werden. Ebenso reicht es aus, durch die vorliegende Symmetrie (Geometrie wie auch Last), nur eine Hälfte des Bauteils zu simulieren. Dies reduziert die Anzahl der Netzelemente und verkürzt damit die Berechnungsdauer. Das Bauteil liegt als STEP-file vor.

Datei → Öffnen → Typ: Auswahl(STEP)
→ Importieren

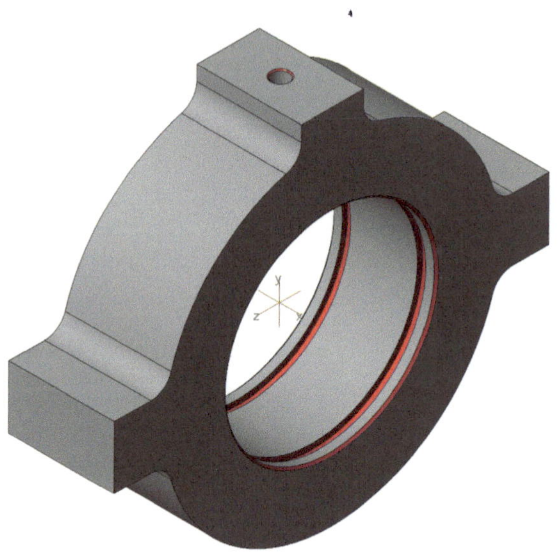

Abbildung 3-42: Importbauteil

Zunächst wird das Bauteil symmetrisch geschnitten und mittels flexibler Modellierung die Fasen und die Nut entfernt (Abbildung 3-43).

Modell → Ebene → Auswahl(CSYS)

Auswahl(Ebene) → Modell
→ Verbundvolumen

Flexible Modellierung
→ Fase editieren
→ Auswahl(Fasen am Modell)
→ Fase entfernen

Flexible Modellierung
→ Auswahl(Innenfläche der Nut)
→ Materialschnitt → Entfernen

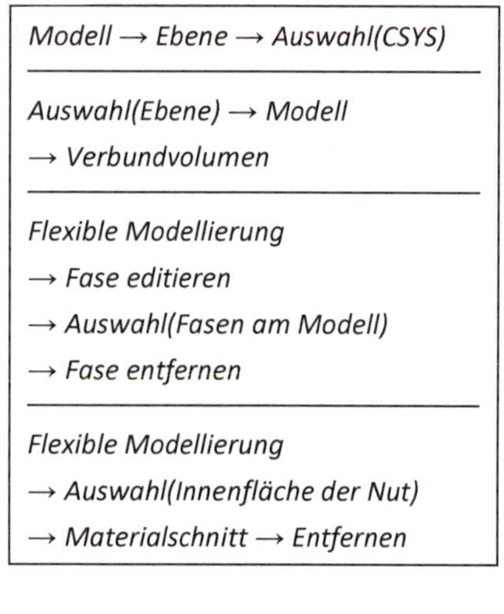

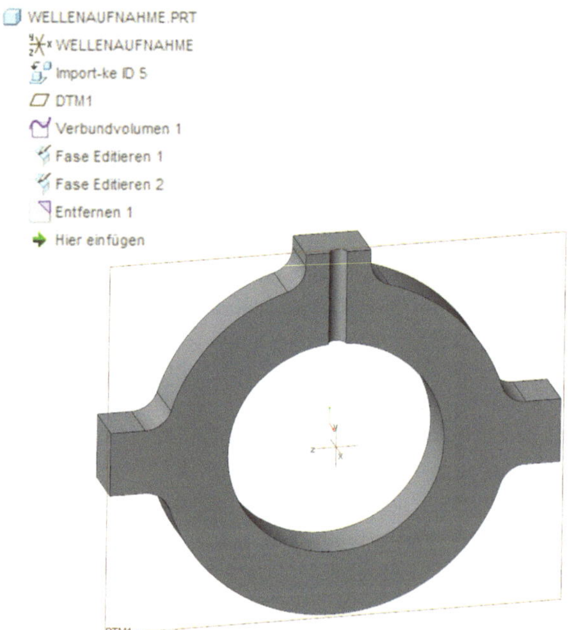

Abbildung 3-43: Vereinfachung des Importbauteils

Mit der flexiblen Modellierung können auch einzelne Elemente zu einem Feature zusammenge-fasst werden. So können auch hier z B. alle Rundungen in ein einziges Rundungsfeature definiert werden. Ebenso könnten auch Muster erkannt und editiert werden.

3.9.3 Massenzuweisung bei Importteilen

Beim Import von Bauteilen in neutralen Datenformaten kommt es oft vor, dass die Massenei-genschaften fehlerhaft sind. Diese Eigenschaften können Bauteilen auch manuell zugewiesen werden:

Datei → Vorbereiten → Modelleigenschaften → Materialien → Masseneigenschaften

Liegen Daten aus einen Bauteilkatalog vor, kann in diesem Fall die Zuweisung über

Masseneigenschaften → Eigenschaften definieren über: Geometrie und Parameter → Grund-eigenschaften → Masse: ...

erfolgen. Hierzu sind die geforderten Einheiten zu beachten. Werden die Masseneigenschaften über ein Analyse-KE ausgelesen, muss in diesen Fall wie folgt vorgegangen werden:

Analyse → Masseneigenschaften → Analyse → Zugewiesen

4 Bauteilmodellierung

4.1 Die Arbeitsumgebung

Die Aktivierung der Arbeitsumgebung zur Bauteilmodellierung erfolgt für neue Teile über das Icon oder die Menüleiste:

Datei → Neu → Typ: Teil → Untertyp: Auswahl(Untertyp) → …

Falls die Standardschablone für zu integrierende Bezugselemente deaktiviert wird, kann in einem weiteren Dialogfenster die Schablone aus bereits vorhandenen Alternativen ausgewählt werden.

4.1.1 Modellierungsoptionen

Für die Modellgenerierung können verschiedene Techniken der volumen-, querschnitts- oder oberflächenorientierten Modellierung auch kombiniert und unter Einsatz leistungsfähiger parametrischer oder direkter Modellanpassungen genutzt werden. Einige dieser Optionen zur Bauteilmodellierung werden in diesem Kapitel ausführlicher erläutert.

Für häufig genutzte Funktionen zur Modellgenerierung und Modellaufbereitung gibt es grafische Symbole. Der komplette Funktionsvorrat verbirgt sich hinter den Optionen der Hauptmenüleiste.

Ein Bauteil wird schrittweise aus geeigneten Konstruktionselementen (Features) aufgebaut. Hier sollte darauf geachtet werden, dass die Bearbeitungsfeatures zur Feingestaltung (Rundungen, Fasen, Bohrungen, ...) erst nach Fertigstellung der Grobgestalt im Modellbaum aufgeführt werden. So kann vermieden werden, dass unnötige Referenzierungen bzw. *Eltern-Kind-Beziehungen* im Datenmodell hinterlegt werden.

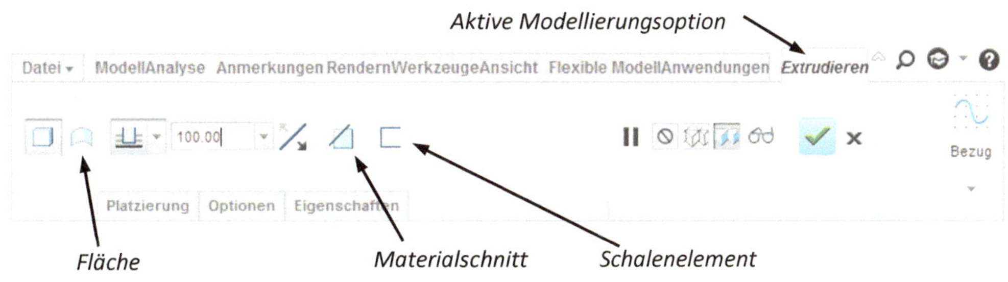

Abbildung 4-1: Definitionsleiste für das Extrudieren

Bei dem schrittweisen Modellaufbau werden vom System vorübergehend weitere Dialogelemente auf dem Bildschirm eingeblendet. Abbildung 4-1 zeigt dies für die Generierung eines Profilkörpers. Aktuelle Optionen sind grau hinterlegt. Wenn ein Flächenelement generiert werden soll, ist daher die Option *Fläche* zu aktivieren. Damit wird automatisch die Option *Volumen* deaktiviert. Ein *Materialschnitt* ist erst wählbar, wenn bereits ein zu bearbeitendes Konstruktionselement vorhanden ist. Bei der Aktivierung der Option *Schalenelement* öffnet sich ein weiteres Werteingabefenster. Ebenso muss hierfür über einen Richtungsschalter festgelegt werden, ob nach innen, nach außen oder beidseitig aufgedickt wird.

4.1.2   Skizzierte Bezugselemente

Bei querschnittorientierter Modellierung sind prinzipiell zwei Vorgehensweisen für die Erstellung der Gestalt bestimmenden ebenen Bezugskurven denkbar. Zum einen kann jede Kurve zunächst als eigenständiges Bezugselement definiert werden, zum anderen kann die Skizzendefinition auch erst im Zusammenhang mit einer Komponentenerzeugung initiiert werden.

Im ersten Fall wird die *Skizze* als referenzierte Kopie in die Komponente eingebunden. Sowohl die Skizze als auch das mit ihr erzeugte KE erscheinen in der obersten Stufe des Modellbaums, wobei diese *externe* Skizze ausgeblendet wird. Soll die Skizze für weitere KEs verwendet werden, ist sie einzublenden (Kontextmenü). Wird die Verknüpfung von Skizze und Komponente aufgelöst (Abbildung 4-2), so wird eine Skizzenkopie in das KE eingebunden, die dann wie eine interne Skizze behandelt wird.

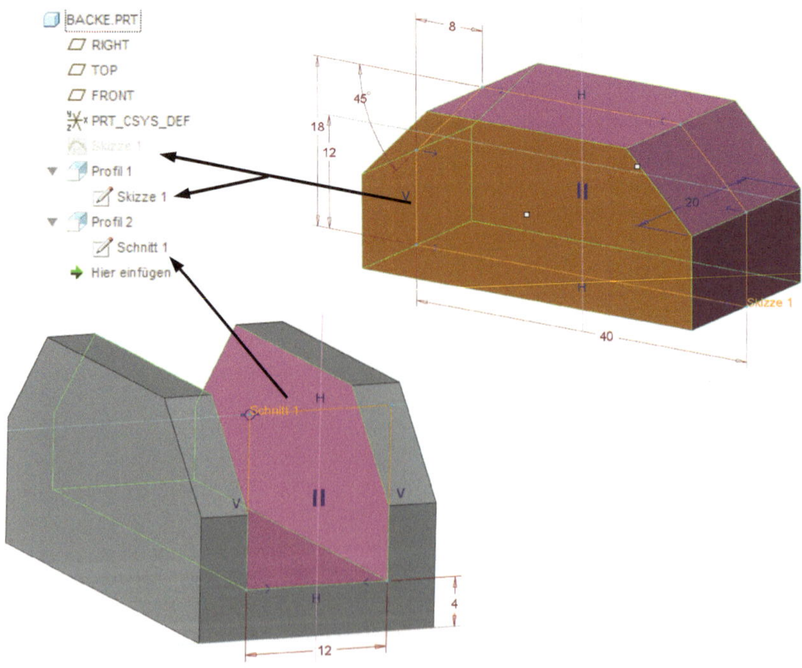

Abbildung 4-2: Skizzenintegration

Wenn die Skizze erst innerhalb des KEs erzeugt wird, bleibt sie im KE gekapselt und steht nur diesem zur Verfügung. Dies zeigt sich auch in der vom System vorgeschlagenen Namensgebung. Die externe Skizze wird mit *Skizze x* und die KE-interne Skizze mit *Schnitt x* benannt (Abbildung 4-2).

Für jede Skizzendefinition ist eine geeignete Bezugsebene oder eine bereits vorhandene Bauteilebene auszuwählen. Die Auswahl der Arbeitsebene ist erst abgeschlossen, wenn auch die Blickrichtung auf die Skizze und die Lage des *Skizzenblattes* festgelegt wurden. Dazu wird eine weitere (orthogonale) Referenzebene benötigt. Die Arbeit mit dem Skizziertool wurde schon in Kapitel 3 erläutert.

Nachfolgend wird kurz auf die beiden Skizzen im Bauteil *Backe* eingegangen. *Skizze1* wurde zunächst als eigenständiges Bezugselement im Bauteilmodell erzeugt. Die Skizzenreferenzen wurden so gewählt, dass der Koordinatenursprung dort liegt, wo später noch eine Bohrung platziert werden soll. Da es sich im Beispiel um ein symmetrisches Querschnittprofil handelt, sollten Symmetrieeigenschaften auch im Skizzenmodell verankert werden (Abbildung 4-3).

Bei vorhandenen Mittellinien zeigt das System bei der weiteren Elementerzeugung erkannte Symmetrieeigenschaften an. Symmetriebedingungen können jedoch auch nach der groben Fertigstellung der Skizze manuell im Modell erzeugt werden.

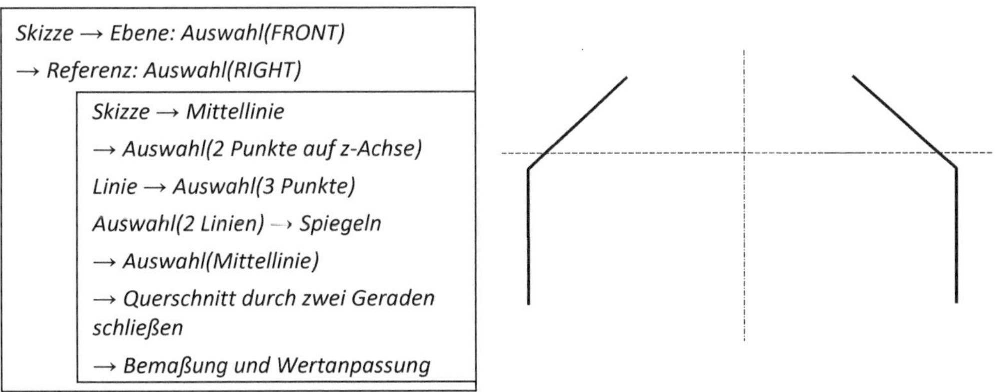

Abbildung 4-3: Externe Skizze für das Profil der Backe

Wie aus der Skizze dann der Backengrundkörper erzeugt wird, ist in Abbildung 4-5 verdeutlicht.

Der *Schnitt 1* für das *Profil 2* wurde als interne Skizze erzeugt. Hier ist daher zunächst die Modellierungsoption *Profil* zu wählen. Als Skizzierebene soll eine der beiden bereits vorhandenen Stirnflächen der Backe gewählt werden. Als Schnittwerkzeug wird ein symmetrisches Rechteck gezeichnet, dessen obere Kante mit dem bereits vorhandenen Körperumriss ausgerichtet wird. Da sich die Bemaßungen im Beispiel auf bereits vorhandene Körperkanten beziehen, werden in der Skizze entsprechenden Referenzen hinzugefügt.

Zu beachten ist, dass die erzeugten Konturen für eine Vollkörpergenerierung immer eine geschlossene Schleife bilden müssen. Eine Überprüfung kann mit den Diagnosetools (Kapitel 3.3.1) durchgeführt werden.

> *Profil → Material entfernen*
>
> *→ Platzierung → Auswahl(Stirnfläche)*
>
> > *Skizze → Referenzen → Auswahl(obere Kante, untere Kante, FRONT)*
> >
> > *→ Mittellinie → Auswahl(2 Punkte)*
> >
> > *→ Rechteck*
> >
> > *→ Bemaßung und Wertanpassung*

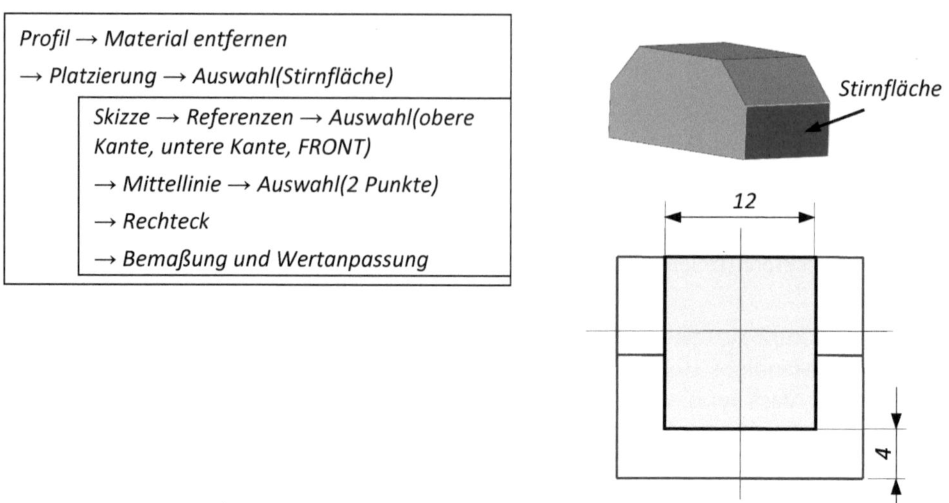

Abbildung 4-4: Interne Skizze für den Materialschnitt der Backe

4.2 Profil- und Rotationskörper

4.2.1 Einführende Beispiele

Häufig werden *Profil-* oder *Rotationskörper* die ersten Gestaltungselemente sein, mit denen die Bauteilmodellierung begonnen wird. Charakteristisch für diese Bauteile ist, dass sie einen gestaltbestimmenden Querschnitt haben. Dieser kann neu erstellt oder aus bereits vorhandenen Komponenten übernommen werden. Abbildung 4-5 zeigt, mit welchen Optionen aus der Skizze die Grobgestalt dieses Bauteils generiert wurde.

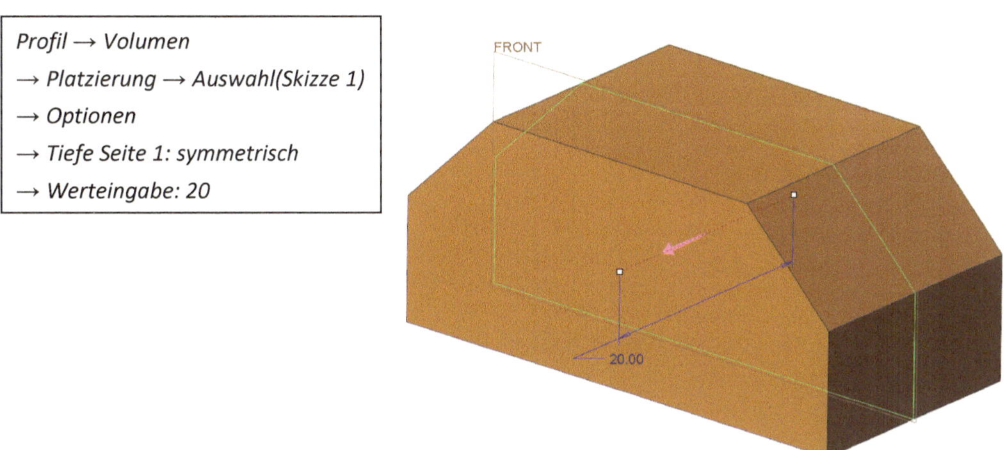

Abbildung 4-5: Profilkörperdefinition

Im Definitionsdialog für das Profil wird die räumliche Ausdehnung senkrecht zum Profil festgelegt. Hier stehen neben einer Maßangabe verschiedene Optionen zur Verfügung, die sich auf vorhandene Geometrieelemente beziehen. Für das Grobmodell der Backe wurde eine zur Skizzierebene symmetrische Ausdehnung von 20 mm erzeugt.

In die Querschnittskizze hätte auch ein Kreis integriert werden können, um gleich die Bohrung mit zu erzeugen. Üblicherweise werden Bohrungen jedoch über entsprechende Features in das 3D-Modell integriert. An sich wäre es völlig ausreichend, für die Backe zunächst nur einen Quader (40 x 18 x 20) zu generieren, denn auch die beiden Abschrägungen können über ein spezielles Konstruktionsfeature (*Fase*) erzeugt werden.

Für den in Abbildung 4-4 definierten Materialschnitt wurde keine Tiefe festgelegt, sondern die Option *Durch alles* genutzt. Diese Festlegung sichert, dass die Nut auch bei Änderungen das ganze Bauteil erfasst. Alternativ hätte auch die Option *Bis Fläche* gewählt werden können. Wenn für den Materialschnitt statt der Bauteilebene die mittige Bezugsebene genutzt wird, muss auch in die entgegengesetzte Richtung extrudiert werden. Das kann über den Reiter *Optionen* festgelegt werden. Bei Unklarheiten sollte die Voranzeige genutzt werden. Gleiches gilt für die Materialrichtung, durch die festgelegt wird, ob das innere oder das äußere Material weggeschnitten wird.

Analog zur erläuterten Vorgehensweise für Profilkörper können auch *Drehkörper* generiert werden, wobei nun statt der Längenausprägung ein Winkel (0 – 360°) festzulegen ist. In Abbildung 4-6 ist die Rotationsskizze für den in der Greiferbaugruppe benötigten *Stift* dargestellt. Die Querschnittsskizze eines Rotationskörpers sollte eine Mittellinie bzw. Rotationsachse enthalten, da so auch die Abstandsmaße in Richtung Rotationsachse bereits als Durchmesser bemaßt werden können. Im Beispiel sind zwei Mittellinien dargestellt. Die senkrechte Mittellinie ist als Konstruktionsmittellinie zu definieren, da diese im Beispiel nur dazu dienen soll, beide Stiftenden symmetrisch zu gestalten. Die Rotationsachse ist dagegen als Geometriemittellinie zu erzeugen.

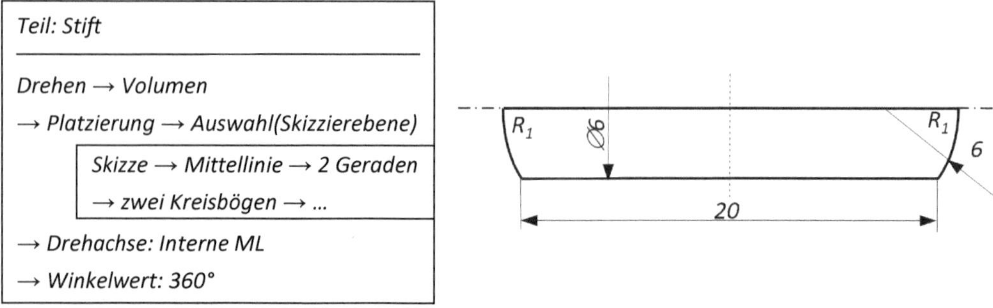

Abbildung 4-6: Rotationsteil

Zur Modellierung des zylindrischen Gehäuses der Baugruppe *Greifer* (Abbildung 4-7) wurde die Volumenkörperoption *Skizze aufdicken* verwendet, so dass das Bauteil gleich als Hohlzylinder generiert werden kann. Im Beispiel besteht die Rotationsskizze daher nur aus einer Geraden und einer Geometriemitteline. Für die so entstehende Zylinderfläche ist noch die Dicke und die Richtung der Aufdickung festzulegen. Hier stehen drei Optionen zur Verfügung, die über das Richtungssymbol ausgewählt werden können.

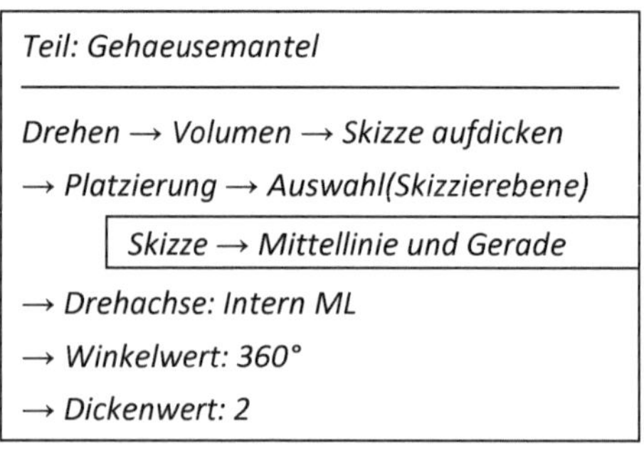

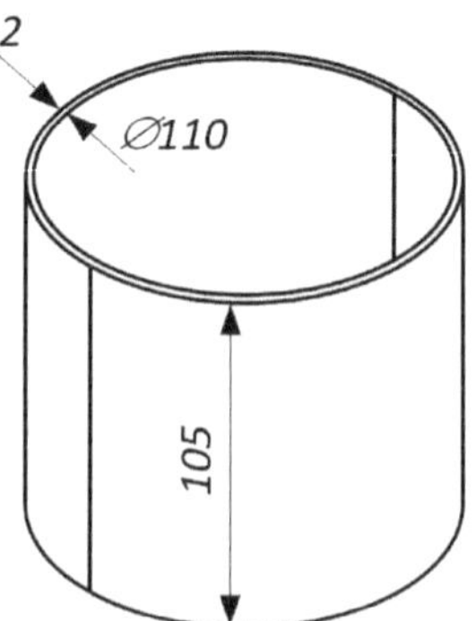

Abbildung 4-7: Gehäusemantel

Alternativ zum *Drehen* kann der *Gehäusemantel* auch über *Extrudieren, Zug-KE, Verbund* oder andere Modellierungsstrategien erzeugt werden. Nicht alles davon ist für das betrachtete Beispiel sinnvoll. Wenn das Bauteil aus Blech gefertigt werden soll, kann hierfür von vornherein der Teil-Untertyp *Blech* gewählt werden (mehr dazu im Kapitel 4.10).

4.2.2 Anwendungsbeispiel „Ventilkorpus"

Abbildung 4-8 zeigt die Modellierungskomponenten für das Grobmodell eines *Ventilkorpus*. Bevor mit der Modellierung begonnen wird, werden zwei Bezugsachsen (z-Achse *A_1* und y-Achse *A_2*) sowie eine weitere Bezugsebene (parallel zu *RIGHT*) eingefügt. Der Ventilkorpus wird zunächst als Vollkörper modelliert, um die Featureverknüpfungen bzw. die durchzuführenden Materialschnitte nicht unnötig kompliziert zu machen.

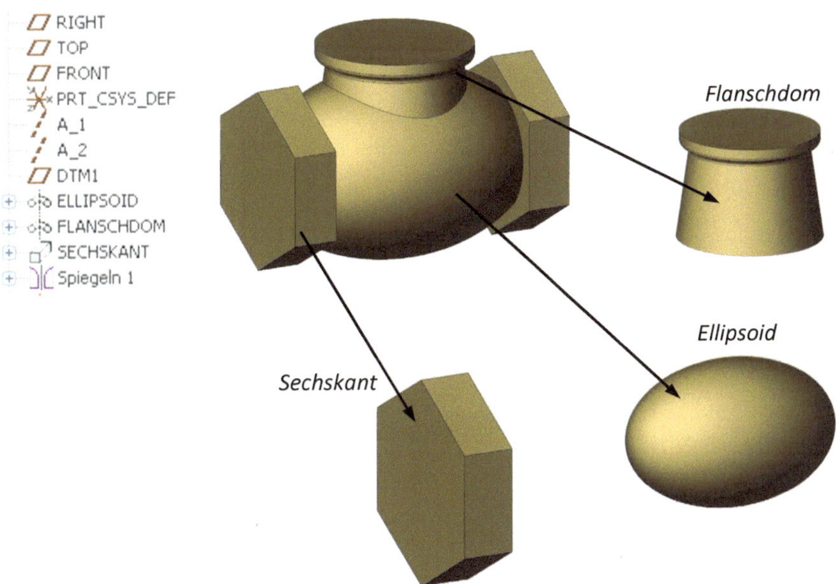

Abbildung 4-8: Modellbaum und Volumenelemente des grobgestalteten Ventilgehäuses

Die Reihenfolge der Modellierung ist bei den drei Ausgangskörperelementen gleichgültig, da hier keine wechselseitigen Referenzen nötig sind. Im gewählten Beispiel werden die Features umbenannt, so dass schon im Modellbaum das entsprechende Körperelement erkennbar wird.

Abbildung 4-9 zeigt die Modellierung des Rotationselementes *Ellipsoid* für das zu generierende Bauteil *Ventilkorpus*.

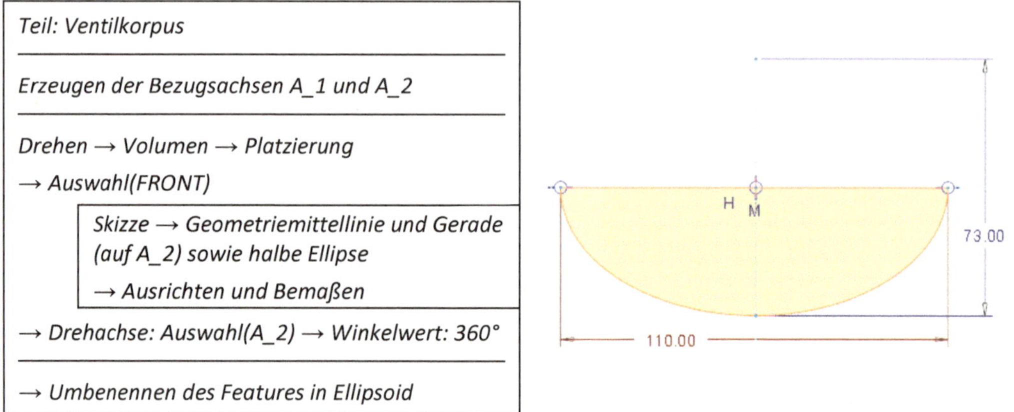

Abbildung 4-9: Rotationsellipsoid

Im nächsten Schritt wird das Modell um den *Flanschdom* erweitert (Abbildung 4-10). Um nicht versehentlich unnötige Referenzen aufzubauen, kann das Ellipsoid vorübergehend unterdrückt werden.

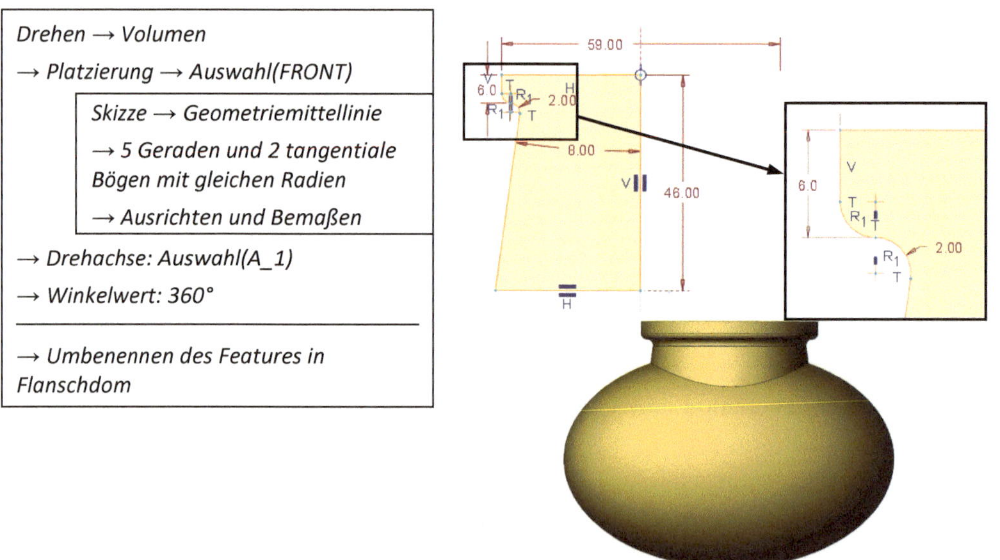

Abbildung 4-10: Flanschdom

Für den sechseckigen Profilkörper wird zunächst eine neue Bezugsebene (DTM1) erzeugt, die dann als Skizzierebene dient (Abbildung 4-11). Da diese Ebene nur von einer anderen Bezugsebene abhängt, kann sie nach der Erzeugung im Modellbaum verschoben werden, so dass sie zusammen mit den anderen Bezugselementen vor dem ersten Volumenelement liegt (Abbildung 4-8).

Bezugsebene → Auswahl(RIGHT) → Versatz: 40

Profil → Platzierung → Auswahl(DTM1)

    Skizze → Palette → Auswahl(Sechseck)

    → Positionierung und Skalierung

    → Ausrichten und Bemaßen

→ Option → Tiefe Seite 1: Nicht durchgehend

→ Werteingabe: 20

→ Umbenennen in Sechskant

→ Auswahl(Sechskant)

→ Spiegeln → Auswahl(RIGHT)

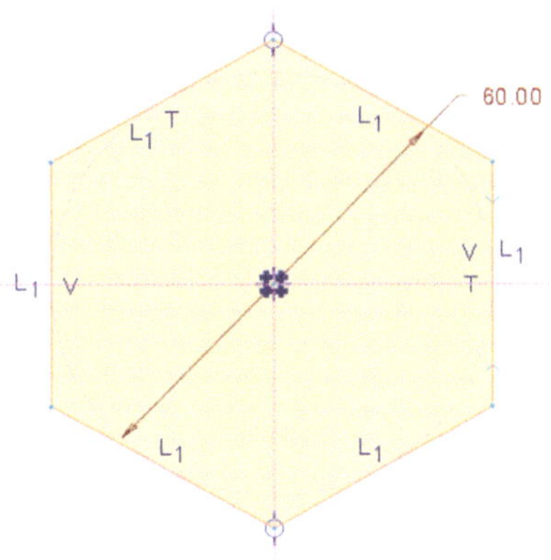

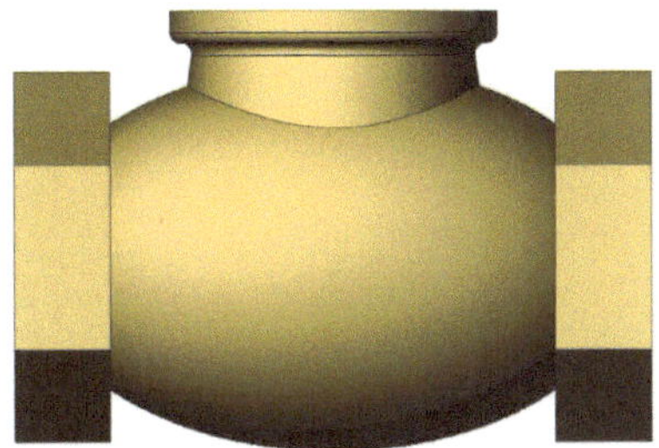

Abbildung 4-11: Erzeugung des sechseckigen Profilkörpers

Für den weiteren Modellaufbau wird zunächst ein Hohlraum um die Achse *A_2* erzeugt (Abbildung 4-12), der anschließend durch einen weiteren Profilkörper in zwei Bereiche aufgeteilt wird (Abbildung 4-13). Um tatsächlich einen Hohlraum zu erzeugen, muss die Option *Material entfernen* aktiviert sein. In der Skizze wird zunächst durch den Versatz der Umrisskurve eine neue Kurve erzeugt. Hierbei muss die vom System getroffene Annahme, dass beide Kurvenpunkte den gleichen Abstand zu den Koordinatenachsen haben, gelöscht werden.

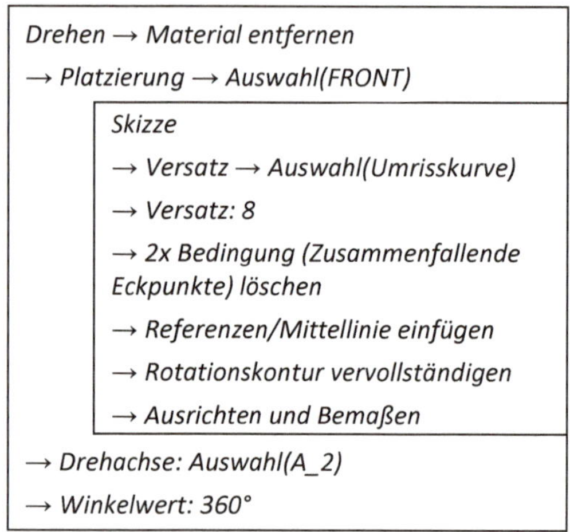

Abbildung 4-12: Erzeugung des Hohlraums

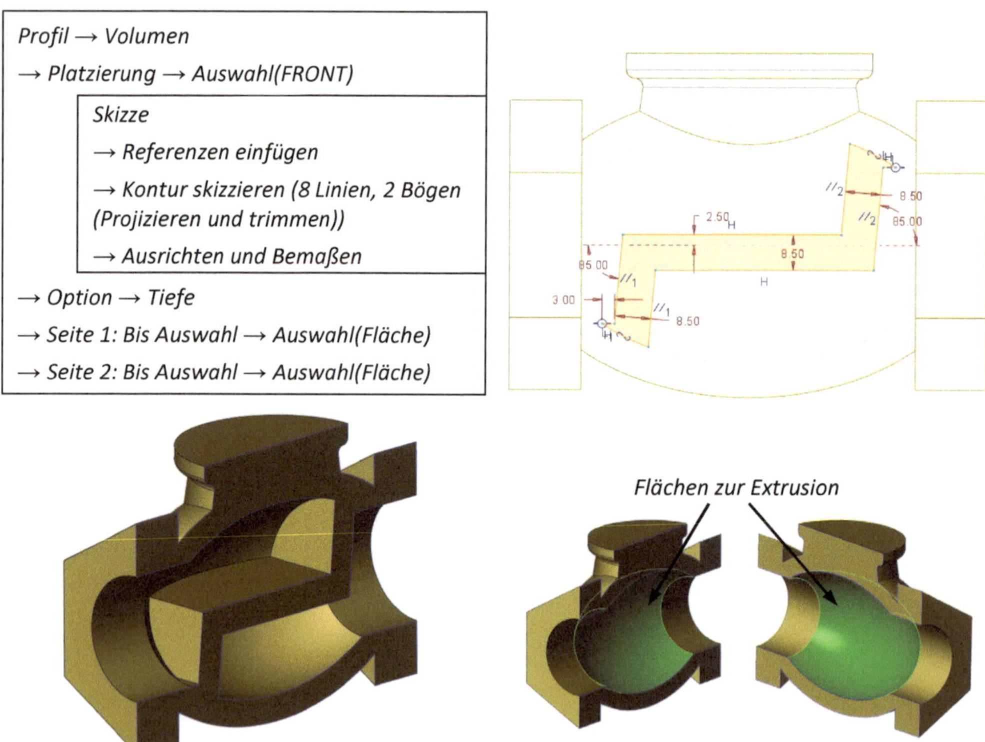

Abbildung 4-13: Abtrennung des Strömungsvolumens

Mit diesem Schritt ist die Modellierung der Grobgestalt im Wesentlichen abgeschlossen. Die noch fehlenden Bohrungen und weitere Detaillierungen werden über die entsprechenden Konstruktionsfeatures (Kapitel 4.5) in das Modell integriert.

Abbildung 4-14 enthält Maßskizzen für ausgewählte Bauteile der Ventilbaugruppe. Nicht vorhandene Maße sind sinnvoll festzulegen.

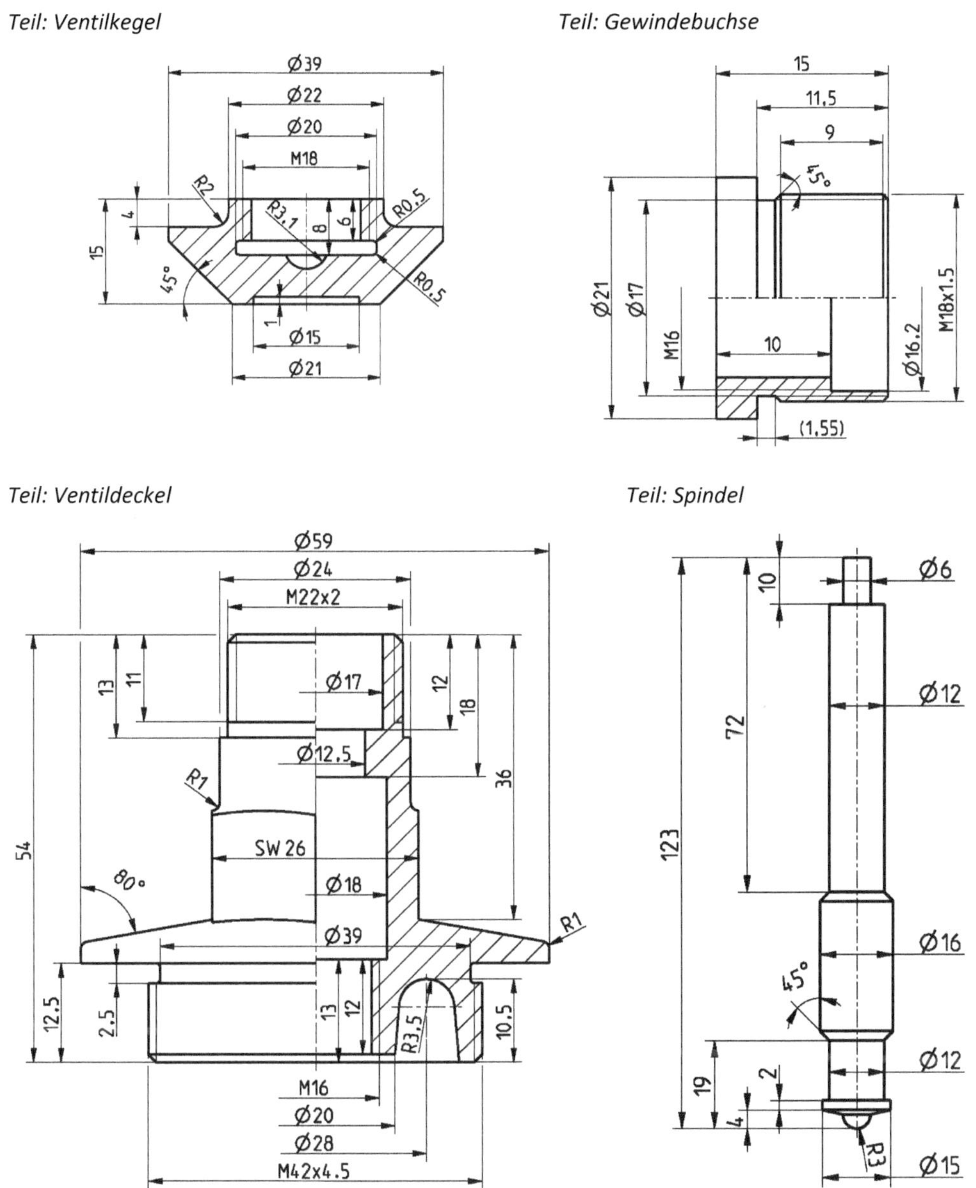

Abbildung 4-14: Maßskizzen für ausgewählte Bauteile der Ventilbaugruppe

4.3 Gezogene Modellelemente

Nachfolgend werden Körperelemente beschrieben, die durch die Bewegung eines Querschnitts entlang einer oder mehrerer Kurven entstehen. Die bereits behandelten Profil- und Rotationskörper sind demnach auch diesen *Trajektionen* zuzuordnen.

4.3.1 Ebene Trajektionen

Ein in einer Ebene gezogenes Konstruktionselement wird durch eine ebene Leitkurve und ein Querschnittprofil bestimmt. Abbildung 4-15 zeigt die Generierung des Greiferbauteils *Finger* als *Zug-KE* mit konstantem Querschnitt. Hier ist die Leitkurve vor der Körpergenerierung separat in die Modellstruktur zu integrieren. Eine Gerade der Leitkurve wird mit der TOP-Ebene ausgerichtet.

Wenn der Finger durch Biegen eines Vierkantprofils gefertigt werden soll, ist die Leitkurve in den Knickpunkten zu runden. Hierbei ist darauf zu achten, dass der Rundungsradius mindestens so groß ist wie der kleinste Abstand der Querschnittkanten zum Startpunkt. Ansonsten würden Selbstüberschneidungen auftreten, die das System nicht zulässt. Das Schieben der im *Zug-KE* erzeugten Querschnittskizze erfolgt im Beispiel über die Referenzenoption *Senkrecht zur Leitkurve*. Der Startpunkt der Trajektion kann beliebig auf der Leitkurve (und deren Verlängerungen) verschoben werden. Eine Richtungsänderung erfolgt über den Richtungspfeil.

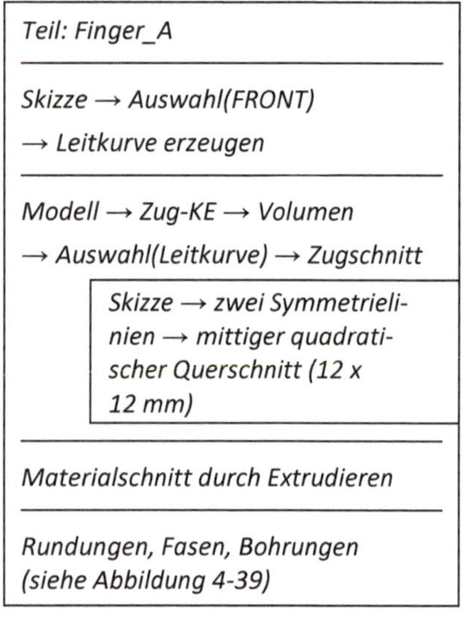

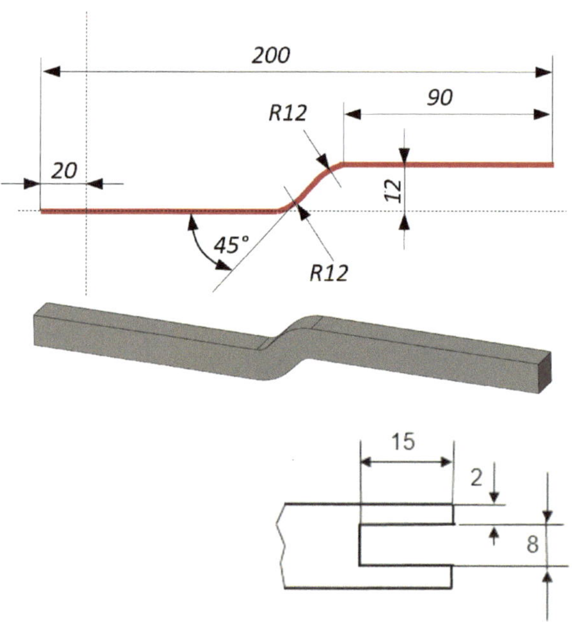

Abbildung 4-15: Ebene Trajektion

4.3.2 Spiralförmige Trajektionen

Ein bekanntes räumliches Schiebeelement ist die Spiralfeder (Abbildung 4-16). Sie entsteht durch die Bewegung eines Kreises entlang einer Schraubenlinie.

Über die Funktion *Spiralförmiges-Zug-KE* können in *Creo* Spiralkörper um beliebige Rotationsflächen mit konstanten oder variablen Steigungen generiert werden. Diese Rotationsflächen müssen jedoch nicht wirklich vorhanden sein, sondern werden durch eine Leitkurve repräsentiert, die gemeinsam mit der Rotationsachse zu skizzieren ist.

In Abbildung 4-16 ist eine *Spiralfeder* dargestellt, die im mittleren Bereich konisch ausgeführt wurde. Bei der gewählten Attributoption *Senkrecht zur Leitkurve* sollten die Elemente der Leitkurve tangential aneinander anschließen. Dies wird hier durch die beiden Rundungen (R100 mm) erreicht.

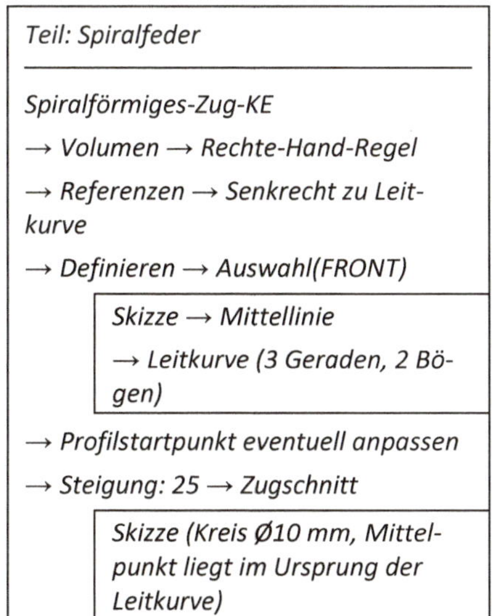

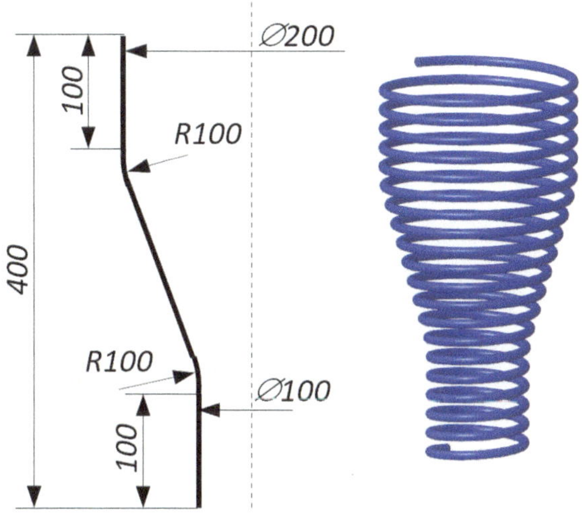

Abbildung 4-16: Spiralfeder

Abbildung 4-17 zeigt eine Druckfeder, die analog zur Spiralfeder zu modellieren ist. Nun soll allerdings der Querschnitt nicht senkrecht zur Leitkurve, sondern stets parallel zur Rotationsachse liegen, so dass dann an jedes Ende ein halber Ring als Rotationsfeature angesetzt werden kann. Nach der ersten Modellgenerierung soll zusätzlich im Modell abgesichert werden, dass die Druckfeder stets 8 Windungen hat. Dazu ist eine Gleichung für die Steigung (*pitch*) in das Modell zu integrieren. Hierfür sind der entsprechende Steigungsparameter des spiralförmigen Zug-KEs und der Längenparameter der Profilgeraden auszuwählen.

Abschließend soll die Feder an beiden Enden noch abgeflacht werden. Eigentlich könnten die beiden angesetzten Drehen-Features gleich mit einem Halbkreis als Querschnitt erzeugt werden, so dass dann nur noch das spiralförmige Zug-KE mit der jeweiligen Ebene zu schneiden ist. Im Beispiel wurde die Druckfeder jedoch zuerst komplett modelliert und dann beschnitten. Am unteren Ende kann dies zum Beispiel über die Auswahl der TOP-Ebene und der *Editieren*-Option

Verbundvolumen erfolgen. Falls beide Enden gleichzeitig beschnitten werden sollen, kann dies über einen profilförmigen Materialschnitt erfolgen.

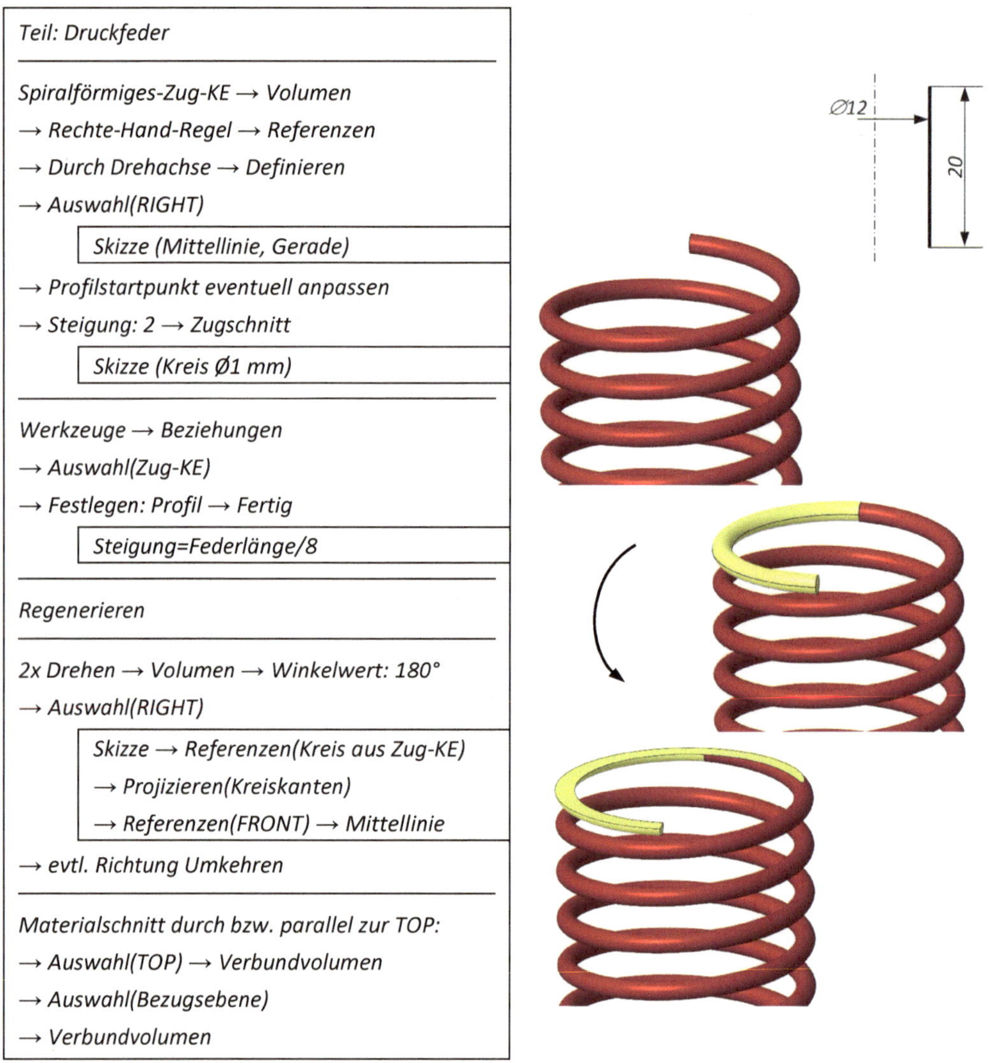

Abbildung 4-17: Druckfeder

Alternative Möglichkeiten zur Erzeugung spiralförmiger Körper- und Flächenelemente sind in nachfolgendenden Beispielen enthalten.

4.3.3   Räumliche Trajektionen

Auch die in Kapitel 4.3.2 erläuterten spiralförmigen Zug-KEs sind räumliche Trajektionen, bei denen letztendlich ein Querschnitt nach einer bestimmten Vorschrift im Raum bewegt wird. Im allgemeinen Fall steuern sogenannte Leitkurven den zu ziehenden Schnitt in seiner räumlichen Ausprägung.

Für das Beispiel zur Modellierung eines *Federrings* (Abbildung 4-18) werden die notwendigen Bezugskurven über eine Funktion definiert. Entsprechende Parameterdarstellungen von Schraubenlinien und anderen Kurven sind in der Fachliteratur nachlesbar (z. B. in [2]). Die im Beispiel benötigte Schraubenlinie wurde bereits im Kapitel 3.5.1 definiert. Die Radien dieser Spiralen ($r = 15$ mm bzw. $r = 20$ mm) legen im Beispiel den Innen- bzw. Außendurchmesser des Ringes fest, der Parameter n die Anzahl der Windungen und h die Höhe der Steigung.

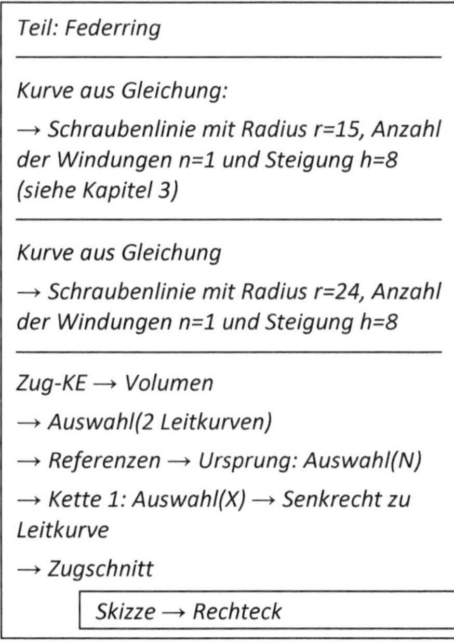

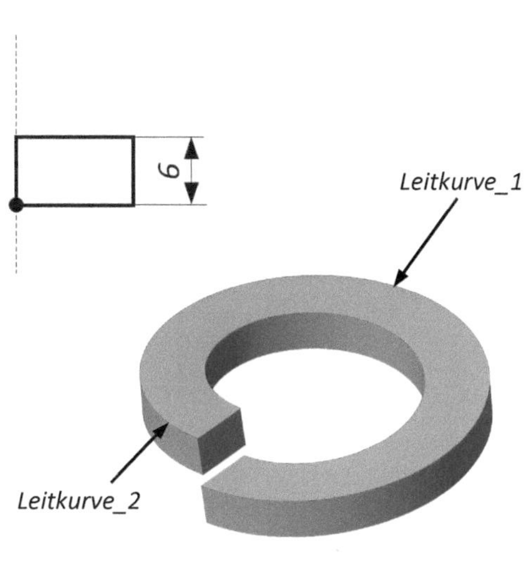

Abbildung 4-18: Federring

Um einen korrekten Federring zu erhalten, sollte der Spalt noch mit einem Materialschnitt bearbeitet werden, so dass dann die Bogenlänge der zylindrischen Schraubenlinie in etwa dem Umfang des entsprechenden (gedachten) Zylinders entspricht. Alternativ könnten die Leitkurven gleich mit einer entsprechenden Länge generiert werden.

Die Leit- und Steuerkurven dieser räumlichen Trajektionen können beliebige benutzerdefinierte Bezugskurven sein. Abbildung 4-19 zeigt einen *Strömungskanal* mit Kreisquerschnitt (Ø100 mm), der entlang der graphgesteuerten Bezugskurve aus Kapitel 3.8.3 erzeugt wurde. Auch hier wurde sinnvollerweise der Querschnitt senkrecht zur Leitkurve bewegt. Wenn der Radius des Kreisquerschnittes größer als der kleinste Radius der Leitkurve ist, kommt es zu Selbstüberschneidungen, die vermieden werden sollten. Der kleinste und größte Radius einer

Kurve kann über eine Krümmungsanalyse ermittelt werden. Für die Leitkurve in Abbildung 4-19 ergibt sich ein kleinster Radius von ca. 62 mm. Daher würde es schon bei einem Kanaldurchmesser von 125 mm zu Selbstüberschneidungen in der Zug-KE-Fläche kommen.

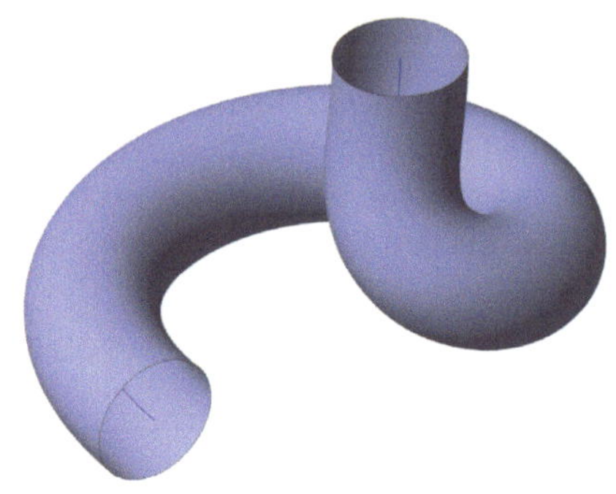

Graph → Graph-Definition (siehe Kapitel 3)

Kurve aus Gleichung
→ Graphgesteuerte Spirale (siehe Kapitel 3)

Zug-KE → Fläche
→ Auswahl(Graphgesteuerte Spirale)
→ Referenzen → Senkrecht zu Leitkurve
→ Zugschnitt
    → Skizze → Kreis mit Ø100 mm

Abbildung 4-19: Strömungskanal

Abbildung 4-20 zeigt ein Zug-KE, dessen räumliche Leitkurve aus zwei ebenen, tangential zueinander ausgerichteten Teilkurven besteht. Die erste skizzierte Kurve besteht aus einem Halbkreis und einer dazu tangentialen halben Ellipse, die zweite aus einem Kreisbogen und einer tangentialen Geraden. Bei der zweiten Skizze ist darauf zu achten, dass auf den Endpunkt der ersten Kurve referenziert wird.

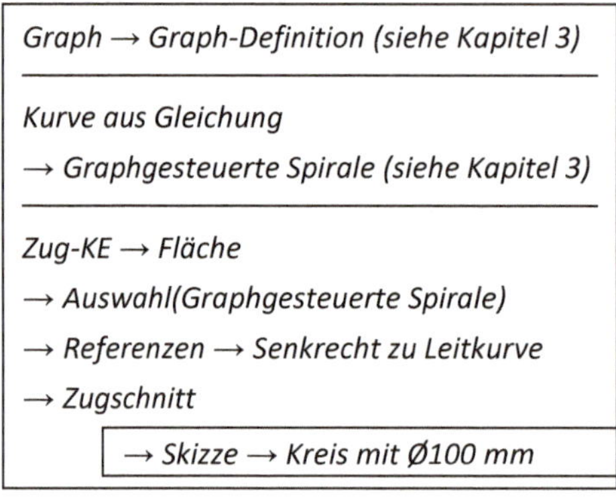

Skizze 1 → Auswahl(TOP)
→ Halbkreis und halbe
Ellipse erzeugen

Skizze 2 → Auswahl(FRONT)
→ Endpunkt des Halbkreises aus
Skizze1 als Referenz hinzufügen
→ Viertelkreis und Gerade erzeugen

Zug-KE → Dünnes KE → Dicke: 4
→ Referenzen → Details
→ Auswahl(2 Kurven)
→ Senkrecht zu Leitkurve
→ Zugschnitt
→ Skizze → Rechteck

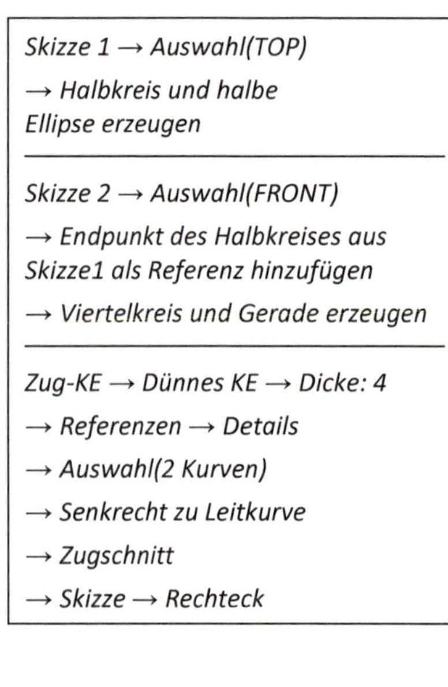

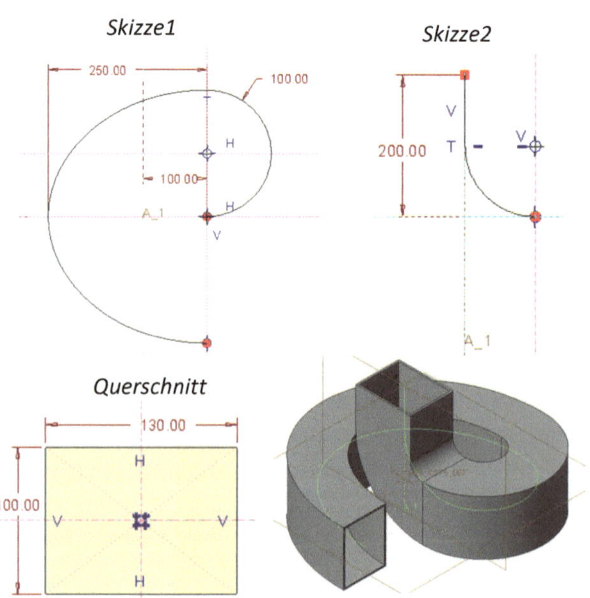

Abbildung 4-20: Rechteckkanal

4.3.4 Trajektionen mit Querschnittsänderung über Leitkurven

Die im Zug-KE zur Verfügung stehenden Steuerkurven lassen sich einsetzen, um gezielt den Querschnitt entlang der Leitkurve zu verändern. Dies wird in Abbildung 4-21 am Beispiel eines *Handrades* verdeutlicht.

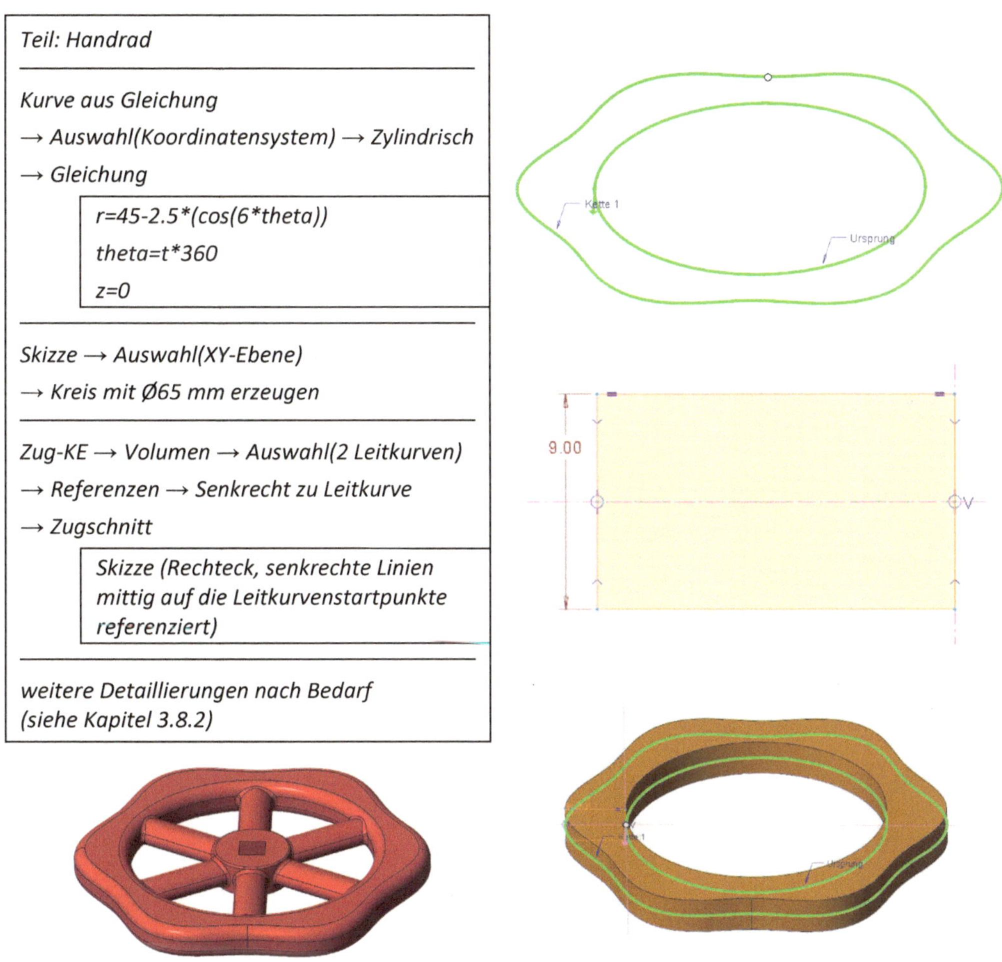

Abbildung 4-21: Handrad als Zug-KE mit variablem Schnitt

Auch Zug-KE-Elemente können zur Erzeugung von Materialschnitten genutzt werden. Das wird nachfolgend an einem einfachen Beispiel (Abbildung 4-22) erläutert. Ein *Würfel* soll an einer Ecke so beschnitten werden, dass eine spezielle Rundungsfläche entsteht. Für das Beispiel werden zunächst drei Bezugskurven definiert. Die Gerade dient hier als Zugrichtungsleitkurve (Ursprung), während die beiden tangentialen Kreisbögen (2 und 3) den Schnitt steuern (als Kette 1 und 2). Der zu schiebende Startquerschnitt ist ebenfalls ein Kreisbogen, dessen Endpunkte auf die zwei Leitkurven (Kette 1 und 2) ausgerichtet werden.

Teil: Wuerfel

Profil → Würfel erzeugen
(Kantenlänge 200 mm)

Skizze 1 → Gerade (140 mm lang) auf Wür-
felkante erzeugen
(Ursprungsleitkurve)

Skizze 2 und 3 → 2x Kreisbögen (R=200 mm)
auf Würfelfläche erzeugen
(Steuerkurven)

Zug-KE → Material entfernen
→ Referenzen
→ 1. Auswahl(Gerade)
→ 2. Auswahl(Bogen 1)
→ 3. Auswahl(Bogen 2)
→ Senkrecht zu Leitkurve
→ Zugschnitt

> *Skizze → Kreisbogen (R=200 mm)*
> *durch die Endpunkte von Bogen 1*
> *und 2*

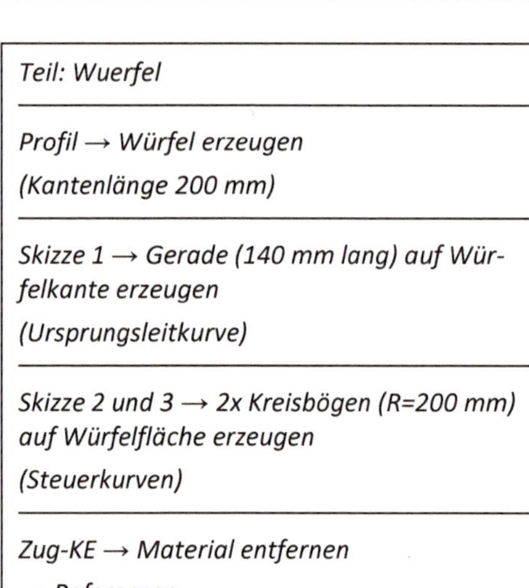

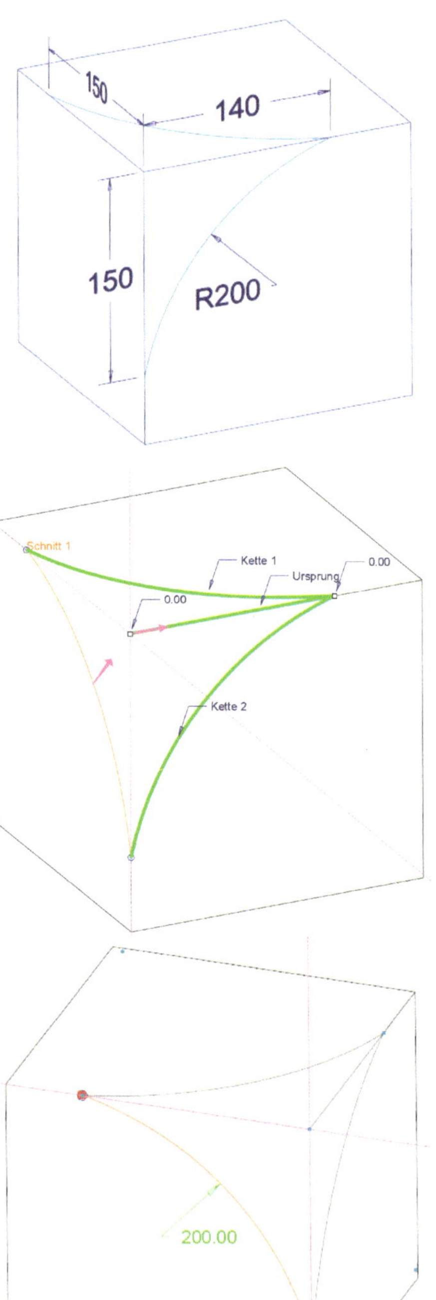

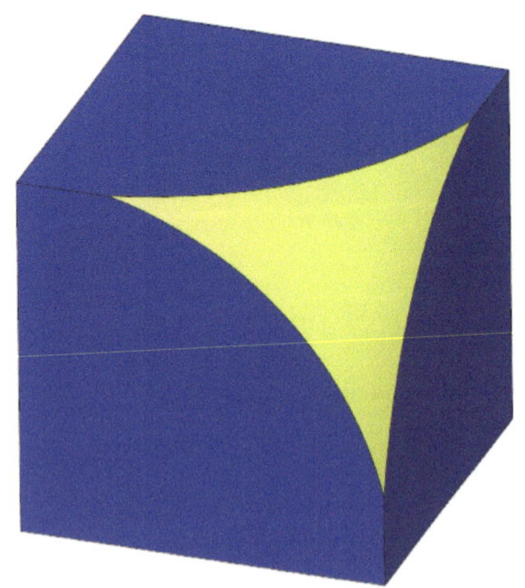

Abbildung 4-22: Leitkurvengesteuerte Verrundung

4.3.5   Trajektionen mit parametrischer Querschnittsänderung

Neben der Erzeugung herkömmlicher Zugkörper (Trajektionen) mit konstanten oder Leitkurven gesteuerten Querschnitten lassen sich auch Körper, Flächen oder Materialschnitte erzeugen, bei denen der Querschnitt während der Trajektion parametergesteuert angepasst wird. Das geschieht über den Leitkurvenparameter *trajpar*, der im Beziehungseditor der internen Skizze zum Einsatz kommt. Diese Option steht nur für Zug-KEs zur Verfügung. Der Leitkurvenparameter nimmt Werte zwischen 0 (Leitkurvenanfang) und 1 (Leitkurvenende) an.

Abbildung 4-23 zeigt dies am Beispiel einer gebogenen Spitze.

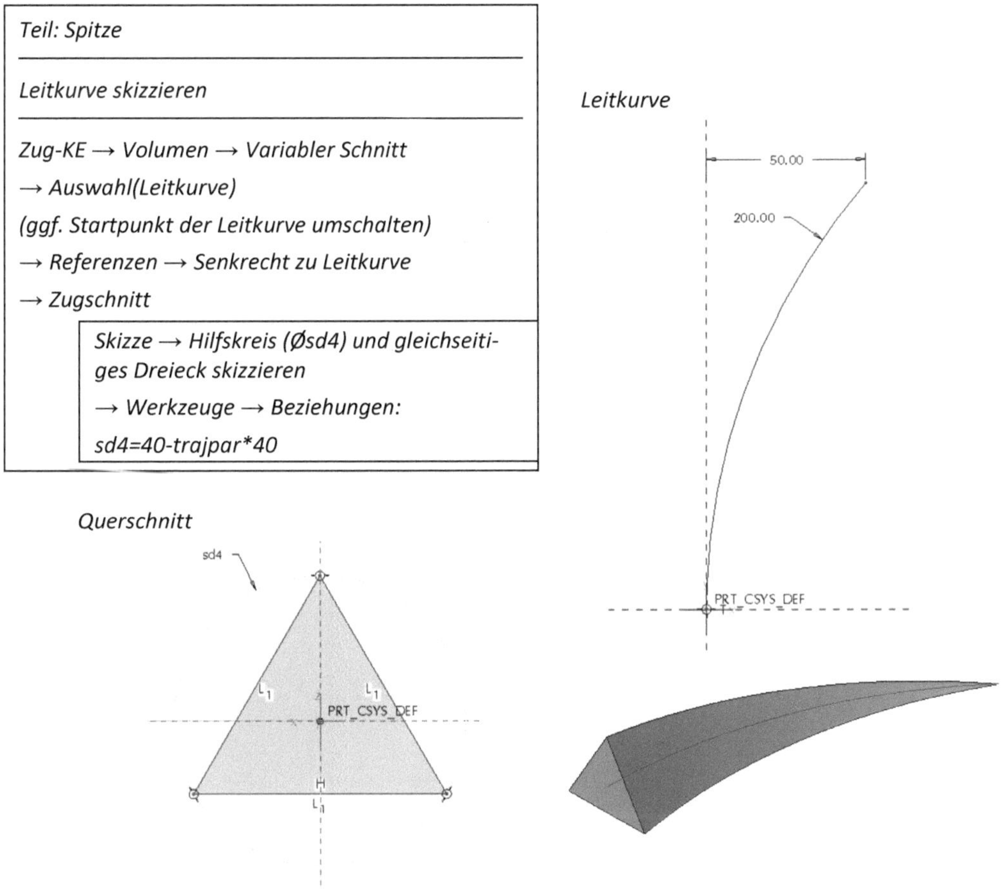

Abbildung 4-23: Gebogene Spitze als Zug-KE mit variablem Schnitt

Auch bei der Modellierung eines *Faltenbalgs* wurde der Trajektionsparameter eingesetzt (Abbildung 4-24). Für die Leitkurve des Faltenbalgs wird ein im Kapitel 3 definiertes Punktefeld verwendet. Um die gewellte Form der Kontur des Faltenbalgs zu realisieren, muss im Skizzen-modus eine Beziehung für den Durchmesserparameter (im Beispiel sd3) hinzugefügt werden. Diese Beziehung enthält den Leitkurvenparameter *trajpar*. Somit ändert sich der Durchmesser des Faltenbalgs 25 mal entsprechend einer Kosinuskurve zwischen den Werten 27 und 23 mm. Nach Abschluss der Skizze sowie Fertigstellung des Konstruktionselementes Zugkörper soll diese Fläche um 0.5 mm in beide Richtungen aufgedickt werden.

Teil: Faltenbalg

Kurve durch Punkte (gemäß Tabelle 3-3)

Zug-KE → Variabler Schnitt
→ Auswahl(Leitkurve)
→ Referenzen → Senkrecht zu Leitkurve
    Skizzieren (Kreis (Øsd = 27))
    → Werkzeuge → Beziehungen:
    sd= cos(trajpar*360*20)+25
→ Dünnes KE → Dicke: 0.5

Abbildung 4-24: Faltenbalg

Abbildung 4-25 zeigt ein *Ellipsoid*, dass über die drei Halbachsen a, b und c, die als Parameter im Modell verankert wurden, gesteuert werden kann. Ausgangspunkt für das Zug-KE, das das halbe Ellipsoid erzeugt, ist ein Gerade (Länge = b) auf der y-Achse. Der Startpunkt liegt im Nullpunkt und der Startquerschnitt ist eine Ellipse mit den Halbachsen a und c.

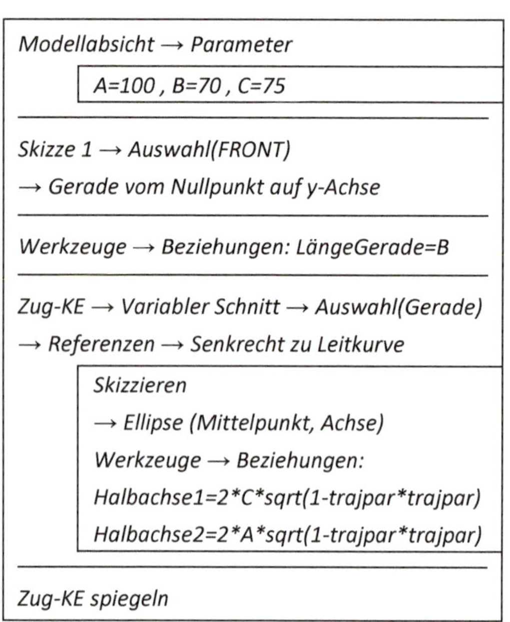

Modellabsicht → Parameter
    A=100 , B=70 , C=75

Skizze 1 → Auswahl(FRONT)
→ Gerade vom Nullpunkt auf y-Achse

Werkzeuge → Beziehungen: LängeGerade=B

Zug-KE → Variabler Schnitt → Auswahl(Gerade)
→ Referenzen → Senkrecht zu Leitkurve
    Skizzieren
    → Ellipse (Mittelpunkt, Achse)
    Werkzeuge → Beziehungen:
    Halbachse1=2*C*sqrt(1-trajpar*trajpar)
    Halbachse2=2*A*sqrt(1-trajpar*trajpar)

Zug-KE spiegeln

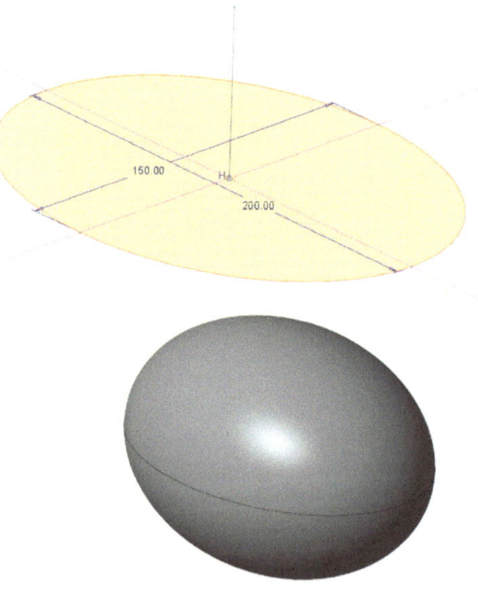

Abbildung 4-25: Ellipsoid

4.4   Verbundelemente

4.4.1   Verbundelemente mit parallelen Anschlussquerschnitten

Zunächst soll ein *Verbundkörper* zwischen zwei noch zu skizzierenden parallelen Querschnitten erzeugt werden. Dazu werden im Beispiel vordefinierte Konturen genutzt, die gemäß Abbildung 4-26 positioniert und in den Maßen verändert werden. Für Volumenelemente müssen diese Konturen geschlossen sein. Der Abstand der Schnittebenen wird nach dem ersten Schnitt abgefragt.

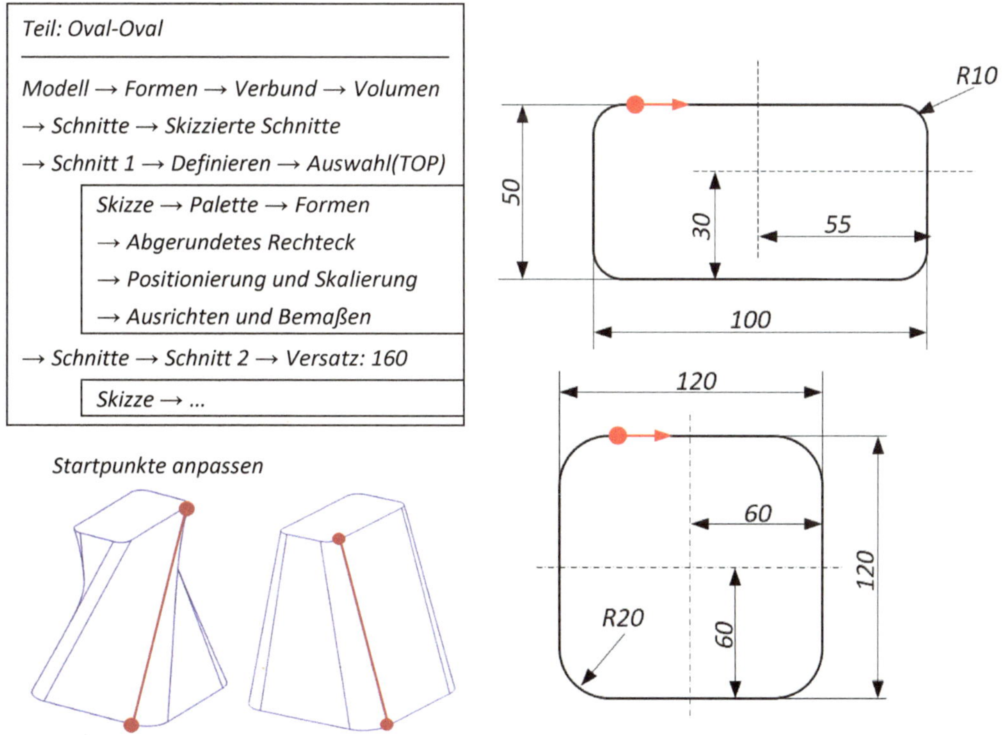

Abbildung 4-26: Übergangsstück

Die vom System vorgeschlagenen Startpunkte und Erzeugungsrichtungen sind zu überprüfen. Die für die Flächenerzeugung relevanten Startpunkte sollten sich gegenüber einer der gewünschten Verbindungsgeraden befinden. Im Kontextmenü eines im Skizzierer ausgewählten (!) Punktes kann diese Eigenschaft zugewiesen werden. Die beiden Querschnitte des Übergangsstückes bestehen jeweils aus 8 Segmenten (4 Geraden und 4 Kreisbögen). Diese Gleichheit ist bei der Anwendung dieser Verbund-Option stets zu sichern. Gegebenenfalls sind in einem Querschnitt Teilungspunkte oder zusätzlich Verbundendpunkte auf einen bereits vorhandenen Punkt einzusetzen. Wenn mehr als zwei Schnitte genutzt werden, ist über Optionen festzulegen, ob die

Schnitte gerade oder abgerundet zu verbinden sind. Für Abbildung 4-27 wurde das Übergangsstück so mit Anschlussbedingungen versehen, dass die Verbindungsflächen stets senkrecht auf die jeweilige Skizzierebene treffen.

Abbildung 4-27: Übergang mit besonderen Anschlussbedingungen

Abbildung 4-28 zeigt ein symmetrisches Übergangsstück von einem Kreis zu einem Rechteck, für das gesichert werden sollte, dass jede sich ergebende Fläche dieses Flächenverbundes entweder eben oder Teil einer Kegelfläche ist. Hierfür ist es notwendig, zusätzliche Verbundeckpunkte zu definieren. Da an den Startpunkten keine zusätzlichen Verbundeckpunkte zulässig sind, wird zunächst nur der Halbkreis mit dem halben Rechteck verbunden. Dabei wird die Viereckfläche, die auf der Symmetrieebene liegt, genutzt, um dort auf den beiden Verbindungsgeraden jeweils einen Teilungspunkt zu setzten, der dann auch als Startpunkt dient. Insgesamt besteht so jeder der beiden Querschnitte rechnerintern aus 7 Elementen.

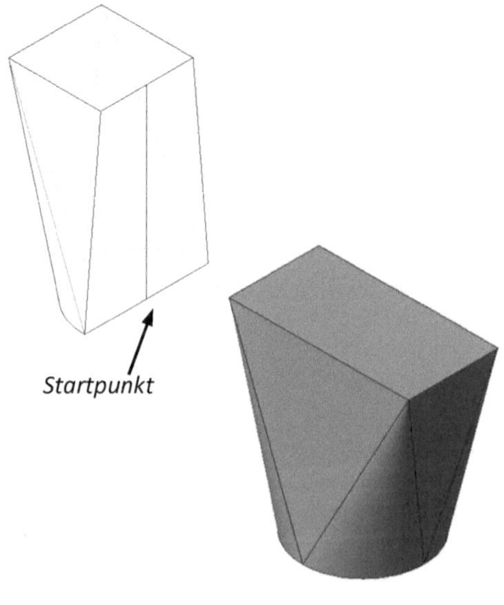

Abbildung 4-28: Übergangsfläche vom Rechteck-zum Kreis

Für das Übergangsstück in Abbildung 4-29 sind drei Schnitte zu erzeugen und *abgerundet* zu verbinden. Da einer der Querschnitte aus 4 Elementen besteht, sind auf den beiden anderen Querschnitten entsprechend sinnvolle Teilungspunkte zu setzen. Was sinnvoll ist, hängt immer von der Designabsicht ab. Im Beispiel wurden die Teilungspunkte auf die Diagonalen des Ovals (Schnitt 1) ausgerichtet. Das Volumenelement soll als dünnes KE erzeugt werden, in dem die Verbundfläche nach beiden Seiten aufgedickt wird.

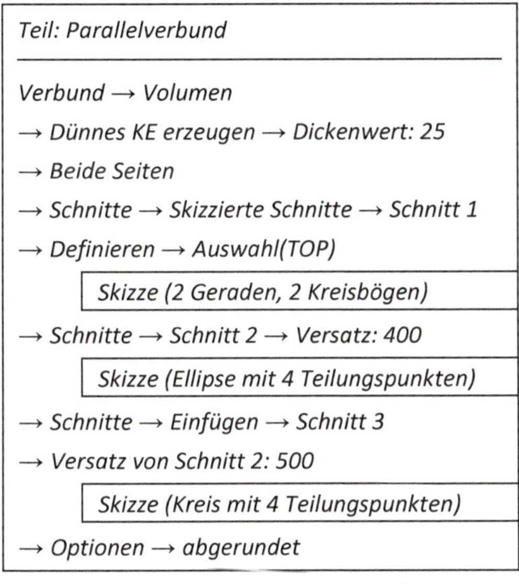

Teil: Parallelverbund

Verbund → Volumen

→ Dünnes KE erzeugen → Dickenwert: 25

→ Beide Seiten

→ Schnitte → Skizzierte Schnitte → Schnitt 1

→ Definieren → Auswahl(TOP)

> *Skizze (2 Geraden, 2 Kreisbögen)*

→ Schnitte → Schnitt 2 → Versatz: 400

> *Skizze (Ellipse mit 4 Teilungspunkten)*

→ Schnitte → Einfügen → Schnitt 3

→ Versatz von Schnitt 2: 500

> *Skizze (Kreis mit 4 Teilungspunkten)*

→ Optionen → abgerundet

Abbildung 4-29: Verbundhohlkörper

4.4.2 Materialentfernung über ein Verbundelement

Neben den Möglichkeiten zur Geometrieerzeugung, bietet das Verbund-KE ebenfalls Möglichkeiten, um Material zu entfernen. Diese Option wird am Beispiel der *Spindel* der Ventil-Baugruppe vorgestellt (Abbildung 4-30). Das Ausgangsmodell der Spindel ist zunächst anhand der Abbildung 4-14 selbstständig zu modellieren.

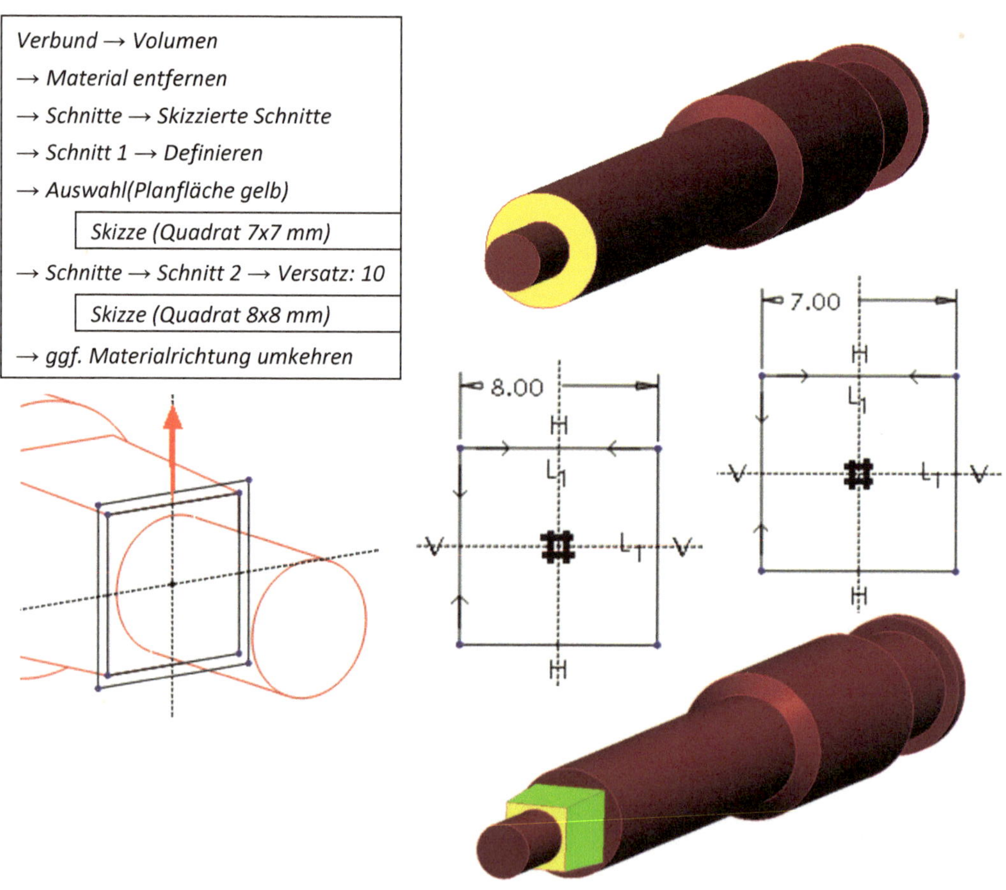

Abbildung 4-30: Materialschnitt an der Spindel

4.4.3 Verbundelemente zwischen vordefinierten Querschnitten

Nachfolgend wird ein Übergangsstück zwischen zwei nicht parallelen Kreisquerschnitten über die Option *Schnittauswahl* erzeugt (Abbildung 4-31). Für den zweiten Kreis sind dazu, wie in Kapitel 3 beschrieben, vorher die notwendigen Bezugselemente (zusätzliches Koordinatensystem und eine Bezugsebene) im Modell zu verankern.

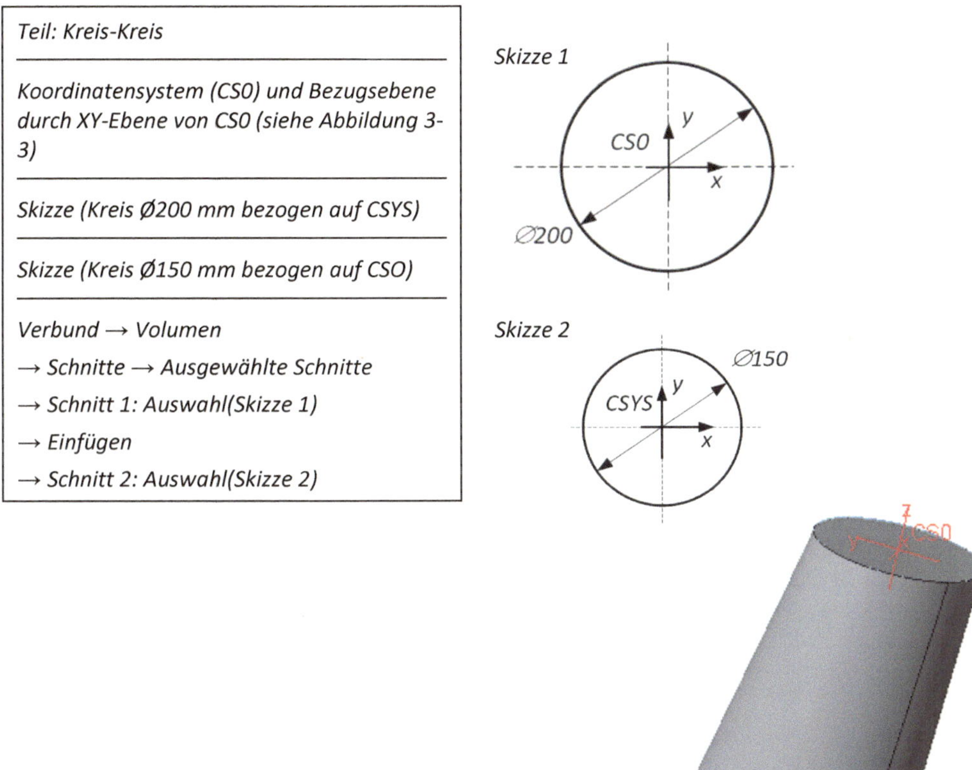

Abbildung 4-31: Kreisübergang

Bei Vollkreisquerschnitten setzt das System den Startpunkt der Verbundgenerierung selbstständig. Der Benutzer kann dies jedoch verändern, indem ein oder mehrere Teilungspunkte in den Schnitten platziert werden. Das beeinflusst vor allem die Krümmung der Mantelfläche.

4.4.4 Gekrümmte Verbundelemente

Nachfolgend soll ein Krümmer aus drei Querschnitten erzeugt werden (Abbildung 4-32). Der 90°-Krümmer dient der Verbindung zweier Rohre (Innendurchmessern 30 bzw. 20 mm). Im mittleren Krümmerbereich soll der um 5 mm seitlich versetzte Querschnitt ebenfalls einen Durchmesser von 20 mm haben. Die drei Ebenen, auf denen die Querschnitte liegen, haben im Beispiel eine gemeinsame Schnittgerade, so dass die Option *Rotatorischer Verbund* genutzt werden kann. Als Drehachse für die Querschnittebenen dient im Beispiel die y-Achse.

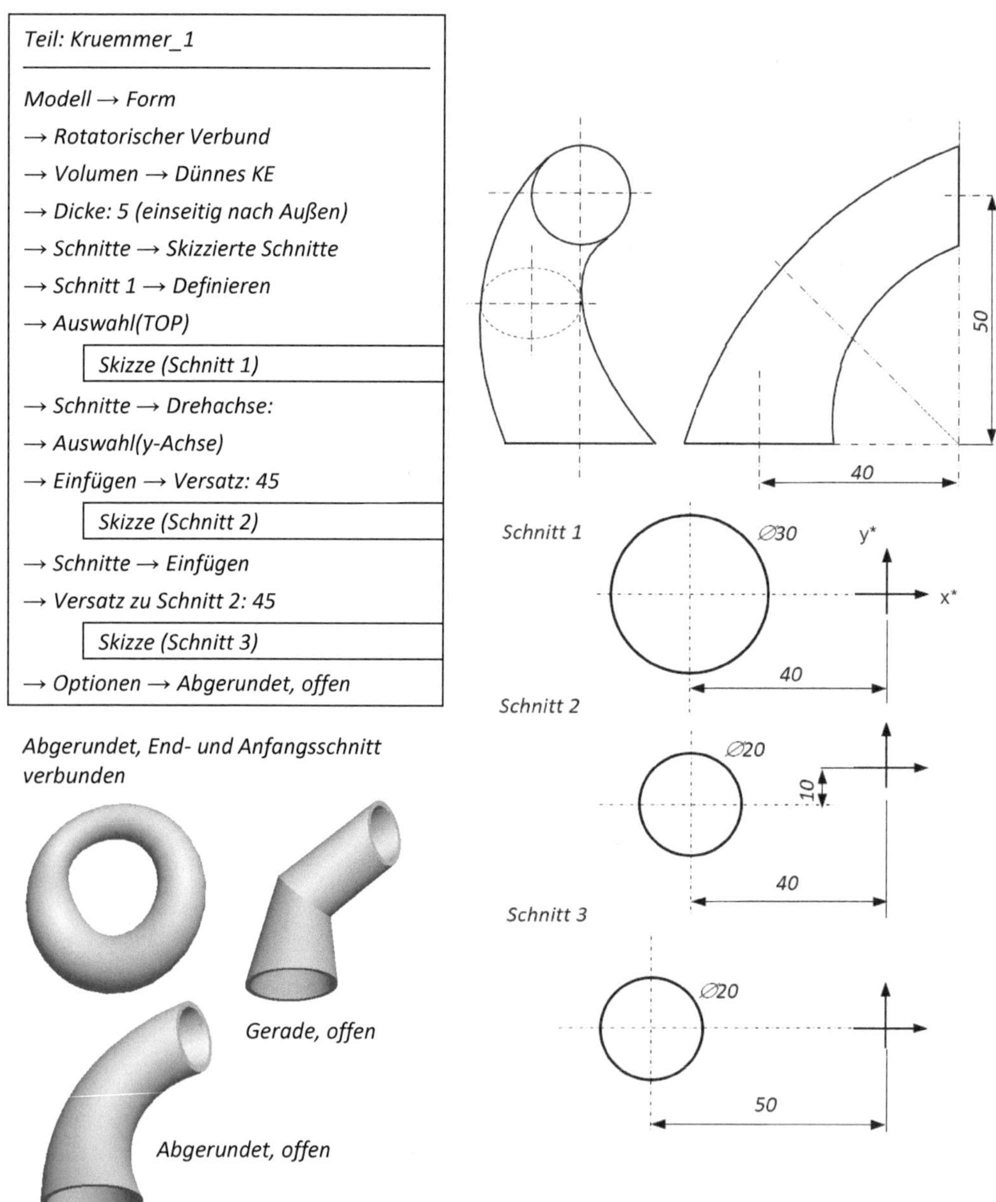

Abbildung 4-32: Verbundkrümmer

Die Abbildung zeigt auch, welche Auswirkungen die verschiedenen Verbundoptionen haben. Wenn die Attribute *Gerade* und *Geschlossen* gewählt werden, zieht das für die aktuelle Gestalt des gewählten Verbundkörpers eine Fehlermeldung nach sich, da die mit dem Attribut *Gerade* erzeugte Rotationsverbundkörper nur dann *geschlossen* werden können, wenn der Winkel zwischen dem ersten und letzten Schnitt größer als 180° ist.

4.4.5 Gezogene Verbundelemente

Bei gezogenen Verbundelementen wird die Flächenkrümmung durch eine Leitkurve beeinflusst. Die Definition der Querschnittkurven kann vor oder während der Verbunddefinition erfolgen. Für den Krümmer in Abbildung 4-33 erfolgt dies erst nach Aufruf der Funktion. Davor sind jedoch in jedem Fall eine oder mehrere Leitkurven zu erzeugen.

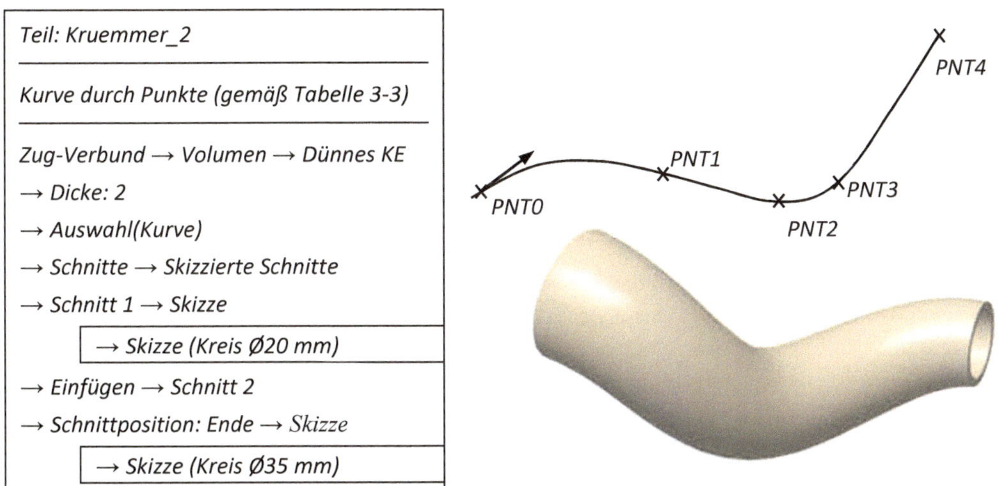

Abbildung 4-33: Krümmer als Zug-Verbund-KE

Für Abbildung 4-34 wurde die gleiche Bezugskurve verwendet. Nun wurde jedoch über den Definitionsdialog auch im Punkt PNT2 der Leitkurve ein Querschnitt (Ellipse) eingefügt. Durch das Setzen von Teilungspunkten und abgestimmter Festlegung der Verbundeckpunkte kann die Oberflächenkrümmung beeinflusst werden. In jedem Fall ist auch hier zu sichern, dass alle Skizzen aus der gleichen Elementanzahl bestehen.

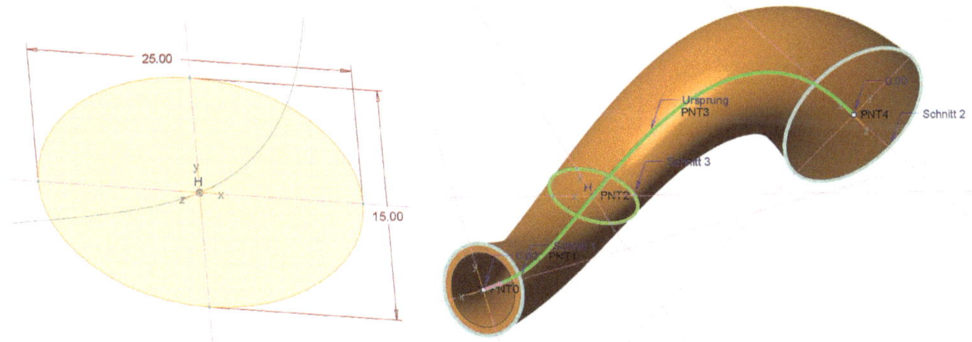

Abbildung 4-34: Zug-Verbund mit verschiedenen Querschnitten

4.5   Konstruktionsfeatures

Häufig benötigte geometrische Details können über im System bereits vorhandene Konstruktionsfeatures in das Modell integriert werden. Es stehen unter anderem Bohrungen, Nuten, Rundungen und Fasen zur Verfügung. Ergänzend dazu kann der Anwender eigene Features erzeugen und einsetzen. Darauf wird später noch näher eingegangen. Im Folgenden sollen die bereits erstellten Einzelteile mit vorhandenen Werkzeugen weiter bearbeitet werden. Hier sollte man allerdings nicht übertreiben, denn auch bei der Nutzung von 3D-Systemen wird es ausreichend sein, z. B. die Bearbeitung von Werkstückkanten erst durch die in der entsprechenden Norm festgelegten Symbole bei der Zeichnungserstellung bzw. über Anmerkungen am 3D-Modell festzulegen.

4.5.1   Fasen und Rundungen

Fasen und Kantenverrundungen gehören zu den Standardfunktionen jedes CAD-Systems. An den ausgewählten Kanten fügt das System selbstständig die notwendigen Generierungs- und Trimmaktionen durch. Bei einzelnen Schritten kann es hilfreich sein, die bildliche Darstellung durch Ausblenden der Bezugselemente und anderer Elemente zu vereinfachen.

Für die *Backe* sind Fasen (45° x 0.5) zu erzeugen, damit das Einpassen des Stiftes unterstützt wird (Abbildung 4-35). Durch die gewählte Größe der Fasen ist gesichert, dass auch ein Bolzen mit Kopf nach DIN EN 22341 nicht unmittelbar auf scharfe Kanten stößt. Die beiden innen liegenden Kanten werden nicht mit der Fase versehen, da sie in der Fertigung nur mit größerem Aufwand bearbeitet werden könnten.

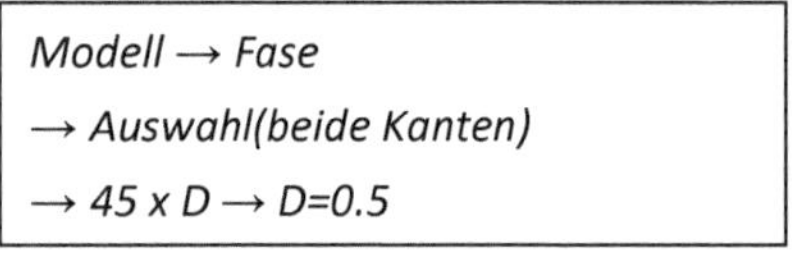

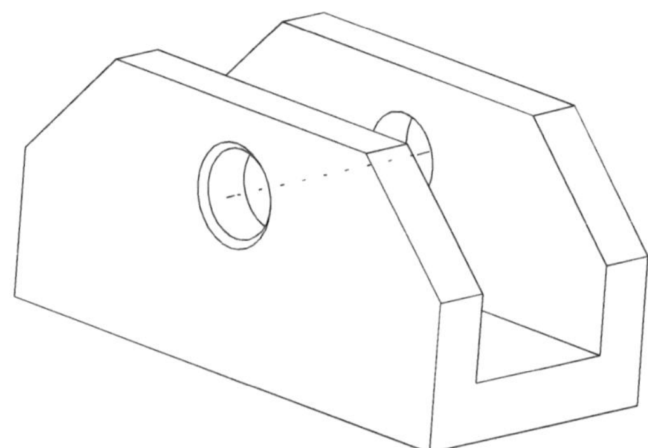

Abbildung 4-35: Fasen der Backe

Etwas mehr Aufwand ist bei der Feingestaltung des *Ventilkorpus* notwendig. Die äußere Oberfläche des Ventilkorpus kann gemäß Abbildung 4-36 detailliert werden.

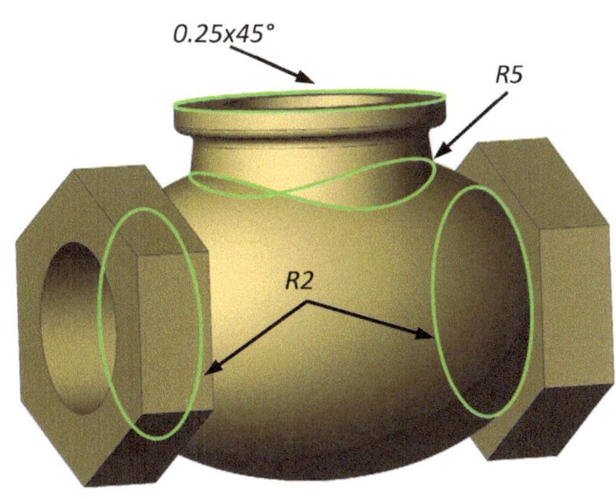

Abbildung 4-36: Detaillierung der äußeren Kontur

Bei der Verrundung des Innenraums des Ventilkorpus ist auf die Reihenfolge der Rundungen zu achten, da nur so sinnvolle und stabile Rundungs-KEs entstehen können. Im linken Bereich von Abbildung 4-37 werden zunächst die zwei kurzen Kanten mit $R = 0.5$ mm verrundet. Dadurch entsteht ein geschlossener Kurvenzug, der mit $R = 0.5$ mm versehen wird. Zum Vervollständigen ist das Vorgehen für die gegenüberliegende Seite zu wiederholen.

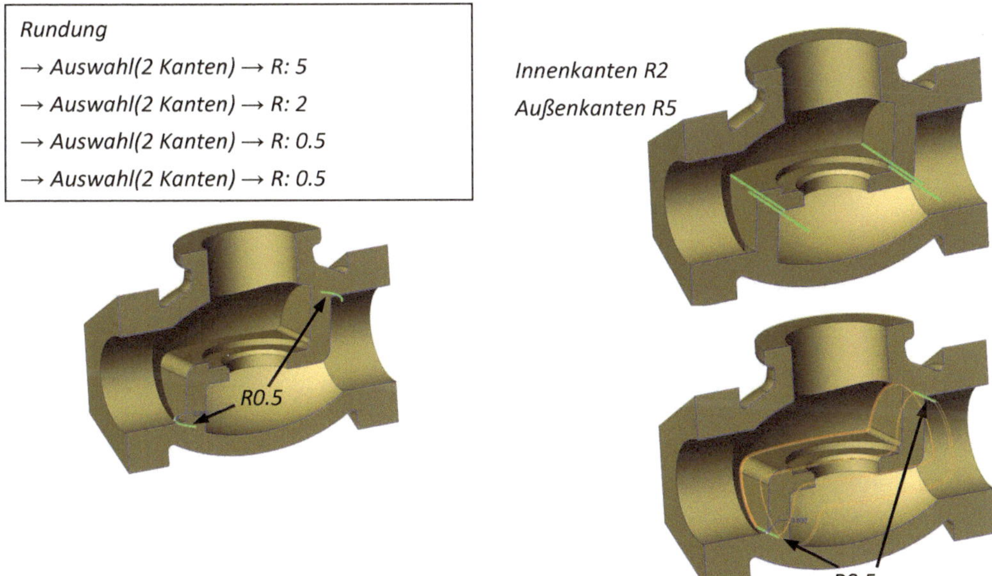

Abbildung 4-37: Detaillierung der inneren Kontur

4.5.2   Regelbasierte Selektion

Der Austausch von Bezügen erfordert oft einen manuellen Austausch. Die Regenerierung der Features schlägt in der Regel fehl. Sind Elemente wie Rundungen und Fasen allerdings regelbasiert definiert, ist eine Regenerierbarkeit der Features gewährleistet, siehe Abbildung 4-38.

Abbildung 4-38: Regelbasierte Selektion

4.5.3   Bohrungen und Gewinde

Bohrungen sind letztendlich Trajektionen und können daher zum Beispiel auch mit der Extrudieren- oder Drehen-Option in das Modell eingebracht werden. Für manche Bereiche wird dies auch sinnvoll sein. Im Normalfall gehören Bohrungen allerdings zur Feingestaltung und sollten daher auch mit dem entsprechenden Feature erzeugt werden.

Gewinde werden in einem normalen CAD-Modell nicht wirklich geschnitten, um die Datenmodellgröße nicht unnötig zu erhöhen. Stattdessen werden vom System bei Gewindebohrungen für den Gewindebereich zusätzlich Offset-Flächen generiert, die dann rechnerintern auch als Gewindeflächen gekennzeichnet sind und daher auch bei der Zeichnungsableitung als solche erkannt werden. Für bereits vorhandene Elemente kann hierfür auch die Option *kosmetisches Gewinde* genutzt werden.

Abbildung 4-39 zeigt, wie am Bauteil *Finger* drei Durchgangsbohrungen angebracht werden. Eine der Bohrungen ∅ 6 mm ist koaxial mit der x-Achse auszurichten. Da in der genutzten Programmversion die x-Achse des Modellkoordinatensystems im Bohrungsfeature nicht direkt wählbar ist, wird die Achse zunächst als separates Modellbaumelement *A_1* erzeugt.

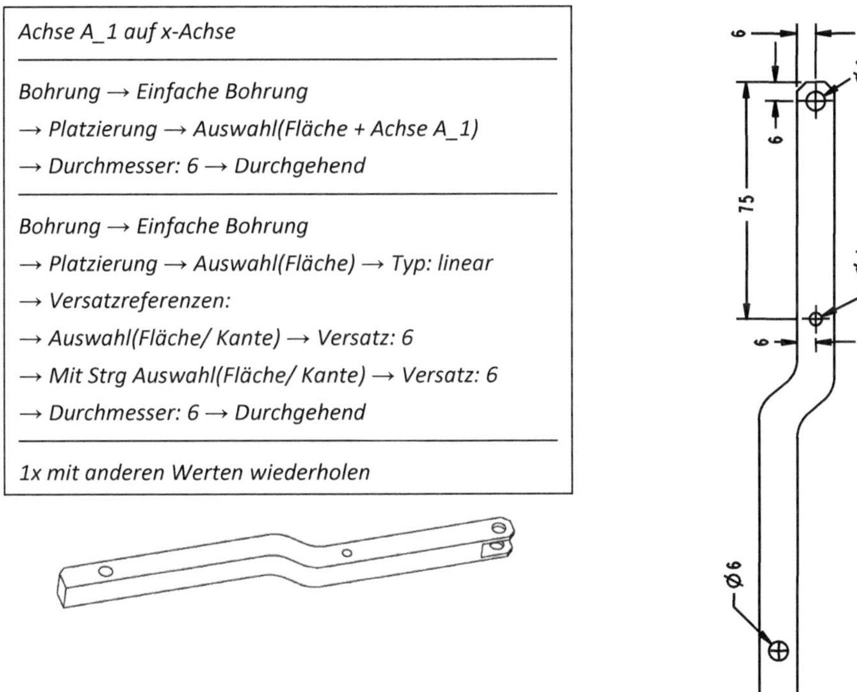

Achse A_1 auf x-Achse

Bohrung → Einfache Bohrung

→ Platzierung → Auswahl(Fläche + Achse A_1)

→ Durchmesser: 6 → Durchgehend

Bohrung → Einfache Bohrung

→ Platzierung → Auswahl(Fläche) → Typ: linear

→ Versatzreferenzen:

→ Auswahl(Fläche/ Kante) → Versatz: 6

→ Mit Strg Auswahl(Fläche/ Kante) → Versatz: 6

→ Durchmesser: 6 → Durchgehend

1x mit anderen Werten wiederholen

Abbildung 4-39: Durchgangsbohrungen

Als Platzierungsebene für die Bohrungen wird im Beispiel die seitliche Bauteilfläche gewählt. Der Mausklick bei der Auswahl dieser Fläche legt gleichzeitig grob die Position der Bohrung fest. Die beiden anderen Bohrungen werden mit Hilfe linearer Abstände von den Außenkanten exakt positioniert. Über die Auswahl *Durch alle* wird gesichert, dass in jedem Fall die gewünschten Durchgangsbohrungen entstehen.

Für den *Deckel* in Abbildung 4-40, der zunächst selbstständig zu modellieren ist, soll eine auf einem Teilkreis positionierte Durchgangsbohrung erzeugt werden, die dann Grundlage für ein Bohrungsmuster ist.

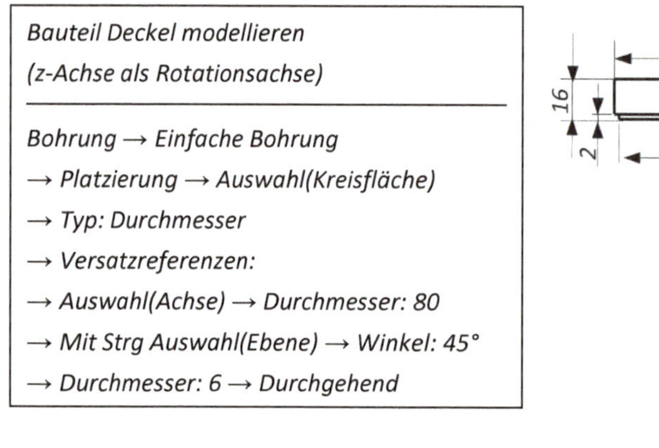

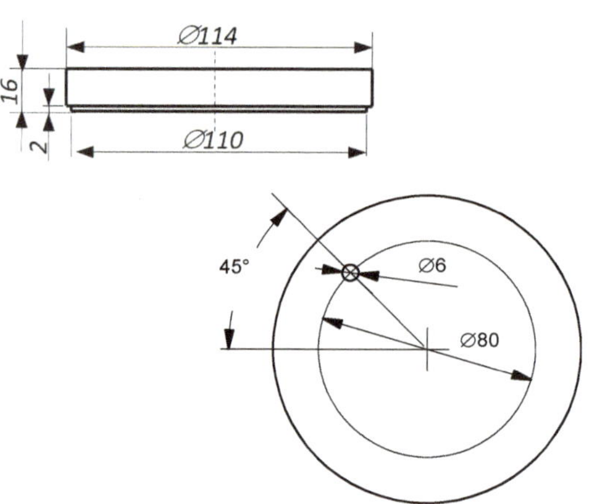

Bauteil Deckel modellieren

(z-Achse als Rotationsachse)

Bohrung → Einfache Bohrung

→ Platzierung → Auswahl(Kreisfläche)

→ Typ: Durchmesser

→ Versatzreferenzen:

→ Auswahl(Achse) → Durchmesser: 80

→ Mit Strg Auswahl(Ebene) → Winkel: 45°

→ Durchmesser: 6 → Durchgehend

Abbildung 4-40: Radiale Platzierung einer Bohrung

Am Beispiel des Ventilkorpus soll nachfolgend noch gezeigt werden, dass über verschiedene Optionen im Konstruktionsfeature *Bohrung* sehr unterschiedliche Konstruktionsabsichten abbilden lassen.

Im Flanschdom des *Ventilkorpus* wird zunächst eine *Gewindebohrung* erzeugt. Es stehen verschiedene Ausführungen zur Verfügung. Wahlweise können mit Hilfe der Grafiksymbole Kegel- und Stirnsenkungen realisiert werden. Das Gewinde selbst wird lediglich als *kosmetisches* Element erzeugt. Sichtbar ist daher nur eine Zylinderfläche. Die Erzeugung einer solchen *Gewindefläche* kann im Bohrungsmenü über *Form* deaktiviert werden.

Bohrung → Standardbohrung

→ Gewinde

→ M42 x 4.5

→ Tiefe: Bis zur nächsten Fläche

→ Platzierung

→ Auswahl(Fläche + Achse)

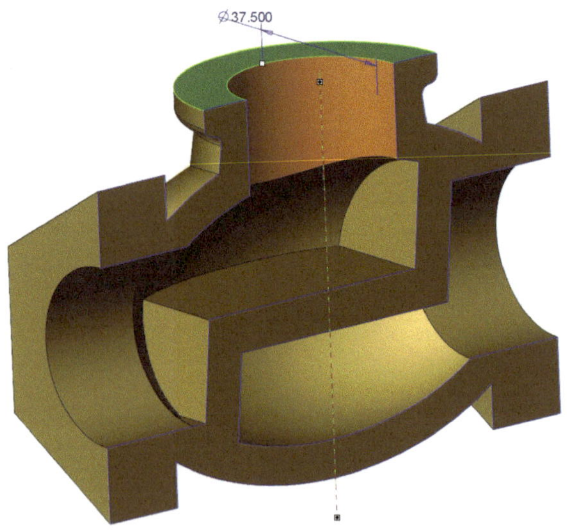

Abbildung 4-41: Gewindebohrung M42 am Flanschdom

Um die Übersichtlichkeit auf dem Bildschirm zu erhöhen, kann der nun sichtbare Anmerkungstext zum Gewinde über

Ansicht → Anzeigen → Anmerkungsanzeige

und das entsprechende Icon ausgeblendet werden.

Die *Stufenbohrung* am inneren Steg soll als benutzerdefinierte Bohrung ausgeführt werden. Das bedeutet, dass wie bei einem Rotationsschnitt eine Drehachse und ein Rotationsprofil definiert werden und anschließend die Platzierung erfolgt (Abbildung 4-42).

Bohrung → Einfache Bohrung → Bohrlochprofil → Skizzierer

 Skizze (Schnitt für Stufenbohrung)

→ Platzierung → Auswahl(Fläche + Achse)

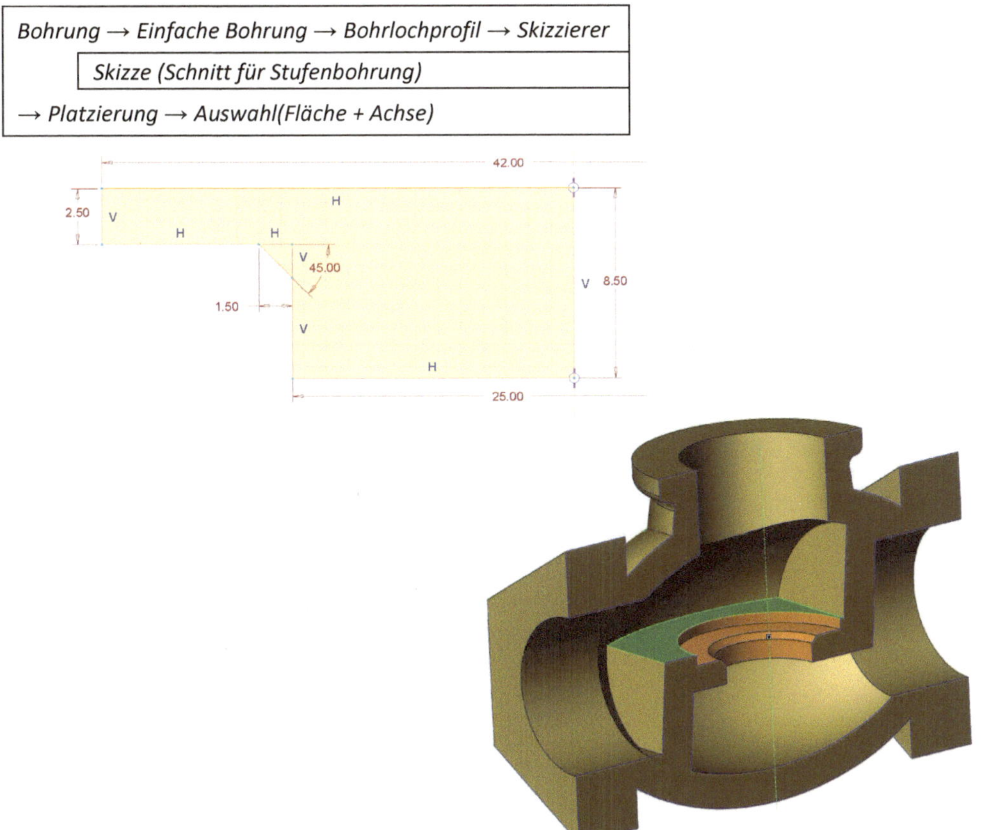

Abbildung 4-42: Benutzerdefinierte Bohrung

Neben der Platzierung von Bohrungen auf ebenen Flächen, existiert auch die Möglichkeit, eine zylindrische Oberfläche als primäre Referenz zu wählen. Der *Flansch* soll auf diese Weise um eine Gewindebohrung M6x1 erhalten (Abbildung 4-43). Die Gewindebohrung soll so platziert werden, dass das Bohrmuster nicht durchdrungen wird.

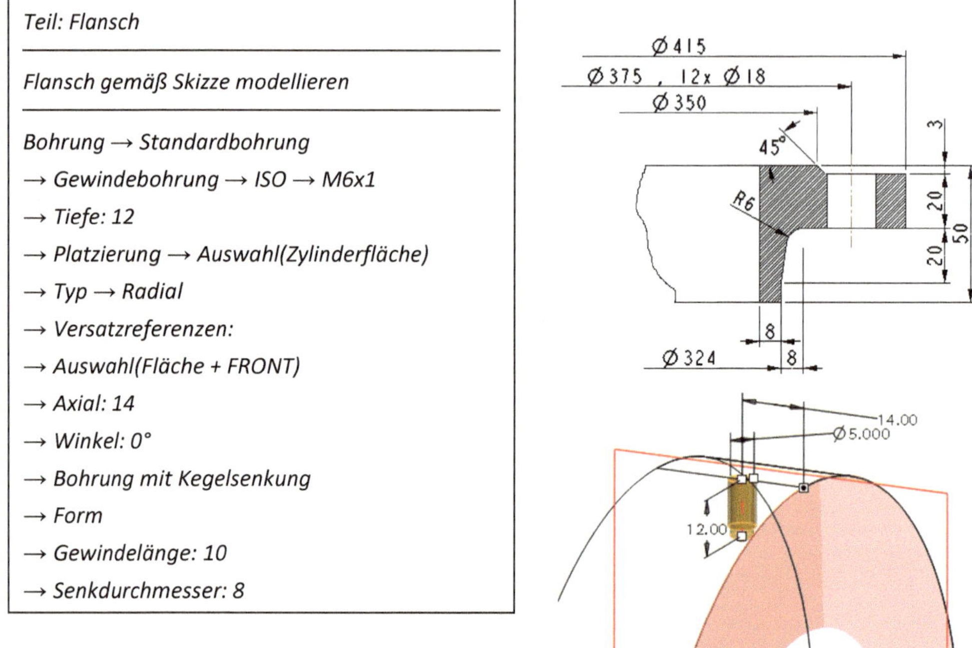

Teil: Flansch

Flansch gemäß Skizze modellieren

Bohrung → Standardbohrung
→ Gewindebohrung → ISO → M6x1
→ Tiefe: 12
→ Platzierung → Auswahl(Zylinderfläche)
→ Typ → Radial
→ Versatzreferenzen:
→ Auswahl(Fläche + FRONT)
→ Axial: 14
→ Winkel: 0°
→ Bohrung mit Kegelsenkung
→ Form
→ Gewindelänge: 10
→ Senkdurchmesser: 8

Abbildung 4-43: Radiale Bohrungsplatzierung Gewindedefinition

4.5.4 Fertigungsbedingte Anpassungen

Am Bauteil *Flansch* soll der Flanschtellerrand mit einer Einformschräge versehen werden (Abbildung 4-44). Dieses Modellierungselement dient vor allem der Absicherung einer gussgerechten Ausführung der Konstruktion. Bei der Schrägung wird im Beispiel Material hinzugefügt.

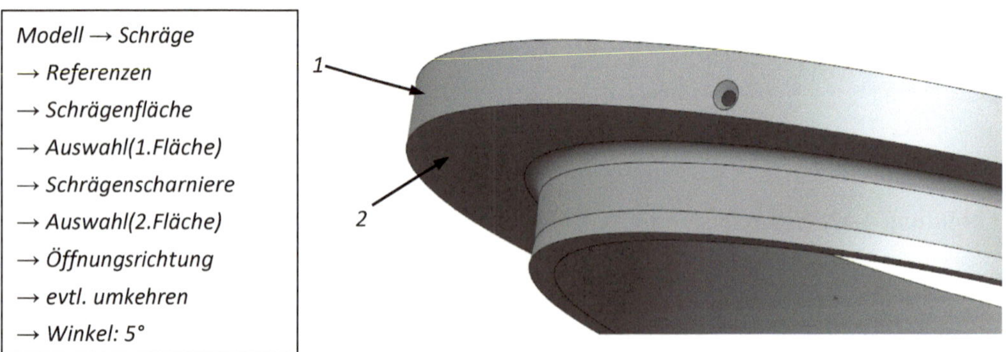

Modell → Schräge
→ Referenzen
→ Schrägenfläche
→ Auswahl(1.Fläche)
→ Schrägenscharniere
→ Auswahl(2.Fläche)
→ Öffnungsrichtung
→ evtl. umkehren
→ Winkel: 5°

Abbildung 4-44: Flanschbearbeitung

4.5.5 Schalenelemente

Bei fast allen Körpergenerierungselementen ist Option *dünner Körper* vorhanden. Häufig ist es jedoch sinnvoll, zunächst Vollkörperelemente zu erzeugen, die dann später im Gesamtzusammenhang ausgedünnt bzw. deren Oberflächenelemente aufgedickt werden. Die Schalenfunktion erlaubt dabei das Entfernen einzelner Teilflächen.

Ausgangsmodell für das Beispiel in Abbildung 4-45 ist eine Kopie der Bauteilmodells *Parallelverbund* aus Abbildung 4-29, bei dem allerdings ein Verbundvollköper generiert wird. Der Hohlraum wird nun erst anschließend über die *Schalenfunktion* erzeugt. Dabei wird im Beispiel eine Anschlussfläche entfernt. Die andere fungiert als Boden. Den Teilflächen können hierbei unterschiedliche Wanddicken zugewiesen werden.

<table>
<tr><td>

Schale → Dicke: 30

→ Referenzen

→ Zu entfernende Fläche: Auswahl(Fläche oben)

→ Fläche mit anderer Dicke: Auswahl(Fläche unten) → Dicke: 60

</td></tr>
</table>

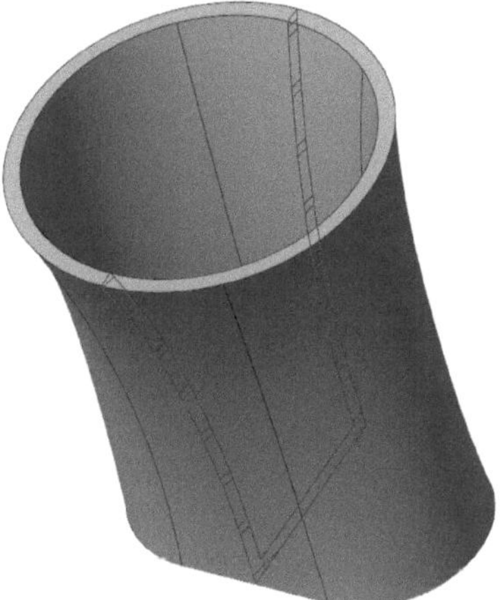

Abbildung 4-45: Schalendefinition

4.5.6 Rippen

Mit *Rippenfunktionen* können verstärkende Volumenelemente an vorhandenen Bauteilmodellen angebracht werden, ohne dass deren Querschnitte vollständig vom Nutzer definiert werden. Dabei passen sich die Rippenelemente an die bereits vorhandenen Volumenelemente an. Abbildung 4-46 zeigt dies anhand eines *Lagerbocks*.

Der Materialschnitt für die Anschlagfläche sichert eine *gerade* Rippe. Wird dieser Schritt ausgelassen, entsteht an der Schmalseite der Rippe eine gewölbte Fläche. Der Grund dafür ist, dass die skizzierte Linie der Zylinderkante auf dem Umfang folgt. In der Skizze fällt auf, dass für dieses Beispiel lediglich eine Linie benötigt wird, um die Kontur zu *schließen*. Das System erkennt die weiteren Begrenzungsflächen automatisch. Sollte dies nicht der Fall sein, können weitere Linien eingefügt werden, um das gewünschte Ergebnis zu erhalten.

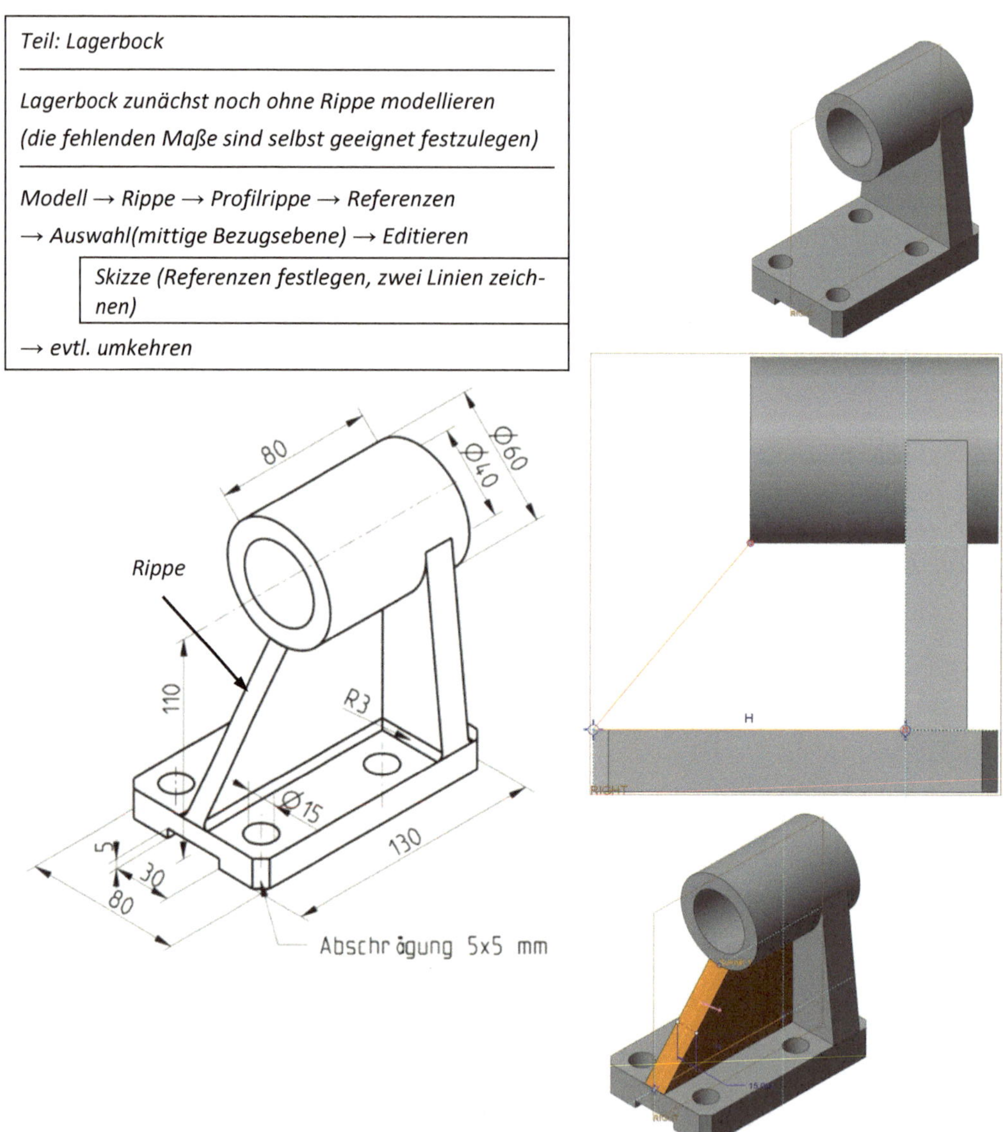

Abbildung 4-46: Lagerbock

4.5.7 Kopieren von Elementen

Möglichkeiten zur Erzeugung von modellinternen oder auch modellübergreifenden Elementkopien wurden bereits in Kapitel 3.8.3 erläutert. Die elementaren Kopierfunktionen ermöglichen das Spiegeln und Bewegen (Verschieben oder Drehen) von Elementen. Hier kann festgelegt werden, ob die Kopie unabhängig vom Original sein soll und damit auch andere Maße besitzen kann.

Bei abhängigen Kopien werden automatisch die notwendigen Beziehungen festgelegt. Zum Kopieren können stets mehrere Konstruktionselemente ausgewählt werden. Möglich ist auch die Verarbeitung von Gruppierungen, die nach Auswahl der Elemente im Modellbaum über das Kontextmenü gebildet werden können.

Nachfolgend wird die Kopieroption *Spiegeln* verwendet, um einen *Stab* mit gleichartigen Enden zu erhalten (Abbildung 4-47). Zunächst wird eine neue Bezugsebene erzeugt, an der dann gespiegelt wird. Nachdem die Kopie erzeugt wurde, wird im Beispiel das noch fehlende Zwischenstück als Profilkörper modelliert. Weiterreichende Elementmuster werden nachfolgend erläutert.

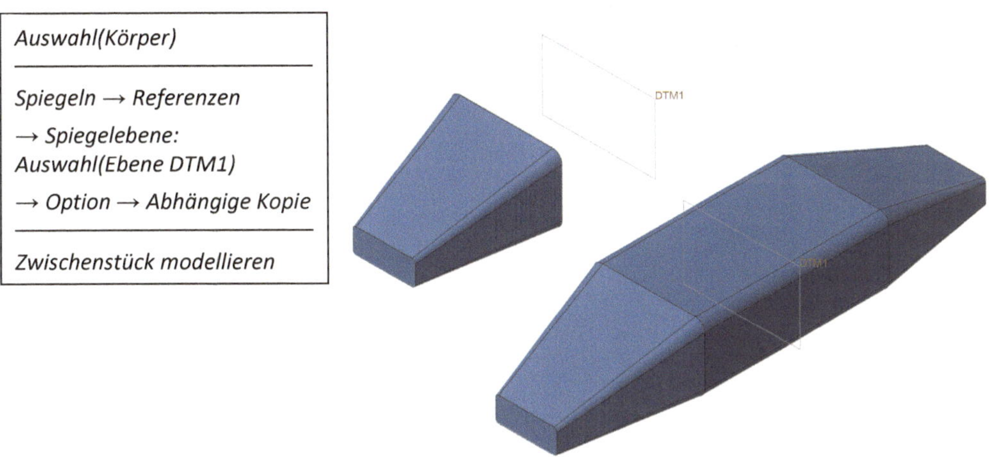

Abbildung 4-47: Stab

4.5.8 Mustererzeugung

Die in Abbildung 4-48 dargestellte Vorgehensweise zur Erzeugung eines Musters im Bauteil *Deckel* (aus Abbildung 4-40) ist nicht an das Konstruktionselement *Bohrung* gebunden.

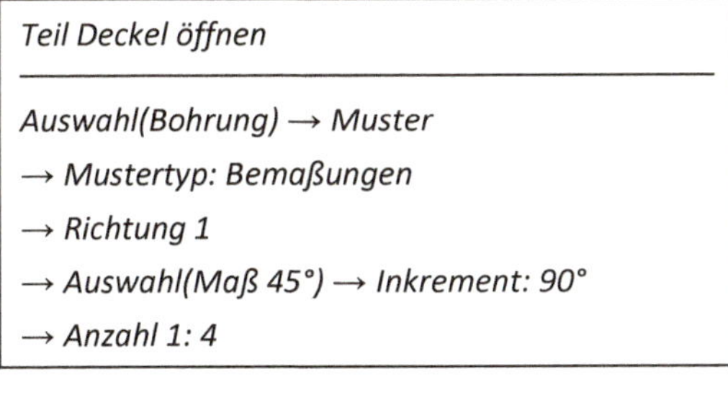

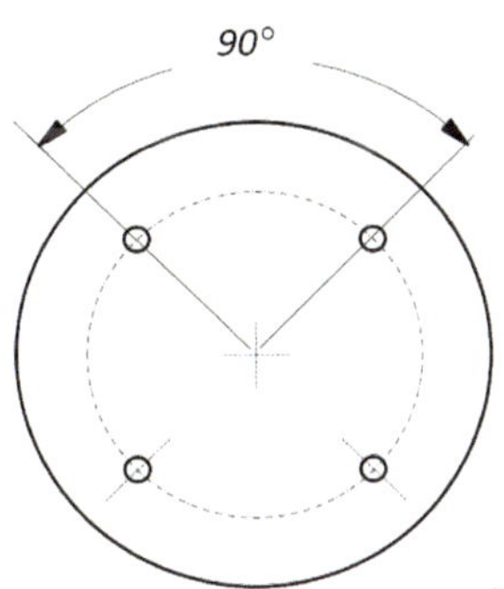

Abbildung 4-48: Bohrungsmuster

Wenn bereits im Modell ein Elementmuster vorhanden ist, können diesem Muster bei Bedarf weitere Elemente zugeordnet werden. Abbildung 4-49 zeigt die Modifizierung eines Bohrungsmusters. Dazu wird eine Kopie des Deckels verwendet, da beide Bauteile später für den Aufbau der Baugruppe *Greifer* benötigt werden. Im Teil *Deckel_2* wurde eine weitere Bohrung (Ø11) mit einer Tiefe von 6 mm an der Position der bereits vorhandenen Bohrung hinzugefügt und dann dem Muster zugeordnet.

Kopie vom Bauteil Deckel erstellen

→ *Name: Deckel_2*

Bohrung Ø11 (Platzierung: Achse, Ebene)

Muster (Referenz)

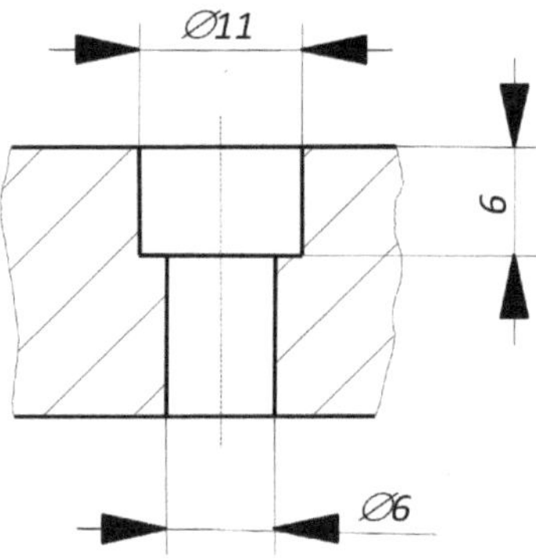

Abbildung 4-49: Muster aus zwei Bohrungen

Im Folgenden soll noch eine tabellengesteuerte Mustererzeugung erläutert werden. Dazu wird wieder eine Kopie des Deckels (aus Abbildung 4-40) verwendet. Für das variable Bohrungsmuster werden nun auch der Lochkreisdurchmesser und der Bohrungsdurchmesser und die aktuellen Werte dieser Parameter angezeigt. Im gewählten Beispiel wurden zwei weitere Bohrungen hinzugefügt, so dass dann das Bohrungsmuster insgesamt aus drei Bohrungen besteht (Abbildung 4-50).

Auswahl(Bohrung)

Muster → Mustertyp: Tabelle

→ *Auswahl(Maß 45°, Ø80 mm, Ø6 mm)*

→ *Editieren (Table1)*

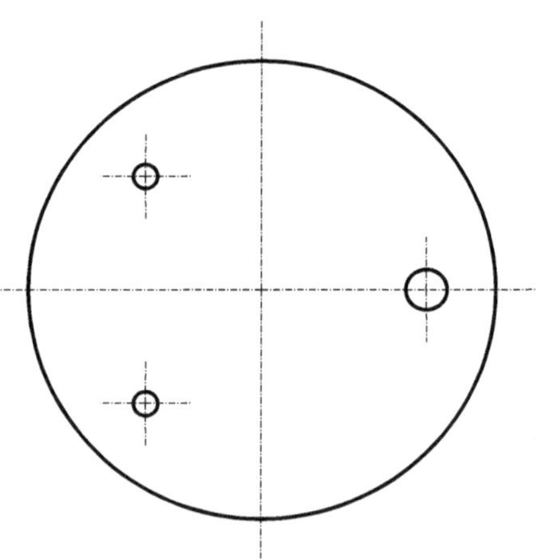

Pro/TABLE 1

!idx	D..(45°)	D..(80 mm)	D..(6 mm)
1	135	80	6
2	270	80	10

Abbildung 4-50: Variables Bohrungsmuster

4.5.9 Kosmetische Konstruktionselemente

Nicht alles, was später am realen Produkt vorhanden ist, muss auch realitätsnah modelliert werden. Das gilt in besonderer Weise für die unterschiedlichsten Gewindearten, für die schon im Bohrungsmenü eine vereinfachte Darstellung (Hilfszylinderfläche) gewählt wurde. Zur Lösung dieser und anderer Problemstellungen sind im CAD-System so genannte *kosmetische Elemente* vorgesehen, die u. a. auch spezielle Schnittdarstellungen und Bauteilbeschriftungen unterstützen. Die so erzeugten Konstruktionselemente werden auch im Modellbaum angezeigt. Kosmetische Elemente werden durch die systeminternen Algorithmen zur Ausblendung verdeckter Kanten nicht beachtet. Sie sind daher im *Drahtmodell* stets sichtbar. Beachtung finden sie allerdings bei der Zeichnungserstellung. Zur Ausblendung kosmetischer Elemente können Folien verwendet werden.

Abbildung 4-51 zeigt, wie am *Ventilkorpus* die äußere Fläche des Ellipsoids mit einer Beschriftung versehen werden kann. Als Skizzierfläche ist eine geeignete ebene Fläche auszuwählen bzw. zu erzeugen. Um Spiegelschrift zu vermeiden, sollte diese Ebene außen liegen. Im Skizzierer wird lediglich der Beschriftungstext erzeugt, der wie jedes andere Geometrieelement bemaßt bzw. ausgerichtet wird. Die Höhe und Lage des Textfeldes wird zunächst als Linie festgelegt. Bei waagerechter Schrift muss diese Linie senkrecht sein. Die Textparameter können im Textdefinitionsfenster verändert werden.

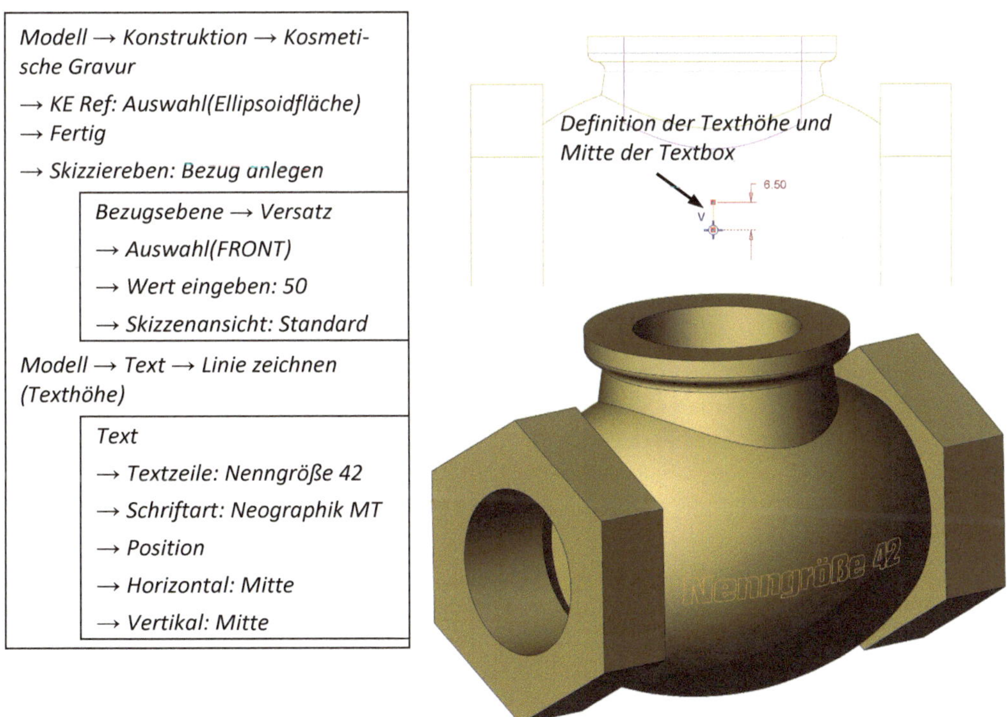

Abbildung 4-51: Kosmetik-KE *Gravur* am Ventilkorpus

Im rechnerinternen Datenmodell wird durch die *kosmetischen Konstruktionselemente* kein Material entfernt.

In Abbildung 4-52 ist dargestellt, wie in das CAD-Modell der *Spindel* in den blau eingefärbten Bereichen ein Außengewinde integriert werden kann. Nach Auswahl der entsprechenden Kosmetikoption wird die jeweilige zylindrische Fläche ausgewählt. Vom System wird der ermittelte Kerndurchmesser angezeigt. Die Gewindeparameter können akzeptiert oder auch verändert werden.

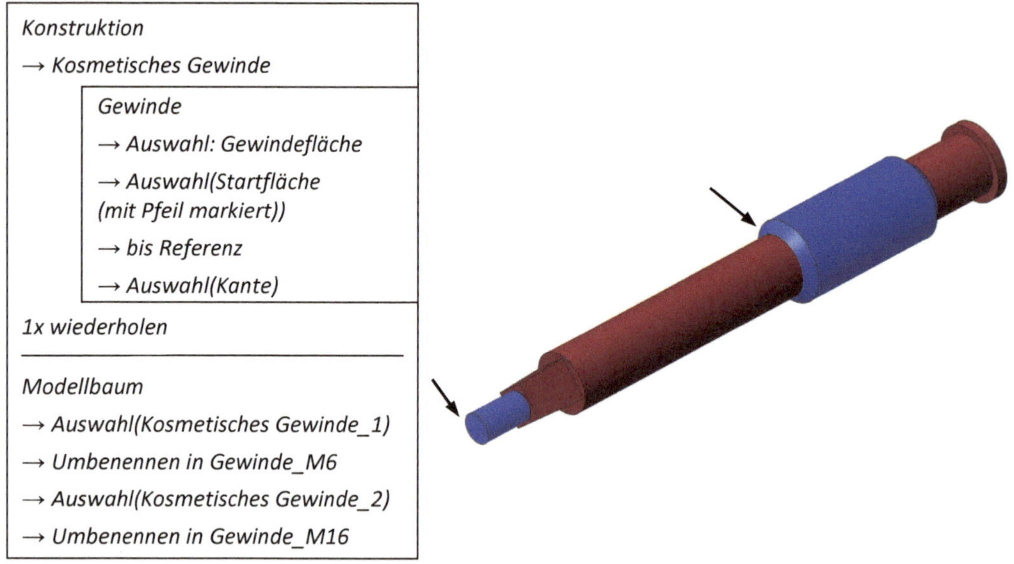

Abbildung 4-52: Außengewinde

4.5.10 Benutzerdefinierte Features

Der Anwender hat die Möglichkeit, eigene Features zu erzeugen, die er dann ähnlich wie eine Fase oder Rundung bei der Erzeugung anderer Bauteile nutzen kann. Diese *Benutzerdefinierten Features* (*UDF*) lassen sich aus bereits erstellten Konstruktionselementen erzeugen. Dabei kann ein UDF einzelne oder mehrere Konstruktionselemente einschließen. Diese UDF dienen zur Erleichterung von wiederkehrenden Modellierungsaufgaben und zur Vereinfachung komplizierter Modellierungswege.

In Abbildung 4-53 wird eine *Passfedernut* der Form DIN 6885 - A 12x8x56 als benutzerdefiniertes Konstruktionselement erzeugt und anschließend in eine Welle integriert. Zunächst wird ein einfaches Referenzteil erzeugt, dass die für das UDF notwendigen Konstruktionselemente und Referenzen beinhaltet. Bei der Modellierung ist darauf zu achten, welche Referenzen gewählt werden. Jede gewählte Referenz muss bei der Erzeugung benannt und beim Einbau des UDFs erneut gewählt werden. Nachfolgend wird eine Ebene erzeugt, die tangential auf der Zylinderfläche aufliegt und parallel zu einer Ebene (Draufsicht der Passfeder) ist.

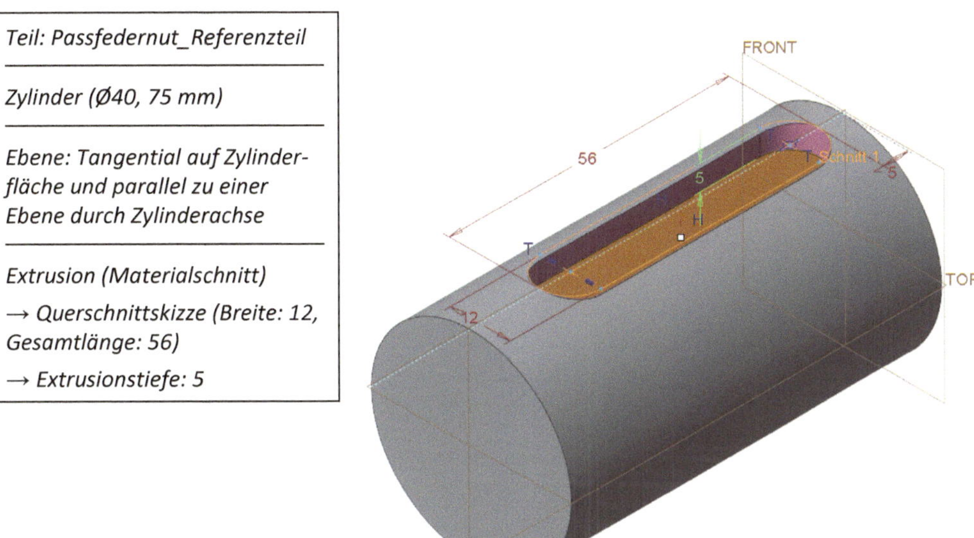

Abbildung 4-53: Erzeugung der Passfedernut im Referenzteil

Mit Hilfe dieses Referenzteils wird ein unabhängiges UDF erzeugt (Abbildung 4-54), wobei der Zylinder als Referenzteil miteingeschlossen wird. Die Integration des Referenzteils bietet die Möglichkeit, beim Einbau des UDF das Ausgangsteil in einem weiteren Fenster anzeigen zu lassen und somit die abgefragten Bezüge und Abmessungen verdeutlicht zu bekommen.

Wäre die tangentiale Bezugsebene nicht Bestandteil des UDF, müsste beim Einfügen des UDF bereits eine solche vorhanden sein. Bei der Festlegung der Abfragen können erklärende Namen für die bei der Modellierung benutzten Elemente vergeben werden. Je nach Modellierungstechnik und Verwendung von Referenzen im Skizzierbereich und zur Platzierung bzw. Orientierung von Skizzen, können sich unterschiedlich viele Abfragen ergeben. Jedes referenzierte Element ergibt eine zusätzliche Abfrage beim späteren Einbau des UDF. Nach der Definition der Bezugsnamen können diese über den Schalter Nächste noch einmal angezeigt werden.

Im noch offenen UDF-Dialogfenster können jetzt weitere Optionen eingestellt werden. Das Vorgehen ist anhand von variablen Bemaßungen dargestellt. Diese werden ebenso wie die Bezüge beim späteren Einbau des UDF abgefragt. Die Reihenfolge der Namensvergabe ergibt sich aus der *Creo*-internen Bemaßungsnummerierung in aufsteigende Reihenfolge. Die Maßbezeichnungen werden wie die Bezugsnamen beim Einbau des UDF in dem Mitteilungsbereich angezeigt. Nach der Namensvergabe kann die UDF-Definition abgeschlossen werden.

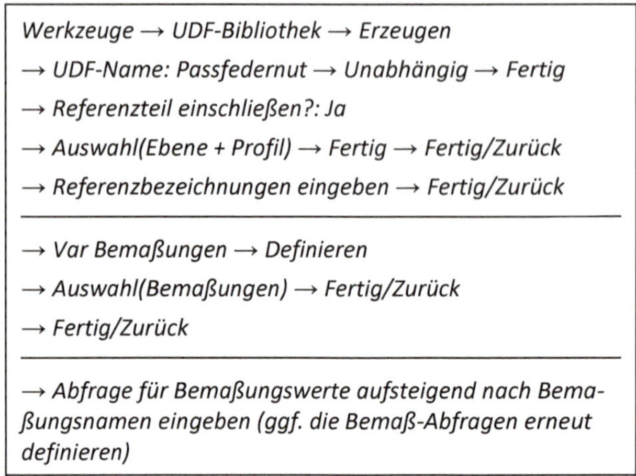

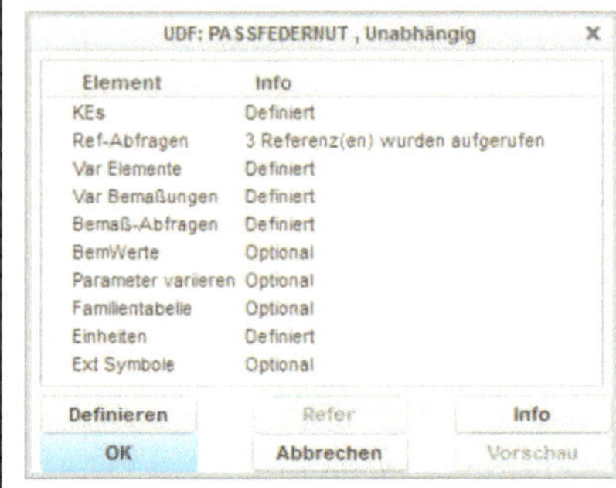

Abbildung 4-54: UDF-Erzeugung

Das Referenzteil ist ab dem Zeitpunkt der abgeschlossenen UDF-Erzeugung für den weiteren Ablauf nicht mehr notwendig und kann gelöscht werden. Hieraus ist ersichtlich, dass bei einem unabhängigen UDF die Konstruktionselemente des UDFs aus jedem beliebigen Bauteil stammen können und nicht extra ein Referenzteil erzeugt werden muss.

Das UDF soll beispielhaft in einer *Abtriebswelle* eingefügt werden, welche selbstständig gemäß Abbildung 4-55 zu modellieren ist. Die ausgewählten Freistiche sind zusätzlich am Grundkörper anzubringen.

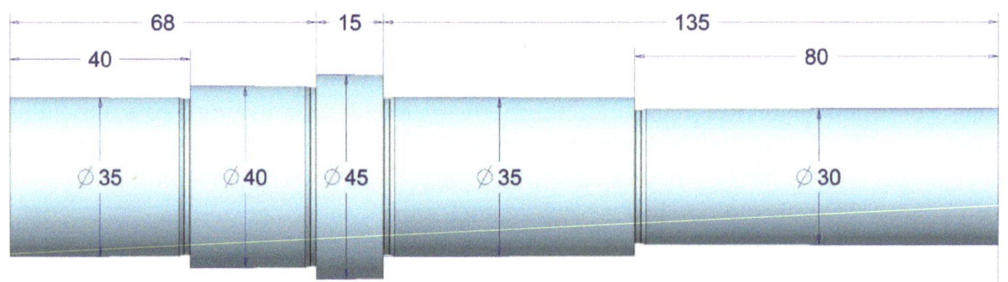

Abbildung 4-55: Abtriebswelle

Im Bauteil werden die zur Platzierung notwendigen Referenzen gewählt. Im nachfolgenden Dialogfenster sind die notwendigen Bezüge zur Platzierung des UDF sowie weitere Optionen festzulegen (Abbildung 4-56).

Die Registerkarte *Optionen* bietet dem Anwender die Möglichkeit eines skalierten UDF-Einbaus sowie das (Ent-)Sperren von Bemaßungen. Die Registerkarte *Variablen* führt alle zuvor als variabel definierten Bemaßungsparameter auf, die somit vor dem Einbau geändert werden können. Die Auswahl der notwendigen Bezüge zur Platzierung des UDF sowie die Kennzeichnung der variablen Bemaßungen werden durch die vom Anwender definierten Abfragen bzw. Bezeichnungen erleichtert.

Im nächsten Schritt sind die jeweiligen Orientierungen der gewählten Bezüge einzustellen. Bei falscher Wahl der Referenzen oder der Orientierungen wird das UDF unter Umständen außerhalb des Körpers platziert. In diesen Fällen müssen die Referenzen beim Erzeugen oder Einbauen des UDFs anders kombiniert werden. Zum Abschluss erscheint im Modellbaum eine Gruppe mit dem UDF-Namen. Diese kann wie jedes andere Konstruktionselement verändert werden.

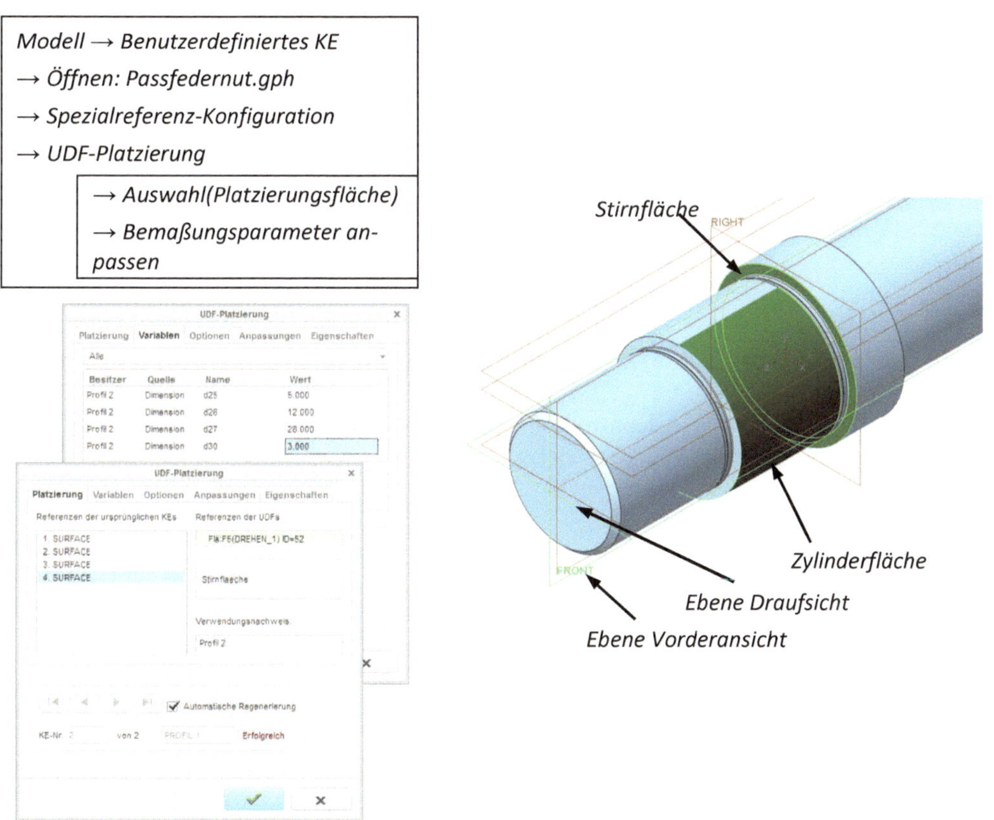

Abbildung 4-56: Einfügen des UDF Zentrierbohrung

Die Gestalt der Welle kann im Zusammenhang mit der Erstellung der Getriebebaugruppe, die in Kapitel 8.6 beschrieben ist, den Erfordernissen angepasst werden. So lassen sich weitere Wellenelemente, wie Freistiche, Zentrierbohrungen oder Fasen, als UDFs abspeichern und beliebig oft wiederverwenden.

4.6   Modellanpassungen

Bei Konstruktionsänderungen und Anpassungen werden Vorteile parametrischer CAD-Systeme deutlich. Es ist sicher auch nicht davon auszugehen, dass bei der Modellierung keine Fehler gemacht werden, so dass die Möglichkeiten zur Bauteilmanipulierung von allgemeinem Interesse sind. Dabei geht es sowohl um geometrische als auch um topologische bzw. semantische Anpassungen.

Die Modellregenerierung, bei der das System jeden von der Änderung betroffenen Bearbeitungsschritt wiederholt, kann allerdings auch fehlschlagen. Dies ist in der Regel dann der Fall, wenn bei einer Änderung in der Konstruktionskette eine Referenz für einen nachfolgenden Konstruktionsschritt verloren geht oder die Geometrie nicht mehr sinnvoll generierbar ist. Das System bietet dem Benutzer dann entsprechende Korrekturmöglichkeiten an. Die wohl sicherste ist die Wiederherstellung des Modellzustands vor dem Auftritt des Fehlers. Diese Option (*Änderungen widerrufen*) gibt die Möglichkeit, den Modellaufbau nochmals zu überdenken. Andernfalls sind die vom System benannten Konstruktionselemente zu korrigieren, zu löschen oder zu unterdrücken.

4.6.1   Veränderung von Maßen und Attributen

Auch nach der Definition eines Konstruktionselementes können noch Veränderungen vorgenommen werden. In Abbildung 4-57 ist der Ablauf einer nachträglichen Modellanpassung für das Beispiel aus Abbildung 4-31 dargestellt.

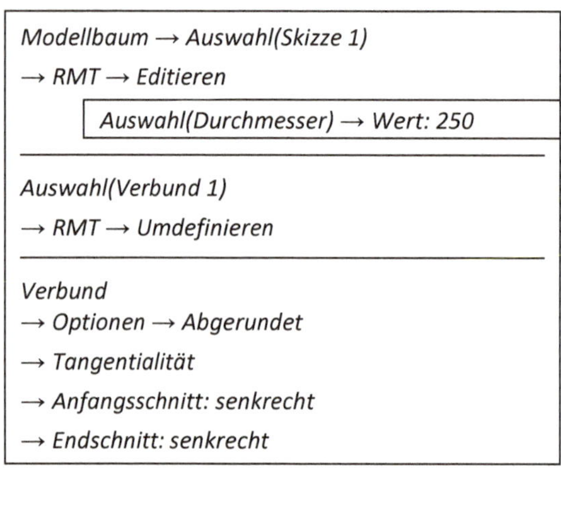

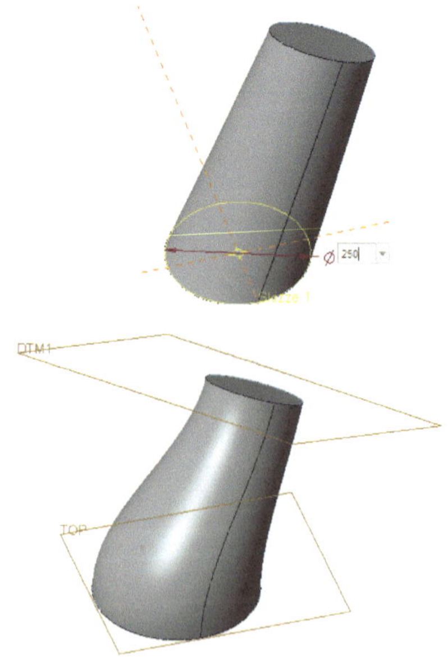

Abbildung 4-57: Maß- und Gestaltanpassung

4.6.2 Gruppieren und Umordnen von Elementen

Für Konstruktionsschritte, wie Mustern, Spiegeln, Kopieren kann es zweckmäßig sein, vorher mehrere Elemente zu einer Gruppe zusammenzufassen. Bei Kopieroperationen, z. B. dem Spiegeln, werden vom System automatische *Gruppierungen* vorgenommen.

Generell helfen sinnvolle Gruppierungen, die Modellstruktur zu ordnen bzw. übersichtlicher zu gestalten. Die Verwendung lokaler Gruppen ist der einzige Weg, um mehrere Elemente gleichzeitig zu mustern. Elemente, die bereits in anderen Gruppen vorkommen, können allein nicht nochmals gruppiert werden.

Vor der Gruppierung müssen alle zu integrierenden Elemente im Modellbaum aneinandergereiht sein. Eventuell ist daher eine Umordnung im Modellbaum erforderlich. Allerdings ist hier Vorsicht geboten, da Referenzen zu anderen vorher definierten Elementen bestehen können, die dann geändert werden müssen.

Die prinzipielle Vorgehensweise soll am Bauteil *Deckel_2* der Greiferbaugruppe erläutert werden. In den Deckel (aus Abbildung 4-49) sollen nun noch ein Materialschnitt und eine spezielle Gewindebohrung eingebracht werden, welche anschließend gruppiert und gespiegelt werden (Abbildung 4-58). Die Maße sind unter Beachtung des bereits modellierten Bauteils *Finger* festzulegen. Zum Abschluss werden beide Gruppen zu Übungszwecken im Modellbaum vor die Bohrungsmuster geschoben.

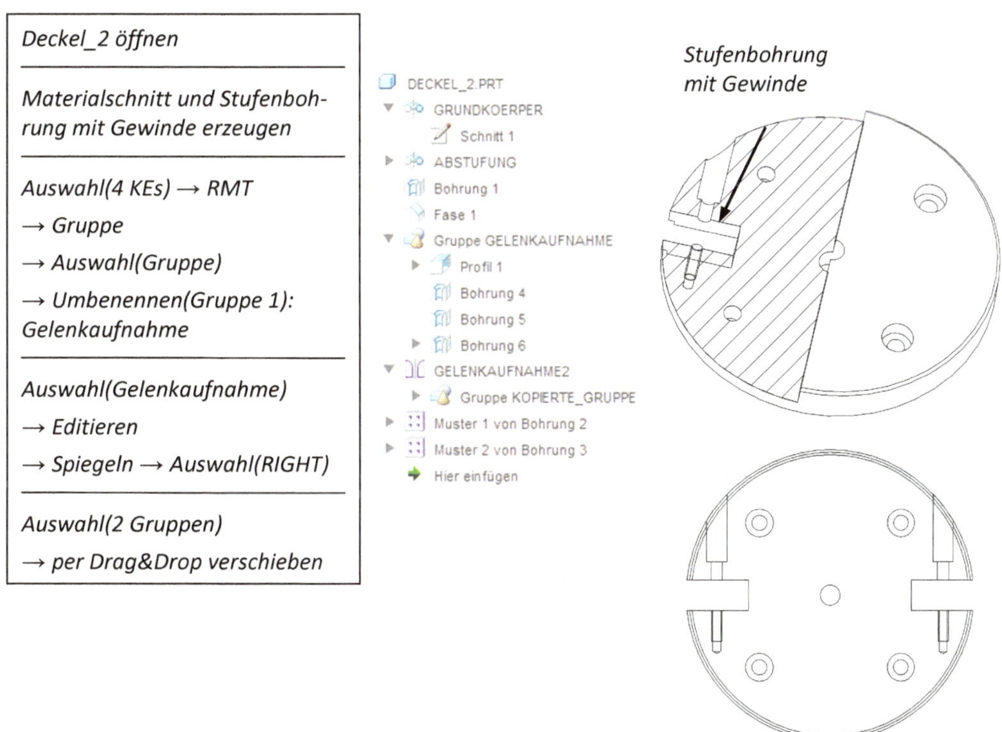

Abbildung 4-58: Elementgruppierung

4.6.3 Modellparametrisierung

Bereits im Kapitel 2 und 3 wurden Hinweise gegeben, wie zwischen *Geometrieparametern* Beziehungen aufgestellt werden können. Nachfolgend wird an einigen Beispielen gezeigt, wie die geometrische Anpassungsfähigkeit von Modellen bzw. die Abbildung bestimmter Modelleigenschaften abgesichert werden kann.

Für die *Spiralfeder* aus Abbildung 4-16 soll nun noch sichergestellt werden, dass bei Änderung der Feder-Gesamtlänge L_GES die Windungszahl N konstant bleibt. Um das zu erreichen, muss die Steigung P der Feder abhängig von der Gesamtlänge berechnet werden. Zudem soll verhindert werden, dass es zu Überschneidung der einzelnen Windungen bei ungünstigen Abmaßen kommt. Abbildung 4-59 zeigt, wie die benötigten *Parameter* angelegt und im Beziehungseditor mit Geometrieparametern der KEs verknüpft werden. Neue Parameter (wie P und L_1), die im Beziehungseditor durch eine Gleichung festgelegt werden, übernimmt das System automatisch in die Parameterliste.

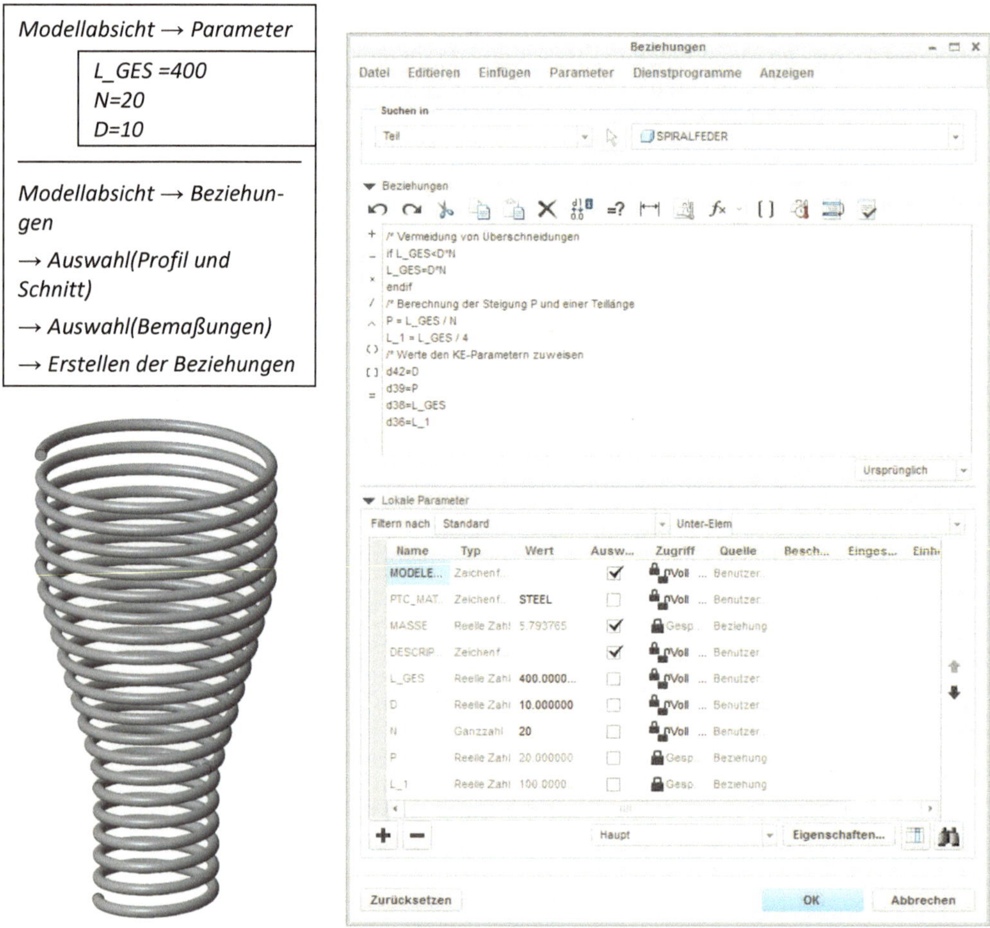

Abbildung 4-59: Parametrisierte Spiralfeder

Abbildung 4-60 zeigt ein *Lagergehäuse*, aus dem eine weitere Variante abgeleitet werden soll. Bei der Modellierung des Bauteiles ist daher dessen Anpassungsfähigkeit in bestimmten Bereichen zu sichern. Das kann über geschickte Referenzierungen und Parameterbeziehungen erreicht werden. Im Beispiel ist zu sichern, dass über die Länge L des Rohres der Bohrungsabstand B gesteuert werden kann. Die Bohrungen sollen des Weiteren immer symmetrisch zur Bauteilmitte liegen. Das Gehäuse ist zunächst selbstständig zu modellieren.

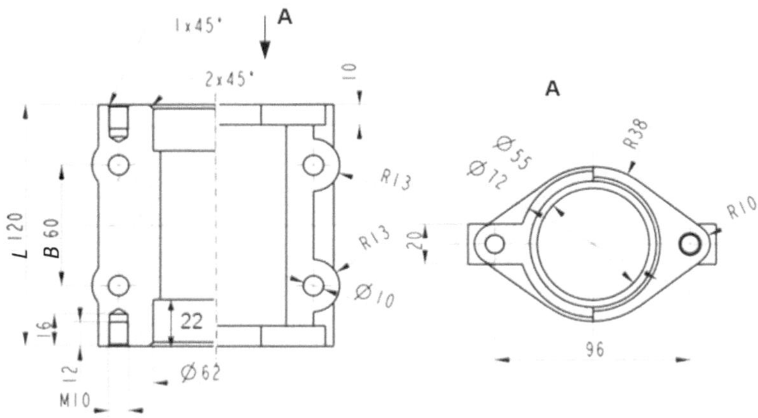

Abbildung 4-60: Variantenkonstruktion

Die Modellierungsstrategie muss dabei nicht unbedingt der in Abbildung 4-61 entsprechen. Zum Abschluss ist eine Kopie des Bauteilmodells mit verändertem Längenmaß (z. B. $L = 200$ mm) zu speichern.

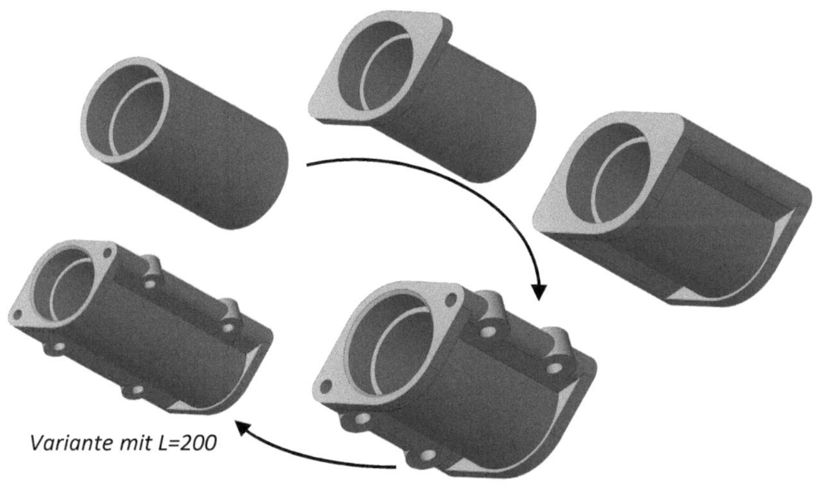

Abbildung 4-61: Mögliche Teilschritte der Modellierung

Für das in Abbildung 4-62 dargestellte *Oktaeder* wurde zunächst eine Kugel erzeugt, die dann durch ebene Materialschnitte bearbeitet wurde. Bei korrekter Modellierung sollte die Größe des Oktaeders über den Radius dieser Hilfskugel, die letztendlich alle Eckpunkte enthält, gesteuert werden können. Die Skizzen 1 (FRONT) und 2 (RIGHT) enthalten jeweils eine Gerade, deren Endpunkte sowohl auf dem Umriss der Kugel als auch auf einer Koordinatenachse liegen. Die Ebene DTM1 geht durch eine dieser Geraden und durch einen Endpunkt der anderen Geraden. Da weitere Ebenen ausschließlich durch Spiegeln erzeugt werden, könnten statt der beiden Skizzen auch drei geeignet definierte Punkte zur Definition der Ebene dienen.

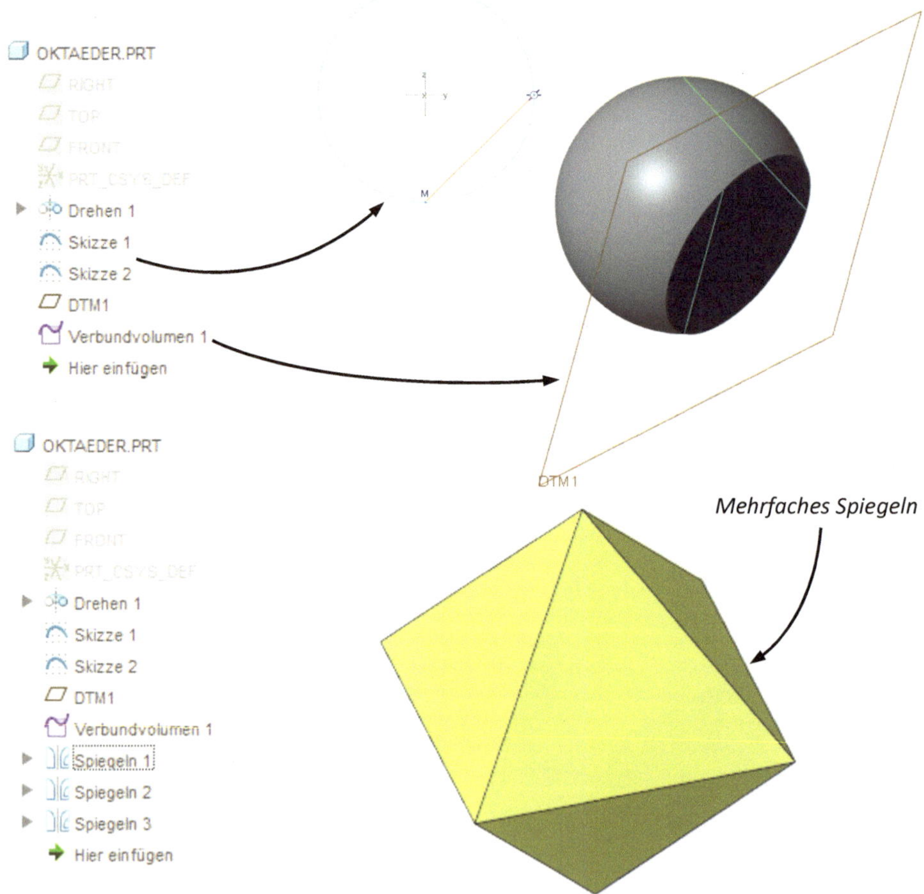

Abbildung 4-62: Oktaeder

In gleicher Weise sollten selbstständig Strategien zum Modellaufbau der anderen regulären Polyeder entwickelt werden. Merkmale und besondere Eigenschaften dieser Körper sind in der Literatur zu finden [1].

4.6.4 Graphauswertung

Die Möglichkeiten zum Einsatz von *Graph-KE* für Modellanpassungen wurden bereits im Kapitel 3.8.3 besprochen.

Das folgende Beispiel zur Modellierung einer *Nockenwelle* soll die Möglichkeit einer flexiblen und dennoch stabilen Konstruktion auf der Basis eines Graphen nochmals verdeutlichen. Die Welle als Rotationsbauteil (ohne Nocken) stellt den Grundkörper dar (Abbildung 4-63). Die Geometrie der Nocken wird anschließend als skizzierte Kurve in einem Graphen festgehalten.

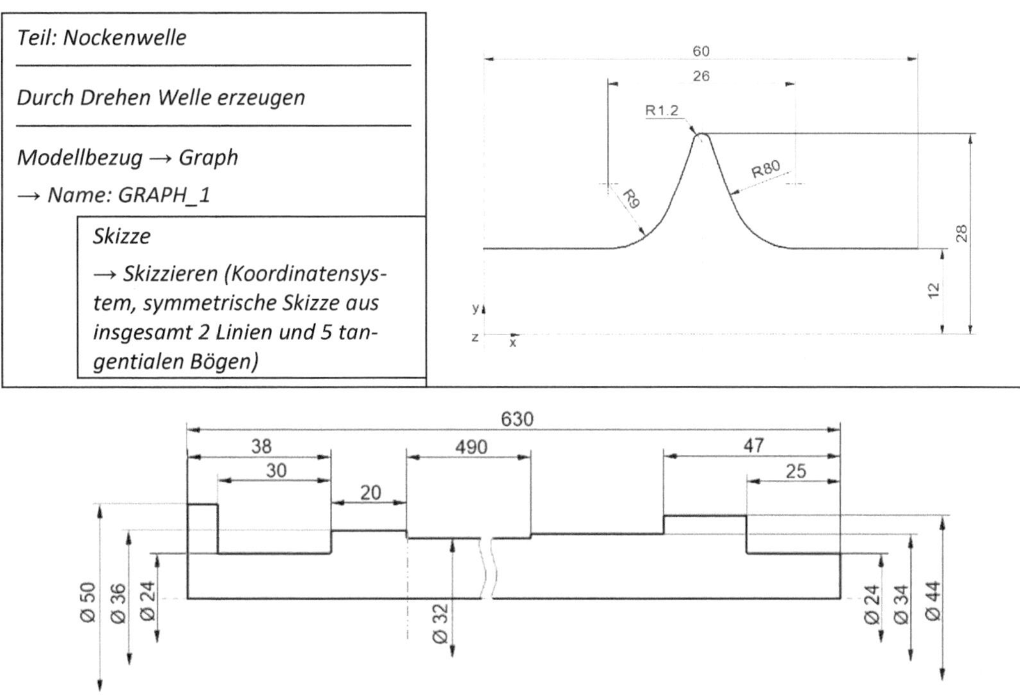

Abbildung 4-63: Grundkörper und Graph der Nockenwelle

Anschließend wird die Leitkurve konstruiert, die später für die Erzeugung des Nockens als Zug-Körper notwendig sein wird. Bei der Generierung der Leitkurve ist darauf zu achten, dass diese auf einer neu erzeugten Bezugsebene platziert und mit Hilfe einer weiteren neuen Ebene ausgerichtet wird (Abbildung 4-64). Als Skizzenreferenz ist das Koordinatensystem zu wählen. Die beiden neuen Bezugsebenen dienen der später folgenden Musterung des fertigen Nockens.

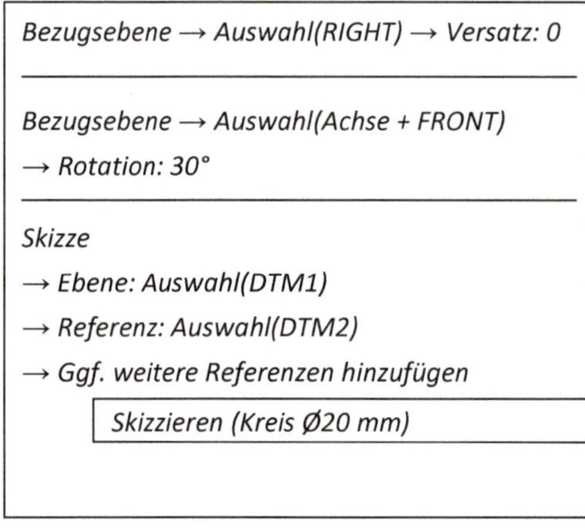

Bezugsebene → Auswahl(RIGHT) → Versatz: 0
Bezugsebene → Auswahl(Achse + FRONT) *→ Rotation: 30°*
Skizze *→ Ebene: Auswahl(DTM1)* *→ Referenz: Auswahl(DTM2)* *→ Ggf. weitere Referenzen hinzufügen*   *Skizzieren (Kreis Ø20 mm)*

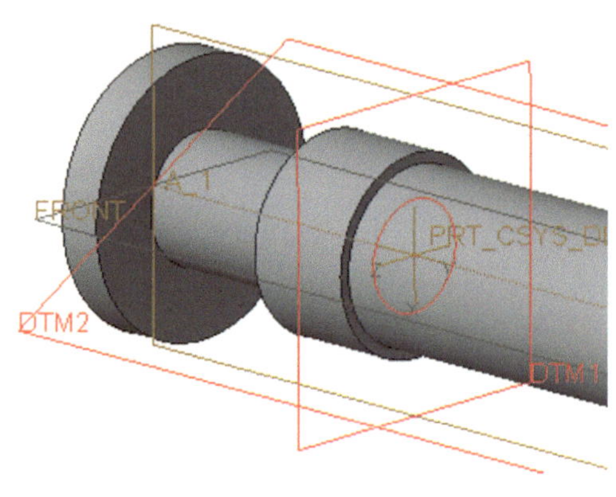

Abbildung 4-64: Leitkurve des Nockens

Im folgenden Schritt wird ein einzelner Nocken als Zug-Körper mit der zuvor erzeugten Leitkurve ausgeführt (Abbildung 4-65). Die Graphauswertungsfunktion enthält hier anstelle eines konkreten Abszissenwerts den Leitkurvenparameter *trajpar* als zweites Argument, so dass anstelle eines Punktes der gesamte Graph ausgewertet wird. Da *trajpar* nur Werte zwischen 0 und 1 annimmt, muss dieser mit dem gewünschten maximalen Abszissenwert des Graphen multipliziert werden, damit der gesamte Bereich bei der Auswertung berücksichtigt wird.

Zug-KE → Variabler Schnitt
→ Auswahl(Leitkurve)
→ Referenzen → Senkrecht zu Leitkurve
    Skizzieren (Rechteck)
    → Werkzeuge → Beziehungen:
    sd3=eval-
    *graph("GRAPH_1",trajpar*60)*

Rundung → Radius: 1.5 *→ Auswahl(2 Kantenketten)*
Auswahl(5 Elemente) *→ RMT → Gruppe*

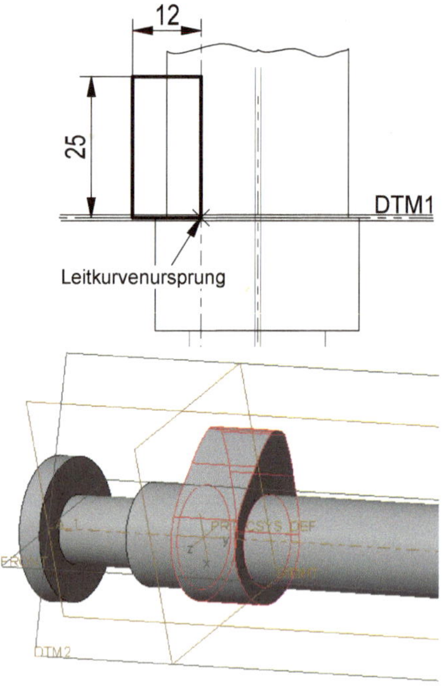

Abbildung 4-65: Graphauswertung

Nach der Erzeugung des ersten Nockens können seine Kanten mit 1.5 mm verrundet und die für eine Musterung (Abbildung 4-66) notwendigen Konstruktionselemente (Graph, Hilfsebenen, Leitkurve, Zug-Körper, Rundungen) gruppiert werden.

Muster → Mustertyp: Tabelle → Auswahl(Abstandsmaß 0, Maß 30°) → Editieren → PRO/TABLE → Tabellenwerte eingeben	!idx	D..(0.00)	D..(30)
	1	60	270
	2	135	90
	3	195	0
	4	270	180
	5	330	270
	6	405	90
	7	465	180

Abbildung 4-66: Nockenwelle

Bei eventuell anfallenden Veränderungen an der Kontur des Nockens, braucht lediglich der Verlauf des Graphen editiert zu werden.

4.7 Flächenorientierte Bauteilmodellierung

In einigen Anwendungsfällen wird es sinnvoll sein, zunächst reine Flächenelemente bzw. Sammelflächen zu generieren, die dann später *aufgedickt* bzw. anderweitig für eine Körperdefinition genutzt werden. Zur Erzeugung der einzelnen Flächenelemente können neben den bereits behandelten KEs auch die nachfolgend beschriebenen Berandungsverbundflächen sowie verschiedene Techniken zur Flächenverknüpfung verwendet werden.

4.7.1 Berandungsverbundfläche

Am Beispiel eines Fahrradsattels (Abbildung 4-67) soll zunächst erläutert werden, wie aus einer Kurvenschar eine Fläche generiert werden kann, die dann für die weitere Bearbeitung zur Verfügung steht. Die Kurvendefinition für diesen Sattel wurde bereits im Kapitel 3.4 beschrieben.

Nach der Flächenaufdickung, die hier nach unten erfolgt, kann der Sattel mit Rundungen und Bohrungen noch weiter bearbeitet werden.

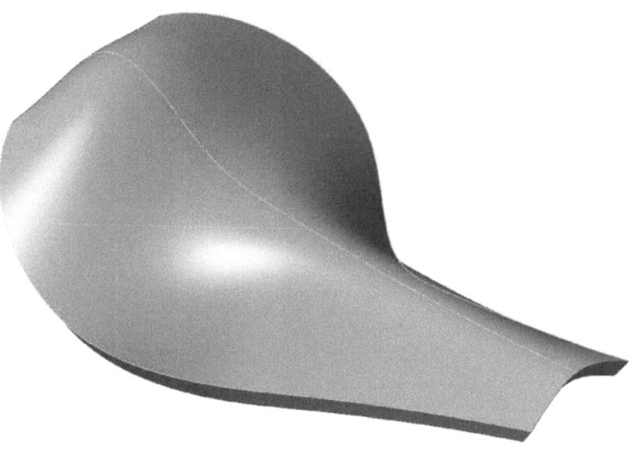

Abbildung 4-67: Fahrradsattel

Die Flächenaufdickung erfolgt standardmäßig in Richtung der Flächennormalen. Nicht in jedem Fall wird dies jedoch gelingen, da sich die Flächenkrümmungen beim *Offset* verändern.

Am Beispiel des Sattels können einige weiterführende Möglichkeiten verdeutlicht werden. Die Aufdickungsrichtung soll nun verändert werden. In Abbildung 4-68 wurde die Option *Manuelles einpassen* verwendet und dabei festgelegt, dass Punktverschiebungen in x-Richtung nicht erfolgen sollen.

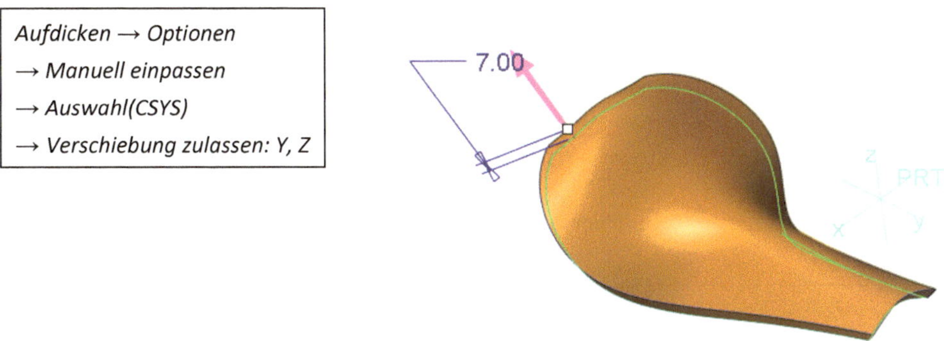

Abbildung 4-68: Manuelle Steuerung der Aufdickung

4.7.2 Freiformflächen

Abbildung 4-69 zeigt in einem weiteren Beispiel die Verbindung zweier Kurven, wie sie ohne weitere Eingriffe mit dem Berandungsverbundfeature generiert werden kann. Über eine Krümmungsanalyse kann untersucht werden, ob die Flächeneigenschaften den Anforderungen genügen. Falls nicht, muss die Flächengenerierung angepasst werden.

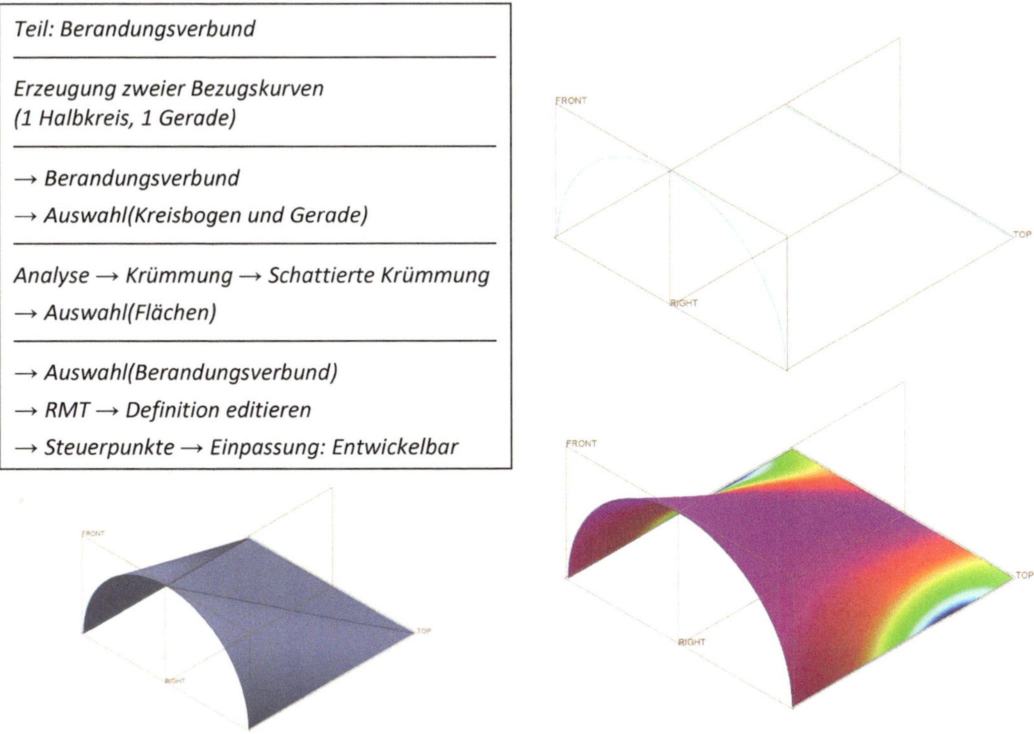

Abbildung 4-69: Berandungsverbund Gerade-Halbkreis

Im Beispiel wurde die Steuerpunkteoption *entwickelbar* genutzt, die letztendlich sichert, dass die Mantelfläche exakt abwickelbar ist. Ohne diese Option müsste der Anwender selbst geeignete Teilungspunkte auf den Verbundquerschnitten erzeugen und deren Verbindung steuern. Dies wurde bereits am Beispiel eines Verbundkörpers (Abbildung 4-28) erläutert.

Für Abbildung 4-70 wurde die Steuerpunktoption *entwickelbar* wieder zurückgesetzt. Stattdessen wurde über die Bedingungsoption festgelegt, dass die Fläche am Halbkreis senkrecht auf die RIGHT-Ebene und am anderen Ende tangential auf die FRONT-Ebene treffen soll.

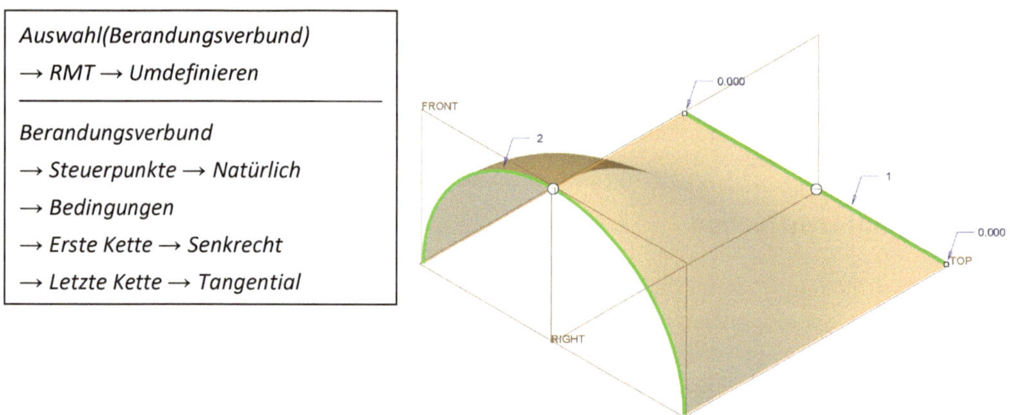

Abbildung 4-70: Übergangsfläche

In Abbildung 4-71 ist angedeutet, wie die Weiterbearbeitung einer Fläche über das Style-Tool erfolgen kann. Dabei kann durch die Reihen- und Spaltenanzahl ein Raster von Stützpunkten definiert werden, die dann nach verschiedenen Optionen (in Richtung der Flächennormalen, senkreckrecht zu einer Fläche, …) bewegt werden können. Klar definierte Konstruktionsabsichten sind so allerdings nur annähernd umsetzbar.

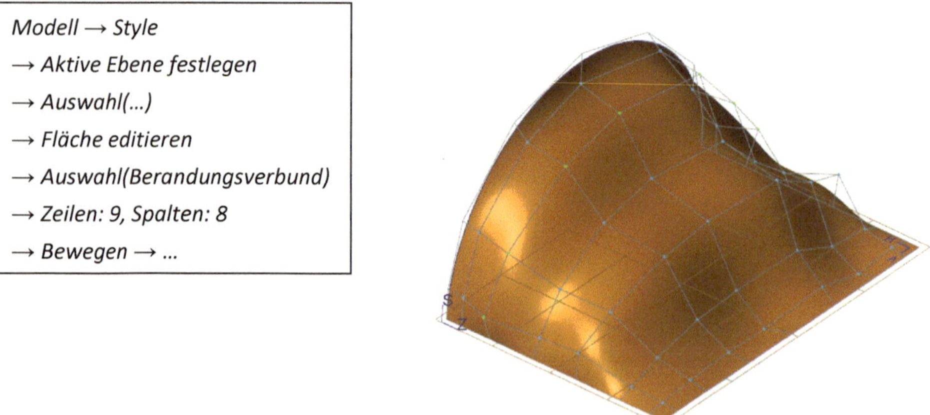

Abbildung 4-71: Flächenmanipulation mit dem Styling-Tool

Abbildung 4-72 enthält ein Flächenstück, welches über zwei Kurvenscharen definiert werden soll. Im Beispiel besteht die eine Schar aus vier Kurven und die zweite nur aus den beiden Berandungskurven. Ein derartig definiertes Flächenstück kann allerdings schlechter an Krümmungseigenschaften angrenzender Flächenstücke angepasst werden. Wenn zum Beispiel gesichert werden soll, dass die Fläche an einer Berandung senkrecht auf eine unmittelbar angrenzende Fläche oder Ebene trifft, wird das unter Umständen durch die Krümmungseigenschaften der zweiten Kurvenschar verhindert. Wie Krümmungseigenschaften von Kurven beeinflusst werden können, wurde bereits im Kapitel 3.3 besprochen.

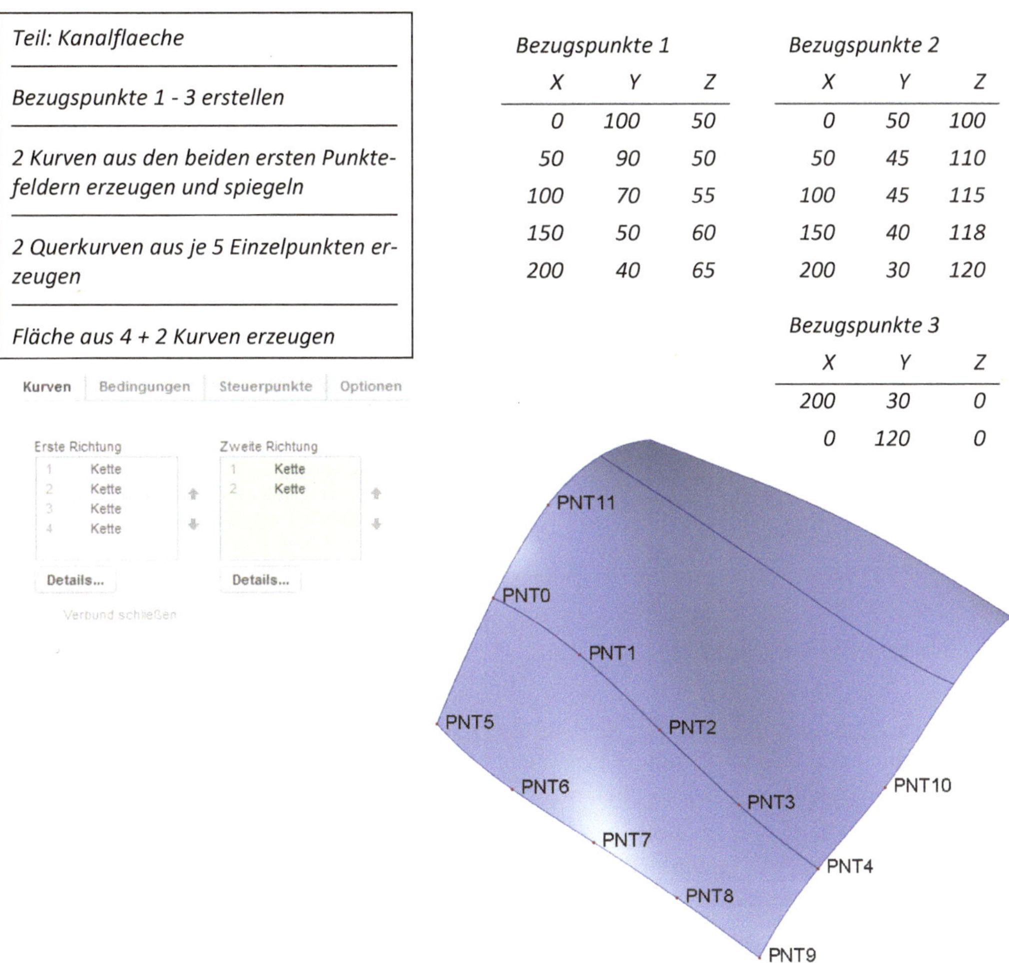

Bezugspunkte 1

X	Y	Z
0	100	50
50	90	50
100	70	55
150	50	60
200	40	65

Bezugspunkte 2

X	Y	Z
0	50	100
50	45	110
100	45	115
150	40	118
200	30	120

Bezugspunkte 3

X	Y	Z
200	30	0
0	120	0

Abbildung 4-72: Kanalfläche

4.7.3   Versatzflächen

Von der in Abbildung 4-72 erzeugten *Kanalfläche* wird in Abbildung 4-73 eine *Standardversatzfläche* erzeugt. Hier erfolgt der Versatz mit einem konstanten Wert in Richtung der Flächennormalen. Das rechte Bild zeigt, dass hierbei über *Optionen* zugleich auch die Seitenflächen generiert werden können.

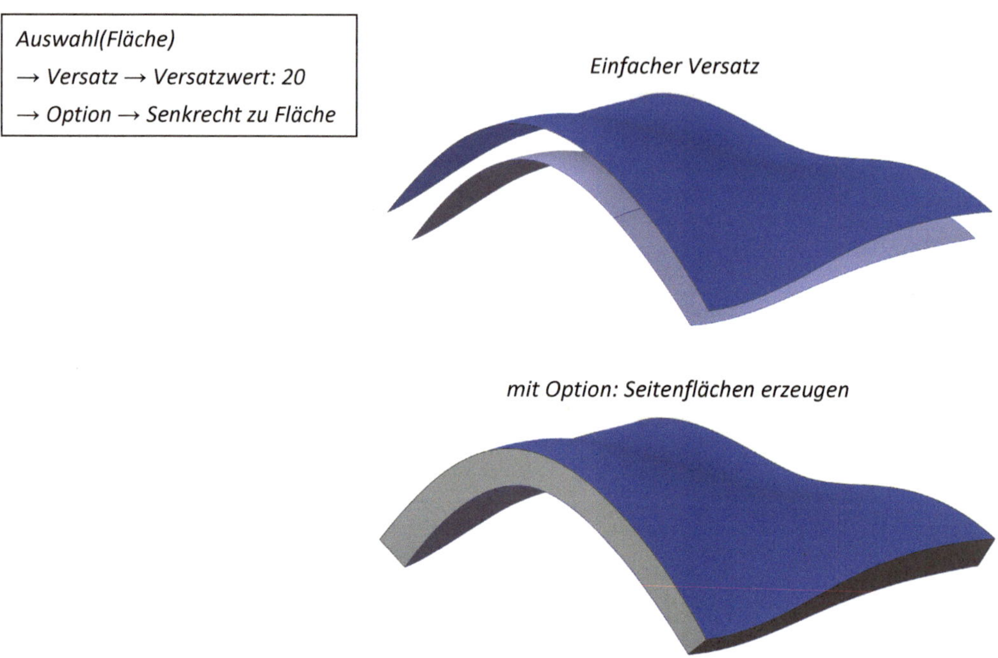

Abbildung 4-73: Versatzoption

Bereits im Zusammenhang mit der Sattelaufdickung in Abbildung 4-68 wurden Optionen zur Beeinflussung der Versatzrichtung verdeutlicht, die auch bei den Offsetflächen möglich sind. Die Versatzfeatures bieten jedoch noch mehr Möglichkeiten.

Abbildung 4-74 zeigt dies am Beispiel eines bereichsweise schrägen Versatzes. Der Versatzbereich ist dabei durch eine geschlossene Skizzenkontur in einer geeigneten Ebene zu definieren. Im Beispiel wurde ein Kreisprofil festgelegt, das vom System auf die zu versetzende Fläche in Skizzenrichtung übertragen wird.

Für die Verbindung der versetzten und unversetzten Teilbereiche kann dem System noch ein Schrägenwinkel (im Beispiel 30°) vorgegeben werden. Über weitere Optionen können auch tangentiale Flächenübergange gefordert werden. Verrundungen können allerdings auch bei Flächenverbünden über das Rundungsfeature erzeugt werden.

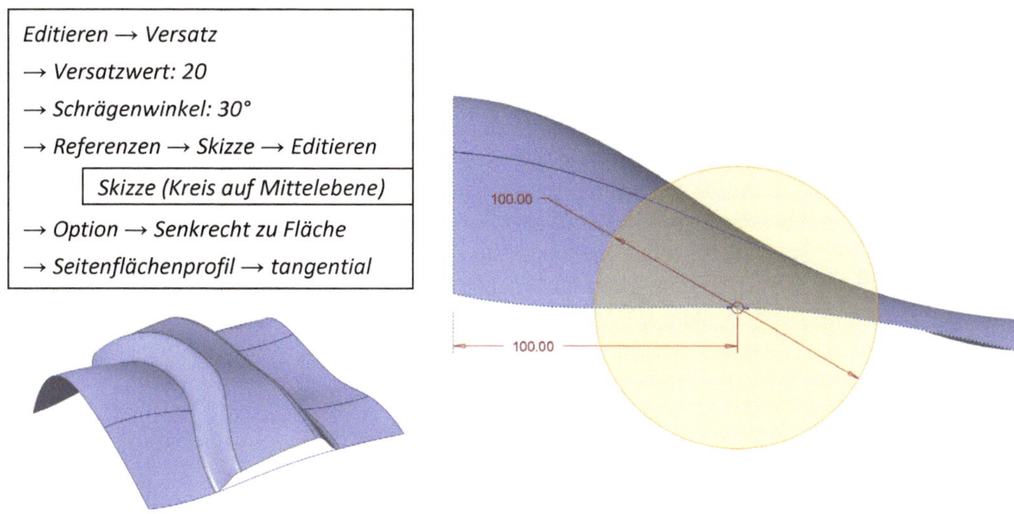

Abbildung 4-74: Versatz eines Teilbereiches

Abbildung 4-75 zeigt am Beispiel der *Sattelfläche*, wie ein Flächenversatz mit bereichsweise unterschiedlichen Versatzwerten realisiert werden kann. Das Lösungsprinzip setzt hier voraus, dass auf der Ausgangsfläche Bezugskurven vorliegen, welche dann mit dem jeweils gewünschten Versatzwert dupliziert werden.

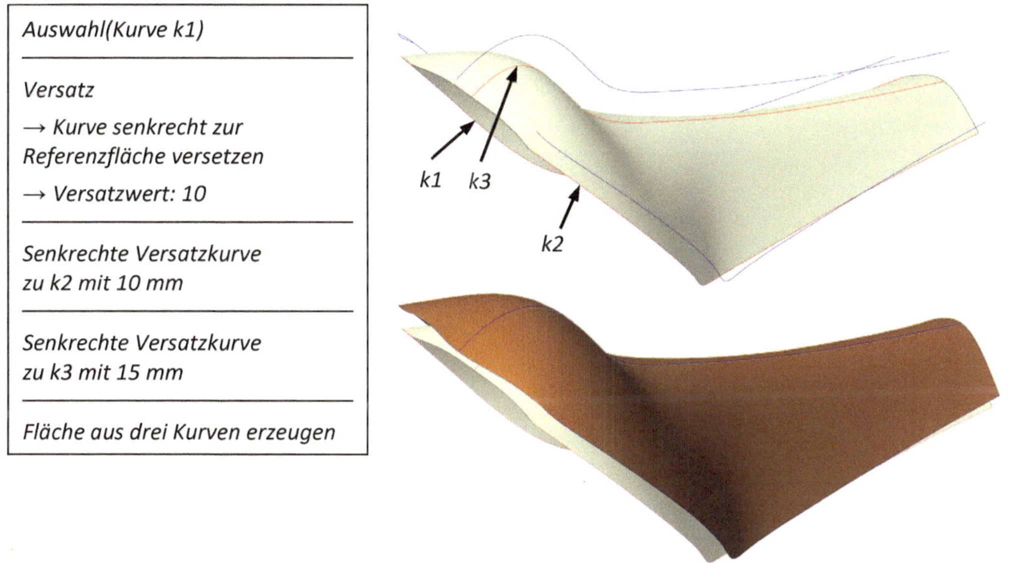

Abbildung 4-75: Variabler Flächenversatz

4.7.4 Verlängern von Flächen

Nachfolgend sollen zunächst am Beispiel des Sattels Möglichkeiten zum Verlängern von Flächenelementen aufgezeigt werden. Im ersten Schritt wurde die Sattelspitze so verlängert, dass die Krümmungseigenschaften der Fläche erhalten bleiben (Abbildung 4-76). Dabei kann in *Creo* noch entschieden werden, ob die beiden angrenzenden Flächenberandungskurven fortgeführt werden oder ob das Verlängern der Randkurve senkrecht zur gewählten Kurve erfolgen soll. Schon aus geometrischer Sicht sollte klar sein, dass das System nicht jeden beliebig großen Verlängerungswert unter Beibehaltung der Flächeneigenschaften umsetzen kann. Für die Verlängerung der anderen Berandungskurven des *Sattels* wurde daher die Option *Tangential* gewählt.

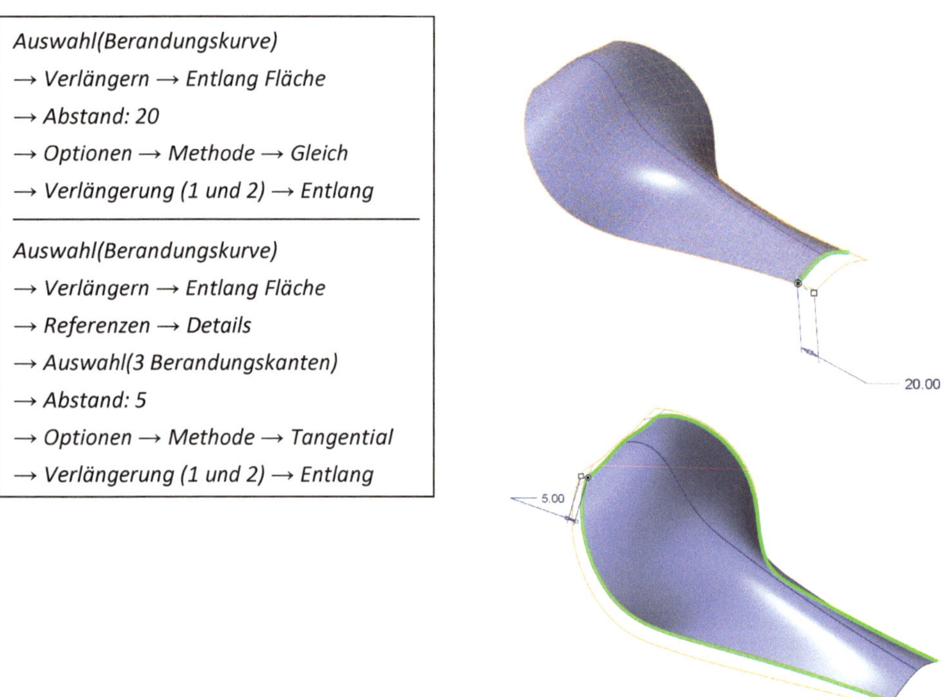

Abbildung 4-76: Flächenverlängerung

Abbildung 4-77 zeigt ein Flächenmodell, an dessen Berandungskurven weitere Flächen erzeugt wurden. Diese Flächen werden alle durch eine auszuwählende Ebene begrenzt. Auch einzelne Flächen könnten so entsprechend (abgeknickt) *verlängert* werden. Aus mathematischer Sicht sind dies natürlich keine wirklichen Flächenverlängerungen. Es entsteht stattdessen ein Flächenverbund.

Auswahl(Berandungskurve)

→ *Verlängern* → *Bis Referenzebene*

→ *Auswahl(RIGHT)*

→ *Referenzen* → *Details*

→ *Auswahl(4 Berandungskanten)*

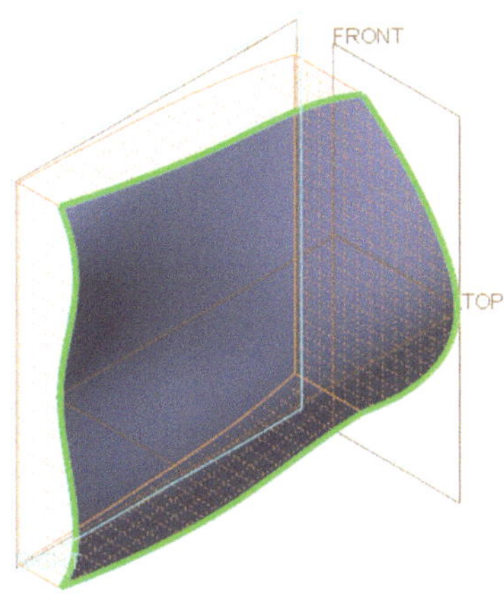

Abbildung 4-77: Projizierte Verlängerung einer Fläche

4.7.5 Flächenabwicklung

Auch wenn nur Flächen mathematisch exakt abgewickelt werden können, wenn die Gauß´sche Flächenkrümmung gleich Null ist, bieten einige Systeme neben der exakten *Abwicklung* beliebiger Zylinder- und Kegelflächen auch die näherungsweise Zuschnittermittlung für doppelt gekrümmte Flächen an. Abbildung 4-78 zeigt dies am Beispiel der *Sattelfläche*.

Fläche → Abgewickelte Sammelfläche

→ *Auswahl(Fläche)*

→ *Ursprung*

→ *Auswahl(Endpunkt Mittenkurve)*

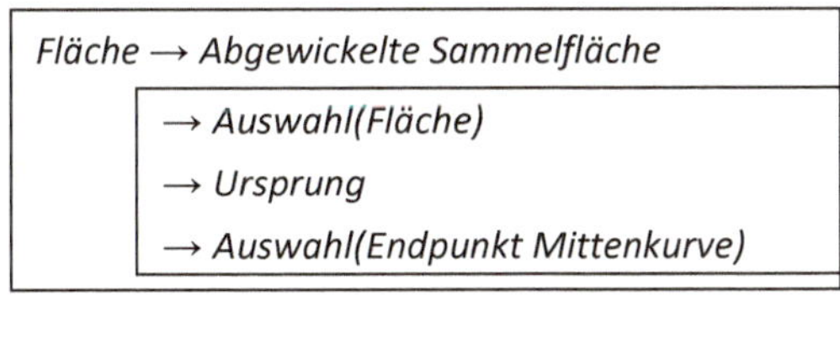

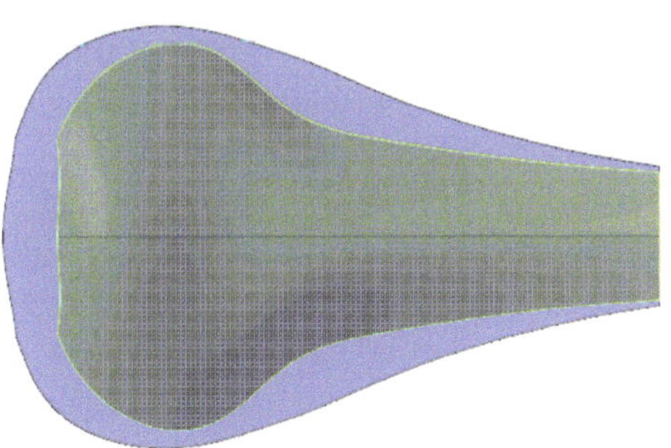

Abbildung 4-78: Sattelzuschnitt

Weitere Beispiele für Flächenabwicklungen sind im Kapitel 8 enthalten.

4.7.6 Flächenverknüpfungen

Anhand des *Krümmers* aus Kapitel 4.4.4 wurde aufgezeigt, wie auch ein Flächenmodell noch stärker manipuliert werden kann, um veränderten Aufgabenstellungen gerecht zu werden. Zunächst soll ein einfacher *Bogen* erzeugt werden, der zwei unterschiedliche Kreisquerschnitte verbindet (Abbildung 4-79).

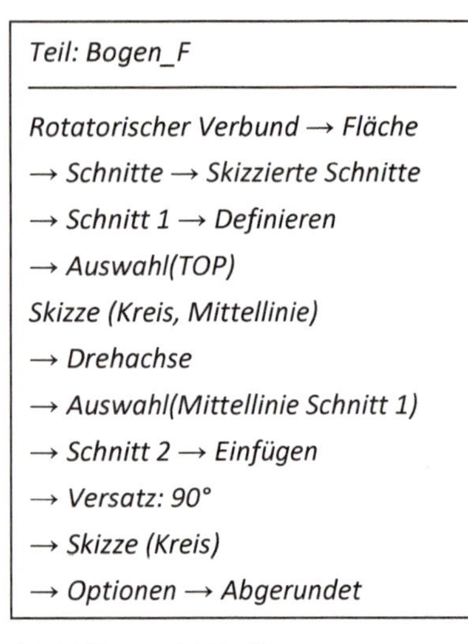

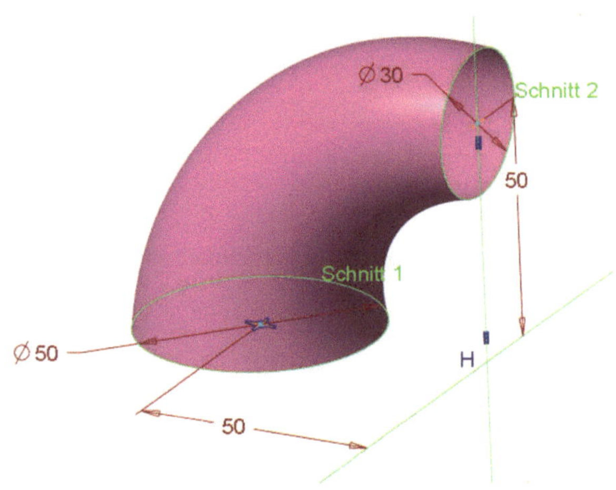

Abbildung 4-79: Bogen

Der Bogen wird nun beschnitten, um anschließend durch eine Spiegelung und *Aufdickung* ein *Hosenrohr* zu erzeugen (Abbildung 4-80). Im Beispiel wird das Verbund-KE aus dem Bauteil *Bogen_F* in das neue Bauteil Hosenrohr kopiert. Die bereits vorhandene Bezugsebene kann hier als Symmetrieebene genutzt werden.

Bei der Schnittoption wird über das Richtungssymbol festgelegt, welcher Teil erhalten bleiben soll. Nach dem Spiegeln werden beide Flächen zusammengefasst. Nur so kann gesichert werden, dass hieraus ein fehlerfreier Volumenkörper entsteht. Die Aufdickung kann nach innen, nach außen oder beidseitig erfolgen. Auch dies wird über das Richtungssymbol gesteuert.

Weiterführende Flächenoperationen werden in den Anwendungsbeispielen behandelt.

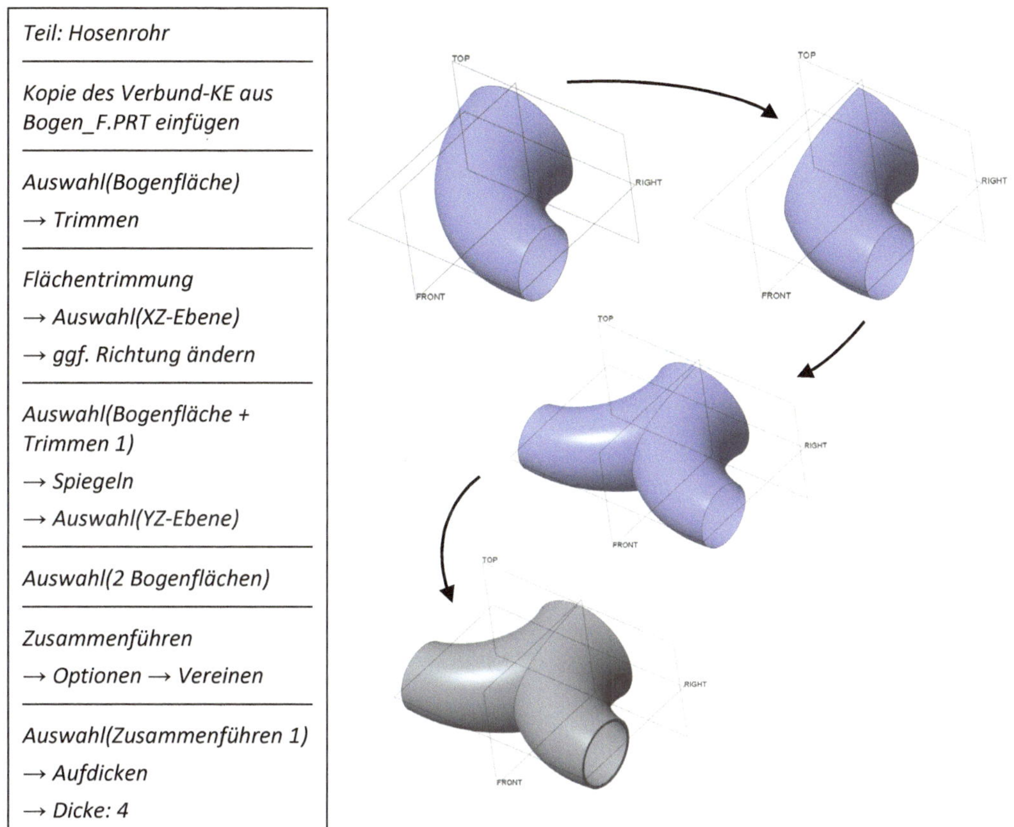

Abbildung 4-80: Flächenverschmelzung

4.7.7 Flächenverbund

Nachfolgend werden die Themen zur Flächenverknüpfung an Beispielen vertieft und Möglichkeiten zu der darauf basierenden Volumengenerierung aufgezeigt.

In Kapitel 3 wurde verdeutlicht, dass Kurven auf Bezugsebenen sowie andere vorhandene ebene oder gekrümmte Flächen projiziert werden können. Start- und Endpunkte können dabei angepasst werden. Die in Abbildung 4-81 in die Ebene projizierte Flächenumrandung könnte auch in eine Skizze für einen Profilkörper übernommen werden, der dann mit der Option „Bis Fläche" das *Verbundvolumen* liefert, das wiederum durch die Schalenfunktion ausgedünnt werden könnte. Nachfolgend wird jedoch zunächst nur ein ebenes Flächenstück aus der projizierten Kurve generiert. Ausgangspunkt für die Abbildung war eine Kopie der *Kanalfläche* gemäß Abbildung 4-72.

Projizierte Kurve

→ *Referenzen*

→ *Ketten Projizieren*

→ *Ketten*

→ *Auswahl(4 Berandungskurven)*

→ *Flächen*

→ *Auswahl(Bezugsebene)*

→ *Richtung*

→ *Auswahl(Bezugsebene)*

Füllen

→ *Referenzen → Skizze*

→ *Editieren*

→ *Auswahl(Bezugsebene)*

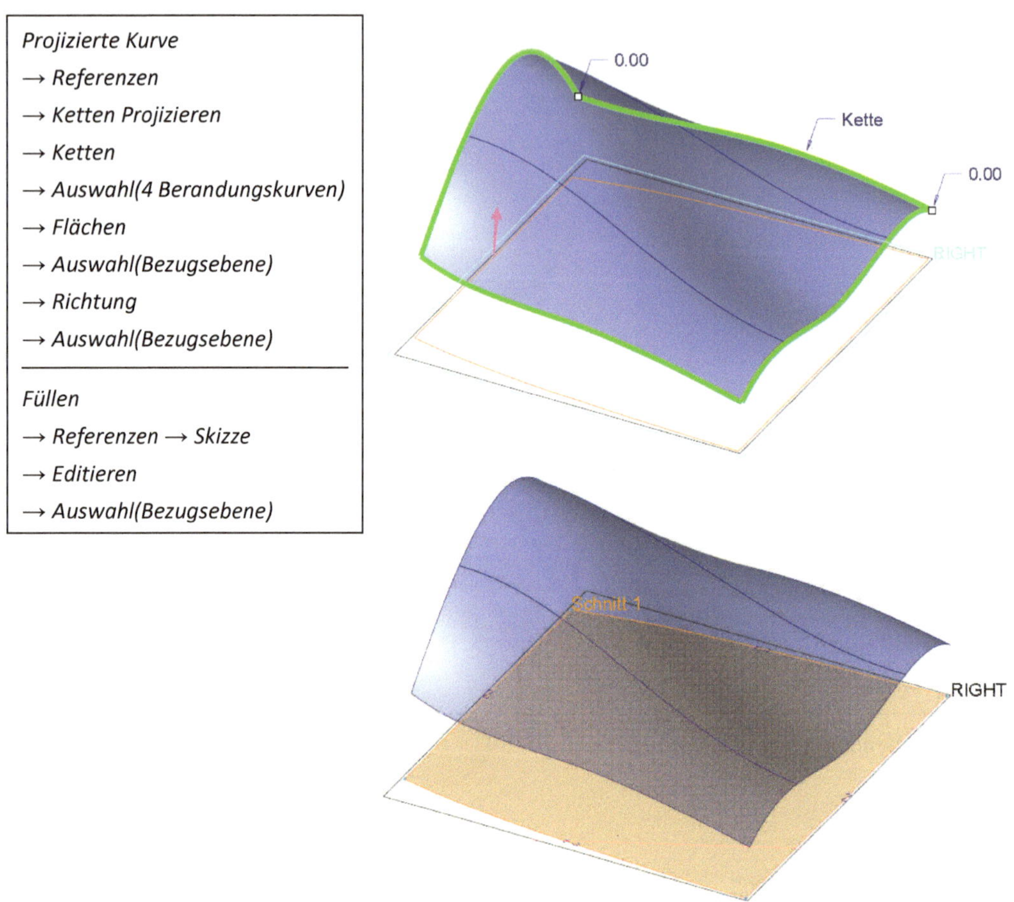

Abbildung 4-81: Projektionsfläche

In Abbildung 4-77 wurde gezeigt, wie an Berandungskurven einer Fläche Begrenzungsflächen erzeugt werden können, die senkrecht auf einer Ebene stehen. Diese Funktion wird in Abbildung 4-82 nicht genutzt. Stattdessen werden die beiden Randflächen aus jeweils zwei Kurven erzeugt. Aus den vier Teilflächen wird dann der Flächenverbund erzeugt, dessen Ecken noch vor der Aufdickung abgerundet werden. Zur Überprüfung des Verbundvolumens wurde im Modell über den Ansichtsmanager ein Querschnitt definiert und dessen Sichtbarkeit veranlasst.

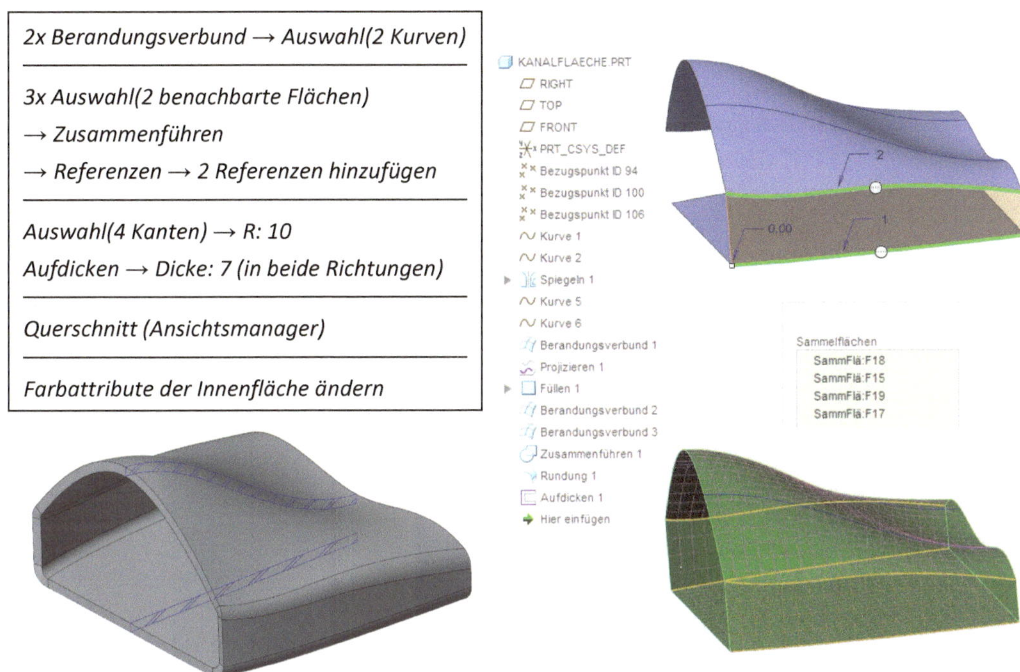

Abbildung 4-82: Sammelfläche

Im gewählten Beispiel sollte die Verschmelzung der vier Teilflächen problemlos möglich sein, da diese bereits über gemeinsame Begrenzungskurven verfügen.

In anderen Fällen ist es besser bzw. sogar notwendig, paarweise vorzugehen, da dann jeweils entschieden werden muss, welche sich ergebenden Teilflächen verschmolzen werden sollen. Diese Möglichkeiten können an einer Kopie der bisher genutzten Modelldatei erprobt werden. Die beiden noch vorhandenen Flächen sollen auf zwei Seiten mit einer gekrümmten Fläche und auf den beiden anderen Seiten mit ebenen Flächen verbunden werden. Hier sind daher geeignete Features und Trimmoperationen zu wählen. Abbildung 4-83 beschreibt eine der möglichen Strategien.

Kopie speichern und in der Kopie alle Features nach „Füllen 1" löschen
Ebene DTM1 (x=200) erzeugen
Zug KE → Fläche *→ Auswahl(2 Leitkurven)* *→ Leitkurven mit Maus oder durch Werteingabe an beiden Seiten verlängern*   *Skizze → Kreisbogen*
Auswahl(Zug-KE) *→ Trimmen an DTM1und FRONT*
Zug-KE mit beiden Trimmungen spiegeln
Auswahl(Fläche + Zug-KE) *→ Zusammenführen* *1x wiederholen*
Auswahl(Zusammenführen 2 + Füllen 1) *→ Zusammenführen*
Profilfläche erzeugen (U-Profil)
Zusammenführen
Verbundvolumen

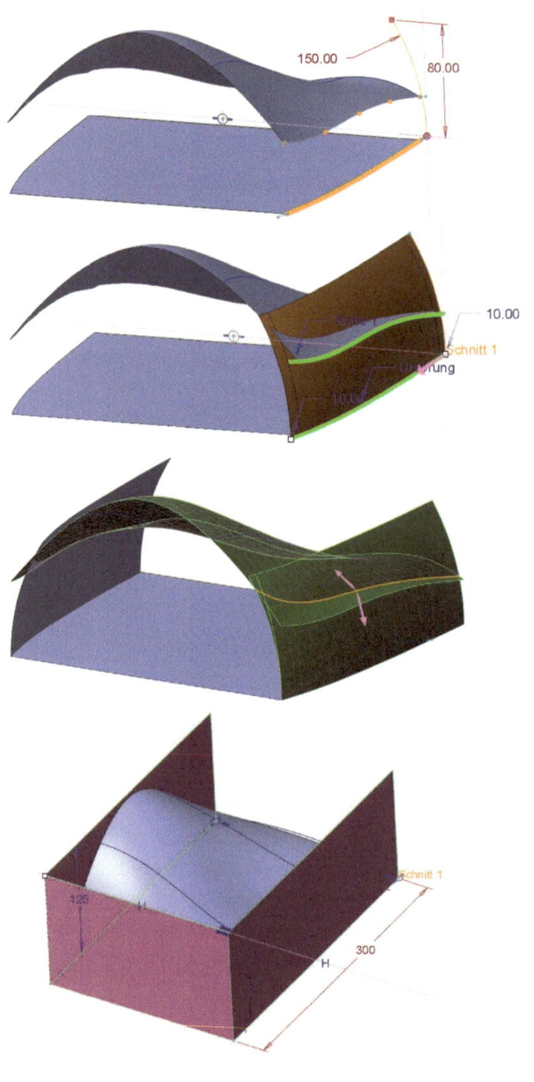

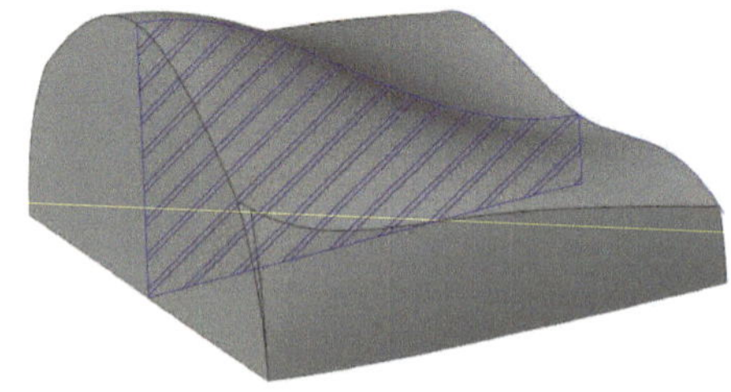

Abbildung 4-83: Verbundvolumen

4.8 Modellverformung

Leistungsfähige CAD-Systeme verfügen über verschiedene Funktionen zur *Modellverformung*. Abbildung 4-84 zeigt an einem Beispiel wie Körper und Flächen entlang einer gekrümmten Leitkurve verbogen werden können. Als Beispiel dient die Erzeugung eines *Zahnriemens* 10T5x150 nach DIN 7721.

Im Beispiel wird (bezogen auf die Länge) zunächst nur der halbe Zahnriemen erzeugt. Für die Geometrie wird erst ein einzelner *Zahn* als Profilkörper modelliert (Extrudieren des skizzierten Profils um 50 mm). Um die Skizze nicht unnötig zu überladen, sollten die Rundungen erst am 3D-Modell erzeugt werden. Anschließend wird dieser Profilkörper mit den Rundungen gemustert, so dass sich der halbe abgewickelte Zahnriemen ergibt.

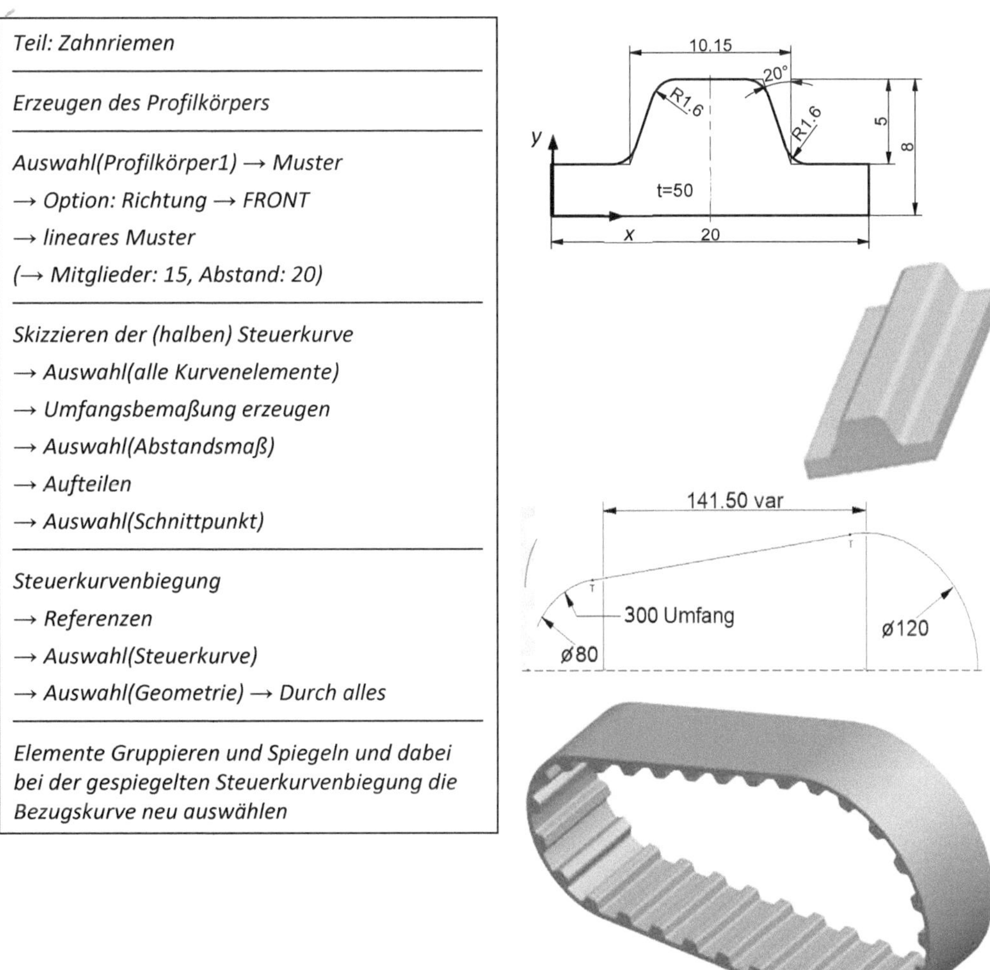

Abbildung 4-84: Zahnriemen

Bei Steuerkurvenbiegungen stehen noch verschiedene Optionen zur Verfügung, über die Veränderungen in den Querschnittseigenschaften gesteuert werden können. Dabei kann die Schnitteigenschaft zwischen einem Start- und einem Endwert variieren. Im gewählten Beispiel wird darauf verzichtet.

Über die Editieroption *Krümmen* sind noch weiterreichende Modellverformungen möglich. In Abbildung 4-85 ist ein einfacher Stab mit quadratischem Querschnitt über die Biegen-Option *Verdrehen* entlang einer Koordinatenachse verformt worden. Als Referenz muss hier eine die ebene Grundfläche oder eine entsprechende Bezugsebene gewählt werden.

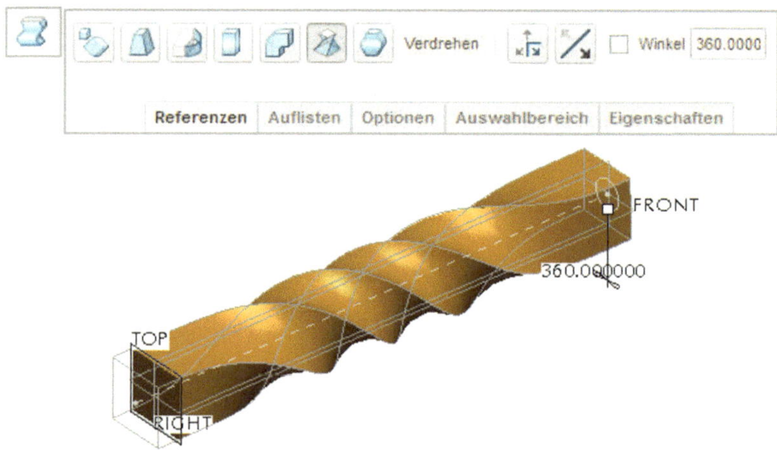

Abbildung 4-85: Profilverdrehung

4.9 Blechteilmodellierung

4.9.1 Arbeitsumgebung

Die Erzeugung eines neuen *Blechteils* erfolgt wie die eines Teiles, allerdings mit der Wahl des Untertyps *Blech*. Es besteht jedoch auch die Möglichkeit ein bestehendes Bauteil (Solid) oder Flächen in ein Blechbauteil umzuwandeln.

Das erste Blechelement wird in *Creo* zusätzlich als *Lasche* bezeichnet. Erst wenn eine Lasche erzeugt ist, stehen alle weiteren Blechoptionen (Biegen, Abwickeln, Eckenentlastung, Freischnitte, Sicken, …) zur Verfügung. Darüber hinaus können alle aus der Teilemodellierung bekannten Funktionen genutzt werden.

In eine professionelle *Blechkonstruktion* fließen Biegeparameter (neutrale Faser, Rückfederung und einzuhaltende Mindestbiegeradien) als Erfahrungswerte der maschinen- und materialabhängigen Umformvorgänge ein. Diese Parameter können über Tabellen, die individuell angepasst werden können, im System hinterlegt werden.

Ohne die Verwendung von Biegetabellen wird die gestreckte Länge eines 90°-Bogens vom System letztendlich mit Hilfe der Bogenlänge entlang der neutralen Faser ermittelt. Der dabei indirekt genutzte Y-Faktor hat in der Standardeinstellung den Wert $Y = 0.5$. Dieser Wert kann aber verändert werden. Die Auswirkungen von Veränderung lassen sich auch formelmäßig veranschaulichen. Für den Radius r_n der neutralen Faser einer Rundung gilt:

$r_n = r_i + v_i$ *(r_i – Innenradius, v_i – Versatzwert bezogen auf den Innenradius)*

mit $v_i = s * Y * 2 / \pi$ *(s – Blechdicke, Y – Korrekturfaktor)*

Die Abwicklung von kegelförmigen Elementen erfolgt ebenfalls über eine biegeneutrale Schicht. Diese biegeneutrale Fläche kann letztendlich als ein unsichtbarer Flächenversatz der Innen- oder Außenfläche aufgefasst werden. Der Versatzwert v_i für die Innenfläche ergibt sich in *Creo* ebenfalls aus der angegebenen Gleichung.

4.9.2 Körperkonvertierung

Zur Konvertierung eines bereits vorhandenen Körpers in ein Blechteil stehen die Optionen *Verfahrfläche* und *Schale* zur Verfügung. Über *Verfahrfläche* kann allerdings nur ein Oberflächenelement zur Laschenerzeugung ausgewählt werden. Die Option *Schale* ist allgemeingültiger. Dies soll anhand des bereits modellierten Übergangskörpers *Oval-Oval* (Abbildung 4-26) erläutert werden.

Nach der Auswahl nicht benötigter Flächen (hier die beiden Stirnflächen) und der Eingabe der gewünschten Blechdicken werden die übrigen Flächen zum Blechkörper konvertiert.

Die Aufdickung erfolgt nach innen in Richtung der Flächennormalen. Die Dicke darf daher nicht größer sein als der kleinste vorhandene Radius. Eine Aufdickung nach außen ist nur möglich, wenn das Übergangsstück gleich als Blechteil modelliert wird.

<table>
<tr><td>

Kopie vom Teil Oval-Oval erzeugen

Name: Blechteil-Oval-Oval

Operationen → *In Blech umwandeln*

→ *Schale* → *Auswahl(2 Deckflächen)*

→ *Dicke: 8*

</td></tr>
</table>

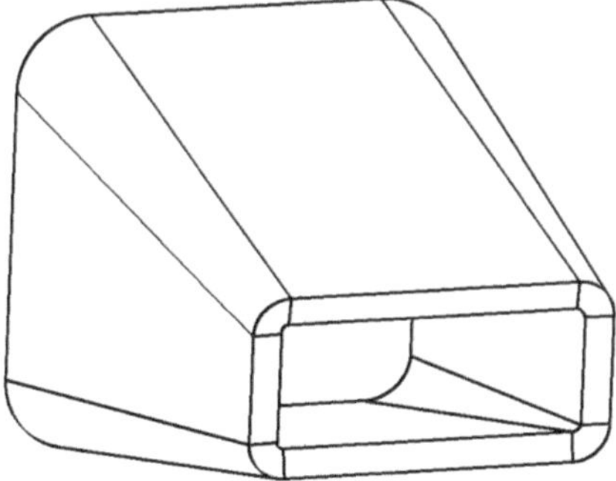

Abbildung 4-86: Blechteil

4.9.3 Laschen und Blechprofile

Laschen können mit ähnlichen Konstruktionsschritten, wie aus der Standardbauteilmodellierung bekannt, erzeugt werden. Nachfolgend sollen zunächst die speziellen Blechoptionen genutzt werden.

Zur Erzeugung einer ebenen Blechkontur ist in gewohnter Weise die Skizzierfläche auszuwählen und der geschlossene Konturzug zu zeichnen (Abbildung 4-87). Danach wird eine weitere Lasche hinzugefügt. Hier ist im Definitionsfenster der Flanschlasche unter *Profil* die Option *Skizze* zu wählen, wenn die vordefinierten Profile (*C, S, Z,* ...) ergänzt bzw. ersetzt werden sollen.

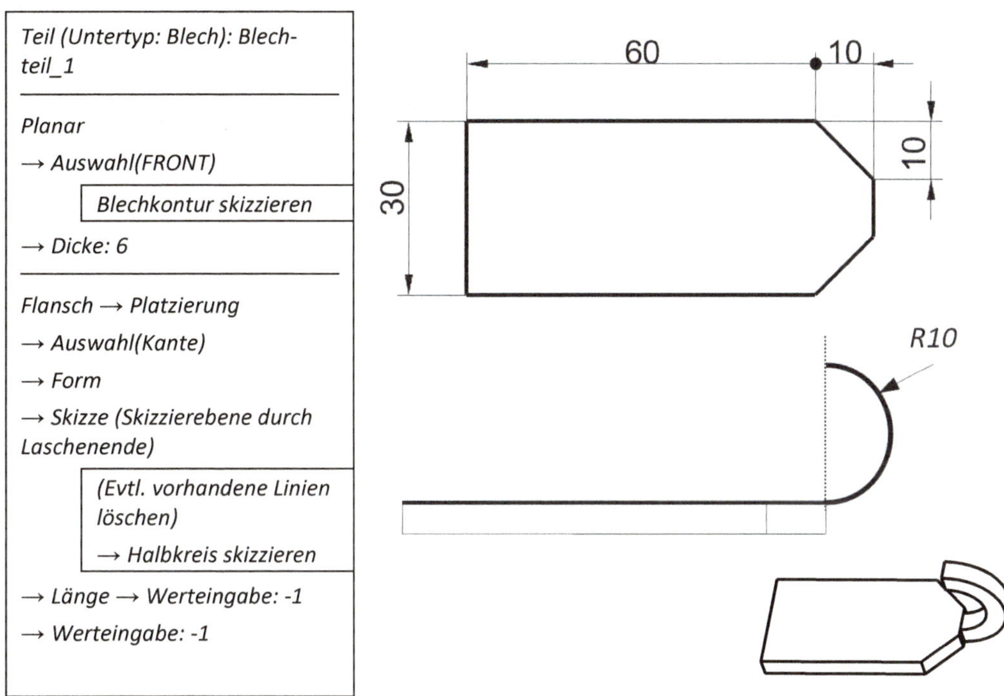

Abbildung 4-87: Lasche

4.9.4 Biegungen

An ebenen Laschen können über die Option *Biegen* weitere Abkantungen vorgenommen werden. Eine der Möglichkeiten ist in Abbildung 4-88 dargestellt. In dieser Funktion kann unter anderem eingestellt werden, in welche Richtung gebogen werden soll. Diese Optionen können leicht am gewählten Beispiel getestet werden.

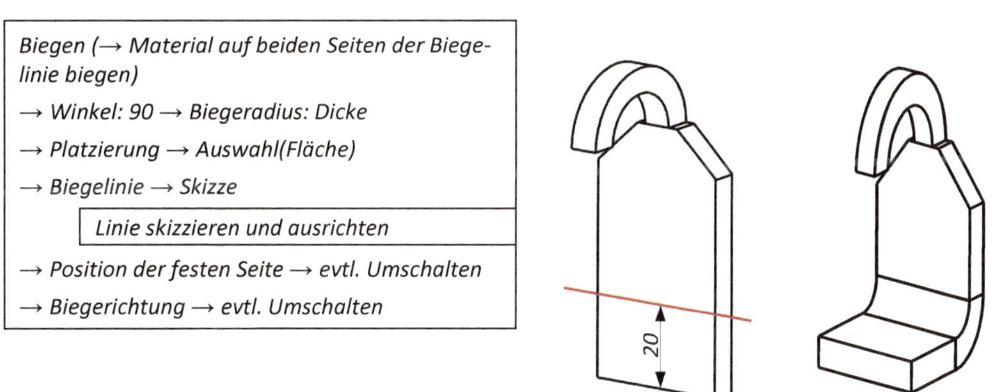

Abbildung 4-88: Abkantung

4.9.5   Blechabwicklung

Aus der konstruktiven Geometrie ist bekannt, dass die exakte *Abwicklung* für alle Flächen möglich ist, deren Gauß´sche Krümmung gleich Null ist. Für eine Abwicklung stehen die Funktionen *Abwickeln* und *Endabwicklung* zur Verfügung. Definierte Verformungsbereiche werden in *Creo* mit abgewickelt.

Bei einer Endabwicklung wird (sofern möglich) das gesamte Bauteil abgewickelt. Die Endabwicklung reiht sich stets an das Ende der Konstruktionskette im Modellbaum. Sie wird bei weiteren Konstruktionsschritten automatisch aktualisiert (Abbildung 4-89).

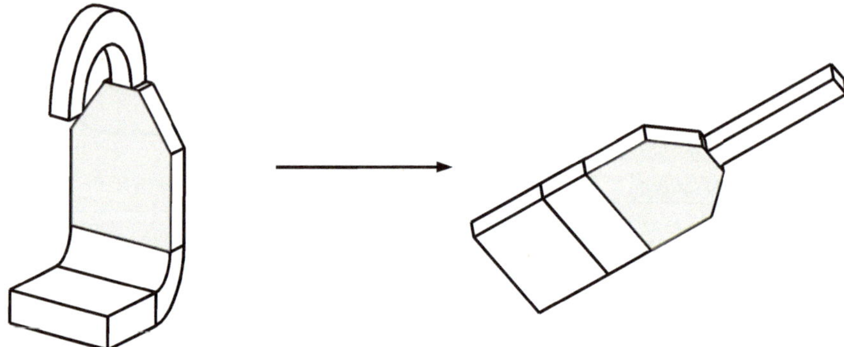

Abbildung 4-89: Endabwicklung

Mit der Funktion *Abwicklung* können Teile eines Blechbauteils separat abgewickelt und mit *Rückbiegen* in ihre ursprüngliche Gestalt zurückgeführt werden. Die separate Abwicklung von Teilbereichen wird in Abbildung 4-90 beschrieben.

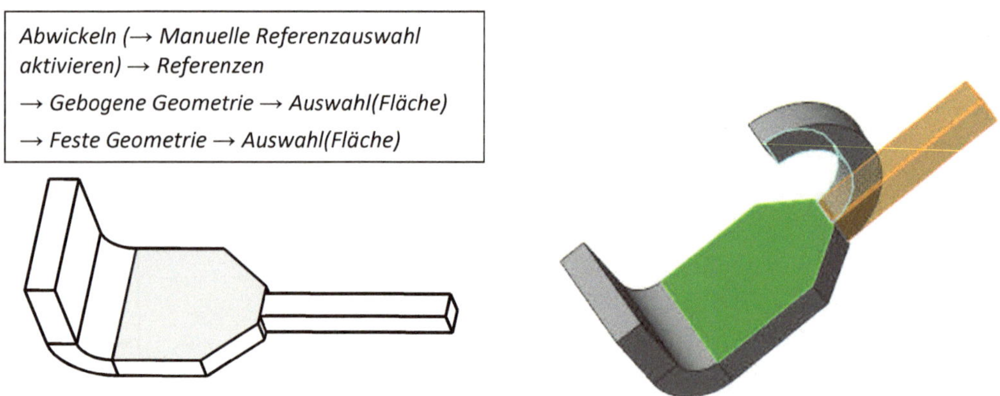

Abbildung 4-90: Laschenabwicklung

4.9.6 Übergangsstücke

Schon im Zusammenhang mit Verbundflächen wurden Krümmungseigenschaften untersucht, die gerade bei abzuwickelnden Blechteilen eine wichtige Rolle spielen.

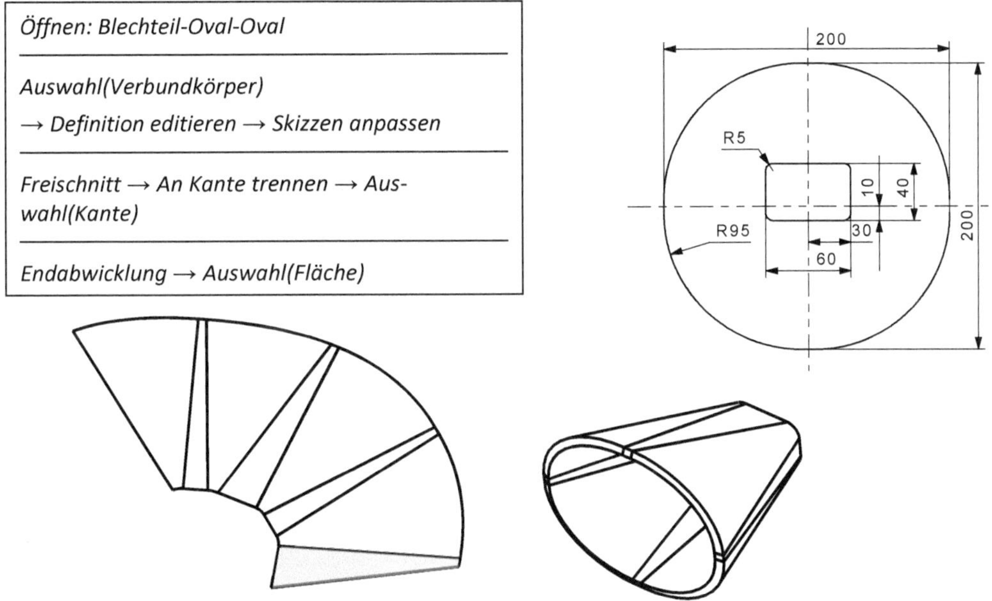

Abbildung 4-91: Biegeumformgerechtes Übergangsstück

Abbildung 4-91 zeigt, wie aus dem *Blechteil-Oval-Oval* (Abbildung 4-86) ein Übergangsstück zwischen einem Rechteck und einem Oval angenähert generiert werden kann.

Der Kreisquerschnitt wird durch ein Oval angenähert. Damit wird die notwendige Teilung zur Erzeugung einer abwicklungsgerechten Geometrie erreicht, die sich hier aus vier planaren und vier schiefen Kegelflächen zusammensetzt.

Bevor abgewickelt werden kann, muss das Übergangsstück an einer vorhandenen oder neu zu definierenden Kante aufgetrennt werden.

4.9.7 Einformen und Schneiden

Das Stanzen erfolgt im einfachsten Fall über einen *Blechausbruch,* der über die Option *Extrudieren* eingeleitet werden kann. Die Wahl der Schnittseite legt fest, ob gelocht oder ausgeschnitten wird. Um eine Stanzung oder ein Stanzmuster abzulegen, muss ein UDF erstellt werden. Vordefinierte Stanzoptionen können über die spezielle Funktion Stanzen in die aktuelle Konstruktion eingefügt werden.

Für eine Einformung muss zunächst der Stempel bzw. die Matrize als separates Bauteil *Sicke* modelliert werden.

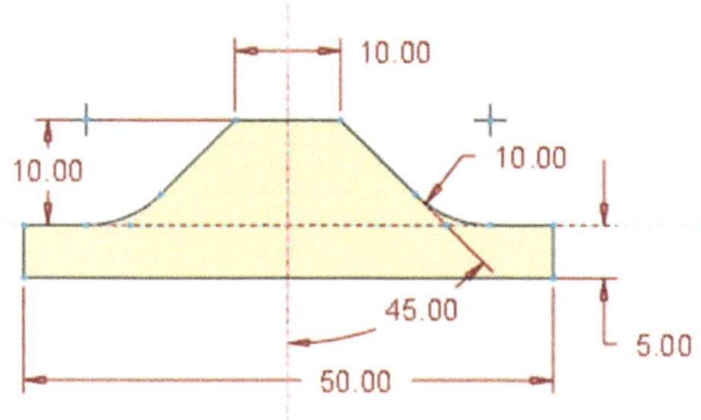

Abbildung 4-92: Stempelmodell

Dieses Sickenmodell wird dann ähnlich wie eine Baugruppenkomponente im aktuellen Modell platziert (Abbildung 4-93).

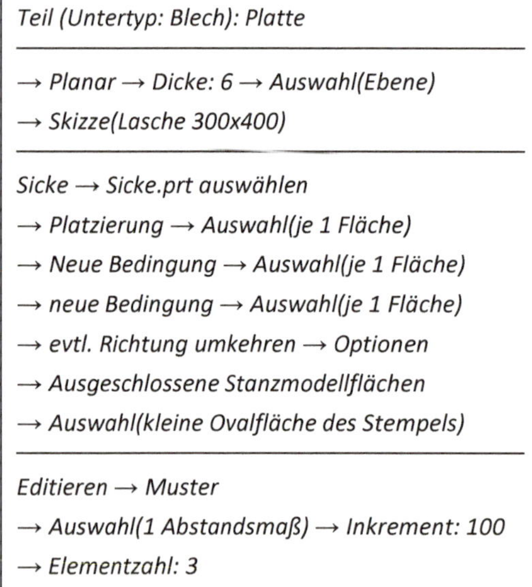

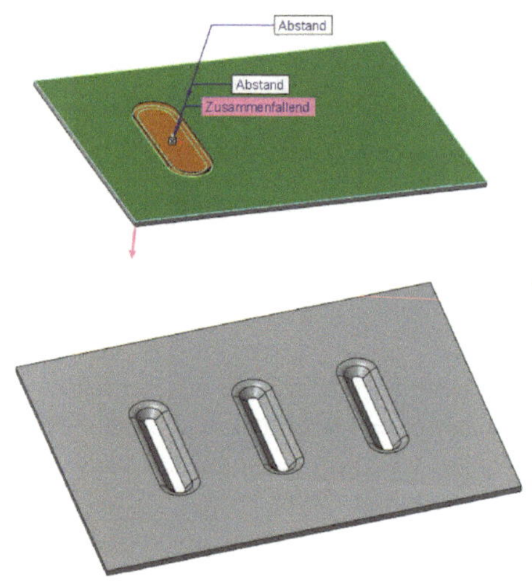

Abbildung 4-93: Sickenerzeugung

Im gewählten Beispiel werden zur Platzierung jeweils zwei Koordinatenebenen und eine Bauteilfläche genutzt. Die Positionierung kann dann durch Versatzmaße gesteuert werden. Da im gewählten Beispiel nicht nur eine Einformung, sondern zugleich eine Stanzung erfolgen soll, ist noch die kleine ovale Fläche des Sickenmodells von der Umformung auszuschließen.

Zur Erzeugung des Blechzuschnittes können die Umformungen mit der Funktion *Sickenabflachung* zurück in die Ebene gebracht werden.

Alternativ können die Umformungen als so genannte Verformbereiche definiert werden. Diese werden bei der Abwicklung des Bleches berücksichtigt und entsprechend abgeflacht. Mit dieser Methode ist es auch möglich, andere nicht abwickelbare Geometrien in die Ebene abzubilden.

4.9.8 Beispiel für ein Blechbiegeteil

Abbildung 4-94 zeigt ein *Stanzteil*, dessen Modell schrittweise aus ebenen und gebogenen Laschen aufgebaut wird.

<table>
<tr><td>

Teil (Untertyp: Blech): Stanzteil

Planar → Auswahl(FRONT)

    Blechkontur skizzieren

→ Blechdicke: 2

Biegen → Skizzierte Biegelinie auf Blechoberfläche

→ Material auf der anderen Seite der Biegelinie biegen

→ Biegewinkel: 90°

→ Biegeradius: [Dicke]

→ Innenfläche der Biegung bemaßen

Flach → Typ: Benutzerdefiniert

→ Platzierung → Auswahl(Kante)

→ Form → Skizze

    Blechkontur skizzieren

→ Winkel: 90°

→ ggf. Dicke zur anderen Seite der Skizzenebene wechseln

→ Biegeradius: [Dicke]

→ Innenfläche der Biegung bemaßen

Profil → Platzierung → Definieren

→ Auswahl(Fläche der zuletzt erzeugten Lasche)

    Bohrung skizzieren (Ø12 mm)

</td></tr>
</table>

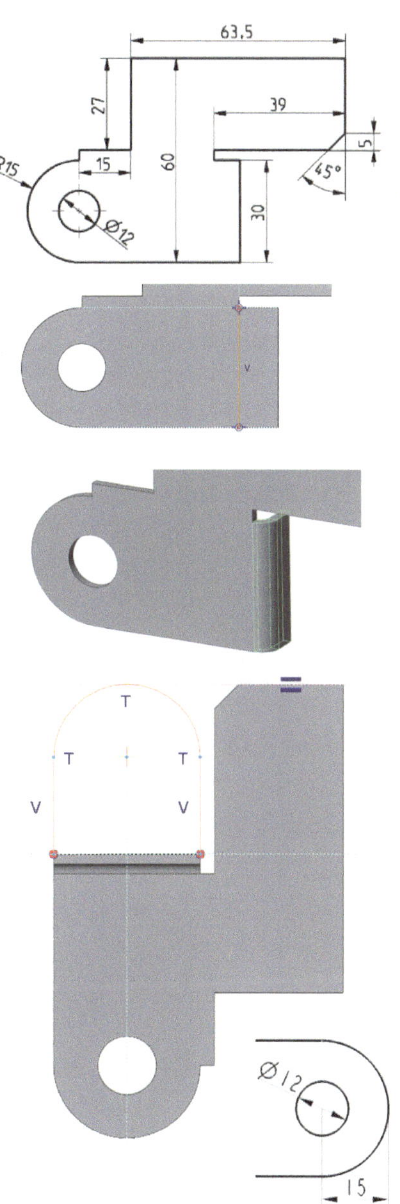

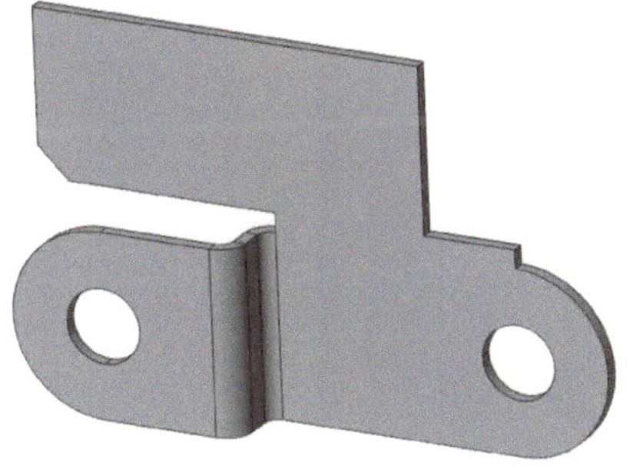

Abbildung 4-94: Stanzteil

4.10 Teilefamilien

Mit der Funktion *Teilefamilie* können gestaltbestimmende Größen von mehreren Varianten eines Bauteils in einer Tabelle gespeichert werden. In der Tabelle kann auch festgehalten werden, ob eine Feature in den Modellaufbau integriert werden soll oder nicht. Im ersten Beispiel sollen drei Maßvarianten des Bauteils *Finger* unter den Namen *Finger*, *Finger_kurz* und *Finger_lang* in einer solchen Familientabelle gespeichert werden. Gesteuert werden darin die Gesamtlänge sowie die Längen der beiden geraden Abschnitte des Originalbauteils (Abbildung 4-95).

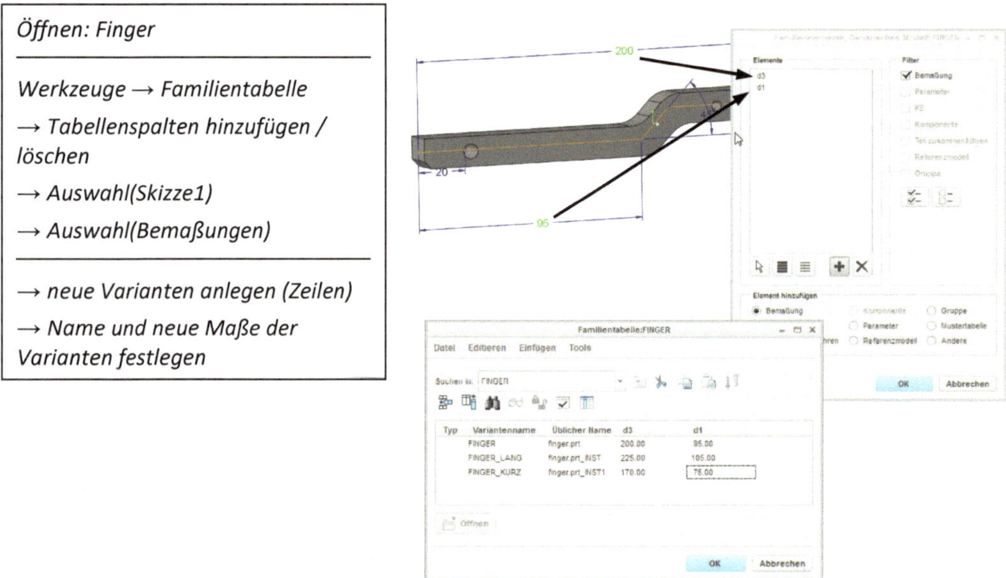

Abbildung 4-95: Anlegen einer Familientabelle

Die erzeugten Varianten können später separat geöffnet werden oder beim Öffnen des ursprünglichen Bauteils, dem Generischen Teil, aus einer Tabelle ausgewählt werden (Abbildung 4-96).

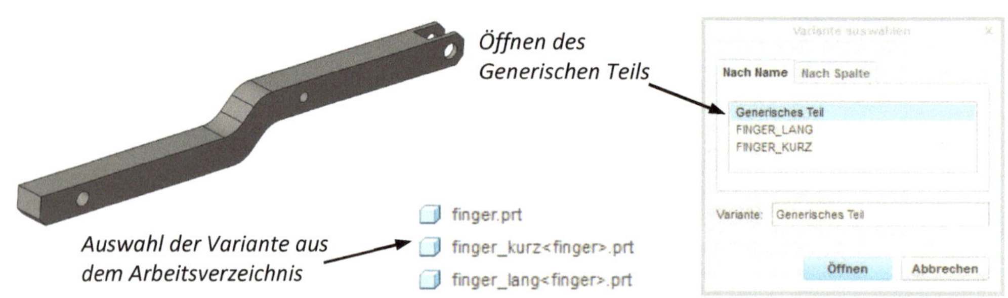

Abbildung 4-96: Öffnen einer Variante aus dem Arbeitsverzeichnis

Familientabellen bieten über die Veränderung von Maßen hinaus noch mehr Möglichkeiten, das Modell zu definieren. Im folgenden Beispiel werden einige Modellvarianten erzeugt, bei denen einige KEs im Modell enthalten sind und andere ausgeschlossen werden.

Hierfür wird eine Familientabelle in einer Kopie des Bauteils *Finger* erzeugt. Bei der Definition der Spalten wird diesmal allerdings *KE* im *Element hinzufügen* Bereich ausgewählt. Hier werden die Fasen sowie die mittlere Bohrung selektiert. Nun werden drei Instanzen erzeugt, welche folgende Ausprägungen haben (Tabelle 4-1). Die beiden KEs werden über eine einfache Yes/No-Anweisung in das Bauteil ein- oder ausgeschlossen.

Tabelle 4-1: Familientabelle für den Finger

Name	F308 [FASE_1]	F489 [BOHRUNG_3]
FINGER	*Y*	*Y*
FINGER_NUR_FASE	*Y*	*N*
FINGER_NUR_BOHRUNG	*N*	*Y*
FINGER_BLANK	*N*	*N*

Im zweiten Beispiel wird eine Teilefamilie für einen Vorschweißflansch erzeugt, die dann später im Zusammenhang mit der Konstruktion eines Druckbehälters im Kapitel 8.3 zum Einsatz kommt.

Der gewählte Vorschweißflansch ist für verschiedene Nenndruckklassen genormt, so dass die geometrischen Hauptabmessungen für verschiedenen Nennweiten der Anschlussrohre vorgegeben sind.

Zunächst wird ein anpassungsfähiges Modell für einen Vorschweißflansch erzeugt, welches dann bei Bedarf für die Definition anderer Modellvarianten oder Teilefamilien genutzt werden kann. Für das Beispiel wird eine Teilefamilie mit 9 Ausprägungen erzeugt, die dann in einer Baugruppenfamilie für Stutzen (siehe Kapitel 8.3.3) eingesetzt werden. Um die Familientabelle nicht mit unnötig vielen Maßen zu füllen, sollen (abweichend von der Norm) die beiden Winkelmaße für alle Varianten gleich groß sein. Der Wert des Dichtflächendurchmessers *d1* wird darüber hinaus für alle Varianten im Modell durch eine Beziehung gesteuert. Gleiches gilt für den Winkel im Bohrungsmuster.

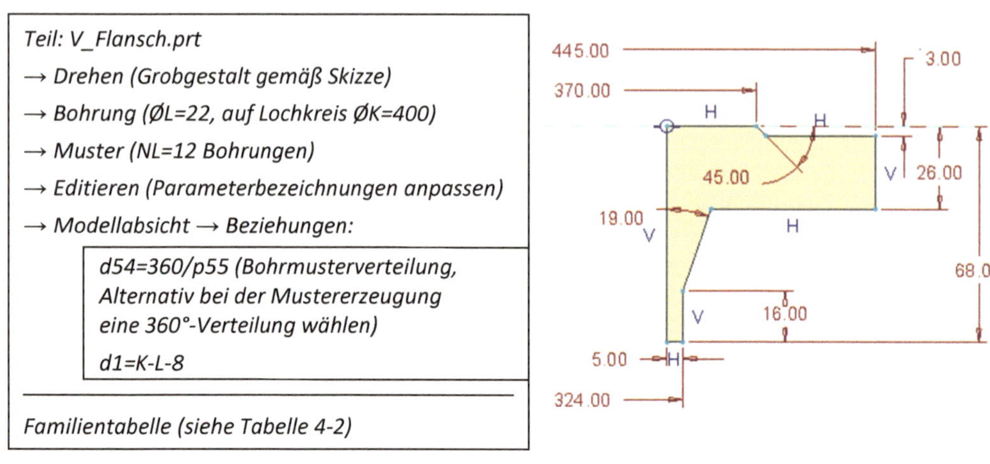

Abbildung 4-97: Vorschweißflansch

Die steuernden Parameter der Vorschweißflanschfamilie sind in Tabelle 4-2 enthalten.

Tabelle 4-2: Familientabelle für den Vorschweißflansch

Name	ØD	ØA	H2	HC2	H3	s	ØK	ØL	NL
V_FLANSCH_300-10	445	324	68	26	16	10	400	22	12
V_FLANSCH_250-10	395	273	68	26	16	5	350	22	8
V_FLANSCH_200-10	340	219	62	24	16	5	295	22	8
V_FLANSCH_150-10	285	168	55	22	12	5	240	22	8
V_FLANSCH_125-10	250	140	55	22	12	5	210	18	8
V_FLANSCH_100-10	220	114	52	20	12	5	180	18	8
V_FLANSCH_80-10	200	89	50	20	10	5	160	18	8
V_FLANSCH_65-10	185	76	45	18	10	5	145	18	8
V_FLANSCH_50-10	165	60	45	18	8	4	125	18	4

5 Baugruppenmodellierung

5.1 Die Arbeitsumgebung

Produkte bestehen in der Regel aus einer Vielzahl von Einzelteilen und Baugruppen. Um diese zu einem Produkt zusammenzufügen, gibt es prinzipiell zwei Möglichkeiten. Die erste wird häufig als *Top-Down-Methode* bezeichnet, da zuerst die hierarchische Struktur des Produktes festgelegt wird. Die Komponenten werden dabei zunächst nur benannt und in die Produktstruktur eingeordnet, aber erst später modelliert. Bei der *Bottom-Up-Methode* werden dagegen zunächst die einzelnen Komponenten modelliert und dann zum Produkt zusammengefügt. Beide Methoden können auch kombiniert werden. In allen genannten Fällen ist ein neues Dokument vom Typ Baugruppe und dem Untertyp Konstruktion anzulegen und mit Komponenten zu füllen (Tabelle 5-1).

Tabelle 5-1: Symbole

Symbol	Bemerkung	Symbol	Bemerkung
Einbauen	Komponente einbauen	Erzeugen	Neue Komponente erzeugen

Die bereits in Kapitel 4 beschriebenen Symbole und Funktionen sind auch im Baugruppenmodus verfügbar. Sie werden zum Teil nur nutzbar, wenn entsprechende Bedingungen erfüllt sind bzw. wenn eine Komponente aktiviert ist. In einigen Fällen ist der Funktionsumfang eingeschränkt. So kann beispielsweise über die Profil-Funktion bei aktivierter Baugruppe nur eine Fläche oder ein Materialschnitt, aber kein Volumenkörper erzeugt werden.

Eine Komponente wird über den Modellbaum aktiviert (Abbildung 5-1). Die in diesem Zustand durchgeführten Manipulationen an der Komponente sind auch im Einzelteil wiederzufinden. Soll wieder in der Baugruppe gearbeitet werden, ist diese zu aktivieren.

Im Baugruppenmodus stehen zusätzlich Möglichkeiten zur Überprüfung der Konstruktion zur Verfügung. Dazu gehören beispielsweise die Kontrolle von Montagebedingungen, Materialüberschneidungen oder Massenwertberechnungen.

<table>
<tr><td>

Auswahl(Spindel.prt)

$\rightarrow$ *Kontextmenü(RMT)*

$\rightarrow$ *Aktivieren*

</td></tr>
</table>

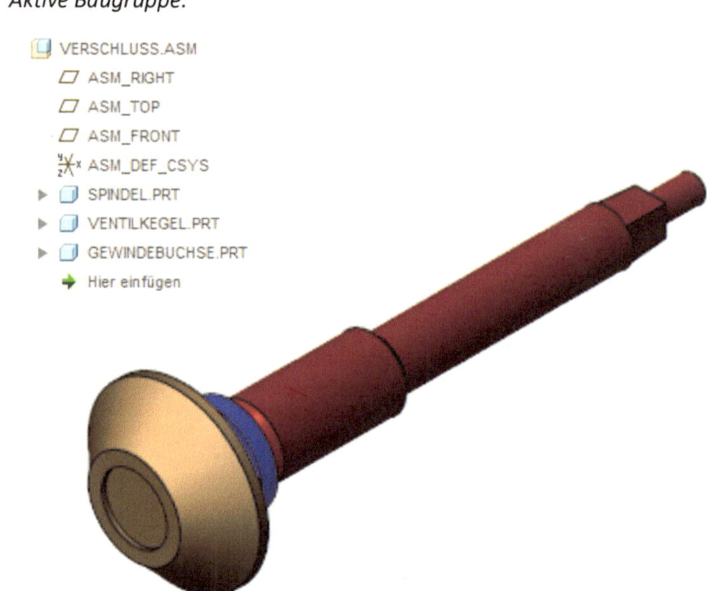

Abbildung 5-1: Aktivieren einer Komponente/Baugruppe

5.2　Der Einbau von Komponenten

5.2.1　Grundlagen

Komponenten können nur in eine aktivierte Baugruppe eingebaut bzw. in dieser erzeugt werden. Auch der Einbau in eine Unterbaugruppe ist möglich, sofern diese aktiviert wurde. Vorhandene Komponenten sollten ins Arbeitsverzeichnis kopiert und von dort aus ausgewählt und eingebaut werden (Abbildung 5-2). Der Einbau von Komponenten aus anderen Ordnern ist möglich, der Pfad muss jedoch in der *config.pro* gelistet werden. Auf eine ausführliche Beschreibung dieser Vorgehensweise wird an dieser Stelle verzichtet. Sind eingebaute Komponenten beim erneutem Aufruf nicht im Arbeitsverzeichnis, erscheint eine Fehlermeldung. Es besteht dann die Möglichkeit, den neuen Pfad anzugeben, dieser wird aber nicht gespeichert. Alle zu den Übungen gehörigen Bauteile sollten zur Vereinfachung in einem Verzeichnis abgelegt werden. Fehlende Modelldateien sind selbstständig zu erstellen. Für einige Teile sind Hinweise zur Modellierung im Buch enthalten. Zur Suche ist das Sachwort- und Teileverzeichnis zu nutzen.

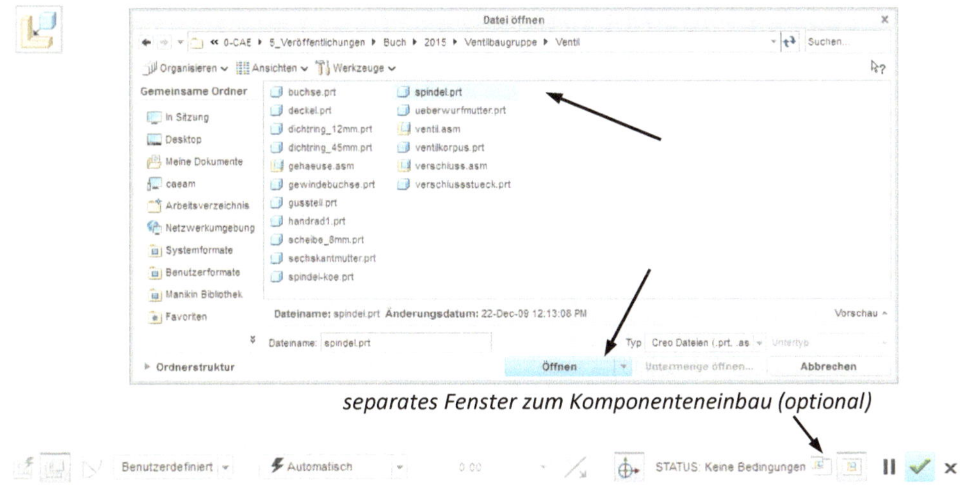

Abbildung 5-2: Einbau einer Komponente

Sowohl beim Einfügen vorhandener als auch bei der Erzeugung neuer Komponenten werden diese in einer Standardorientierung eingesetzt, jedoch noch nicht mit Einbaubedingungen versehen. Sie können daher über den 3D-Ziehgriff verschoben und gedreht werden. Erst durch die Festlegung von Einbaubedingungen werden die Freiheitsgrade eingeschränkt.

Nicht eindeutig eingebaute Komponenten werden im Modellbaum durch ein □-Symbol vor dem Namen gekennzeichnet. Wird eine Komponente über eine Achse eingebaut und ist die Verdrehung um diese nicht von Bedeutung, kann die Option *Annahmen zulassen* aktiviert werden. Die Festlegung von Einbaubedingungen zeigt Abbildung 5-3.

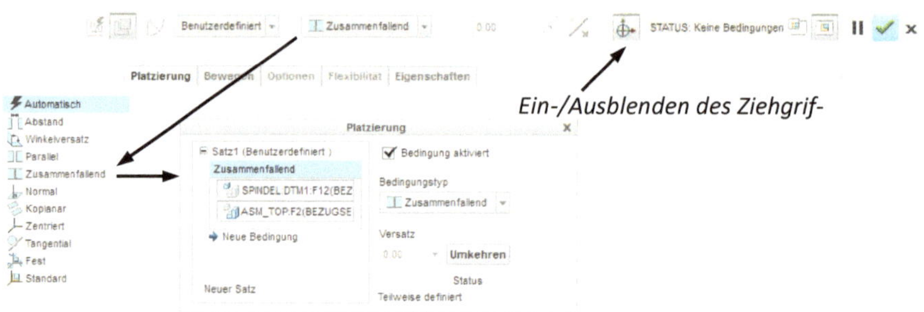

Abbildung 5-3: Festlegung der Einbaubedingungen

Darüber hinaus gibt es die Möglichkeit, vordefinierte Mechanismus-Bedingungen für den Einbau zu nutzen bzw. bereits definierte Einbaubedingungen entsprechend umzuwandeln. Darauf wird später noch im Zusammenhang mit Animationen (Kapitel 6.3) ausführlicher eingegangen.

5.2.2   Einbau über Koordinatensysteme

Die erste zu erzeugende Baugruppe *Verschluss* umfasst die Einzelteile *Spindel*, *Ventilkegel* und *Gewindebuchse*. Zunächst wird eine neue Baugruppe *Verschluss* erzeugt. Anschließend wird die *Spindel* in die Baugruppe eingebaut (Abbildung 5-2). Da es sich um die erste Komponente handelt und keine festen Einbaulagen zu beachten sind, soll die *Spindel* über die Platzierungsoption *Standard* fest verankert werden (Abbildung 5-4).

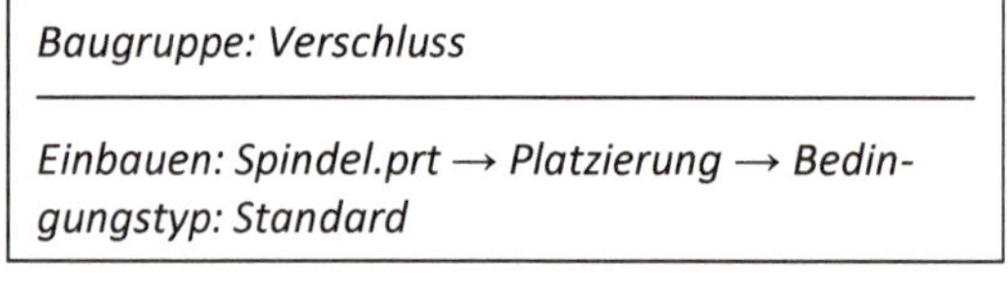

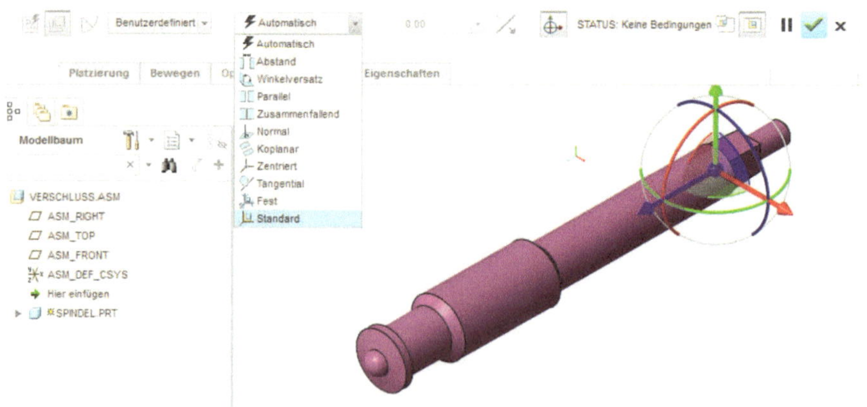

Abbildung 5-4: Einbau der ersten Komponente

Hier nutzt das System die vorhandenen Standardkoordinatensysteme der Baugruppe und der einzubauenden Komponente.

5.2.3 Einbau über Bezugselemente und Achsen

Zu den wählbaren Bezugselementen gehören je nach gewählter Platzierungsoption Ebenen, Kurven, Punkte, Achsen und Koordinatensysteme. Zusätzlich sollen für das Beispiel auch Achsen zugelassen werden, die sich durch die Bauteilgeometrie ergeben. Neutrale Bezugselemente sollten immer dann zur Ausrichtung verwendet werden, wenn Änderungen an der Bauteilgeometrie keinen Einfluss auf deren Platzierung in der Baugruppe haben sollen.

In dieser Übung wird die Baugruppe *Verschluss* durch den Einbau der Komponenten *Ventilkegel* und *Gewindebuchse* vervollständigt. Zunächst wird das Bauteil *Ventilkegel* eingebaut (Abbildung 5-5). Vor der Definition der Einbaubedingungen sollte jedoch die Einbausituation verdeutlicht werden. Der *Ventilkegel* wird an der Komponente *Spindel* durch eine *Gewindebuchse* fixiert. Bei beiden Komponenten können die Bauteilachsen zur Ausrichtung verwendet werden, auch wenn es dadurch zu gegenseitigen Abhängigkeiten kommt. Eine Möglichkeit zur Vermeidung solcher Abhängigkeiten wird später im Zusammenhang mit Skelettmodellen noch aufgezeigt.

Zur Verbesserung der Auswahlmöglichkeiten kann die einzubauende Komponente im Grafikfenster geeignet verschoben werden oder in einem separaten Fenster angezeigt werden.

Neben der Ausrichtung der Achsen von *Ventilkegel* und *Spindel* sind weitere Platzierungsbedingungen festzulegen. Jeweils zwei Bezugsebenen werden *Zusammenfallend* fixiert. Sollte die Orientierung einer Komponente nicht korrekt sein, kann durch Drücken des Umkehren-Schalters die Richtung geändert werden. Dazu sollte stets diejenige Platzierungsbedingung aktiviert sein, die die gewünschte Richtung beeinflusst.

<table>
<tr><td>

Einbauen: Ventilkegel

Platzierung

→ *Auswahl der Bauteilachsen*

→ *Zusammenfallend*

Neue Bedingung

→ *Auswahl der Bezugsebenen DTM1 & DTM2*

→ *Zusammenfallend*

Neue Bedingung

→ *Auswahl der beiden RIGHT-Ebenen*

→ *Zusammenfallend*

Ggf. muss die Orientierung der einzelnen Bedingungen über Umkehren angepasst werden

</td><td>

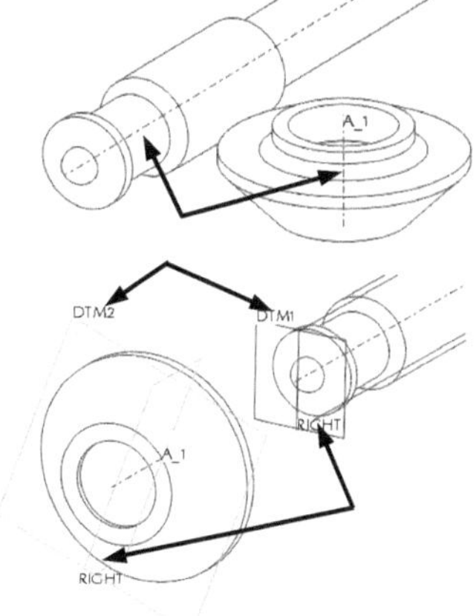

</td></tr>
</table>

Abbildung 5-5: Einbau der Komponente Ventilkegel

Der Einbau der Komponente *Gewindebuchse* erfolgt in analoger Weise. Zunächst werden die Achsen der Teile *Spindel* und *Gewindebuchse* aufeinander ausgerichtet. Als weitere Platzierungsreferenzen werden die TOP-Ebene des *Ventilkegels* und die *RIGHT-Ebene* der *Gewindebuchse* (Abbildung 5-6) genutzt. Sollte die Modellierung mit abweichenden Referenzen erfolgt sein, sind entsprechende Anpassungen vorzunehmen bzw. Referenzen zu erzeugen. Beim Einbau der Komponente *Gewindebuchse* kann die Option *Annahmen zulassen* auch aktiviert bleiben, da es sich um einen rotationssymmetrischen Körper handelt. Durch diese Funktion wird eine über das Ausrichten zweier Achsen definierte Komponente in der angezeigten Lage an der Rotation um die ausgerichteten Achsen gehindert. Dadurch sind zwei ausdrückliche Platzierungsbedingungen ausreichend, um die Komponente vollständig zu definieren.

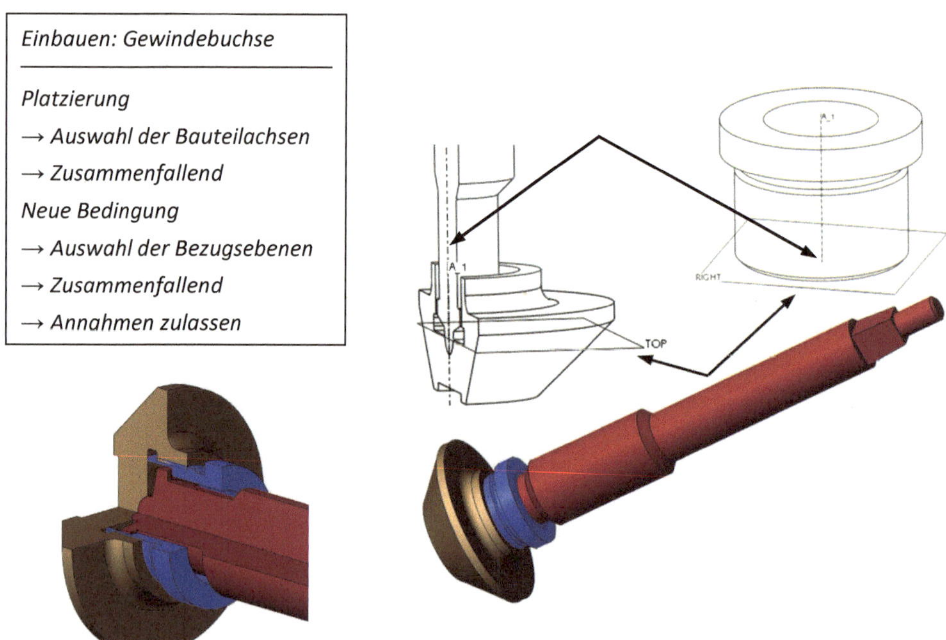

Abbildung 5-6: Einbau der Komponente Gewindebuchse

5.2.4   Einbau über Geometrieelemente

Innerhalb dieser Übung soll aus den Bauteilen *Ventilkorpus*, *Flachdichtung_45mm* und *Deckel* die Baugruppe *Ventilgehaeuse* erstellt werden. Das *Ventilkorpus* soll als erste Komponente über die Platzierungsbedingung *Standard* in die Baugruppe integriert werden (Abbildung 5-7).

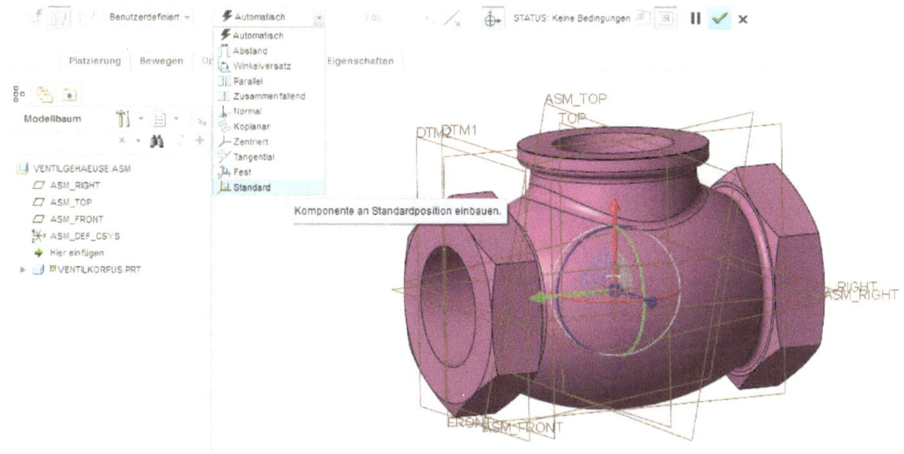

Abbildung 5-7: Baugruppe Ventilgehäuse und Einfügen von Komponenten

Als zweite Komponente wird die *Flachdichtung_45mm* eingefügt. Zur Festlegung der Einbaubedingungen sollen hier nun Geometrieelemente genutzt werden.

Beim Zusammenbau sollen Körperflächen aufeinander ausgerichtet werden. Daher werden zunächst die Kreisringflächen ausgewählt, anschließend die koaxial zueinander liegenden Zylinderflächen.

Nach der Definition der beiden Einbaubedingungen kann die *Flachdichtung_45mm* noch um die Zylinderachse rotieren. Dies wird durch eine weitere Parallelitätsbedingung verhindert, die entweder durch Auswahl zweier Ebenen oder automatisch durch das System (über den Schalter *Annahmen zulassen*) festgelegt wird.

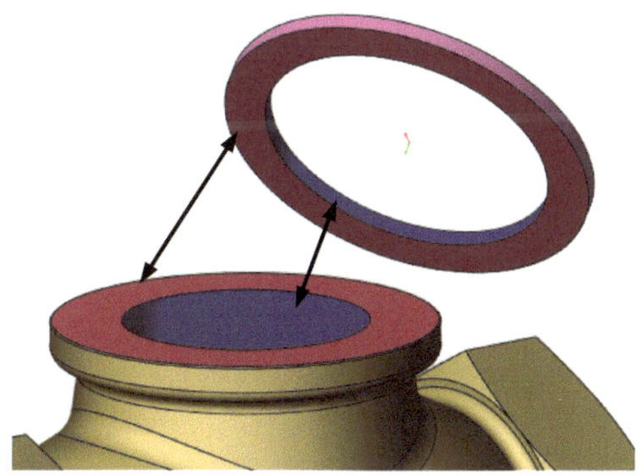

Abbildung 5-8: Ventilkorpus mit Flachdichtung_45mm

Der *Ventildeckel* lässt sich auf analoge Weise einbauen. Hier soll jedoch eine weitere Funktion erläutert werden: Der Versatz zwischen zwei Flächen. Mit der Einbauoption *Abstand* kann ein fester Versatz eingestellt werden. Nun sollen die Dichtungsflächen von *Ventilkorpus* und *Ventildeckel* in einem Versatz von *2,5 mm* zueinander angeordnet werden. Durch diese Auswahl wird eine Unabhängigkeit des Ventildeckels von der Flachdichtung erreicht, so dass diese später ausgetauscht werden könnte, ohne den Aufbau der Baugruppe zu zerstören. Als zweite Einbaubeziehung wird wieder die Zylinderinnenfläche des *Ventilkorpus* mit der Gewindefläche des *Ventildeckels* verbunden.

Die Ausrichtung des *Ventildeckels* soll hier so erfolgen, dass eine ebene Fläche des Sechskantes des *Ventildeckels* senkrecht zur Strömungsrichtung zeigt. So wird anstelle der Funktion *Annahmen zulassen* eine weitere Bedingung erzeugt, die eine bestimmte Orientierung erzwingt (Abbildung 5-9).

Der Einbau des *Ventildeckels* ist damit beendet und die Baugruppe *Ventilgehaeuse* fertiggestellt. Zum Abschluss sollte die Baugruppe gespeichert werden.

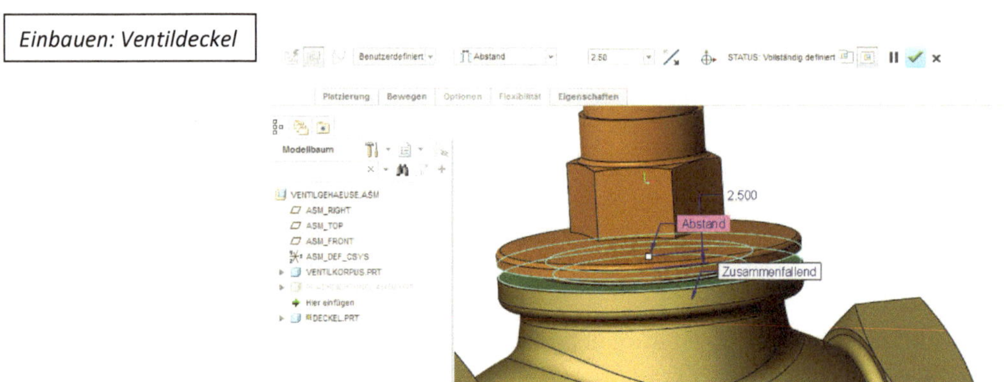

Abbildung 5-9: Einbau der Komponente Ventildeckel

5.2.5 Einbaukorrektur

Komponentenplatzierungen lassen sich über die Option *Definition editieren* des Kontextmenüs der ausgewählten (bereits eingebauten) Komponente ändern. Im Dialogfenster können dann Bedingungen verändert, gelöscht oder neue hinzugefügt werden.

Für den in das Gehäuse eingebauten Ventildeckel sollte nun die erste Einbaubedingung (*Abstand*), die im Beispiel lediglich aus Übungszwecken verwendet wurde, analog zur *Flachdichtung_45mm* verändert werden, d. h. in *Zusammenfallend* der zusammenfallenden Kreisringflächen von *Flachdichtung_45mm* und *Deckel*.

Über das Kontextmenü können neben der Funktion *Definition editieren* auch Operationen wie *Löschen*, *Unterdrücken* oder das *Öffnen* der Komponente in einem separaten Fenster durchgeführt werden.

5.3 Verwendung von Skelettmodellen

Ein *Baugruppenskelett* ist ein Strukturmodell zur Festlegung und Charakterisierung von Referenzen, Verbindungen oder Größenverhältnissen. Es besteht in der Regel aus einem Flächen-, Linien- und Punktgerüst, das die Struktur einer Baugruppe repräsentiert. Die Verwendung eines solchen Bezugssystems bietet einige Vorteile, da sich die einzubauenden Komponenten nur auf das Strukturmodell beziehen und somit nicht in direkten Abhängigkeiten zu anderen Komponenten stehen. So können u. a. verschiedenen Bearbeitern eines Projektes geeignete Einfügepunkte und Bauräume vorgegeben werden. Ebenso lassen sich Komponenten einfacher austauschen. Wenn geeignete Bezugselemente definiert werden, sind auch einfache Bewegungsanalysen ohne aufwendige geometrische Beziehungen realisierbar.

Das Strukturmodell wird vor dem Einbau der ersten Komponente direkt in der Baugruppe erzeugt. Es wird automatisch an der Standardposition eingebaut und kann dann über das entsprechende Kontextmenü im Modellbaum als Bauteil geöffnet werden. Es ist wie ein normales Bauteil zu bearbeiten. Der Name wird standardmäßig vergeben und hat die Form *Baugruppenname_Skel.prt*.

5.3.1 Aufbau des Strukturmodells

Abbildung 5-10 zeigt das Strukturmodell für die Baugruppe *Greifer*. Die Verwendung von Bezugselementen sollte sich an den Einbaubedingungen und den Struktureigenschaften der Baugruppe orientieren. Daher werden in dem Strukturmodell zur Baugruppe *Greifer* Bezugselemente verwendet, die zum einen die Struktur und das Bewegungsverhalten des *Greifers* verdeutlichen und zum anderen das Erstellen der Platzierungsbedingungen vereinfachen.

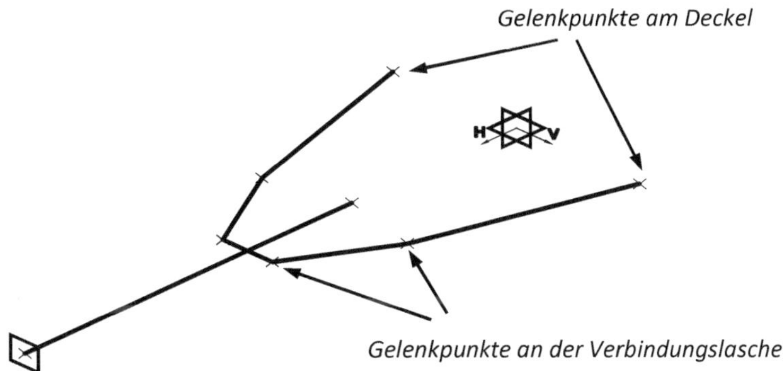

Abbildung 5-10: Baugruppenskelett

Zunächst wird das leere Skelettmodell *Greifer_Skel* innerhalb der Baugruppe erzeugt und anschließend als Bauteil geöffnet. Dort werden dann ein Koordinatensystem und die drei Standardebenen erzeugt. Die Ebenen werden zunächst entsprechend den Achsen des Koordinatensystems umbenannt, dann wird eine zur YZ-Ebene parallele Bezugsebene erzeugt, die dazu dient, die Greifarme zu bewegen. Der Abstand beträgt 190 mm. Wenn die Standardebenen umbenannt wurden, erhält die neue Ebene standardmäßig den Namen DTM1. Im weiteren Verlauf wird von diesem Namen ausgegangen.

In der XY-Ebene wird die in Abbildung 5-11 gezeigte Bezugskurve erzeugt. Zusätzlich zu den vom System vorgeschlagenen Referenzen ist die Bezugsebene DTM1 als Referenz festzulegen. Beim Skizzieren muss der Endpunkt der auf der x-Achse liegenden Geraden auf der Ebene DTM1 ausgerichtet werden.

Im Einzelnen bilden die Gerade mit der Länge 18 mm den Grundkörper *Führung*, die Geraden mit der Länge 36 mm jeweils eine Verbindungslasche und die Gerade mit der Länge 69 mm den funktionalen Zusammenhang zwischen der Unterbaugruppe *Arm* und dem *Deckel* ab. Die Endpunkte dieser Geraden müssen auf der YZ-Ebene fixiert werden.

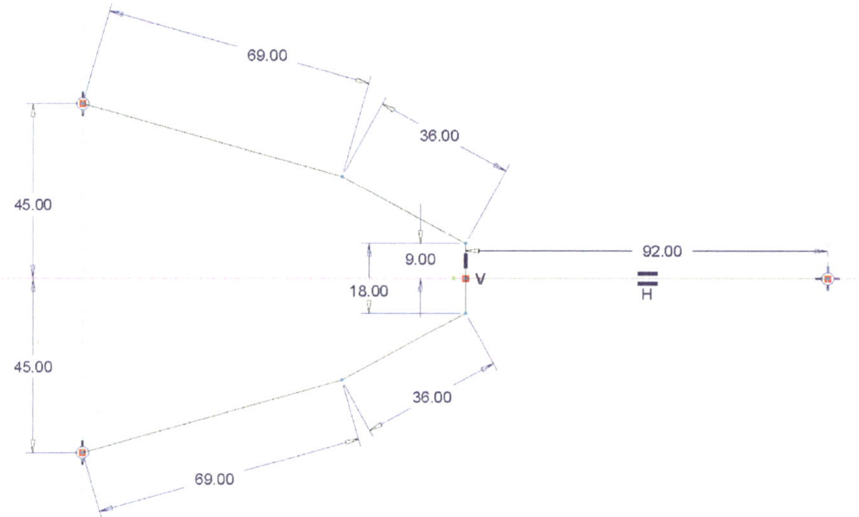

Abbildung 5-11: Bezugskurve des Skelettmodells

Nach dem Verlassen des Skizzierers wird noch an jedem Endpunkt einer Geraden ein Bezugspunkt erzeugt (Abbildung 5-12). Diese dienen im weiteren Verlauf zur Ausrichtung der Komponenten.

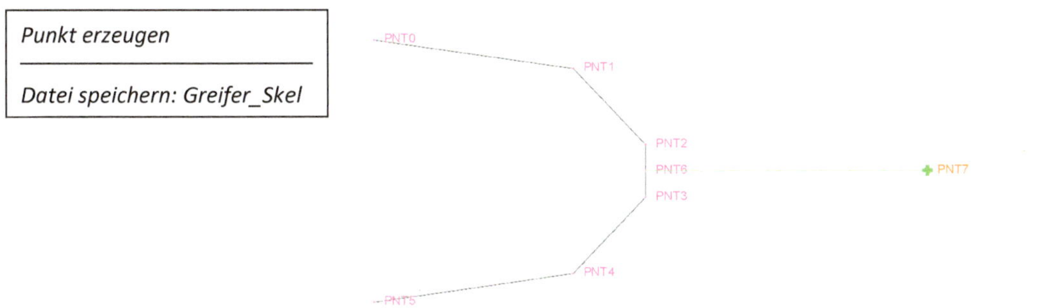

Abbildung 5-12: Bezugspunkte

5.3.2   Verwendung von Skelettmodellen

Im hier gewählten Beispiel sind am Bauteil *Finger* zwei *Bezugspunkte* zu ergänzen. Da diese sich genau in der Bohrungsmitte befinden, können sie am leichtesten als Schnittpunkte von Achsen und Bezugsebenen definiert werden (Abbildung 5-13).

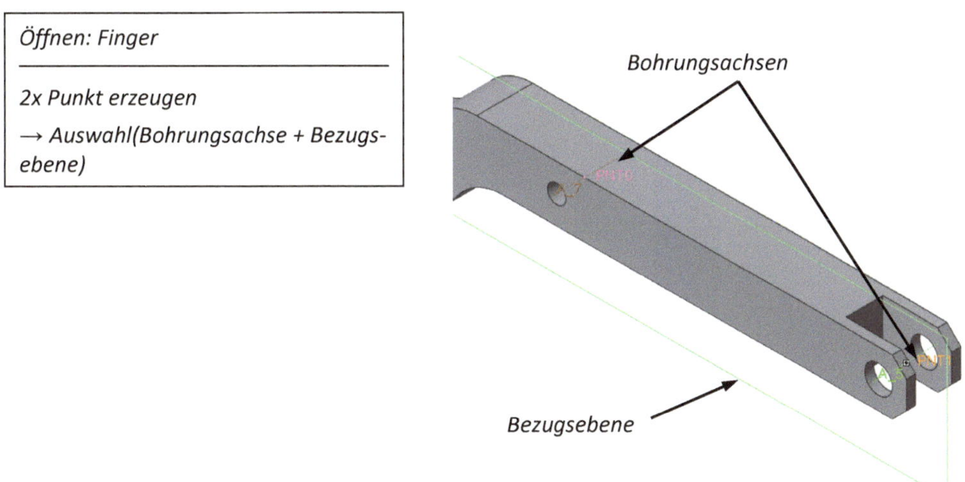

Abbildung 5-13: Zusätzliche Bezugspunkte

Nun kann der strukturierte Zusammenbau beginnen. Das Skelettmodell wurde dazu bereits als erste Komponente in die Baugruppe *Greifer* erzeugt.

Im Folgenden werden einige Hinweise für den Einbau des *Fingers* bzw. der Unterbaugruppe *Arm* gegeben. Die Unterbaugruppe *Arm* ist dafür zunächst als eigenständige Baugruppe aus den Bauteilen *Backe*, *Finger* und *Stift* nach dem im Kapitel 5.2 beschriebenen Vorgehen aufzubauen.

Ziel ist es, den Bewegungsablauf des *Arms* bzw. des *Fingers* nach dem Einbau durch Veränderung des Abstandes der Bezugsebene DTM1 zu der YZ-Ebene zu simulieren. Daher ist darauf zu achten, dass die Komponenten nur auf das Strukturmodell referenzieren. Dazu werden die entsprechenden Bezugspunkte und zwei Bezugsebenen aufeinander ausgerichtet (Abbildung 5-14). Der Einbau des zweiten Fingers bzw. Armes in die Gesamtbaugruppe erfolgt in gleicher Weise. Es ist auf die entsprechende Ausrichtung der Arme zu achten und diese gegebenenfalls durch das Umschalten der Bedingung zwischen den Bezugsebenen zu korrigieren.

Wird der Abstand zwischen der Bezugsebene DTM1 und der XY-Ebene des Strukturmodells von 180 mm auf beispielsweise 165 mm geändert und die Baugruppe regeneriert, kann eine sequentielle Bewegung des Greifers nachvollzogen werden.

Die übrigen Bauteile und Unterbaugruppen (auch Komponenten, die mehrmals eingebaut werden) können der Gesamtbaugruppe selbstständig hinzugefügt werden. Dabei ist das Strukturmodell gegebenenfalls mit weiteren Bezugselementen anzupassen, so dass es auch für den Einbau der weiteren Komponenten als alleinige Referenz dient.

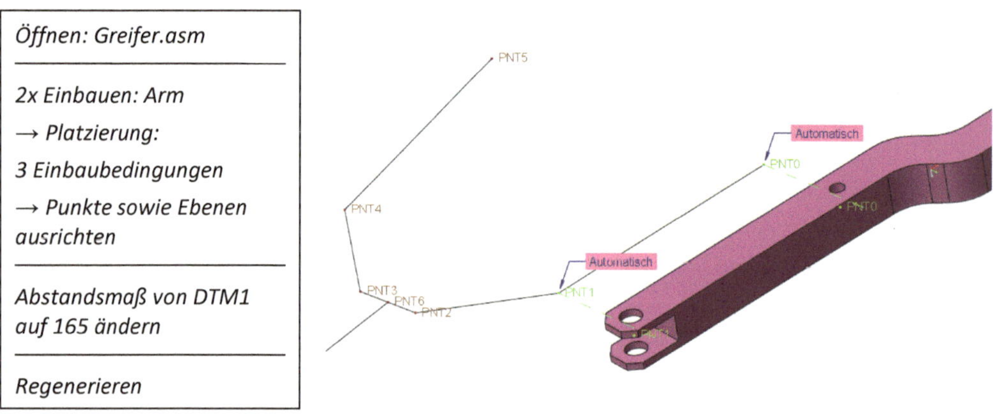

Abbildung 5-14: Greiferaufbau

Neben dem wiederholten Einbau könnte die bereits eingebaute Unterbaugruppe *Arm* auch gespiegelt werden. Dazu ist die Funktion *Neue Komponente erzeugen* aufzurufen und der Typ *Spiegel* festzulegen. Bei dieser Vorgehensweise wird jedoch die zu verwaltende Anzahl unterschiedlicher *Teile* bzw. *Unterbaugruppen* erhöht, da die so erstellte Kopie unabhängig vom Original wird und daher eventuelle Änderungen in beiden Komponenten ausgeführt werden müssen.

5.4 Abbildung von Produktstrukturen

In diesem Abschnitt soll das Beispiel einer *Getriebebaugruppe* (Abbildung 5-15) nach der *Top-Down-Methode* erläutert werden. Es wird daher davon ausgegangen, dass die Unterbaugruppen und Einzelteile bislang nicht erzeugt wurden.

Abbildung 5-15: Getriebebaugruppe

Den ersten Entwurf der Baugruppenhierarchie eines einstufigen Getriebes zeigt Abbildung 5-16. Die Baugruppe soll zunächst aus drei Unterbaugruppen bestehen, die wiederum mehrere Bauteile enthalten. Später können noch weitere Elemente, wie Lager, Passfedern, Schrauben, Dichtungen usw. hinzugefügt werden.

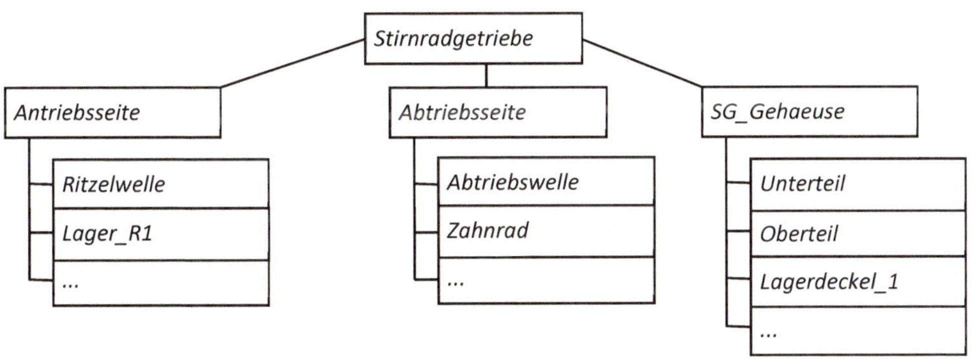

Abbildung 5-16: Grobe Baugruppenstruktur

Bevor mit dem Einbau leerer Komponenten begonnen wird, sollten Vorüberlegungen zu notwendigen Bezugselementen angestellt werden. Für das *Stirnradgetriebe* sind vor allem zwei Achsen von Bedeutung. Für das Beispiel wird festgelegt, dass diese Achsen in einer Standardbezugsebene der Baugruppe liegen und dass die zu den Achsen senkrecht stehende Bezugsebene die Mittelebene der Zahnräder verkörpert. Da für eine neue Baugruppe standardmäßig nur drei Ebenen und ein Koordinatensystem generiert werden, sind zunächst eine Bezugsebene und zwei Bezugsachsen zu erzeugen (Abbildung 5-17). Der Abstand der Ebene wird vorerst beliebig festgelegt, da der exakte Wert erst feststeht, wenn das Zahnradpaar definiert ist.

Da dieses Bezugssystem auch in anderen Unterbaugruppen des Getriebes bzw. des Getriebegehäuses verwendet werden kann, wird der Bearbeitungsstand in einer Kopie gesichert.

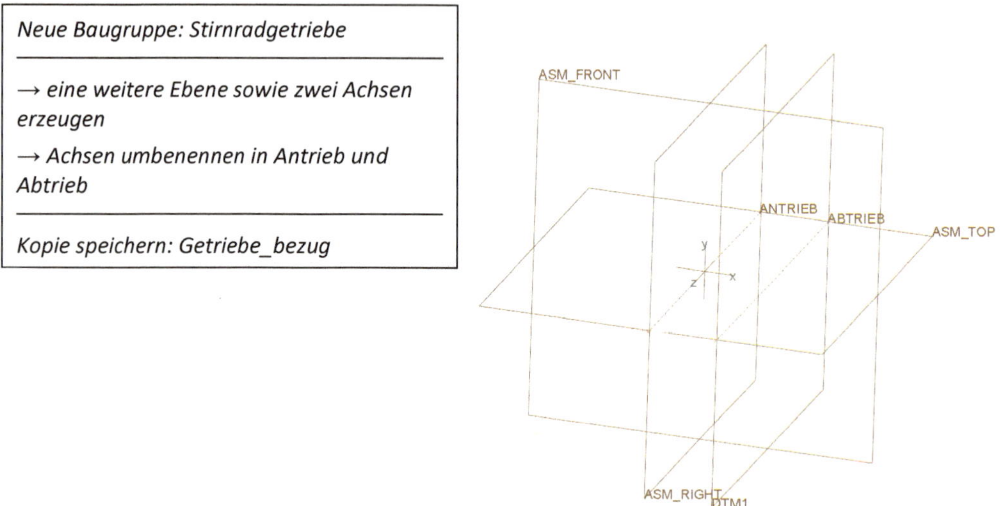

Abbildung 5-17: Bezugselemente

Alle Komponenten einer Baugruppe, für die noch keine Modelldatei vorliegt, werden über die Option *Komponentenerzeugung* erzeugt und eingebaut. Dazu ist der Typ (Teil, Unterbaugruppe, ...) festzulegen. Abhängig davon sind unter Umständen weitere Präzisierungen notwendig. Im Beispiel werden zunächst die beiden ersten Unterbaugruppen mit dem Untertyp *Standard* erzeugt und über die Bezugsoption *Achse senkrecht zu Ebene* positioniert (Abbildung 5-18). Für die Antriebsseite wird dazu die Achse *Antrieb* verwendet und für die Abtriebsseite die Achse *Abtrieb*. Durch diese Vorgehensweise werden vom System automatisch drei Bezugsebenen und eine Achse als Bezugselemente der jeweiligen Unterbaugruppe hinzugefügt.

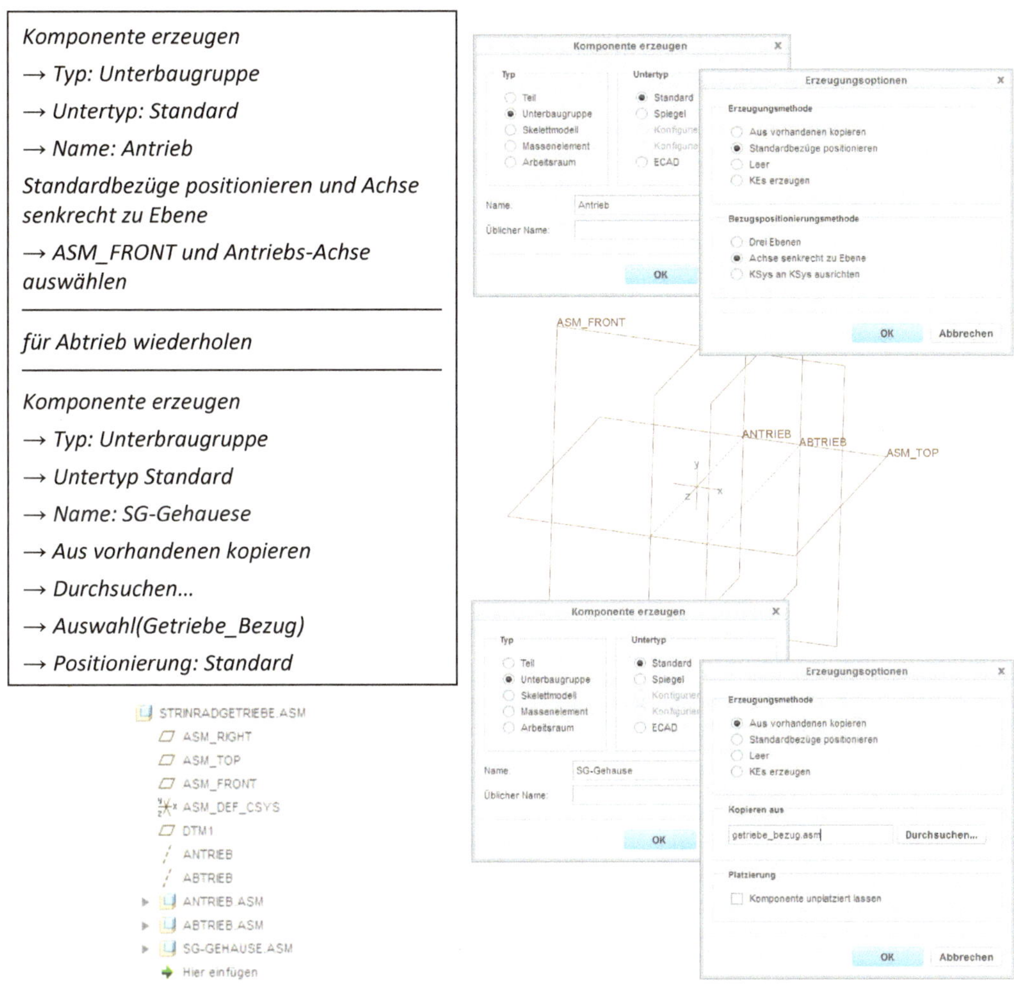

Abbildung 5-18: Grobe Baugruppenstruktur

Die Unterbaugruppe *Getriebegehäuse* wird ebenfalls mit dem Untertyp *Standard* erzeugt. Nun wird allerdings über *Kopieren aus* der erzeugte *Getriebe_Bezug* als unabhängige Kopie integriert. Bei Aktivierung des Schalters *Unplatziert* könnten die Komponenten zunächst nicht positioniert und weiter untergliedert werden. Im Beispiel wird daher die Option nicht genutzt, so dass die Unterbaugruppe über das Standardkoordinatensystem eingebaut werden kann. Die gewählten Einbauoptionen können später noch aktuellen Anforderungen angepasst werden. Mit der Speicherung der Baugruppe werden auch Dateien für die leer eingebauten Unterbaugruppen und Einzelteile erzeugt.

Das weitere Vorgehen wird beispielhaft für Komponenten der Unterbaugruppe Antrieb erläutert. Durch Auswahl im Modellbaum ist sie über die rechte Maustaste zu aktivieren.

Als erste Komponente wird eine *Ritzelwelle* vom Typ *Teil* und Untertyp *Volumenkörper* hinzugefügt. Diese Komponente soll auch hier über eine Achse und einer dazu senkrecht stehenden

Ebene positioniert werden. Als Referenzen sind hier die Bezugselemente der Antriebsbaugruppe zu wählen. Die Bauteildatei enthält dadurch auch drei Bezugsebenen und eine Bezugsachse, die dann Grundlage für die weitere Modellierung sind.

Als zweite Komponente wird ein Lager hinzugefügt. Da zum exakten Einbau noch nicht alle notwendigen Elemente vorhanden sind, wird die Erzeugungsoption *Leer* verwendet (Abbildung 5-19).

Komponente Erzeugen → Teil → Volumenkörper

→ Name: Ritzelwelle

→ Standardbezüge positionieren

→ Achse senkrecht zu Ebene

→ Auswahl(ADTM1 + AA_1 (von Antrieb))

Komponente Erzeugen → Teil → Volumenkörper
→ Name: Lager_R1 → Leer

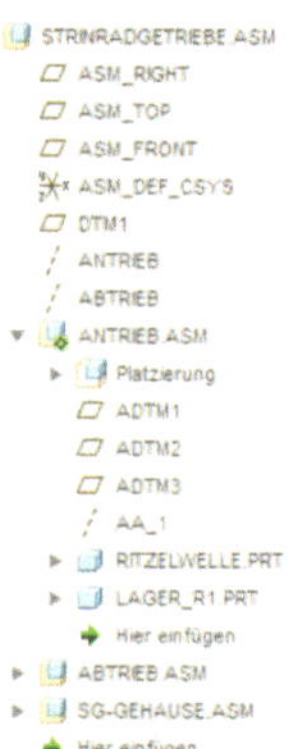

Abbildung 5-19: Detaillierung einer Unterbaugruppe

Auf diesem Wege lassen sich weitere leere Komponenten zu den Baugruppen hinzufügen. Hilfreich kann es jedoch sein, den Entwurf einer Komponente aus der Baugruppe heraus zu starten, in dem gleich beim generierenden Einbau notwendige Bezüge festgelegt werden (wie bei der *Ritzelwelle*). Komponenten, die weiter detailliert werden sollen, können nach der Auswahl im Modellbaum über das Kontextmenü (rechte Maustaste) geöffnet werden.

Im Kapitel 8.6 werden Hinweise zum Aufbau eine entsprechenden Getriebebaugruppe gegeben.

5.5 Austausch von Komponenten

5.5.1 Austauschbaugruppen

Das Ersetzen einer Baugruppenkomponente durch eine andere kann aus funktionaler Sicht erforderlich sein, wenn sich bestimmte Anforderungen geändert haben. Denkbar ist jedoch auch, dass eine Komponente vorübergehend durch eine vereinfachte Variante repräsentiert wird, um die Modellgröße für bestimmte Operationen zu verkleinern.

In diesem Abschnitt soll innerhalb der Baugruppe *Arm* der wahlweise Einbau einer veränderten Version des Bauteiles *Finger* gezeigt werden. Zunächst ist daher, falls noch nicht geschehen, diese Baugruppe *Arm* aus den Bauteilen *Backe*, *Finger* und *Stift* aufzubauen.

Die nun zusätzlich zu erzeugende Fingervariante wird mit *Finger_funk* bezeichnet (Abbildung 5-20). Die Länge beträgt 200 mm, die Positionen und Abmessungen der Bohrungen, Fasen und des Materialschnitts entsprechen denen des Bauteils Finger. Zur Erzeugung kann auch eine Kopie des Bauteils *Finger* verwendet werden, bei der dann die Leitkurve umdefiniert wird.

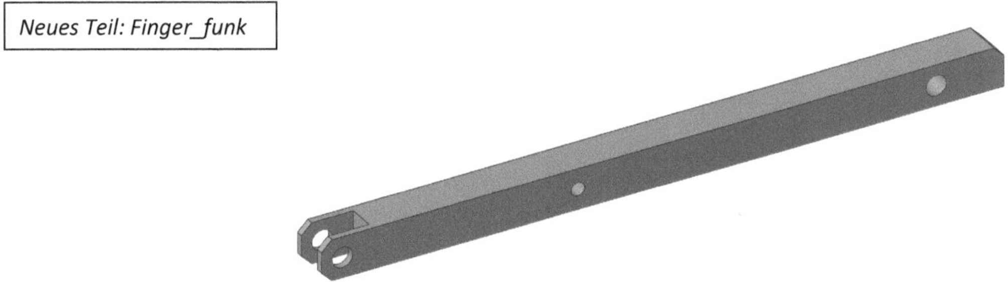

Abbildung 5-20: Bauteil Finger_funk

Um einen einfachen Wechsel zwischen den beiden Fingern zu ermöglichen, wird zunächst eine neue Baugruppe mit dem Namen *Finger_Austausch* und dem Baugruppentyp *Austausch* erzeugt (Abbildung 5-21). Dann wird als erstes der *Finger* eingebaut und in einem zweiten Schritt *Finger_funk*. Beide Komponenten sollen als funktionale Komponenten eingebaut werden. Die Einbauposition ist hierbei unerheblich. In einem weiteren Schritt sind dem System die übereinstimmenden Referenzen bekannt zu machen. Im entsprechenden Dialogfenster werden diese in beiden Komponenten gewählt. Diese Referenzen sollten mit erklärenden Namen versehen werden.

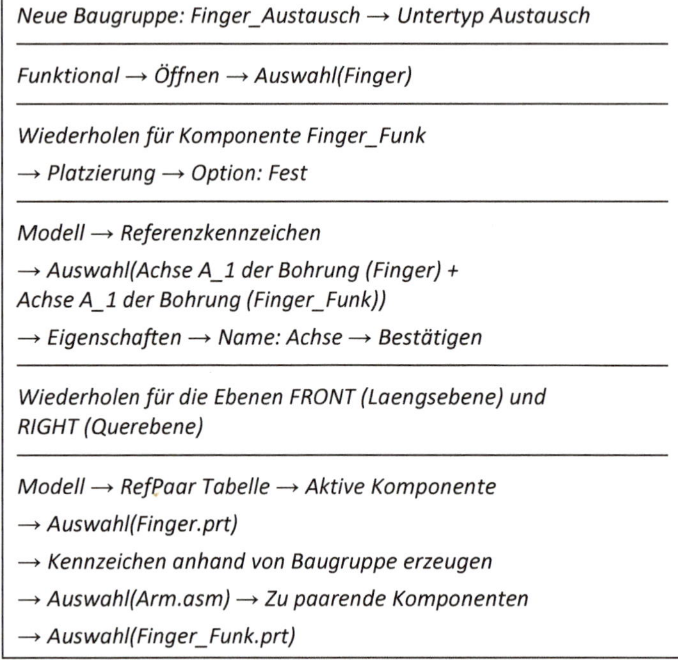

Neue Baugruppe: Finger_Austausch → Untertyp Austausch

Funktional → Öffnen → Auswahl(Finger)

Wiederholen für Komponente Finger_Funk
→ Platzierung → Option: Fest

Modell → Referenzkennzeichen
→ Auswahl(Achse A_1 der Bohrung (Finger) +
Achse A_1 der Bohrung (Finger_Funk))
→ Eigenschaften → Name: Achse → Bestätigen

Wiederholen für die Ebenen FRONT (Laengsebene) und
RIGHT (Querebene)

Modell → RefPaar Tabelle → Aktive Komponente
→ Auswahl(Finger.prt)
→ Kennzeichen anhand von Baugruppe erzeugen
→ Auswahl(Arm.asm) → Zu paarende Komponenten
→ Auswahl(Finger_Funk.prt)

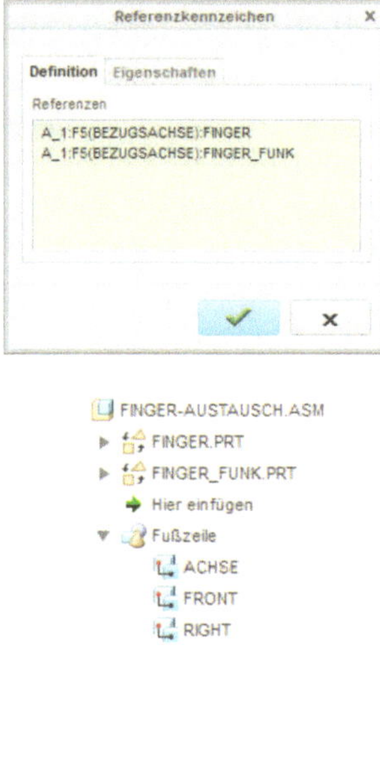

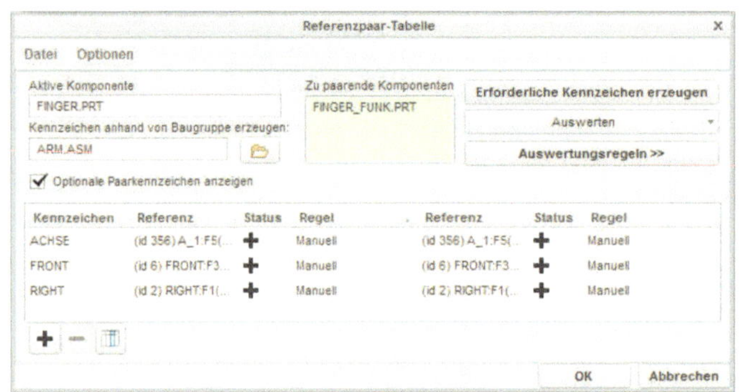

Abbildung 5-21: Austauschbaugruppe

Nach dem Speichern der Austauschgruppe kann die Baugruppe *Arm* geöffnet werden. Hier wird über das Kontextmenü der Komponente *Finger* im Modellbaum die Funktion *Ersetzen* gewählt, so dass nun bei Bedarf der Austausch der Komponente erfolgen kann.

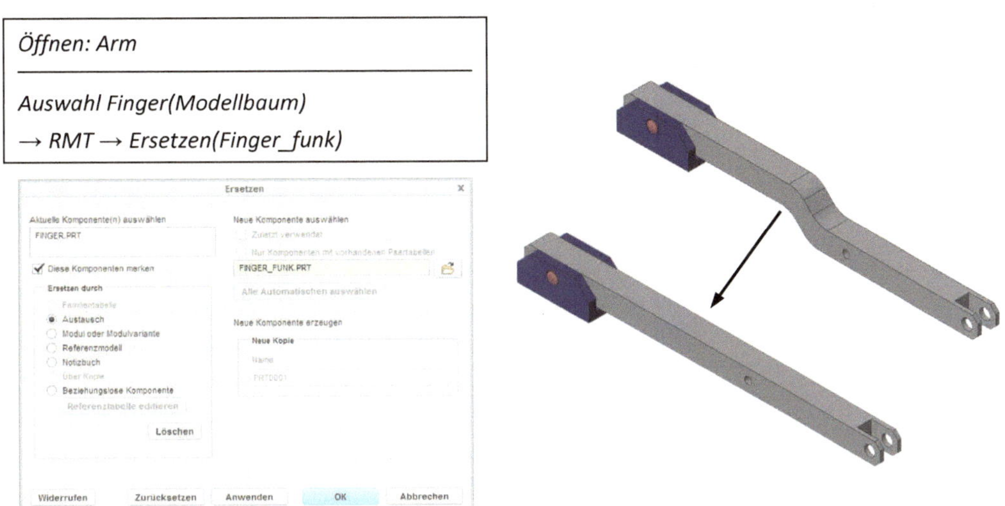

Abbildung 5-22: Austausch der Komponente Finger

5.5.2 Nutzung von Komponentenschnittstellen

Mit der *Komponentenschnittstelle* können Baugruppenkomponenten nach bestimmten Regeln eingebaut werden. Die Regeln können sich beispielsweise auf in der Baugruppe vorhandene Bezugselemente, wie z. B. Koordinatensysteme oder Bezugsebenen, beziehen, so dass der Einbau von Komponenten weitestgehend automatisiert wird. Der Austausch von Komponenten, auf die sich weitere Komponenten beziehen, wird durch die Möglichkeit der automatischen Übertragung von Bezügen auf die neu einzubauende Komponente ebenfalls vereinfacht.

Das soll am Beispiel der Ventilbaugruppe verdeutlicht werden. Zunächst wird das Teil *Handrad* geöffnet und eine Komponentenschnittstelle im Teil erzeugt.

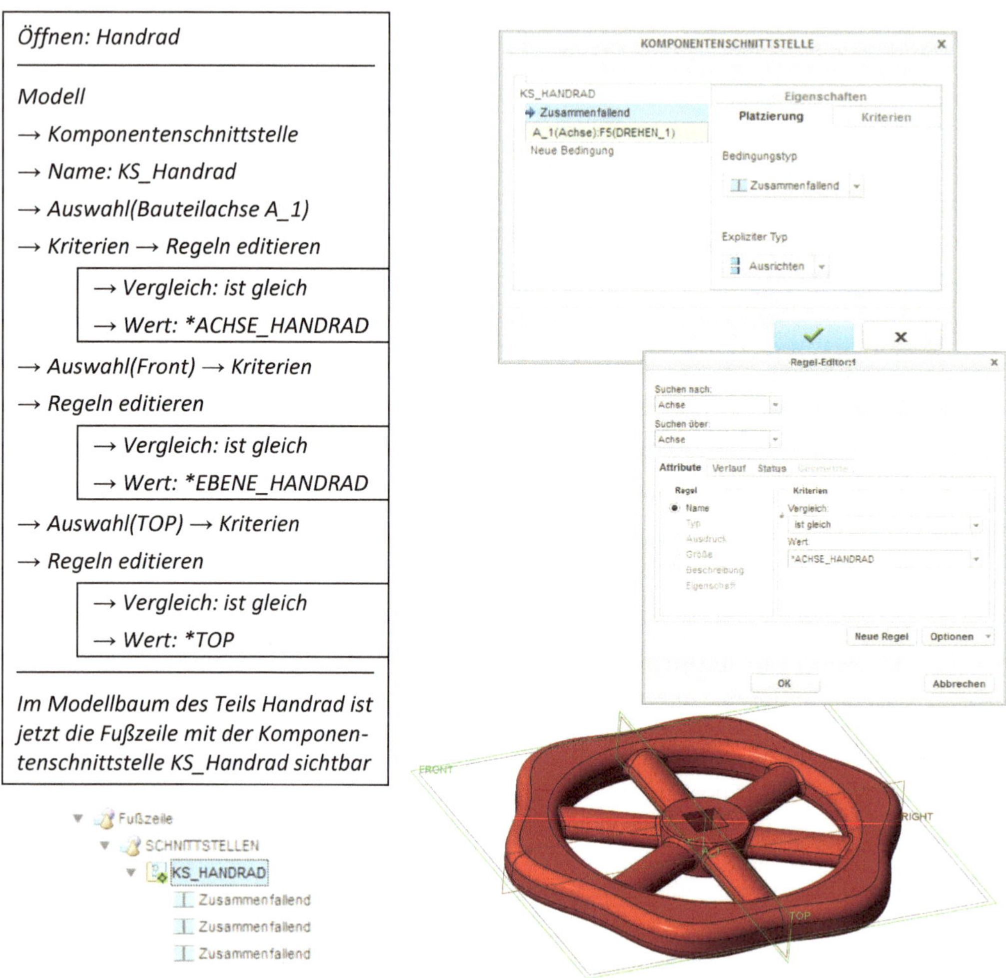

Öffnen: Handrad

Modell

→ Komponentenschnittstelle

→ Name: KS_Handrad

→ Auswahl(Bauteilachse A_1)

→ Kriterien → Regeln editieren

> *→ Vergleich: ist gleich*
> *→ Wert: *ACHSE_HANDRAD*

→ Auswahl(Front) → Kriterien

→ Regeln editieren

> *→ Vergleich: ist gleich*
> *→ Wert: *EBENE_HANDRAD*

→ Auswahl(TOP) → Kriterien

→ Regeln editieren

> *→ Vergleich: ist gleich*
> *→ Wert: *TOP*

Im Modellbaum des Teils Handrad ist jetzt die Fußzeile mit der Komponentenschnittstelle KS_Handrad sichtbar

Abbildung 5-23: Komponentenschnittstelle im Handrad

Das Handrad wird nun über die Komponentenschnittstelle in die Baugruppe *Ventil* eingebaut. Die Bezüge in der Komponentenschnittstelle sollen sich alle auf die bereits eingebaute Komponente *Spindel* beziehen. Vor dem Einbau des *Handrades* müssen die Bezugselemente im Bauteil Spindel entsprechend der oben genannten Suchkriterien erzeugt und benannt werden. Anhand der zuvor definierten Regeln wird nach den entsprechenden Referenzen gesucht. Beim Einbau des Handrads muss in der Nähe der *Spindel* einmal geklickt und eine automatisch gefundene Position gewählt werden.

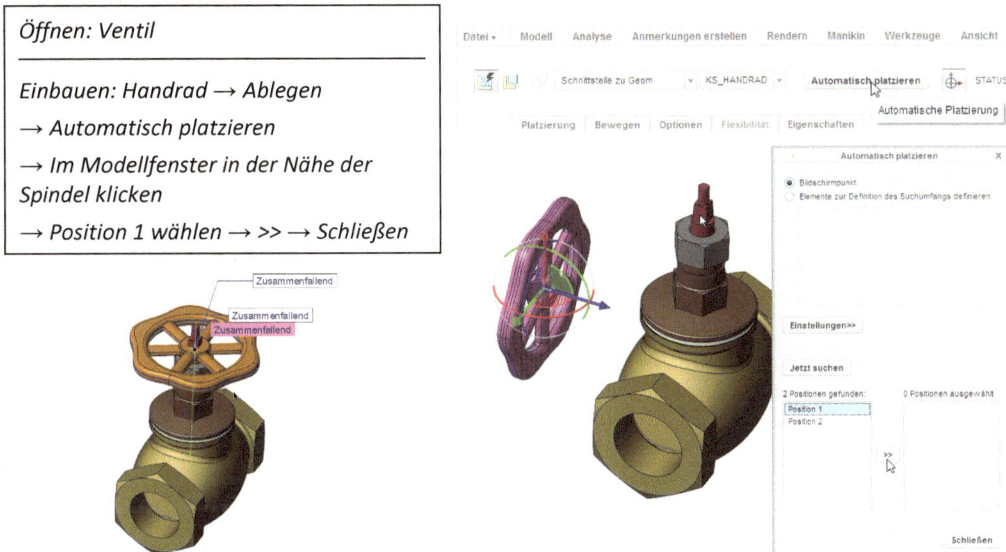

Abbildung 5-24: Automatisches Platzieren

Die beiden Komponenten *Scheibe_8mm* und *Sechskantmutter* werden anschließend nach dem bekannten Vorgehen eingebaut. Dabei soll sich die Unterseite der Komponente *Scheibe_8mm* auf die obere Fläche des *Handrads* beziehen und die Unterseite der Mutter entsprechend auf die Oberseite der Scheibe. Damit besitzen beide Komponenten einen Bezug zum aktuell eingebauten Handrad. Würde man das *Handrad* aus dem Modell löschen, um z. B. anschließend ein anderes Handrad einzubauen, würden die auf die zu ersetzende Komponente bezogenen Platzierungsreferenzen verloren gehen. Mit der Komponentenschnittstelle ist ein Austauschen von Komponenten ohne einen Verlust der Referenzen möglich.

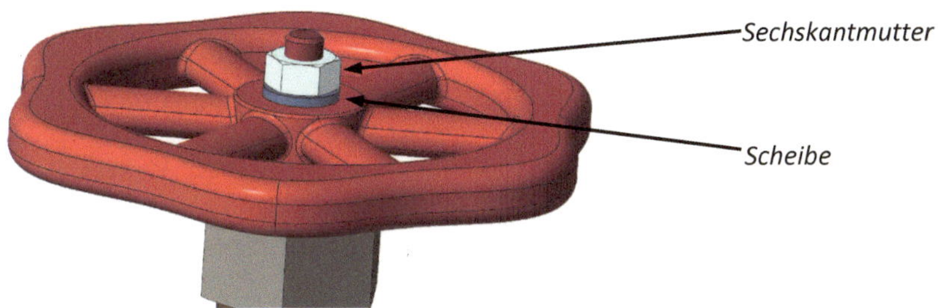

Abbildung 5-25: Fixierung des Handrades

Das *Handrad* soll nun durch das Teil *Handrad_rund* ersetzt werden.

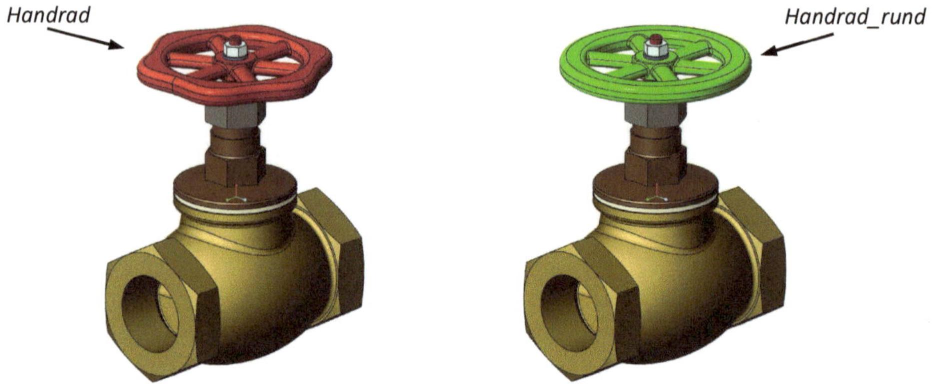

Abbildung 5-26: Komponentenaustausch

Hierzu müssen die Schritte zur Erzeugung der Komponentenschnittstelle wie oben beschrieben auch für das Teil *Handrad_rund* durchgeführt werden. Dabei müssen die gleichen Referenzen gewählt und die gleichen Regeln erzeugt werden. Anschließend kann das *Handrad* in der Baugruppe *Ventil* durch das Teil *Handrad_rund* ersetzt werden.

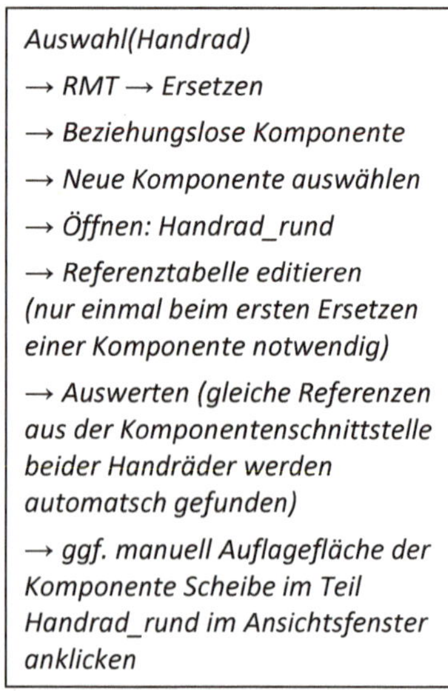

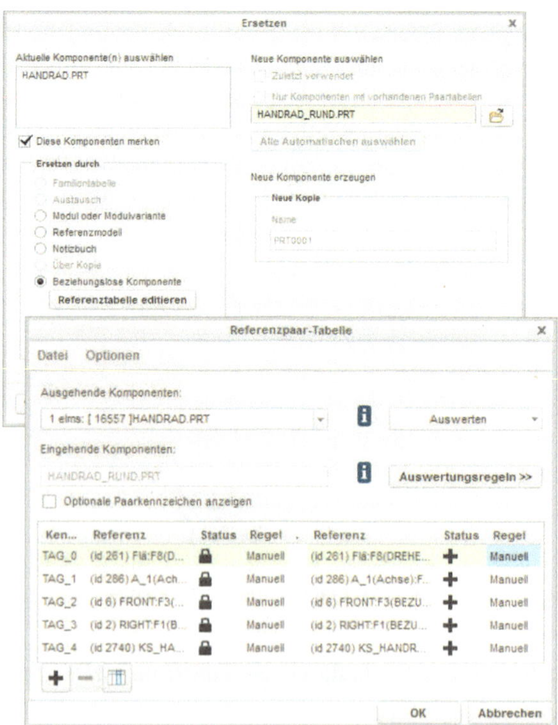

Abbildung 5-27: Austausch des Handrades

5.5.3   Baugruppenkonfigurierung über Familientabellen

In Kapitel 4.11 wurde eine Teilefamilie im Teil *Finger* erzeugt. Die drei Varianten des Teils *Finger* (*Finger*, *Finger_lang* und *Finger_kurz*) sollen nun in der Baugruppe *Arm_generisch* ebenfalls in einer Familientabelle gespeichert werden, sodass drei Baugruppenvarianten entstehen. Zunächst sind alle Fingervarianten in die Baugruppe einzubauen (Abbildung 5-28). Für eine bessere Übersichtlichkeit ist es beim Zusammenbau der Baugruppe hilfreich, die bereits eingebauten Varianten jeweils auszublenden und zum Schluss erst wieder einzublenden.

In der Baugruppe wird eine *Familientabelle* angelegt, in der die Varianten der Baugruppe mit den Ausführungen des Teils *Finger* gespeichert werden. Die Vorgehensweise hierbei ist analog zur Erzeugung einer Familientabelle mit Maßvariationen. Diesmal werden jedoch die *Finger*-Varianten als Komponenten ausgewählt.

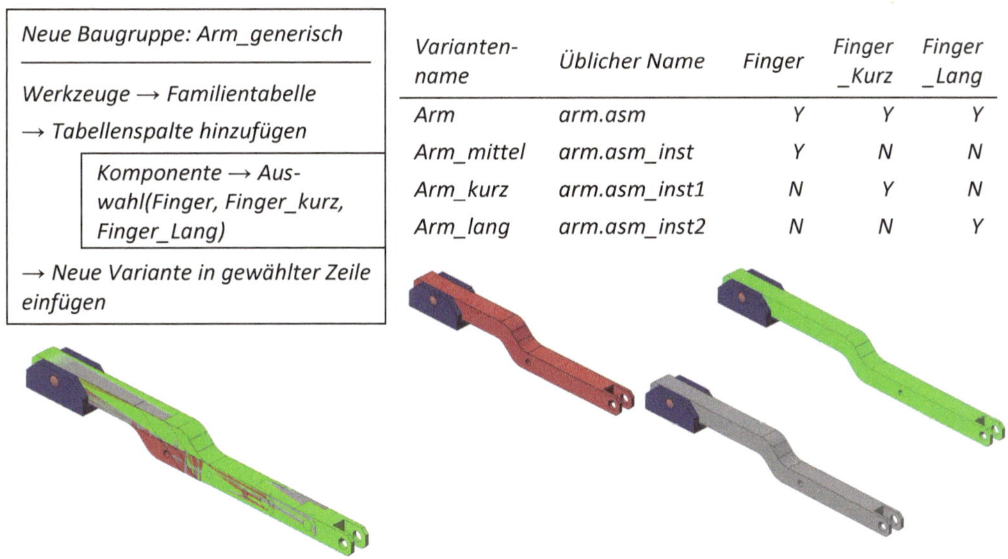

Varianten-name	Üblicher Name	Finger	Finger_Kurz	Finger_Lang
Arm	arm.asm	Y	Y	Y
Arm_mittel	arm.asm_inst	Y	N	N
Arm_kurz	arm.asm_inst1	N	Y	N
Arm_lang	arm.asm_inst2	N	N	Y

Abbildung 5-28: Generische Baugruppe

Nachdem die Baugruppe gespeichert wurde, stehen die drei Baugruppenvarianten zur Auswahl. Die Varianten können entweder direkt oder aus dem generischen Teil heraus geöffnet werden.

5.6 Baugruppeninformation

Baugruppen können ebenso wie die Bauteile untersucht werden. Die in diesem Kapitel beschriebenen Möglichkeiten sind daher ergänzend zu denen im Kapitel 2.3.7 zu sehen.

5.6.1 Analysierung des Baugruppenmodells

Alle Analysefunktionen sind unter dem Reiter *Analyse* zu finden.

Über die Funktion *Baugruppen Masseneigenschaften* kann die Gesamtmasse der Baugruppe bestimmt werden. Hierfür ist es notwendig, dass im Vorfeld den eingebauten Teilen ein Material oder zumindest eine Dichte zugewiesen wurde. Bei fehlender Dichte wird diese bei der Massenberechnung nachgefordert.

Mit der Funktion *Paarabstand* kann der kleinste Abstand zwischen zwei Bauteilen berechnet werden. Hierbei besteht die Möglichkeit, den kürzesten Abstand oder die Projektion des kürzesten Abstandes anzeigen zu lassen.

Bei *Globaler Abstand* wird eine Liste mit allen kleinsten Abständen der Teile zueinander erstellt.

Eine weitere wichtige Funktion ist mit *Globale Durchdringung* gegeben. Hierbei wird die Baugruppe auf Materialüberschneidungen hin untersucht und diese in einer Liste unter Angabe der betroffenen Teile ausgegeben.

Je nach gewählter Analysefunktion sind unterschiedliche Elemente zu wählen.

Im linken Teil des Reiters sind Analysetools für verschiedene Benutzerdefinierte Analysen gegeben. Mit der *Excel-Analyse* ist dem Anwender eine bidirektionale Schnittstelle gegeben um Analysen in *Excel (Microsoft)* durchzuführen. Dasselbe gilt auch für die *Prime Analyse*, bei welcher das analytische Kalkulationsprogramm *Mathcad Prime (PTC)* verwendet wird.

5.6.2 Konstruktionsstudien im Baugruppenmodus

Im Reiter *Analyse* sind neben den zuvor erwähnten Analysefunktionen auch verschiedene Möglichkeiten zur Durchführung von *Konstruktionsstudien* gegeben. Für eine *Toleranzanalyse* ist die Software *CETOL (CETOL Technology)* implementiert. U. a. können mit diesem Tool *Toleranzen* statistisch ausgewertet und *Sensitivitätsstudien* durchgeführt werden.

Für eine einfachere Betrachtung von Toleranzen können mittels *Bemaßungsberandungen* Maßparameter auf ihre Ober- oder Untergrenze oder ihren Mittelwert definiert werden. Dazu und auch zu den nachfolgend aufgeführten Analyse- und Optimierungsmöglichkeiten sind in den Kapiteln 7 und 8 Beispiele enthalten.

Mit einer *Sensitivitätsanalyse* kann der Einfluss eines (Maß)-Parameters auf ein Analyse-KE untersucht werden.

Die *Durchführbarkeit/Optimierung* dient der Durchführung von Optimierungsstudien. Es wird ein Ziel, eine oder mehrere Konstruktionsbedingungen und Konstruktionsvariablen definiert. Zwei Optimierungsmethoden sind gegeben. Bei *GDP* wird der Standardalgorithmus verwendet. Wird *MOKS* ausgewählt, werden zuerst mittels dem Multiziel-Konstruktionsstudienalgorithmus die optimalen Startwerte für den *GDP* ermittelt. Bei der Auswahl einer Durchführbarkeit entfällt die Definition eines Ziels. Hier wird eine optimale Lösung nur anhand der Konstruktionsbedingungen und Konstruktionsvariablen gesucht.

Mit einer *Multiziel-Konstruktionsstudie* können durch Parametervariation und durch nachträgliches Ableiten der Ziele eine optimale Lösung gefunden werden.

Die *Bewegungsanalyse* und die *Simulate Analyse* ermöglichen die Übernahme einer Simulation als KE. Damit können diese auch im Sinne von Konstruktionsbedingungen verwendet werden.

5.6.3 Baugruppenstrukturen und Stücklisten

Unter

Werkzeuge → Modellinformationen

werden alle Informationen über die gesamte Baugruppe und deren Struktur angezeigt. Hier erhält man einen schnellen Überblick über die Baugruppenstruktur und die Einordnung der Bauteile in die Unterbaugruppen. Die Informationen können jeweils für die oberste Baugruppe oder auch für Unterbaugruppen angegeben werden.

Mit dem Punkt

Werkzeuge → Komponente

können die Platzierungsbedingungen aufgelistet werden, welche zur Definition der gewählten Komponente in der Baugruppe genutzt wurden.

Um eine Übersicht zu bekommen, welche Teile wie oft in eine Baugruppe eingebaut sind, kann unter dem Punkt

Werkzeuge oder Modell → Stückliste

eine Übersicht erstellt werden. Diese kann als Text-Datei abgespeichert und in anderen Programmen weiterverarbeitet werden.

5.6.4 Schrumpfverpackungen

Mit *Schrumpfverpackungen* können Teile oder Baugruppen als vereinfachte Flächenmodelle abgespeichert werden. Diese Funktion kann genutzt werden um entweder große Baugruppen vereinfacht darzustellen oder bei Weitergabe der Modelle die Details nicht mit zu veröffentlichen.

Für die Erstellung der *Schrumpfverpackung* sind dem Anwender drei Methoden gegeben. Standardmäßig ist die Methode *Außenschale* eingestellt. Diese bietet sich u. a. an, wenn die innenliegenden Komponenten nicht von Interesse sind. Unter

Schrumpfverpackung → Optionen

können weitere Kopieroptionen festgelegt werden. Dabei wird die Qualität der Schrumpfverpackung maßgeblich vom *Grad* festgelegt (Abbildung 5-29). Dieser kann zwischen eins und zehn festgelegt werden, wobei letzterer für die beste Qualität steht.

Ist die *Option Löcher automatisch füllen* ausgewählt, werden Bohrung und Schnitte, welche eine einzelne Fläche schneiden, geschlossen.

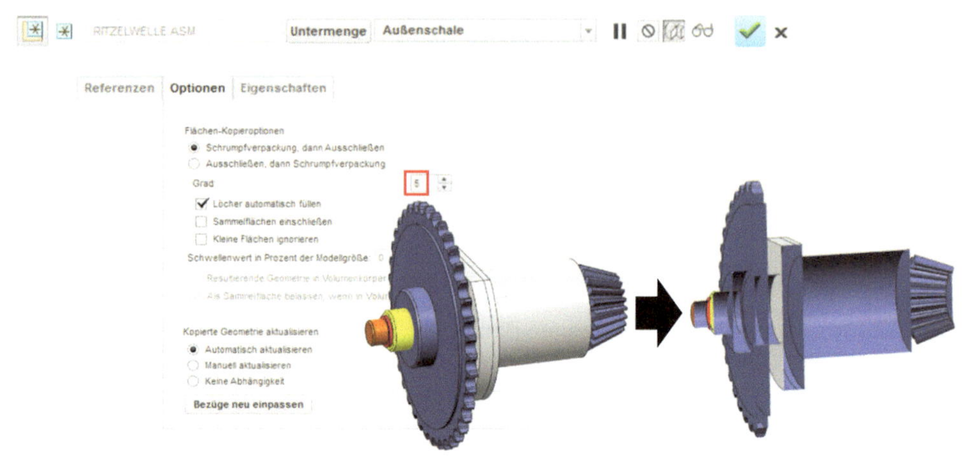

Abbildung 5-29: Erzeugung eines Schrumpfverpackung-KEs

Wird die Methode *Alle Körperflächen automatisch sammeln gewählt* ist die Erstellung einer Schrumpfverpackung, welche innen und auch außen Flächen enthält, möglich. Unter

Schrumpfverpackung → Optionen

kann zusätzlich *Resultierende Geometrie in Volumenkörper umwandeln* ausgewählt werden, so dass eine Volumenkörper Schrumpfverpackung entsteht. Weiterhin können bei diesen beiden Methoden auch einzelne Komponenten der Baugruppe bei der Erstellung einer Schrumpfverpackung ausgeschlossen werden:

Schrumpfverpackung → Untermenge → Komponente ignorieren

Mit der Methode *Manuelle Sammlung* können ausgewählte Flächen zu einer Schrumpfverpackung zusammengefügt werden.

Bei allen drei Methoden kann die Schrumpfverpackung unabhängig oder assoziativ erstellt werden. Bei einer assoziativen Kopie werden die Flächen und Bezugselemente der Schrumpfverpackung aktualisiert, wenn das referenzierte Bauteil oder Baugruppe sich ändert. Die Aktualisierung kann automatisch oder manuell:

Schrumpfverpackung → Optionen

erfolgen. Ebenso kann auch gewählt werden, dass *Keine Abhängigkeit* besteht.

5.7 Anpassungen von Komponenten

Manchmal werden Fehler der Teilemodellierung erst beim Zusammenbau deutlich. Ebenso sind detaillierte konstruktive Anforderungen erst bei Betrachtung der Baugruppe erkennbar. Daher ist es zweckmäßig, Änderungen an Bauteilen auch direkt im Baugruppenmodus durchführen zu können. Neben den Änderungsmöglichleiten für Bauteile und Einbaubedingungen der Baugruppe sind oft zusätzliche Randbedingungen bzw. Beziehungen zwischen den Komponenten zu berücksichtigen.

5.7.1 Bauteilkorrekturen

Um bei einem Bauteil innerhalb einer Baugruppe Maße zu ändern oder Konstruktionselemente hinzuzufügen, muss dieses zunächst aktiviert werden. Danach steht zur Bearbeitung der Funktionsumfang aus der Teilemodellierung zur Verfügung. Auf diese Weise soll im gewählten Beispiel die *Backe* in der Baugruppe *Arm* an den Kanten der Greiffläche mit einer Verrundung versehen werden (Abbildung 5-30).

Öffnen: Arm

Auswahl Backe (Modellbaum) → RMT → Aktivieren

Rundung → Auswahl Kanten → Radius: 3

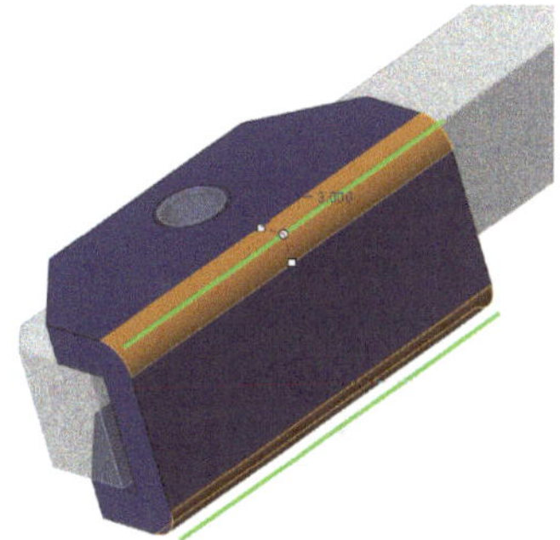

Abbildung 5-30: Kantenverrundung

In einem weiteren Schritt wird der Durchmesser des eingebauten Stiftes abgeändert. Dieser soll von 6 mm auf 8 mm vergrößert werden. Dafür ist zunächst der *Stift* zu aktivieren und anschließend der Stiftdurchmesser zu editieren. Die Maßänderung wird nach einer Regenerierung des Bauteiles übernommen.

Die Änderung des Stiftdurchmessers führt zu einer Bauteilkollision zwischen dem *Stift* und dem *Finger* bzw. dem *Stift* und der *Backe*, da die entsprechenden Bohrungen nach wie vor einen Durchmesser von 6 mm haben. Zur Überprüfung solcher Überschneidungen kann für eine aktivierte Baugruppe die bereits beschriebene Analysefunktion *Globale Durchdringung* genutzt werden.

Um diese Überschneidung zu verhindern, müssen die genannten Bohrungen angepasst werden. Dies kann manuell erfolgen. Eleganter ist es jedoch, die Bohrungsdurchmesser über eine Beziehung zum Stiftdurchmesser zu steuern. Hinweise zur Definition von Parameterbeziehungen sind in Kapitel 3.8 enthalten.

5.7.2 Flexible Komponenten

Flexible Komponenten passen sich automatisch an geänderte Konstruktionsbedingungen an. Es können Parameter, Oberflächengüten, Bemaßungen oder geometrische Toleranzen variiert werden. Ebenso lassen sich Konstruktionselemente unterdrücken/zurückholen. Hilfreich ist die Funktion zudem, wenn eine Komponente/Unterbaugruppe mehrfach in einer Baugruppe mit unterschiedlichen Abmessungen eingebaut werden soll.

Abbildung 5-31 enthält Hinweise zur Modellierung der Baugruppe *Rastriegel*, welche eine *Druckfeder* als flexibles Element enthält.

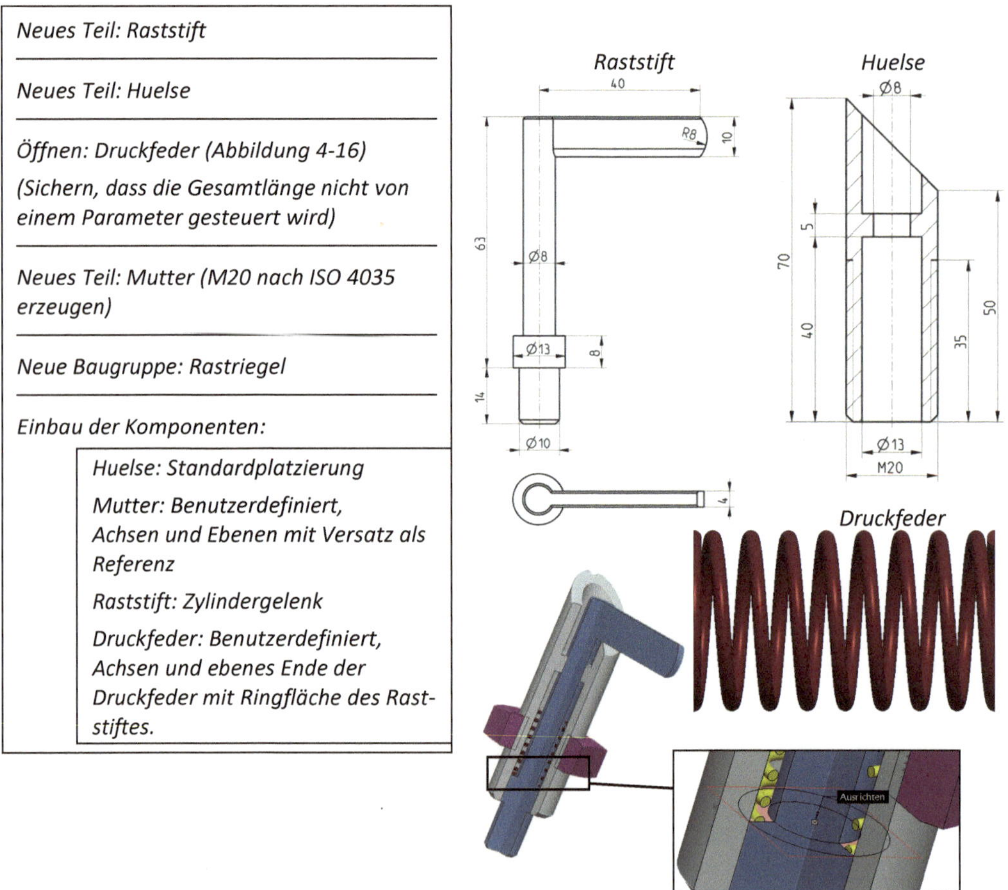

Abbildung 5-31: Baugruppe Rastbolzen

Abbildung 5-32 zeigt, wie der Komprimierungszustand der Feder dargestellt werden kann. Die Option Flexibilität kann schon bei dem Einbau einer Komponente im Komponentenplatzierungsreiter aufgerufen werden.

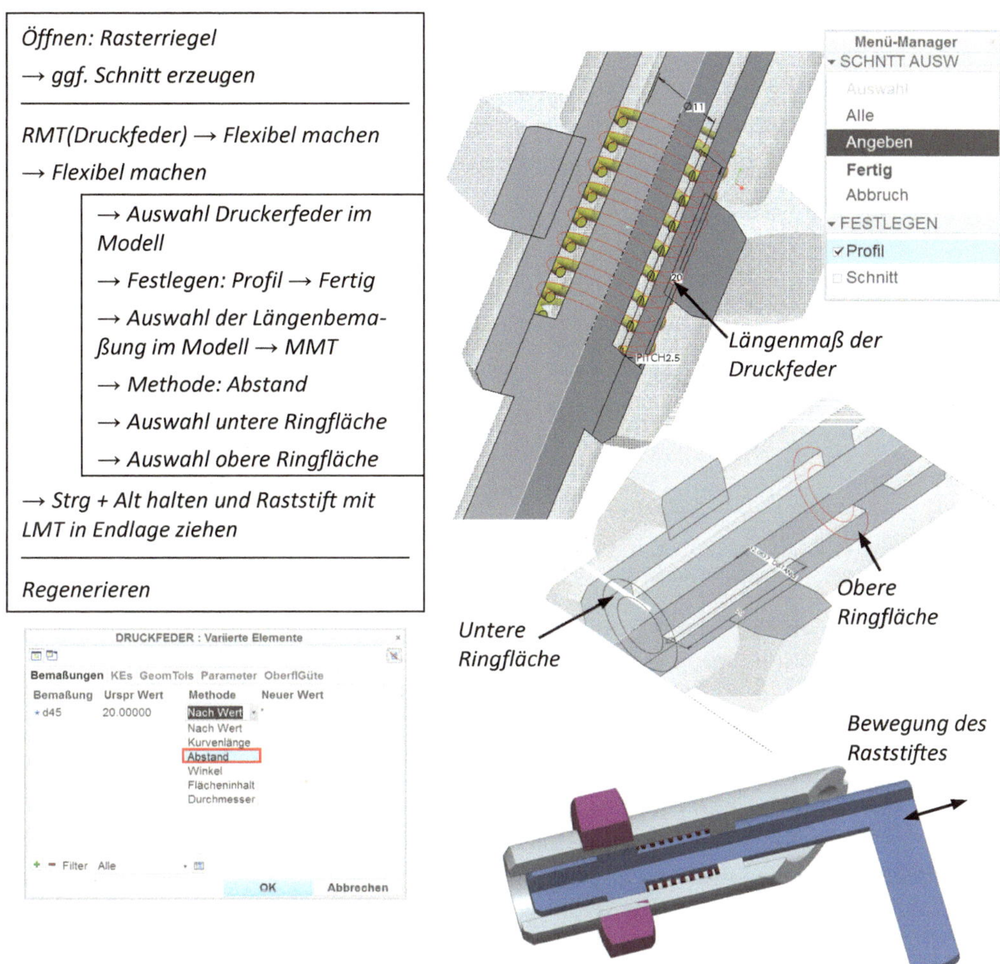

Abbildung 5-32: Einrichtung einer flexiblen Komponente

5.7.3 Baugruppenabhängige Teilemodellierung

Die Teilemodellierung im Baugruppenzusammenhang ist häufig aufgrund komplexer geometrischer Anpassungen notwendig. Sie kann jedoch auch zweckmäßig sein, wenn ganz bewusst bereits durch das System Baugruppenbeziehungen erzeugt werden sollen.

Um die Teileerzeugung innerhalb der Baugruppe darzustellen, ist in dieser Übung ein einfacher zylindrischer Anschlag an das Bauteil *Deckel_2* zu konstruieren, welcher bei der Montage beispielsweise auf die Gewindespindel aufgeschoben werden kann und ein zu weites Schließen des Greifers verhindern soll. Der Greiferunterbaugruppe *Gehäuse*, wird ein neues Teil hinzugefügt und an der Standardposition eingebaut. Als erstes Konstruktionselement wird eine Ebene im parallelen Abstand von 41 mm zur Stirnfläche des Gewindeabsatzes am *Deckel_2* erzeugt (Abbildung 5-33).

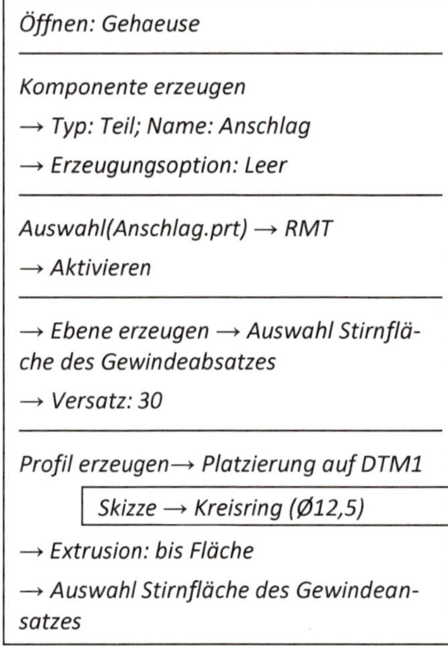

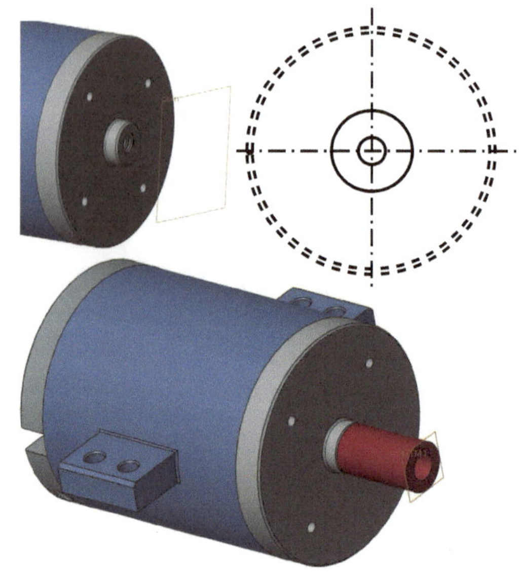

Öffnen: Gehaeuse

Komponente erzeugen

→ Typ: Teil; Name: Anschlag

→ Erzeugungsoption: Leer

Auswahl(Anschlag.prt) → RMT

→ Aktivieren

---

*→ Ebene erzeugen → Auswahl Stirnflä-
che des Gewindeabsatzes*

→ Versatz: 30

Profil erzeugen→ Platzierung auf DTM1

> *Skizze → Kreisring (Ø12,5)*

→ Extrusion: bis Fläche

*→ Auswahl Stirnfläche des Gewindean-
satzes*

Abbildung 5-33: Bauteilbezug

Anschließend wird der Profilkörper erzeugt. Skizzierebene ist die Bezugsebene DTM1 in der Komponente *Anschlag*. Bei der Skizze handelt es sich um einen Kreisring, der konzentrisch um die mittlere Bohrung im *Deckel-2 liegt*. Der äußere Kreis hat den Durchmesser des Gewindeansatzes, der innere wird 12,5 mm.

Die Volumenerzeugung wird mit der Tiefenangabe abgeschlossen. Da die Aufnahme bis zum Deckel reichen soll, kann die Option *Bis Fläche* gewählt werden. Als Referenz dient hier wieder die Oberfläche des Teils *Deckel-2*. Der *Anschlag* lässt sich als separates Teil aufrufen, geändert werden können jedoch nur der äußere Durchmesser und der Abstand der Ebene, da die übrigen Werte über Eltern-Kind-Beziehungen in der Baugruppe gesteuert werden.

5.7.4   Formenbau

In dieser Übungsaufgabe soll eine *Pleuelstange* modelliert werden, die dann Ausgangspunkt für die Konstruktion einer *Gesenkschmiedeform* ist (Abbildung 5-34). Die Schmiedeform ist in der ersten Näherung ein Negativ des zu fertigenden Bauteils, so dass Boolesche Operatoren herangezogen werden müssen, um die gewünschte Ausgangsform ableiten zu können. Zunächst sind hierzu das detaillierte *Pleuel* und die Rohform des Gesenks als Einzelteile zu erzeugen. Die groben Abmessungen des Pleuels sind der Abbildung 5-34 zu entnehmen. Die übrigen Maße, die zur Modellbildung benötigt werden, können frei (jedoch technisch sinnvoll) gewählt werden. Der schrittweise Aufbau des Pleuelmodells kann auf unterschiedlichen Wegen erfolgen. Die im Kapitel 4 beschriebenen Arbeitstechniken sind nun selbstständig anzuwenden. Als Rohling für das *Schmiedegesenk* ist ein *Quader* zu erzeugen.

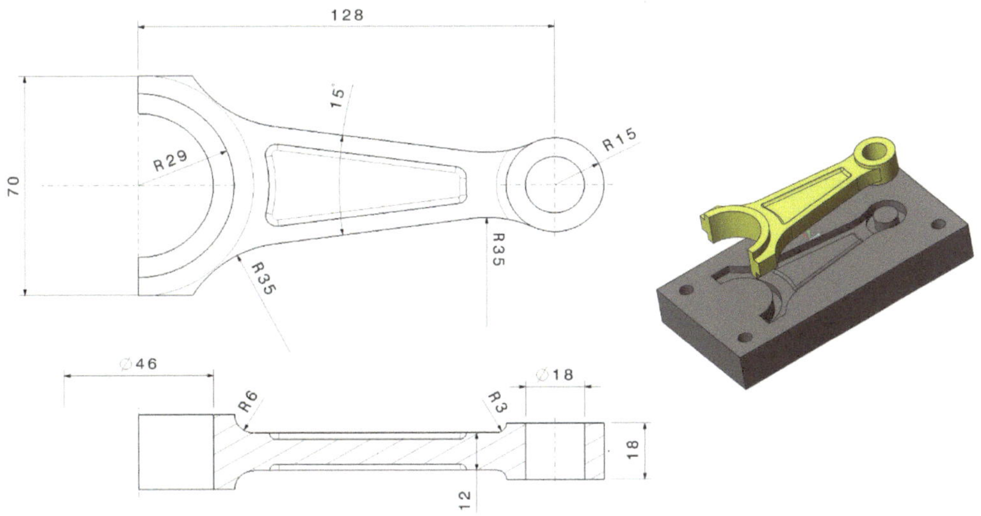

Abbildung 5-34: Pleuel mit Gesenk

Im nächsten Schritt werden eine leere Baugruppe erzeugt und die beiden erzeugten Komponenten eingebaut. Hier ist darauf zu achten, dass der *Pleuel* mittig auf dem *Quader* positioniert wird und bis zur Hälfte eintaucht.

Der erforderliche Dialog wird über die Hauptmenüleiste eingeleitet:

Modell → Komponente → Komponentenoperation

Die Boolesche Subtraktion verbirgt sich dann hinter der Option *Ausschneiden* im Menü-Manager. Hier muss zunächst das zu bearbeitende Teil (*Quader*) und anschließend das Werkzeug (*Pleuel*) selektiert werden. Die Option Referenz macht die Gesenkform abhängig von der Geometrie des *Pleuels*. Das Ergebnis des Ausschneidens kann durch das Ausblenden des *Pleuels* überprüft werden. Der erzeugte körperbasierte Materialschnitt ist nicht nur in der Baugruppe, sondern auch im Einzelteil vorhanden.

In weiteren Arbeitsschritten kann noch eine Feinbearbeitung erfolgen, wie das Anbringen von Ausformschrägen, Fasen, Rundungen, Bohrungen usw.

5.8   Verbindungsassistenten

Bauteile können auf unterschiedliche Weise zusammengefügt werden. Üblicherweise wird zunächst grob zwischen lösbaren und unlösbaren Verbindungen differenziert. Nachfolgend sollen anhand einfacher Problemstellungen die Möglichkeiten zur Qualifizierung von Schraub- und Schweißverbindungen erläutert werden.

5.8.1   Verschraubungsassistent

Der *Verschraubungsassistent* ermöglicht es, auf einfache Art normgerechte Verschraubungen und Verstiftungen in der Baugruppenumgebung zu erzeugen, zu prüfen und umzudefinieren. Hierbei handelt es sich um eine *Top-Down-Vorgehensweise*, die aus der Baugruppenumgebung zu einer Beeinflussung von untergeordneten Baugruppenkomponenten führt. So können durch die Schraubverbindung induzierte Operationen, z. B. notwendige Materialschnitte, in den zuvor platzierten Bauteilen automatisch durchgeführt werden. Bei der Nutzung dieses Assistenten sollte dem Anwender also stets bewusst sein, dass zuvor platzierte Komponenten entsprechend der gewählten Verbindung(en) geändert werden.

Der Verschraubungsassistent (*Intelligent Fastener*) befindet sich in der Multifunktionsleiste *Werkzeuge* der Baugruppenumgebung. Die Grundfunktionen sind das Einbauen einer Schraube oder eines Stiftes, jeweils entweder auf einem zuvor definierten Punkt oder einer Achse bzw. durch *Einbauen mit Mausklick*. Letzteres führt nach der Abfrage der notwendigen Referenzen zu der Platzierung der Schraube, ersteres nutzt den Punkt bzw. die Achse als Referenz zur Erzeugung der Bohrungsachse. Nachfolgend wird für eine einfache *Flanschverbindung* eine Variante mit der Kombination Schraube/Mutter und eine Variante mit Zylinderkopfschraube, Senkung und Innengewinde erzeugt (Abbildung 5-35). Dazu ist zunächst für dieses Übungsbeispiel eine Baugruppe aufzubauen, in der zwei beliebige Flansche platziert werden.

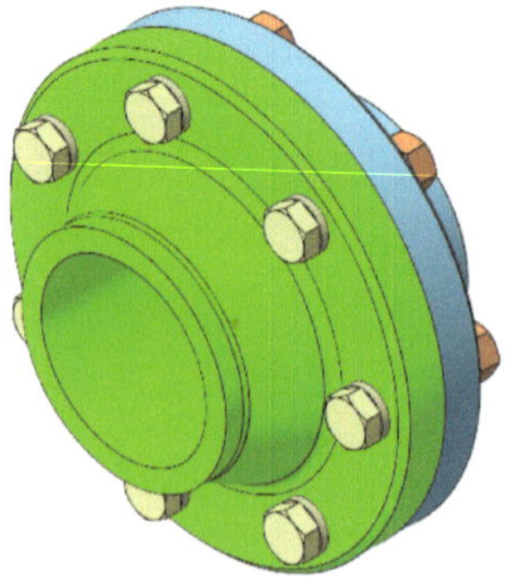
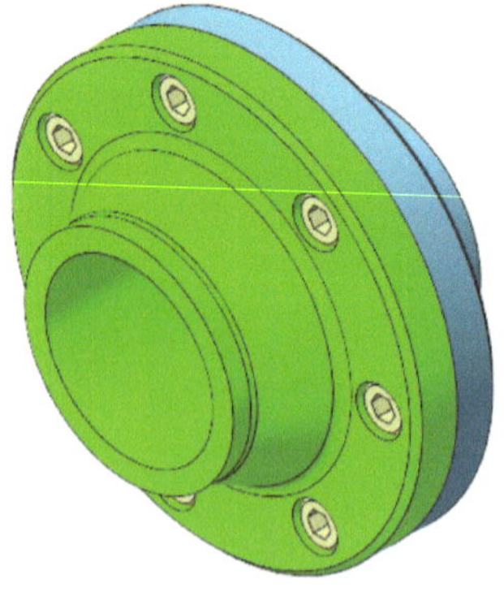

Variante 1: Schrauben mit Muttern   *Variante 2: Zylinderkopfschrauben*

Abbildung 5-35: Flanschverbindung

Die Flansche dürfen hierbei nicht in jedem Fall Instanzen desselben Bauteiles sein, da die Baugruppenoperation Änderungen an der Geometrie der Komponente durchführt. Zunächst wird eine Bezugsachse für die erste Bohrung erzeugt und entsprechend dem gewünschten Bohrbild gemustert. Die Bohrungen selbst werden noch nicht erzeugt, da dies im Beispiel durch den *Assistenten* erfolgen soll.

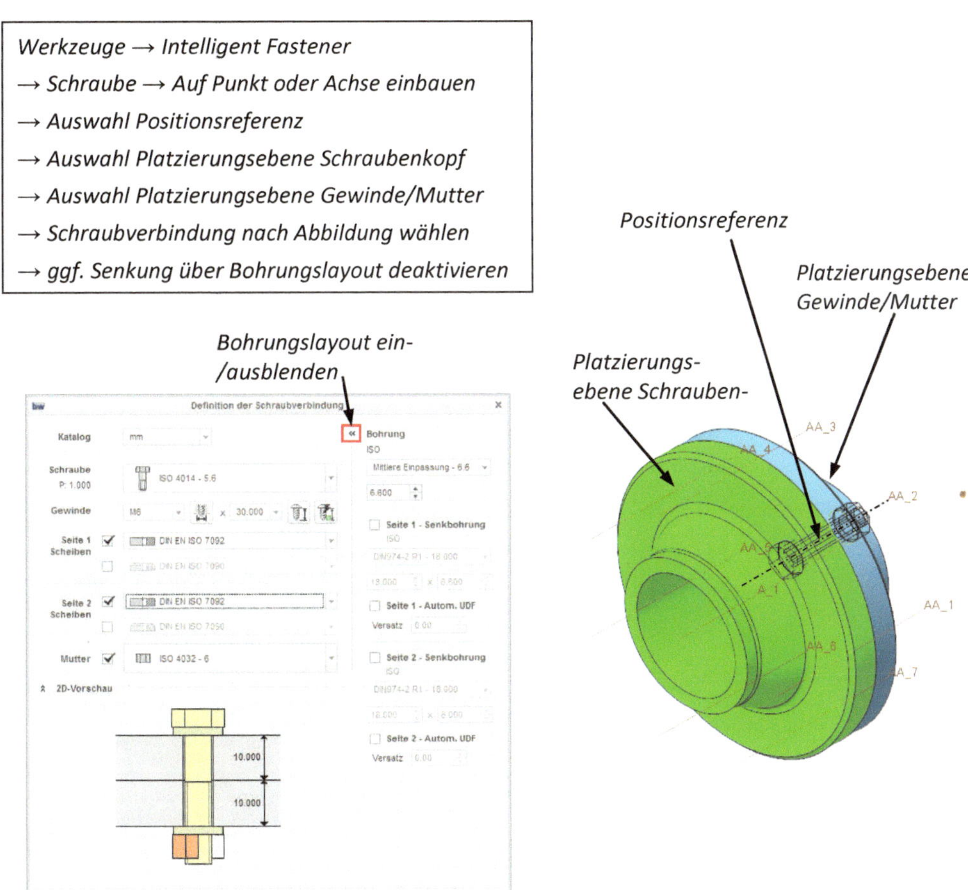

Abbildung 5-36: Erzeugung einer Flanschverschraubung in der Vorschaudarstellung

Im Anschluss wird der Schraubverbindungassistent aufgerufen. In dem sich dann öffnenden Menüfester *Referenzen auswählen* wird die Position der Schraubverbindung festgelegt. Dazu wird eine Achse des vorhandenen Bohrbild-Musters als *Positionsreferenz*, eine Stirnfläche zur Auswahl als *Platzierungsebene Schraubenkopf* und eine gegengerichtete Stirnfläche als *Platzierungsebene Gewinde/Mutter* ausgewählt. Die Schraubverbindung wird jetzt durch zwei gegengerichtete Pfeile symbolisiert und das Fenster zur *Definition der Schraubverbindung* geöffnet. In diesem Fenster wird die Schraubverbindung definiert. Eine *2D-Vorschau* zeigt das zu erwartende Ergebnis in einer Schnittansicht. Hier kann die gewünschte Verbindung ausgewählt werden, die in ihrer Dimension zu der zuvor gestalteten Flanschverbindung passt. Der Assistent erzeugt bei der Platzierung der Schrauben die passenden Bohrungen in den einzelnen Komponenten.

Anschließend wird ein Abfragefenster geöffnet, das nach der Art der *Musteroptionen* für die gewählte Verbindung fragt. Je nach Bedarf kann eine der folgenden Optionen ausgewählt werden:

Einzelne Instanz Einbauen? Die definierte Schraubverbindung wird nur einmal auf der gewählten Achse bzw. dem gewählten Punkt platziert.

Verbindung mustern? Die definierte Schraubverbindung wird gemustert. Es wird ein neues Muster im Modellbaum erzeugt, das alle Bauteile der Schraubverbindung beinhaltet. Das Muster entspricht dem zuvor definierten Muster der Achsen des Bohrbildes. Wird das zugrundeliegende Muster der Achsen editiert, erfolgt eine automatische Anpassung des Verschraubungsmusters.

Verbindung auf alle Instanzen einbauen? Diese Vorgehensweise entspricht in Ergebnis und Anwendung der Option Verbindung mustern, jedoch wird kein neues Muster erzeugt, sondern die Bauteile der Schraubverbindung werden als einzelne Instanzen im Modellbaum abgelegt.

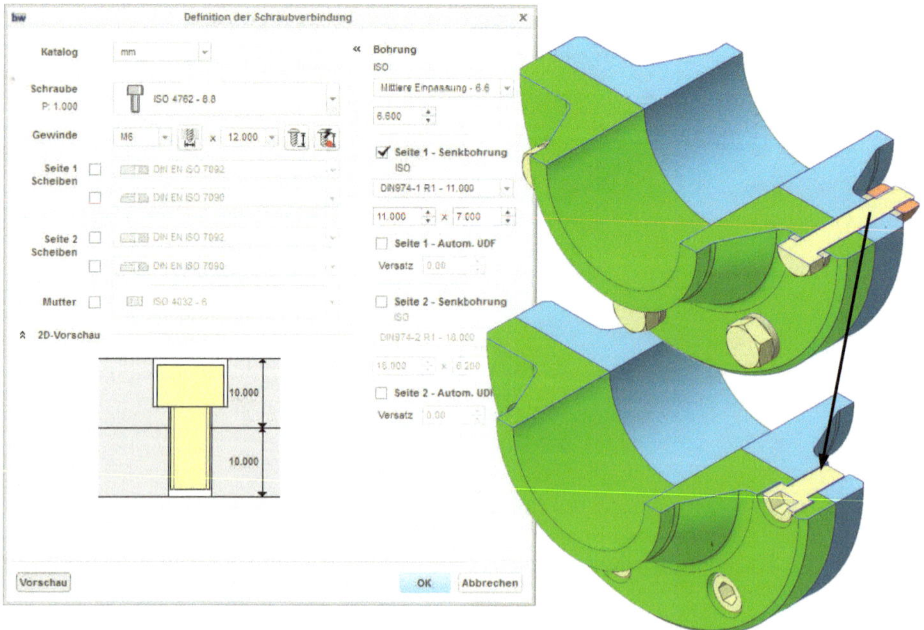

Abbildung 5-37: Umdefinieren der Schraubverbindung

Das Ergebnis entspricht jetzt der Variante 1 aus Abbildung 5-35. Im nächsten Schritt soll diese Variante so angepasst werden, dass statt der Schraube/Mutter-Lösung eine Lösung mit Zylinderkopfschraube und Innengewinde erzeugt wird. Dazu wird die Funktion

Werkzeuge → Intelligent Fastener → Umdefinieren

aufgerufen. Anschließend wird die zuvor erzeugte Schraubverbindung ausgewählt und das Fenster zum Umdefinieren öffnet sich (Abbildung 5-37).

An dieser Stelle erkennt man die Notwendigkeit der unterschiedlichen Flansch-Instanzen. Wäre hier zweimal dasselbe Bauteil genutzt worden, würde dies dazu führen, dass sowohl Senkung und Durchgangsbohrung als auch Gewindebohrung in demselben Teil erzeugt würden. Dies würde hier einen Fehler verursachen. Solche durch das Werkzeug *Intelligent Fastener* induzierten Bauteiloperationen müssen also unbedingt zuvor bedacht werden. Neben den hier genannten Operationen stehen weitere Funktionen zur Verfügung, z. B. zum Prüfen der Verbindung. Ebenso können Verbindungen wiederholt, gelöscht oder unterdrückt werden. Alle diese Funktionen sollten unbedingt über den Schaltflächen des *Intelligent Fastener* aufgerufen werden. Über einen Konfigurationseditor erfolgt die individuelle Anpassung des Werkzeugs.

5.8.2 Schweißbaugruppen

Neben dem Verschraubungsassistenten steht ein Tool zur Definition von *Schweißverbindungen* zur Verfügung:

Anwendungen → Schweißen

Auf Grund der großen Problemvielfalt in diesem Bereich werden nachfolgend nur ausgewählte Problemstellungen diskutiert. Am einfachsten sind Kehlnähte zu definieren, da hierfür keine Schweißnahtvorbereitungen erforderlich sind.

Abbildung 5-38 zeigt dazu ein Beispiel. Die beiden identischen Versteifungsrippen dieser *Tragpratze* (siehe hierzu auch Kapitel 8.3.5) wurden mit Doppelkehlnähten mit den beiden anderen Blechen (Verstärkungsblech und Auflageblech) verschweißt. Das Auflageblech wurde dagegen mit einer umlaufenden Kehlnaht am Verstärkungsblech verschweißt. In den gewählten Beispielen sind die erzeugten Flächenmodelle der Schweißnähte erkennbar.

Bei der Definition der Schweißnaht kann über *Optionen* aber auch eingestellt werden, dass die Naht nicht als *Fläche* sondern nur symbolisch *(geometrielos)* dargestellt werden soll. Hier müssen Festlegungen zur Definition des Schweißnahtquerschnittes getroffen werden, die dann vom System zur Berechnung des Schweißnahtvolumens verwendet werden.

In der Multifunktionsleiste zum *Schweißen* sind verschiedene Voreinstellungsmöglichkeiten zum Schweißprozess, zum Schweißnahtmaterial und zur Schweißnaht selbst vorhanden. Hier ist in jedem Fall das Schweißnahtmaterial zu definieren, wenn auch eine Massenermittlung für die Schweißnähte erfolgen soll. Zusätzlich muss dann das Schweißnahtmaterial jeder einzelnen Schweißnaht zugewiesen werden. Das kann entweder gleich bei der Schweißnahtdefinition (über *Optionen*) erfolgen oder später über die Dialogmaske zur Definition von Schweißmaterialien.

Die Berechnung von Schweißnahtlängen und Masseberechnungen der Schweißnähte können in einer Schweißnahtauflistung *(Stückliste)* zusammengefasst auch als Textdatei gespeichert werden.

Anwendungen → Schweißen

Einfügen → Kehlnaht

> *zweiseitige Kehlnaht → Nahtdicke A=5*
> *→ Position → Bezugsseite → Seite 1*
> *→ Flächenauswahl(Verstärkungsblech)*
> *→ Seite 2 → Flächenauswahl(Versteifungsrippe)*
> *→ Gegenseite*
> *→ Seite 1 → Flächenauswahl(Verstärkungsblech)*
> *→ Seite 2 → Flächenauswahl(Versteifungsrippe)*

Einfügen → Kehlnaht

> *zweiseitige Kehlnaht (nun zwischen der Versteifungs-*
> *rippe und dem Auflageblech)*

Mustern der beiden Schweißnähte

Einfügen → Kehlnaht

> *einseitige Kehlnaht → A: 5 → Position*
> *→ Seite 1 → Auswahl(Fläche des Verstärkungsbleches)*
> *→ Seite 2 → Auswahl(4 Flächen des Auflagebleches)*

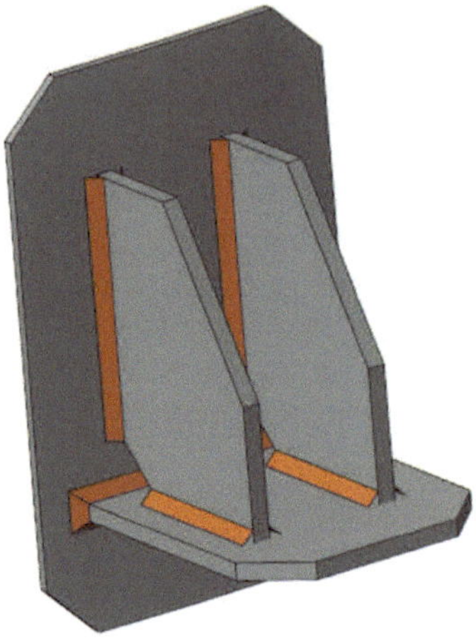

Abbildung 5-38: Kehlnähte an der Tragpratze

Im nachfolgenden Beispiel wird die Erzeugung einer Stumpfnaht beschrieben, die einen *Flansch* mit einem Rohr verbindet (Abbildung 5-39). Hierbei soll zugleich auch die Schweißnahtvorbereitung vom System an den Komponenten durchgeführt werden.

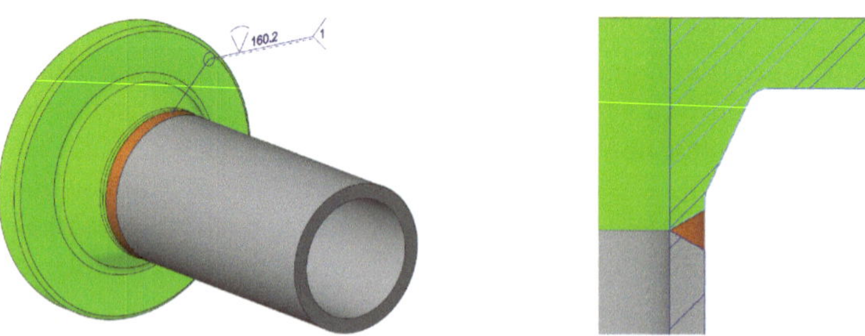

Abbildung 5-39: V-Naht mit Nahtvorbereitung zwischen Flansch und Rohrleitung

Der hierbei zu verwendende *Schweißnaht-Assistent* unterstützt die Schweißnahtdefinition, das Erzeugen der Nahtvorbereitung und das Erzeugen der eigentlichen Schweißnaht. Nach Aufruf des Assistenten wird zunächst die Schweißnaht definiert (Abbildung 5-40). Hier wird eingestellt, welche KEs erzeugt werden sollen (im Beispiel eine *Nahtvorbereitung* und eine *Schweißnaht*) und wie die Naht kombiniert werden soll (hier *einzeln*, also nur an der Außenseite der Rohrleitung). Das Schweißnaht-KE wird als V-Naht ausgeführt und die Nahtvorbereitung als V-Winkelschnitt. Ein Versatz der Bauteile wird im Beispiel nicht vorgesehen.

Abbildung 5-40: Schweißnahtdefinition

Nach Bestätigung der Auswahl wird, wenn eine Nahtvorbereitungsoption ausgewählt wurde, beginnt der Dialog zur Definition der Nahtvorbereitung. Die Auswahl der gegen gerichteten Stirnflächen als Kontaktflächen und der dazugehörigen Kantensätze muss in derselben Reihenfolge bezogen auf das Teil erfolgen (vgl. Abbildung 5-41). Um hier die Auswahl zu erleichtern, ist es sinnvoll, mit der *RMT* in den Bereich des zu wählenden Elementes zu klicken und dann die Auswahl über die Funktion *Aus Liste wählen* zu realisieren.

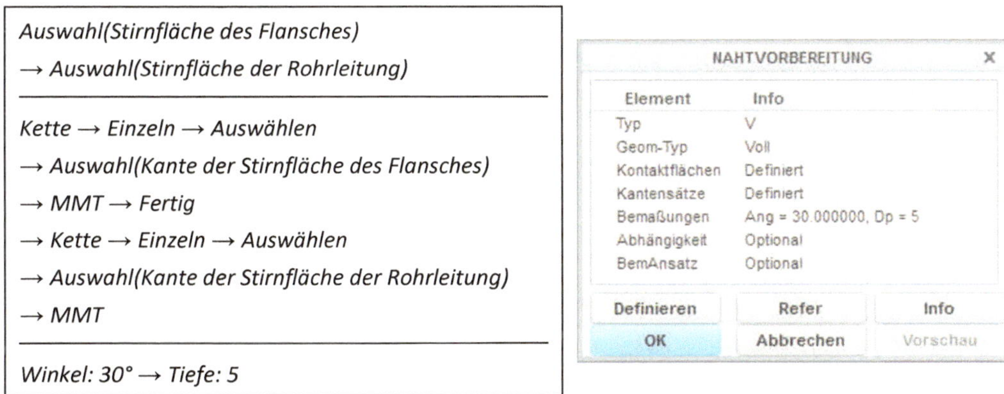

Abbildung 5-41: Schweißnahtvorbereitung mit dem Menümanager

Wenn dieser Schritt erfolgreich abgeschlossen wurde, wird die Nahtvorbereitung als KE im Modellbaum erzeugt. Die Bauteile werden dabei mit den entsprechenden Materialschnitten versehen. Der *Schweißnaht-Assistent* wechselt dann automatisch in die Umgebung zur Erzeugung der Schweißnaht (Abbildung 5-42).

Nach dem Wechsel von der Nahtvorbereitungs- zur Schweißnaht-Umgebung wird die Geometrie der Vorbereitung automatisch für die Naht übernommen. Soll diese angepasst werden, erfolgt dies über die Definition der *Position*. Hier müssen für jede Seite der Naht die Kanten oder Flächen angegeben werden, zwischen denen die Naht aufgespannt werden soll. In diesem Beispiel sind dies die äußeren Kanten der Nahtvorbereitung. Auch hier empfiehlt sich die Funktion *Aus Liste wählen* für die Selektion. Über den Button *Details* lässt sich die Auswahl prüfen.

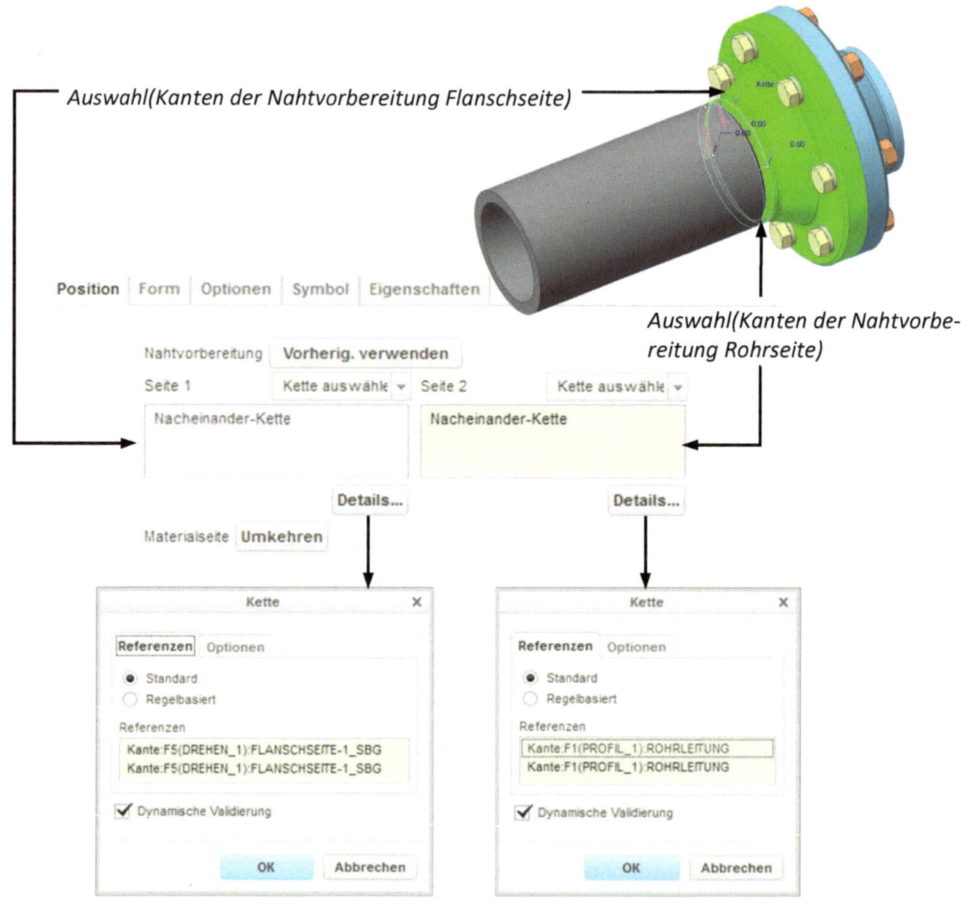

Abbildung 5-42: Definition der Schweißnahtposition

Wurde die Position vollständig definiert, wird die Schweißnaht als Fläche im Modell dargestellt. Über das Menü *Form* wird die genaue Ausprägung der Nahtgeometrie abgepasst. Unter dem Menüpunkt *Symbol* wird die 3D-Anmerkung der Naht angepasst, unter *Eigenschaften* erfolgen Anpassungen von *Name* und *KE-Parametern* der Naht. Sind alle Einstellungen zur Naht erfolgt wird die Naht vom System als KE im Modellbaum platziert.

6 Unterstützung der Produktdokumentation

6.1 Abbildung von Produktmerkmalen im 3D-Datenmodell

Nachfolgend werden einige Möglichkeiten aufgezeigt, wie 3D-CAD-Modelle mit zusätzlichen Informationen in unterschiedlichen Ansichtszuständen so aufbereitet werden können, dass unterschiedliche Anforderungen an die Produktdokumentation erfüllt werden können.

6.1.1 Anmerkungen am 3D-Modell

Im Folgenden wird die Definition entsprechender Sichten auf das CAD-Modell an der Beispielbaugruppe *Flansch* dargestellt und gezeigt, wie *Anmerkungen* am CAD-Modell geordnet angebracht und auch wieder herausgefiltert werden können.

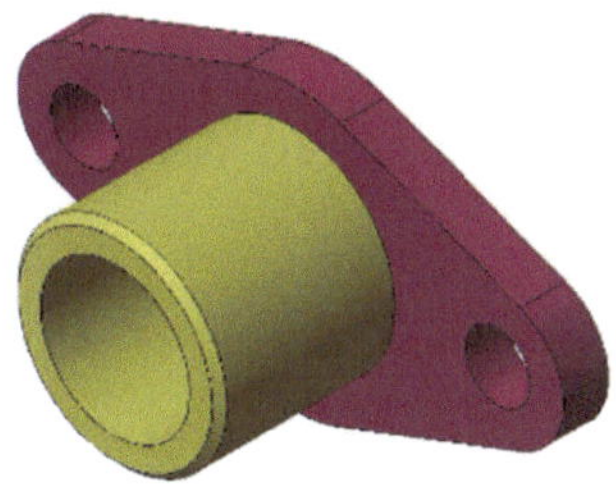

Abbildung 6-1: Neuen Kombinationszustand erstellen

Neben der Möglichkeit einen neuen *Kombinationszustand* über *Neu* zu erstellen, können über *Aktualisieren* Änderungen gespeichert werden.

Die Verwendung und Übernahme von bereits vorhandenen Modellbemaßungen, Modellbezügen und Anmerkungen ist über die Funktion *Anmerkungen anzeigen* gegeben.

Die ausgewählten Bemaßungen/Anmerkungen werden in den *Detailbaum* übernommen, deren vorläufige Positionierung kann geändert werden. Im Kontextmenü der Bemaßung/Anmerkung wird über *auf Ebene verschieben* die Ebene ausgewählt, auf welcher die Anmerkung abgelegt werden soll. Eine Verschiebung innerhalb dieser Ebene ist über

Kontextmenü(RMT) → Eigenschaften → Bewegen

möglich. Wenn eine Anmerkung verschoben werden soll und das relevante Bauteil in der Baugruppe aktiviert ist, kann dieses dort einfacher mit der Maus verschoben werden.

Zu beachten ist, dass auf Baugruppenebene die Übernahme von Modellbemaßungen/Anmerkungen eines Bauteils nur erfolgen kann, wenn diese bereits im Bauteil als Anmerkungen definiert wurden.

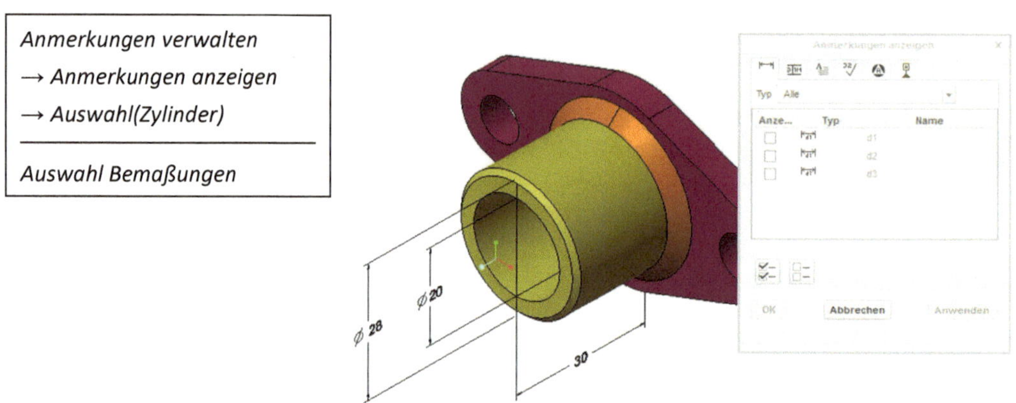

Anmerkungen verwalten

→ Anmerkungen anzeigen

→ Auswahl(Zylinder)

Auswahl Bemaßungen

Abbildung 6-2: Übernahme von Modellbemaßungen in einen Kombinationszustand

6.1.2   Anzeigen von Maßtoleranzen

Die allgemeinen vordefinierten Toleranzeinstellungen können unter

Datei → Vorbereiten → Modelleigenschaften → Toleranz → Ändern

geändert werden. Das Bearbeiten einzelner *Maßtoleranzen* kann nach Auswahl der Bemaßung direkt über das

Kontextmenü(RMT) → Eigenschaften

erfolgen. Unter dem *Toleranzmodus* wird festgelegt wie die Toleranz dargestellt wird. Die Toleranz selbst wird unter *Toleranztabelle* definiert. Je nach Auswahl sind zusätzliche Angaben erforderlich. Bei der Auswahl *Allgemein* wird auf die Allgemeintoleranzen nach angegebener Norm (ISO, DIN) in Tabellenform (fein, mittel, grob, sehr grob) zugegriffen. Bei der Auswahl *Keine* können selbst festgelegte Grenzwerte festgelegt werden. Bei der Einstellung *Bruchkante* wird wie bei *Allgemein* auf eine Toleranztabelle zugegriffen. Die Toleranz nach dem ISO-Passungssystem Einheitsbohrung in Abbildung 6-2 wird als Suffix unter

Kontextmenü(RMT) → Eigenschaften → Anzeigen

festgelegt.

Auswahl(Maß 1, ∅28)

→ *RMT(Eigenschaften)*

→ *Anzeigen* → *Suffix: h11*

Auswahl(Maß 2, ∅22)

→ *RMT(Eigenschaften)*

→ *Toleranzmodus: Plus-Minus*

→ *Toleranztabelle: keine*

→ *Obere Toleranz: +0,50*

→ *Untere Toleranz: 0,00*

Abbildung 6-3: Ändern der Allgemeintoleranzen

6.1.3 Geometrietoleranzen

Neben dem Kombinationszustand *Bemaßung* soll ein weiterer für Form- und Lagetoleranzen *FuL* erstellt werden. Für Formtoleranzen ist es ausreichend, diese unter *Geometrische Toleranz* zu definieren. Bei Lagetoleranzen muss zuerst ein entsprechendes Bezugselement erzeugt werden. Dafür ist die Definition einer Bezugsachse oder Bezugsebene notwendig.

Im Folgenden sollen zwei Form- und Lagetoleranzen im neuen Kombinationszustand *FuL* erstellt werden. Die in der Abbildung 6-4 dargestellte Bemaßung wird zuvor eingeblendet. Die Höhe kann über das

Kontextmenü (RMT) → *Textstil* → *Höhe*

geändert werden. Dazu muss der Haken bei *Standard* abgewählt werden. Zuerst wird die *Zylinderformtoleranz* erstellt.

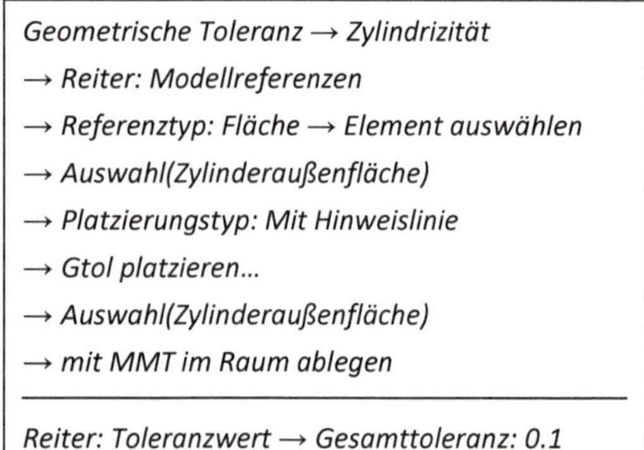

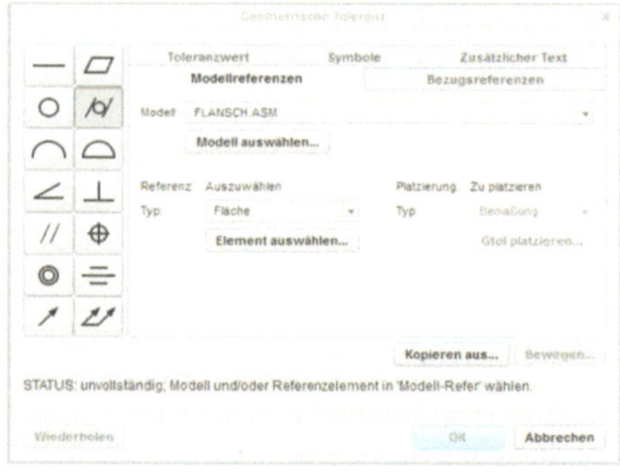

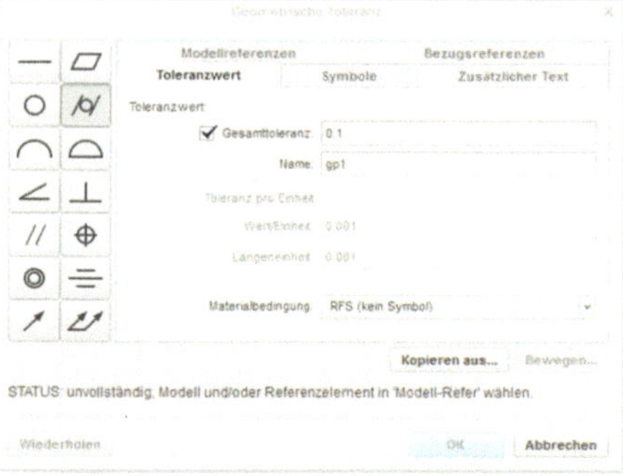

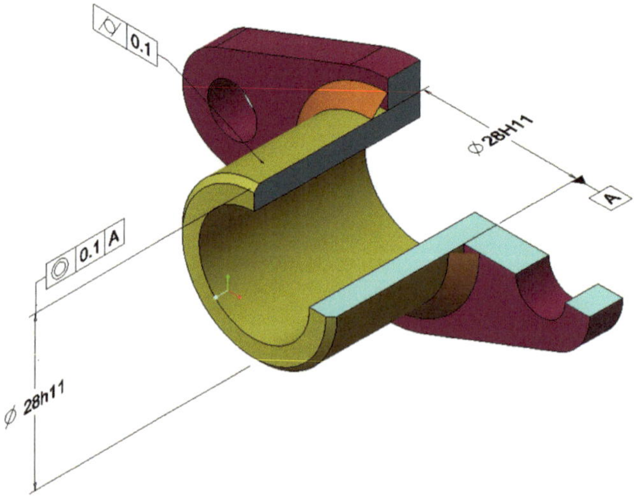

Abbildung 6-4: Definition Zylindertoleranz

Für eine Lagetoleranz wird zuerst ein Bezugselement definiert. Dieses wird auf Bauteilebene erzeugt. Dazu wird das Bauteil *Flanschblech* aktiviert. (Abbildung 6-5)

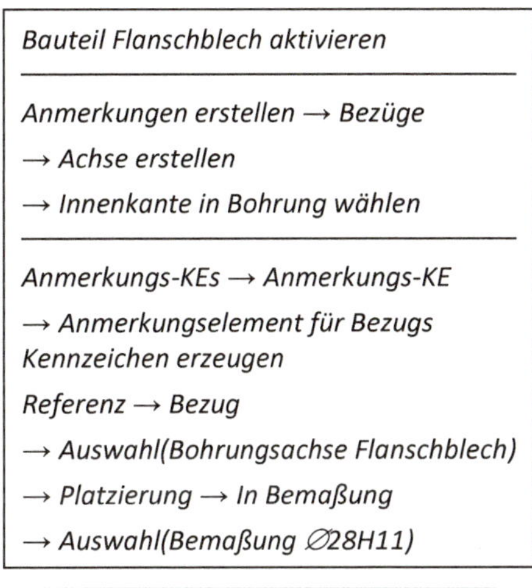

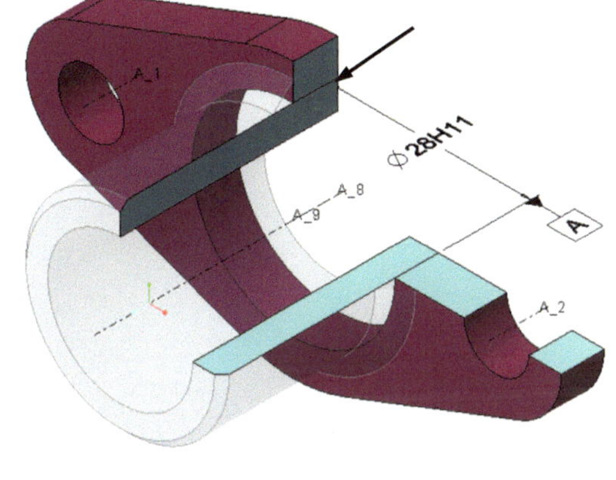

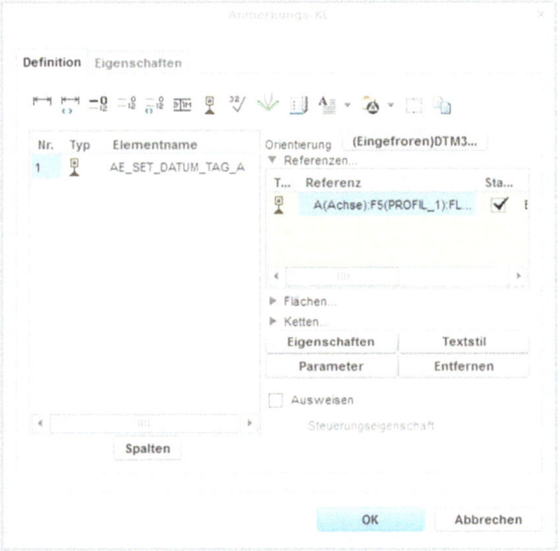

Abbildung 6-5: Definition Bezugselement

Im Weiteren wird die Lagetoleranz erstellt (Abbildung 6-6). Zur besseren Positionierung wird ein Bezugspunkt erzeugt, welcher eine normgerechte Platzierung näherungsweise ermöglicht. Der Punkt wird im Abstand 14 mm von der Mittelachse und im Abstand 40 mm vom Zylinder in der Symmetrieebene der Baugruppe erzeugt.

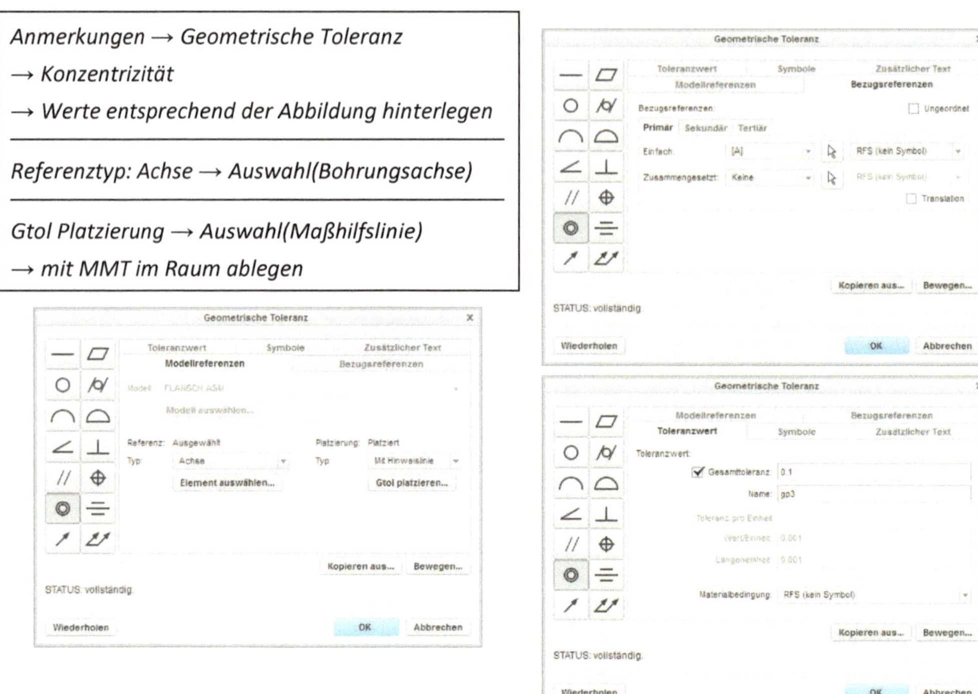

Abbildung 6-6: Definition der Koaxialitätstoleranz

6.1.4   Zusätzliche Modellsichten

Im Folgenden soll eine weitere exemplarische Sicht definiert werden. Dazu wird in einem ersten Schritt eine 2 mm Kehlnaht erzeugt. Relevante schweißtechnische Informationen sollen dann in einem neuen Kombinationszustand *Schweißen* dargestellt werden.

Die Erstellung einer Schweißnaht wird in Kapitel 5.8.2 behandelt und wird an dieser Stelle nicht weiter erläutert. Der Ausgangspunkt für die in Abbildung 6-8 erstellte Schweißanmerkung ist eine erstellte Schweißnaht (inklusive Schweißmaterial und Schweißprozess). Eine automatisch platzierte Anmerkung ist dadurch schon vorhanden. Die Position dieser Anmerkung wird im Beispiel geändert. Neben der Baugruppe werden zusätzliche schweißtechnische Informationen eingeblendet. Die zugehörigen Parameter werden, wie in der Abbildung 6-8 gezeigt, angeben. Die IDs, welche nicht angegeben sind, müssen noch hinzugefügt werden (Abbildung 6-7).

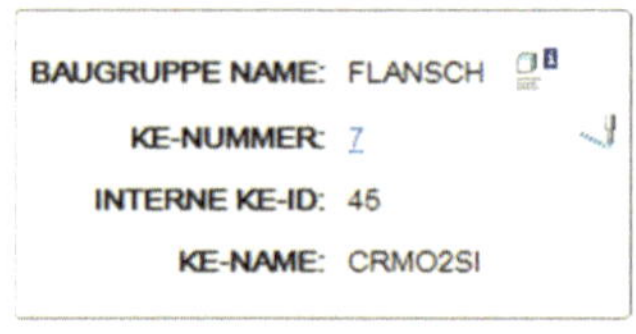

Abbildung 6-7: KE-Informationen des Schweißmaterials

Ebenfalls sind unter den KE-Informationen alle Parameter hinterlegt, welche zusätzlich noch angegeben werden können. In der Abbildung 6-8 wird zuerst die Anmerkung der Schweißnaht umplatziert, danach wird die *Notiz* mit Zusatzinformationen erstellt.

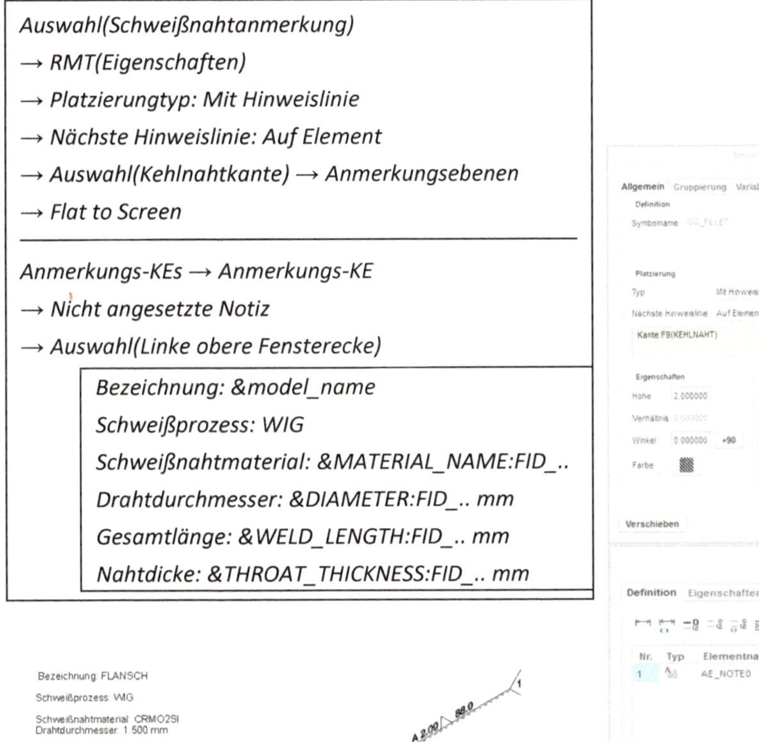

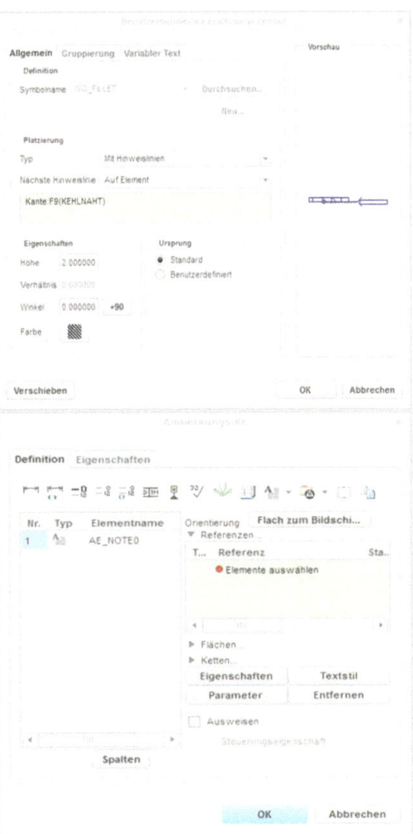

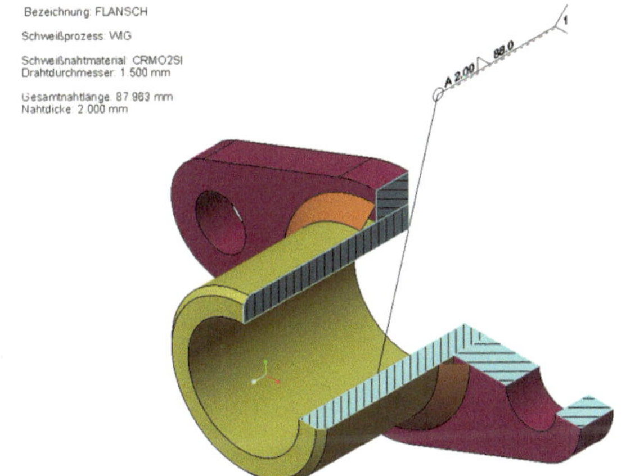

Abbildung 6-8: Definition von Schweißanmerkungen

6.1.5   Model Viewer

Die in *Creo Parametric* erstellten *Kombinationszustände* lassen sich nach *Creo View* exportieren. *Creo View* dient der externen Visualisierung und Bearbeitung von *Creo*-Dateien und anderen Daten. Konfiguriert wird der Datenexport über *rcp*-Dateien. Zu finden sind diese unter *common files/text/prodview*. Der Datenexport ist anhand unterschiedlicher Datenformate möglich. Im Folgenden werden *pvz*-Dateien verwendet. Damit nach *Creo View* Kombinationszustände mit exportiert werden, wird die Konfigurationsdatei wie folgt geändert und eingebunden:

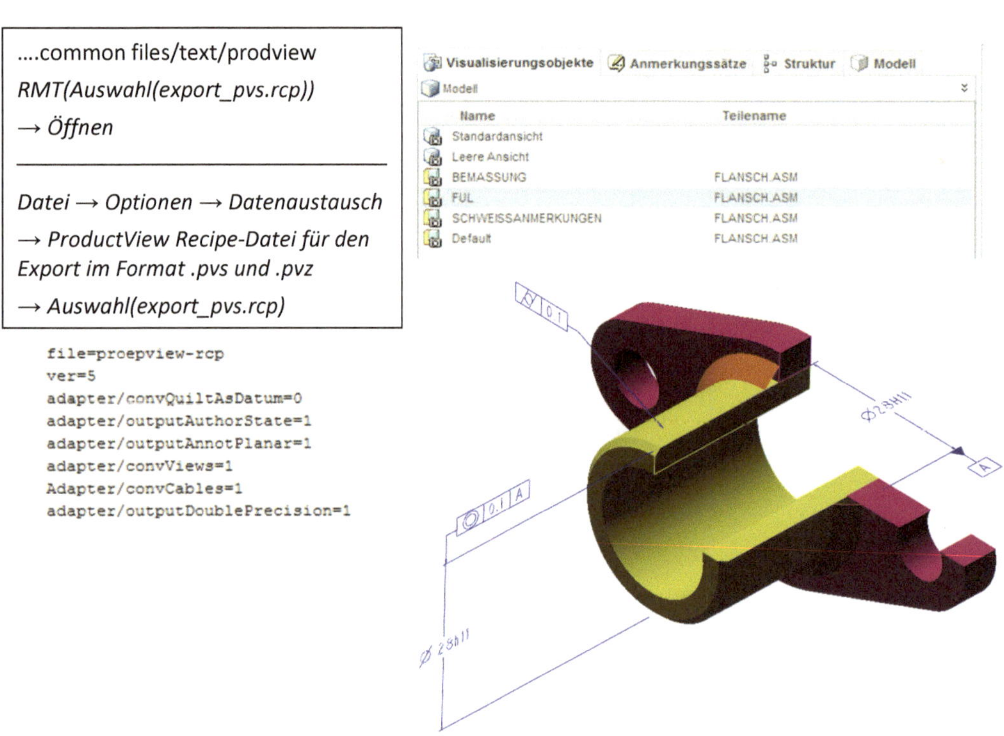


```
file=proepview-rcp
ver=5
adapter/convQuiltAsDatum=0
adapter/outputAuthorState=1
adapter/outputAnnotPlanar=1
adapter/convViews=1
Adapter/convCables=1
adapter/outputDoublePrecision=1
```

Abbildung 6-9: Export nach Creo View 3.0

6.1.6   Toleranztabellen

Anders als in dem Kapitel 6.1.2 können Bemaßungen auch Toleranzen aus *Toleranztabellen* zugewiesen werden. Dazu müssen diese zuvor in das Programm geladen werden. Geschehen kann dies über:

Datei → Vorbereiten → Modelleigenschaften → Toleranz → ändern

→ Toleranztabellen → Abrufen

Im Ordner *Toleranztabellen-Verzeichnis/iso* sind die Toleranztabellen zu finden. In Abbildung 6-10 wird als Beispiel einer Hülse eine Passungstoleranz *H2* zugewiesen.

Abbildung 6-10: Toleranzen aus Toleranztabelle

6.2   Zeichnungsableitung aus dem 3D-CAD-Modell

Das Ableiten von technischen Zeichnungen für ein vorhandenes virtuelles 3D-Modell beginnt mit dem Anlegen eines neuen Dokuments vom Typ *Zeichnung*. Bevor die Arbeitsumgebung vom System angepasst wird, sind Angaben zum Zeichnungsformat und Referenzmodell zu machen. Ein aktives 3D-Modell wird vom System automatisch als Voreinstellung übernommen. Andernfalls kann über den Button *Durchsuchen ...* ein entsprechendes Modell ausgewählt werden.

Mit Hilfe der Multifunktionsleiste werden zusammengehörige Befehle in Gruppen geordnet. Möchte man beispielsweise Bemaßungen zu einer Zeichnung hinzufügen oder diese editieren, muss zunächst in die Registerkarte *Anmerkungen erstellen* gewechselt werden.

Abbildung 6-11: Multifunktionsleiste

6.2.1   Zuweisung des Layouts

Nachdem über

Datei → Neu → Zeichnung

die *Zeichnungserstellung* initiiert wurde, wird zusätzlich zum Ausgangsmodell das Layout der Zeichnung festgelegt. Hierbei kann zwischen drei Optionen gewählt werden (Abbildung 6-12).

Abbildung 6-12: Einstellung des Zeichnungslayouts

Schablonen sind vorgefertigte Zeichnungsdateien, die neben Formatinformationen auch Anweisungen zur Erzeugung von Ansichten, Tabellen und Stücklisten enthalten. Mit Hilfe von Schablonen lassen sich standardisierte Arbeitsabläufe automatisieren und beschleunigen.

Formatdateien (Leer mit Formatierung) enthalten Sammlungen von Linien und Texten, die dazu dienen, ein Zeichnungsblatt zu umranden oder es logisch aufzuteilen. Typische Objekte in einer Formatdatei sind ein genormter Zeichnungsrahmen und das *Schriftfeld*. Aber auch zusätzliche Informationen wie Firmenname, Firmenlogo und Zeichnungsnamen können hierin enthalten sein.

Ein *leeres* Layout enthält lediglich einen der gewählten Größe entsprechenden Rahmen für das Zeichnungsblatt.

Schablonen und Formatdateien sind nicht skalierbar, d. h. für jede benötigte Größe muss eine Datei angelegt werden bzw. vorhanden sein.

Nach Auswahl des Layouts wechselt das System in den Zeichnungsmodus. Die Information über das gewählte Layout wird in der linken unteren Ecke des Arbeitsbereichs angezeigt und kann durch einen Doppelklick auf die Angabe *Größe* jederzeit geändert werden.

Für den allgemeinen Gebrauch wird eine neue Zeichnung über *Leer mit Formatierung* angelegt:

Neu → Zeichnung → Namen eingeben → Leer mit Formatierung
*→ Vorlagendatei auswählen(Durchsuchen *.frm)*

Zeichnungsvorlagen können auch eigenständig erstellt oder modifiziert werden. Zum Anlegen einer neuen Formatvorlage ist unter Dokumententyp *Format* zu wählen. Anschließend den Namen der Vorlagendatei eingeben und im darauf folgenden Fenster (Option *leer*) die Zeichnungsgröße und Blattausrichtung wählen. Mit Hilfe der Tabellen und Zeichenfunktionen kann der gewünschte Zeichnungsrahmen aufgebaut werden.

6.2.2 Zeichnungseinstellungen

Die normgerechte Darstellung von Zeichnungselementen ist durch sogenannte Konfigurationsdateien (*.*dtl*) voreingestellt. Hierin werden z. B. Form und Größe von Maßpfeilen, Formatierung der Maßtexte oder Projektionsart festgelegt. In *Creo* ist eine ISO-Datei (*iso.dtl*) als Zeichnungsstandard voreingestellt. Optionseinstellungen bezüglich DIN werden allerdings ebenfalls unterstützt. Entsprechend vordefinierte Standarddateien sind Bestandteil des Softwarepaketes.

Nach dem Öffnen der aktuellen Konfigurationsdatei (Abbildung 6-13) können die einzelnen Zeichnungsoptionen durch Selektion in der Auswahlliste und Änderung des Wertes im Drop-Down-Menü angepasst werden. Das grüne Symbol in der Spalte Status informiert über die aktuellen Änderungen. Tabelle 6-1 zeigt eine Auswahl für den europäischen Raum wichtiger bzw. nützlicher Einstellungsoptionen an. Durch Hinzufügen der Änderungen werden diese in die Konfigurationsdatei übernommen. Danach können die neuen Einstellungen der aktuellen Zeichnung zugewiesen (Abbildung 6-13) und ggf. in einer neuen Konfigurationsdatei gespeichert werden.

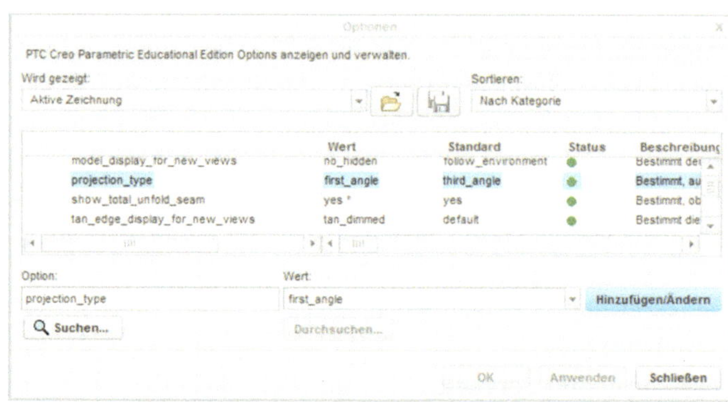

Abbildung 6-13: Zeichnungseigenschaften ändern

Tabelle 6-1: Auswahl wichtiger Einstellungsoptionen der Standarddatei *.dtl

Option	Wert	Beschreibung
projection_type	first_angle	Art der Projektion
text_orientation	parallel	Orientierung des Bemaßungstexts
model_display_for_new_views	no_hidden	Liniendarstellungsstil bei neuer Ansicht
tan_edge_display_for_new_views	no_disp_tan	Art der Tangentialkanten-Darstellung

Alternativ zur Änderung einzelner Optionen können auch komplette Konfigurationsdateien importiert werden. Für die nachfolgenden Übungen soll die mitgelieferte Standarddatei *din.dtl* eingelesen und als Grundlage für die anzufertigenden technischen Zeichnungen benutzt werden. Dazu werden die Zeichnungseinstellungen wie oben beschrieben geöffnet und nach Wahl des Buttons *Konfigurationsdatei öffnen* die Konfigurationsdatei selektiert, die sich bei einer Standardinstallation im Verzeichnis .../*Creo/text* befindet. Der Vorgang wird durch Zuweisen der Änderung zum Dokument abgeschlossen (Abbildung 6-14).

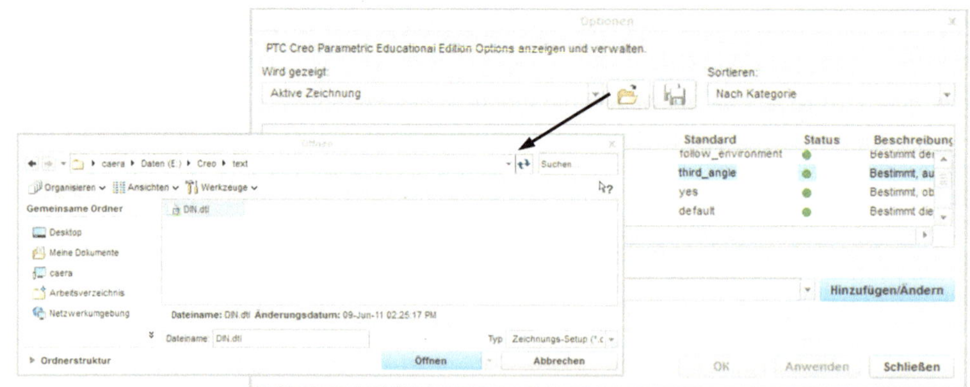

Abbildung 6-14: Einlesen einer neuen Standarddatei

Die auf diese Weise zugewiesenen Einstellungen gelten allerdings nur für das aktive Zeichnungsdokument und werden mit ihm gespeichert.

Sollen die Einstellungen für alle künftigen Zeichnungsdokumente gelten, muss dafür ein Verweis in der übergeordneten Konfigurationsdatei *config.pro* angepasst werden (Abbildung 6-15). Dazu wird in der Option *drawing_setup_file* der Pfad zur Zeichnungskonfigurationsdatei eingetragen. Da die Auswahl der Konfigurationsoptionen sehr umfangreich ist, lassen sich bestimmte Optionen durch die angebotene Suchfunktion auffinden oder deren Name direkt über die Tastatur eingeben. Die Pfadangabe erfolgt wie oben beschrieben wieder über ein Explorerfenster. Nach Durchführung der Änderung und ggf. Neustart des Programms gilt die neue Konfiguration für alle neuen Zeichnungsdokumente.

Abbildung 6-15: Festes Verankern einer neuen Zeichnungskonfiguration im System

6.2.3 Modelleinstellungen

Wie eingangs erwähnt, basiert der Zeichnungsmodus auf der Ableitung von Ansichten eines 3D-Modells. Die Referenz zu diesem Modell wird bei der Erzeugung des neuen Zeichnungsdokuments festgelegt. Natürlich kann es vorkommen, dass auch Ansichten von zusätzlichen Modellen auf dem gleichen Zeichnungsblatt benötigt werden. Die Verwaltung der Verknüpfung mehrerer Modelle erfolgt über das Menü

Layout → Zeichnungsmodelle

Über *Modell hinzufügen* lassen sich zusätzliche Modelle mit dem Zeichnungsdokument verknüpfen. Die entsprechenden Dateien lassen sich mit Hilfe eines Browsers auswählen. Das Löschen von verknüpften Modellen erfolgt durch die Menüauswahl *Löschen*.

Wenn mehrere Modelle mit dem Zeichnungsdokument verknüpft sind, muss dem System bekannt sein, von welchem Modell neue Ansichten abzuleiten sind. Dafür gibt es in einem Zeichnungsdokument immer ein aktives Modell. Bei Erzeugung eines neuen Zeichnungsdokuments wird das angegebene Referenzmodell automatisch zum aktiven Modell.

Eine manuelle Einstellung erfolgt über den Befehl *Modell festlegen*. Der Name des aktiven Modells wird in der linken unteren Ecke des Arbeitsbereichs angezeigt. Mit einem Doppelklick auf den Namen lässt sich ebenfalls das aktive Modell einstellen.

6.2.4   Verwaltung mehrerer Zeichnungsblätter

Das CAD-System erlaubt die Verwaltung mehrerer Zeichnungsblätter innerhalb eines Dokuments. Die Verwaltung sowie das Anlegen und Löschen von Zeichnungsblättern erfolgt mit Hilfe der unterhalb des Arbeitsbereiches angeordneten Registerleiste.

Jedem Blatt können globale Einstellungen wie z. B. Zeichnungsformat oder Maßstab zugewiesen werden. Der Wechsel zum gewünschten Zeichnungsblatt erfolgt einfach mit einem Klick auf den entsprechenden Registerreiter.

6.2.5   Basisansicht

Die erste Ansicht, die auf dem Blatt platziert wird, ist eine sogenannte *Basisansicht*. Im Hinblick auf Projektions- und Hilfsansichten kann eine Basisansicht auch als Elternansicht betrachtet werden. Eigenschaften wie Orientierung, Maßstab oder Position auf dem Blatt sind frei anpassbar und haben direkten Einfluss auf die Eigenschaften der von ihr abgeleiteten Ansichten. Das Einfügen räumlicher Ansichten in die Zeichnung erfolgt ebenfalls über die Option Basisansicht.

Das Dialogfenster für die Einstellung der Optionen von Zeichnungsansichten ist in Abbildung 6-16 dargestellt. Es wird in dieser Form auch bei Projektions- und Hilfsansichten verwendet. Die umfangreichen Einstellungsoptionen dieser Ansichtstypen sind in verschiedene Kategorien unterteilt.

Die Basisansicht muss zunächst auf dem Blatt positioniert und dann orientiert werden. Dazu werden ähnlich, wie beim Aufruf einer Skizze, zwei geometrische Referenzen in der 3D-Ansicht oder alternative Orientierungsoptionen wie vordefinierte 3D-Ansichten und Winkeleinstellungen genutzt.

Die verdeckten Kanten werden hier aufgrund der in Tabelle 6-1 genannten Konfigurationsoption *model_display_for_new_views* automatisch ausgeblendet. Die Darstellungsart der jeweiligen Ansicht kann jederzeit über das Dialogfenster *Zeichnungsansicht* (Doppelklick auf Ansicht) geändert werden. In Abbildung 6-17 sind grafisch einige Einstellungsmöglichkeiten verdeutlicht. Die Option *Darstellungsstil* regelt den Linienstil der verdeckten Kanten (*voll, verdeckt, nicht sichtbar*) und die Schattierung der Ansicht (*schattiert, nicht schattiert*). Der Linienstil tangentialer Kanten wird über die Einstellung *Tangentiale-Kanten-Darstellungsstil* gesteuert.

Des Weiteren können in dieser Ansichtskategorie Angaben zu der Sichtbarkeit von Sammelflächen-Schnittkanten, Skelettmodellen, Schweißkonstruktion-Querschnitten und Farben vorgenommen werden.

Erzeugte Ansichten können bei Bedarf durch Drag&Drop beliebig verschoben werden. Dazu ggf. die Sperrung aufheben (mit rechter Maustaste auf die Ansicht klicken und kurzzeitig gedrückt halten → *Ansichtsbewegung sperren* Haken entfernen).

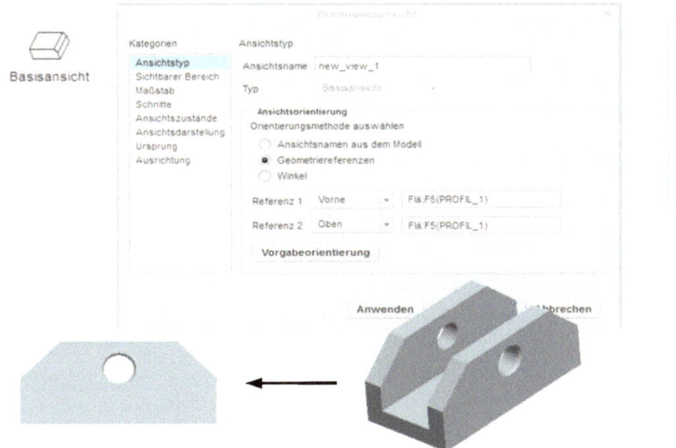

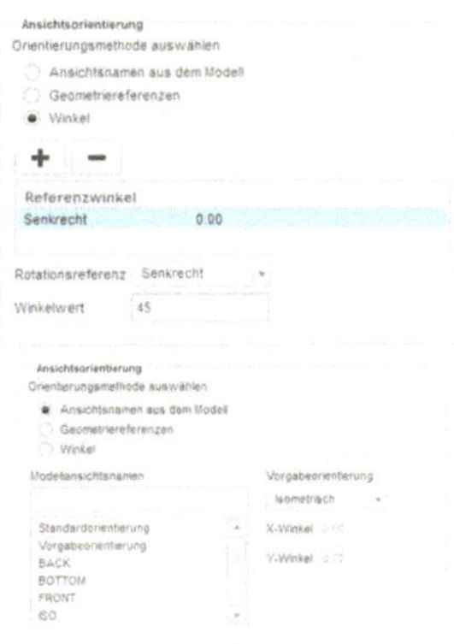

Abbildung 6-16: Erzeugen der Basisansicht

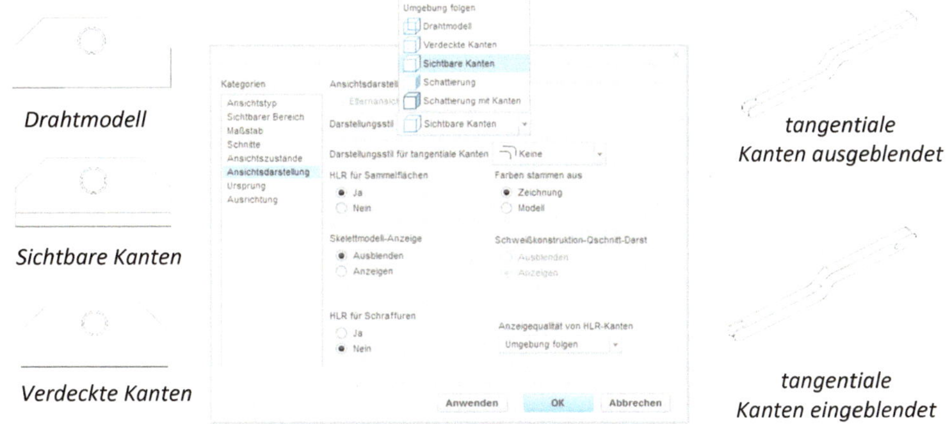

Abbildung 6-17: Anpassung der Ansichtsdarstellung

Der globale Maßstab einer Zeichnung wird von *Creo* anhand der Modellabmaße vorgegeben und ist in der linken unteren Ecke des Arbeitsbereichs eingeblendet. Durch Anwahl des Maßstabs (Doppelklick) kann dieser jederzeit geändert werden. Der globale Maßstab kann durch lokale Maßstäbe der jeweiligen Ansichten überlagert werden. Die Zuweisung eines lokalen Maßstabs erfolgt im Zeichnungsansicht-Dialogfenster in der gleichnamigen Kategorie. Projektions- und Hilfsansichten erben den Maßstab ihrer Basisansicht.

6.2.6   Projektions- und Hilfsansichten

Aus vorhandenen Ansichten lassen sich weitere Parallelprojektionen ableiten. Die beiden Ansichtsarten *Projektionsansicht* und *Hilfsansicht* unterscheiden sich in ihren Projektionskanälen (Abbildung 6-18). Projektionsansichten existieren nur in einem horizontalen oder vertikalen Projektionskanal. Hilfsansichten existieren in Projektionskanälen senkrecht zu beliebig gewählten Referenzen der Elternansicht. Der Maßstab beider Projektionstypen ist abhängig von der Elternansicht und kann somit nicht geändert werden. Bei mehreren zur Verfügung stehenden Ansichten ist vor Platzierung der Projektion die entsprechende Elternansicht zu selektieren.

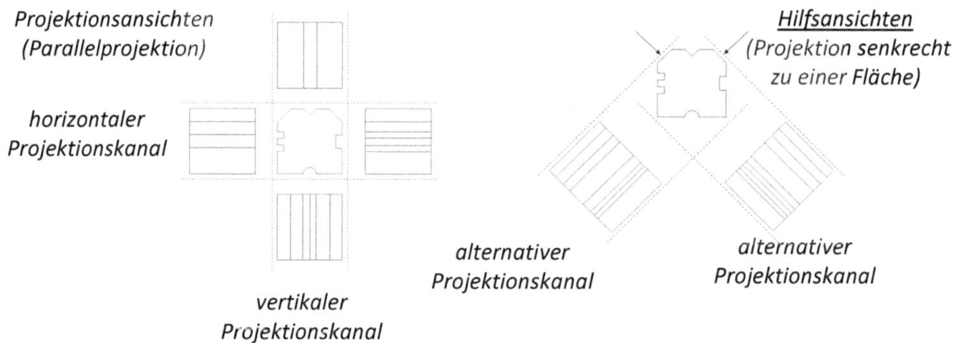

Abbildung 6-18: Unterschiede zwischen Projektions- und Hilfsansichten

Im Folgenden soll zunächst für die Zeichnung des Bauteils *Backe* die linke Seitenansicht erzeugt werden (Abbildung 6-19).

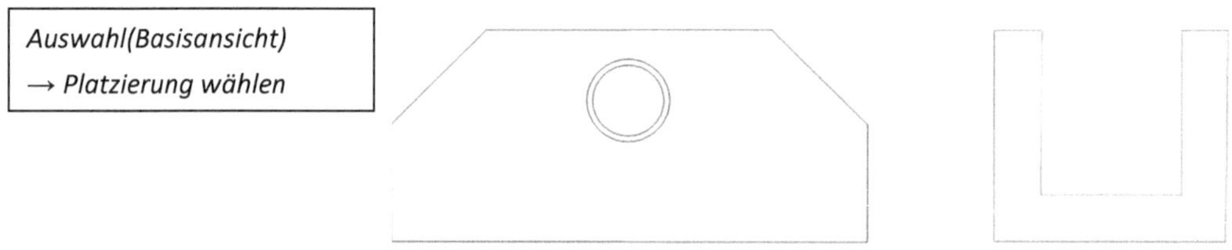

Abbildung 6-19: Erzeugung der Projektionsansicht

In Abbildung 6-20 wird eine Ansicht mit einer schrägen Projektionsrichtung eingefügt. Die Ansicht wird senkrecht zu der gewählten Bauteilkante, Referenzlinie bzw. -ebene aus der Elternansicht abgeleitet und entlang des so entstehenden Projektionskanals platziert.

Sowohl Projektions- als auch Hilfsansichten können standardmäßig nur in ihren Projektionskanälen bewegt werden. Sollte es aus Platzgründen notwendig sein, diese Anordnung zu umgehen, kann der Bezug zur Elternansicht im Dialogfenster der Zeichnungsansicht unter der Kategorie *Ausrichtung* durch Deaktivierung der Option *An anderer Ansicht ausrichten* aufgehoben werden.

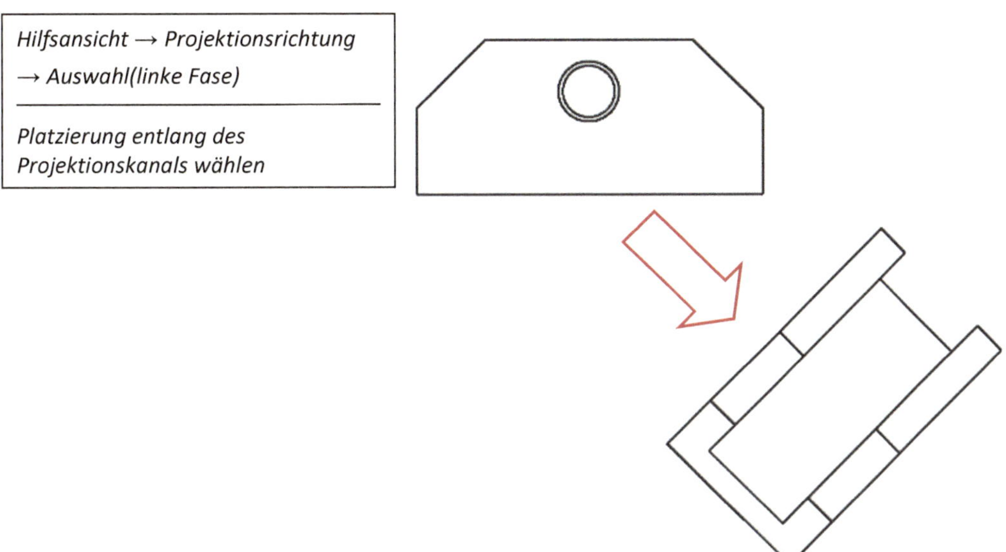

Abbildung 6-20: Schräge Projektionsrichtung

6.2.7 Schnittdarstellungen

Bereits in die Zeichnung integrierte Ansichten können in Schnittdarstellungen umgewandelt werden. Bei der Einstellung einer *Schnittansicht* hat man die Wahl zwischen 2D-Querschnitt, 3D-Querschnitt und Darstellung einzelner Teileflächen. Letztere Option ist selbstbeschreibend. Die Option 3D-Querschnitt ermöglicht die Einstellung einer Schnittansicht auf Basis einer sogenannten Bauteil-Zone. Zonen werden vorwiegend in großen, unübersichtlichen Modellen genutzt, um diese zu strukturieren und damit übersichtlicher zu machen. Diese Methode wird an dieser Stelle nicht weiter erläutert. Das Erzeugen von 2D-Querschnitten im 3D-Modell ist im Kapitel 2.4.4 beschrieben. Nachfolgend soll zunächst beschrieben werden, wie Querschnitte im Zeichnungsmodus definiert werden können.

Die Zuweisung eines Schnittes zur Projektionsansicht erfolgt über das Zeichnungsansicht-Dialogfenster der Projektion (Öffnen durch Doppelklick). Hier ist in der Kategorie *Schnitte* die Option *2D-Querschnitt* zu wählen. Neue Schnittansichten werden generell über das Plus-Icon eingestellt, auch wenn sie bereits im 3D-Modell vorhanden sind.

Als Schnittreferenz für den neu zu erzeugenden Schnitt wird im Beispiel eine Bezugsebene der Hauptansicht gewählt. Sollen zusätzlich die Schnittpfeile in der Referenzansicht eingeblendet werden, ist dieser Verweis im entsprechenden Feld zu hinterlegen (Abbildung 6-21).

Standardmäßig wird nach Auswahl eines definierten Schnittes für den Schnittbereich die Option *Vollschnitt* und für die Modellkanten-Sichtbarkeit *Gesamt* gewählt. Letztere Voreinstellung gewährleistet, dass die sichtbaren Modellkanten, die sich durch die Projektion ergeben, in der Ansicht angezeigt werden. Soll lediglich der geschnittene Bereich dargestellt werden, ist die Option *Bereich* zu aktivieren.

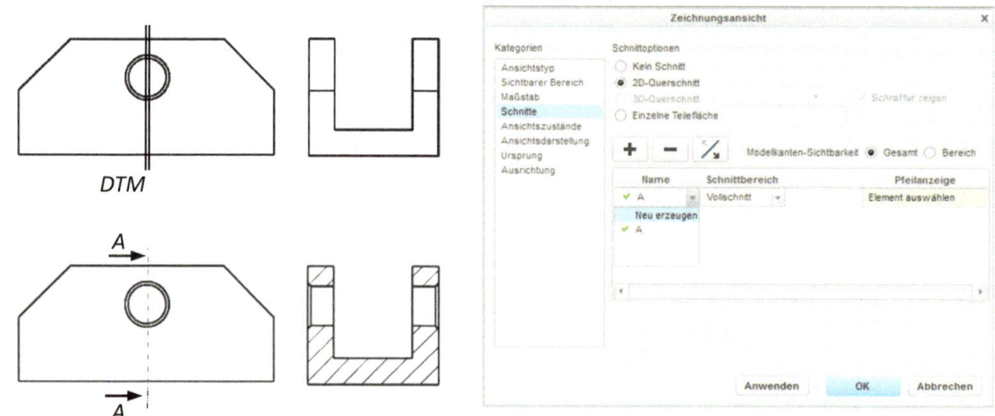

Abbildung 6-21: Erzeugung einer Schnittdarstellung

Abweichend vom Vollschnitt können auch Halbschnitte, lokale Schnitte (Teilschnitte) oder Vollschnitte mit zusätzlichen lokalen Ausschnitten dargestellt werden. Als Referenzen sind dann zusätzlich Angaben zu Referenzebenen, Ansichtsmittelpunkten und Begrenzungssplines zu treffen. Am Beispiel des Bauteils *Deckel_2* gibt Abbildung 6-22 eine Übersicht über die verschiedenen Möglichkeiten. Hier wird davon ausgegangen, dass der Schnitt bereits im 3D-Modell erzeugt wurde. Wird der *config.pro* Eintrag *show_total_unfold_seam* auf den Wert *no* gesetzt, wird die Schnittfuge nicht als Körperkante in den Schnitt übernommen (normgerecht).

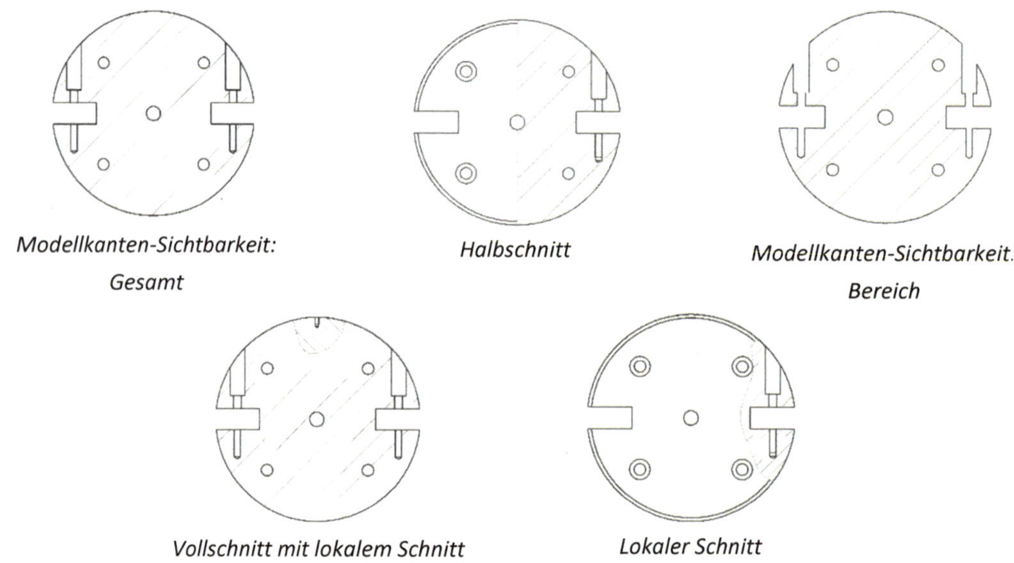

Abbildung 6-22: Alternative Schnittdarstellungen

Baugruppenteile, die nicht zu schneiden sind, können vom Schnitt ausgenommen werden:

Auswahl(Schraffur) → *RMT(Ausschließen)*

Bei *Creo* wird prinzipiell zwischen ebenen Schnitten und Schnitten, die nicht in einer Ebene verlaufen, unterschieden. Bei Letzteren, den sog. *Stufenschnitten*, besteht zusätzlich die Möglichkeit, diese abweichend von der dominanten Projektionsrichtung derart auszurichten, dass die wahre Schnittfläche dargestellt wird. Dies erfolgt im Schnittbereich über die Option *Vollschnitt (ausgerichtet)* und anschließender Wahl der Ausrichtungsachse. Der Unterschied zwischen beiden Darstellungen ist in Abbildung 6-23 verdeutlicht.

Die Anzeige des Schnittverlaufes inklusive der Pfeildarstellung, wie sie in den obigen beiden Abbildungen gezeigt ist, erfolgt durch die Angabe der entsprechenden Referenzansicht in der Option *Pfeilanzeige* jedes Schnittes.

Über den Menü-Manager der *Schraffur* (Doppelklick auf Schraffur) lässt sich die Schraffur anpassen. Es lassen sich *Abstand, Winkel* oder *Stil* der Schraffurlinien ändern. Auch das Unterdrücken von Schraffuren, wie es bei der Schnittdarstellung von Baugruppen benötigt wird, ist über dieses Menü möglich.

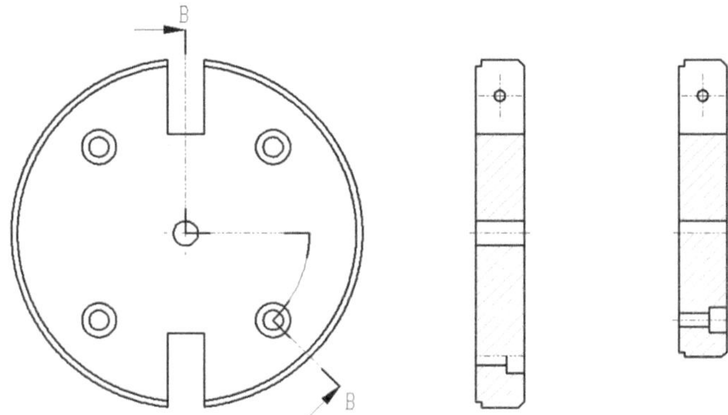

Abbildung 6-23: Stufenschnitt mit verschiedenen Abwicklungsoptionen

6.2.8 Detailansichten

Zur Verdeutlichung von Details einer Ansicht können diese vergrößert dargestellt werden. Zur Ableitung der Detailansicht benötigt das System eine geometrische Referenz auf der Elternansicht (Mittelpunkt) und eine grobe Abgrenzung des Detailbereichs, die durch einen zu skizzierenden Spline definiert wird. Dieser Spline wird automatisch geschlossen und darf sich selber nicht schneiden. Danach kann die neue Detailansicht auf dem Zeichnungsblatt positioniert werden (Abbildung 6-24). Über das Zeichnungsansicht-Dialogfenster der *Detailansicht* kann diese anschließend umdefiniert werden. Hier sind Änderungen bezüglich des Namens, des Referenzpunktes, des Splineverlaufs und des Berandungsverlaufs auf der Elternansicht möglich (Abbildung 6-25). Der voreingestellte Vergrößerungsmaßstab kann in der gleichnamigen Kategorie angepasst werden.

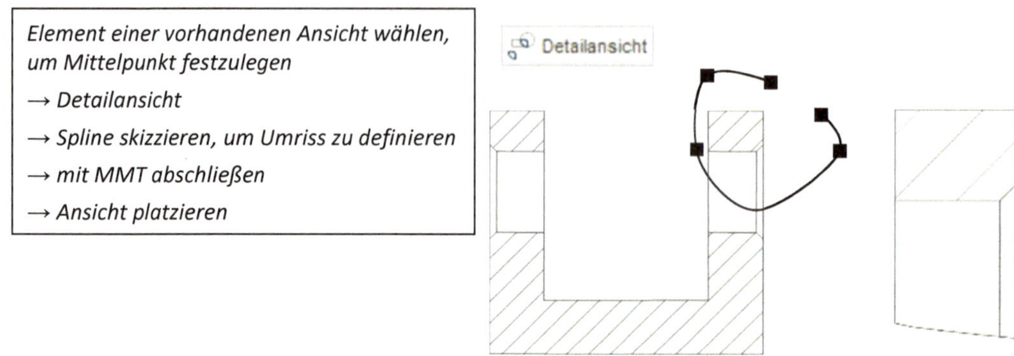

Abbildung 6-24: Erzeugen einer Detailansicht

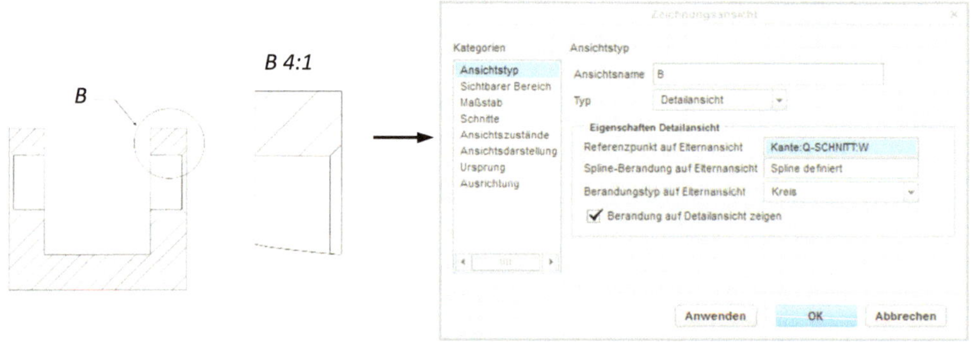

Abbildung 6-25: Anpassen einer Detailansicht

6.2.9   Halbe Ansicht, Bruchansicht, Teilansicht

In einigen Fällen ist die vollständige Darstellung einer Ansicht nicht unbedingt nötig. Beispielsweise genügt bei symmetrischen Bauteilen unter Umständen die Darstellung einer Ansichtshälfte oder lange Profilstähle müssen nur auszugsweise dargestellt werden. In Abhängigkeit vom gewählten Ansichtstyp erlaubt das System deshalb als Alternative zur *Vollen Ansicht* auch die Einstellung *Halber Ansichten, Teil- oder Bruchansichten*. Diesbezügliche Anpassungen lassen sich in der Kategorie *Sichtbarer Bereich* des Zeichnungsansicht-Dialogfensters vornehmen, die dazu notwendigen Referenzangaben sind in Abbildung 6-26 verdeutlicht.

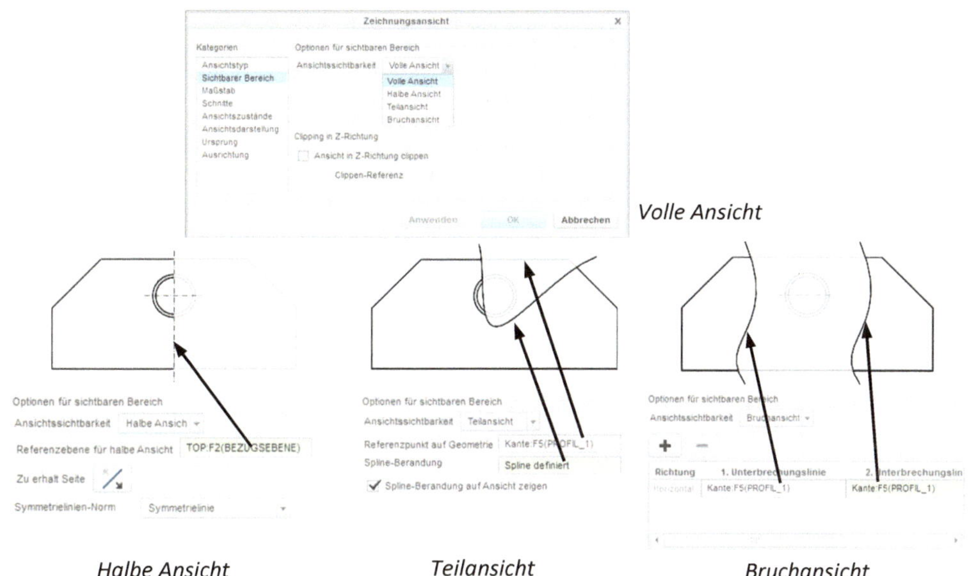

Abbildung 6-26: Einstellungen des sichtbaren Bereiches einer Ansicht

6.2.10 Baugruppen-, Explosionsdarstellungen

Die Zeichnungserstellung für die Baugruppen geschieht im Wesentlichen wie für Einzelteile. Als Referenzmodell für die Zeichnung ist lediglich die gewünschte Baugruppe zu wählen. Die Vorgehensweise zum Hinzufügen und Aktivieren zusätzlicher Referenzmodelle wurde bereits in Kapitel 6.2.3 erläutert. Zur Komplettierung der Baugruppenzeichnung mit einer Stückliste werden in Kapitel 6.2.15 einige Hinweise gegeben.

Wenn eine Baugruppe als Referenzmodell für die Zeichnungsableitung gewählt ist, besteht die Möglichkeit in der Kategorie Ansichtszustände im Zeichnungsansicht-Dialogfenster *Explosionsansichten* und vereinfachte Darstellung der Baugruppe einzustellen (Abbildung 6-27). Die dafür notwendigen vereinfachten Darstellungen (um z. B. einzelne Bauteile einer Baugruppe auszublenden) und Explosionsansichten werden am einfachsten im Ansichtsmanager des 3D-Modells eingestellt und im Zeichnungsmodus aufgerufen. Das Erstellen von Explosionsansichten ist in Kapitel 2.4.3 erläutert.

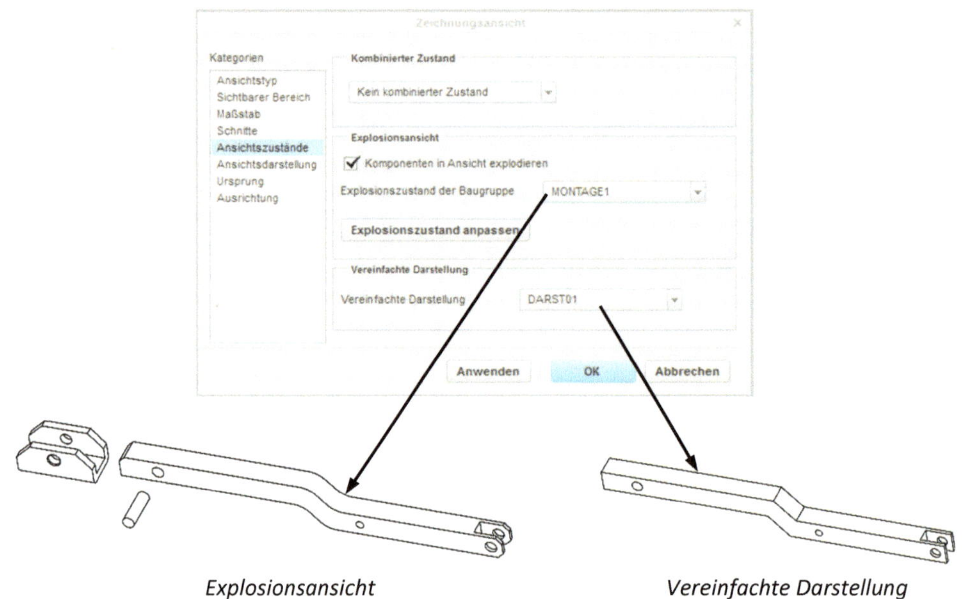

Abbildung 6-27: Änderung des Ansichtszustandes

6.2.11 Ergänzende Geometrieelemente

In einigen Fällen ist es notwendig, die Ansichten durch zusätzliche Geometrieelemente zu ergänzen. Die dazu zur Verfügung stehenden Funktionen sind weitestgehend aus der Skizzierumgebung bekannt. Wenn die neu erstellten Skizzenelemente von einer Ansicht abhängig gemacht werden sollen, um beispielsweise beim Verschieben der Ansicht ebenfalls die Position zu ändern, bietet sich die *Parametrische Skizze* an. Das Beispiel in Abbildung 6-28 zeigt, wie die vereinfachte Darstellung eines Kugellagers erfolgen kann. Vorbereitend wurde in der Schnittdarstellung die Schraffur unterdrückt.

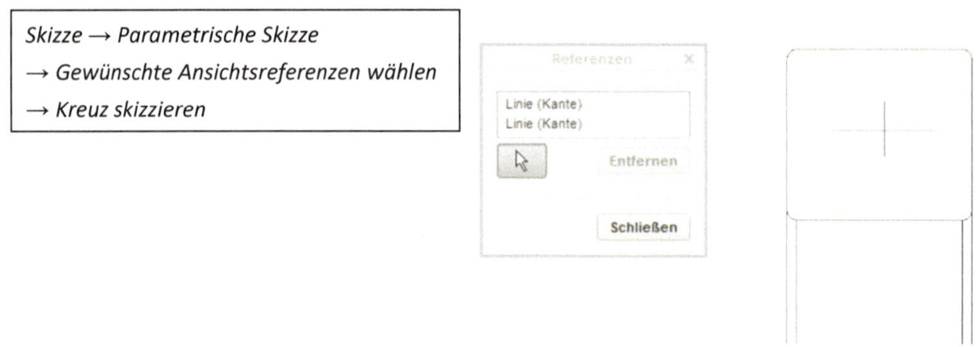

Abbildung 6-28: Skizzieren ergänzender Geometrieelemente

6.2.12 Bemaßungen

Da sämtliche geometrischen Maße der Ansichten mit dem 3D-Modell in Verbindung stehen, werden die Bemaßungen in der Zeichnung abgeleitet und nicht neu erzeugt. Diese sogenannte Assoziativität kann in *Creo* bidirektional oder und unidirektional sein (Abbildung 6-29).

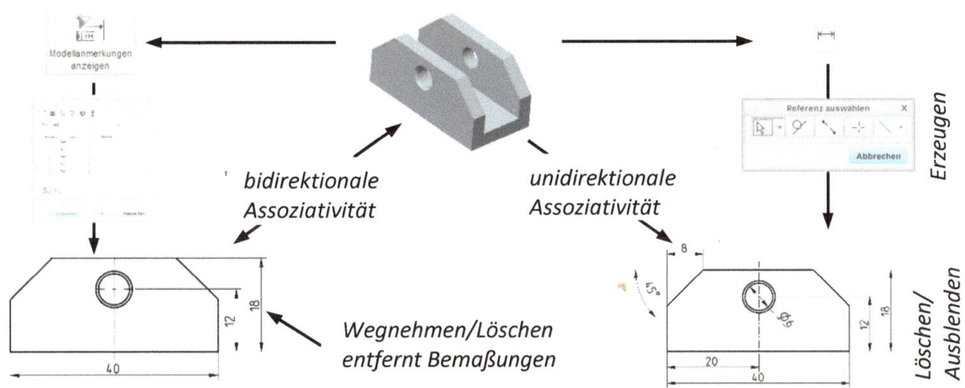

Abbildung 6-29: Unterschiedliche Bemaßungskonzepte

Bemaßungen mit bidirektionaler Assoziativität sind solche, die über das Menü *Modellanmerkungen zeigen* eingeblendet werden können. Sie sind aktiv mit den im Modell vorliegenden Geometrieparametern verknüpft, die während der Erzeugung von Konstruktionselementen entstehen (z. B. Skizzen-, Extrusionsparameter). Im Hinblick auf die Zeichnungsableitung kann eine besondere Beachtung der Parameterwahl bei der Modellierung also durchaus sinnvoll sein (z. B., wenn Durchmesser- anstelle von Radiusbemaßung im Skizzierer genutzt werden).

Durch die aktive Verknüpfung wird nicht nur die Zeichnungsansicht von der Form des Modells bestimmt, sondern die Bemaßung in der Zeichnungsansicht kann auch die Form des Modells verändern (Bidirektionalität). Aus diesem Grund wird diese Art der Bemaßung auch als *steuernde Bemaßung* bezeichnet.

In der Regel reichen steuernde Bemaßungen zur vollständigen Beschreibung einer technischen Zeichnung nicht aus. Aus diesem Grund können zusätzliche Bemaßungen mit neuen Referenzen über das entsprechende Icon erzeugt werden. Die Vorgehensweise entspricht der Bemaßungsplatzierung im Skizzierer. Zwischen diesen Bemaßungen und den Parametern im Modell besteht eine unidirektionale Assoziativität. Änderungen im Modell haben direkten Einfluss auf die Maßangaben in der Zeichnung, die Maßangaben können aber nicht geändert werden und somit nicht das Modell steuern. Deshalb wird diese Bemaßung auch *gesteuerte Bemaßung* genannt.

Über das Menü *Modellanmerkungen zeigen* (Abbildung 6-30) lassen sich weitere Informationen und Elemente aus dem Modell, wie z. B. Achsen oder erzeugte Notizen, einblenden. Dabei können die Elemente durch Einstellen des Typs bei Bedarf gefiltert werden.

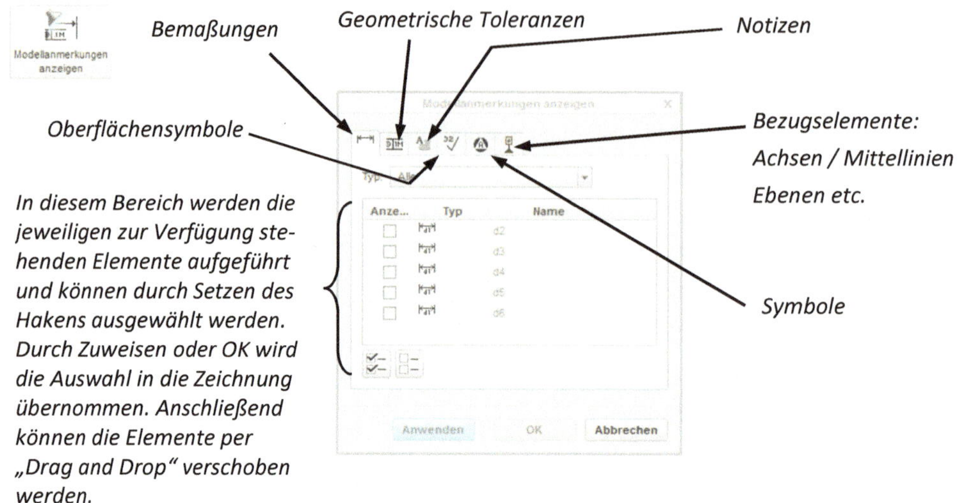

In diesem Bereich werden die jeweiligen zur Verfügung stehenden Elemente aufgeführt und können durch Setzen des Hakens ausgewählt werden. Durch Zuweisen oder OK wird die Auswahl in die Zeichnung übernommen. Anschließend können die Elemente per „Drag and Drop" verschoben werden.

Abbildung 6-30: Modellanmerkungen

In Abbildung 6-31 sind exemplarisch einige hilfreiche Bemaßungsanpassungen vorgenommen worden.

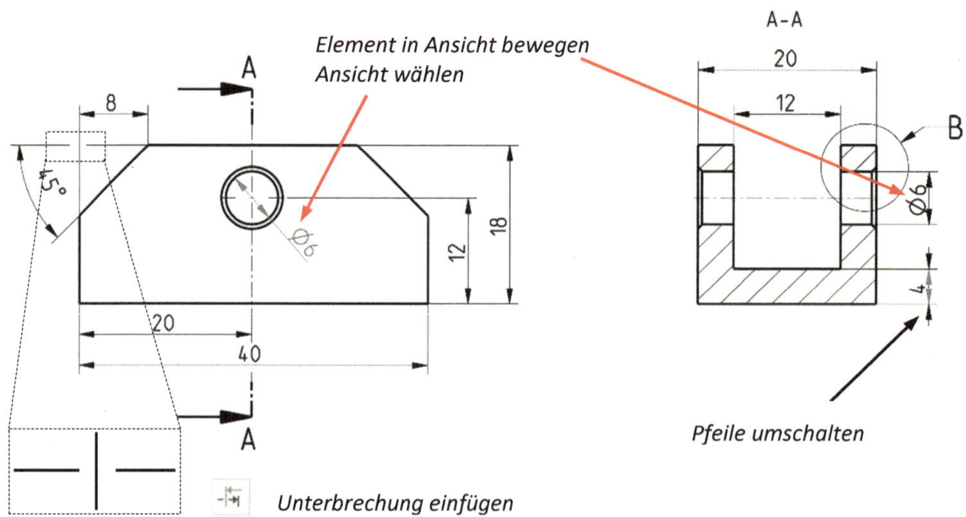

Abbildung 6-31: Teilezeichnung mit möglichen Anpassungen

Sämtliche Bemaßungen, Angaben und Notizen lassen sich per Drag&Drop beliebig auf dem Zeichnungsblatt platzieren. Manchmal ist es allerdings einfacher, die Anordnung dem System zu überlassen. Abbildung 6-32 zeigt eine mögliche Vorgehensweise, als Anordnungsreferenz können Körperkanten oder Ansichtsumrisslinien eingestellt werden. Unter dem Reiter *Kosmetik* lassen sich zusätzliche Einstellungen vornehmen.

Zur automatischen Anordnung von Bemaßungen werden diese mittels der Strg-Taste ausgewählt.

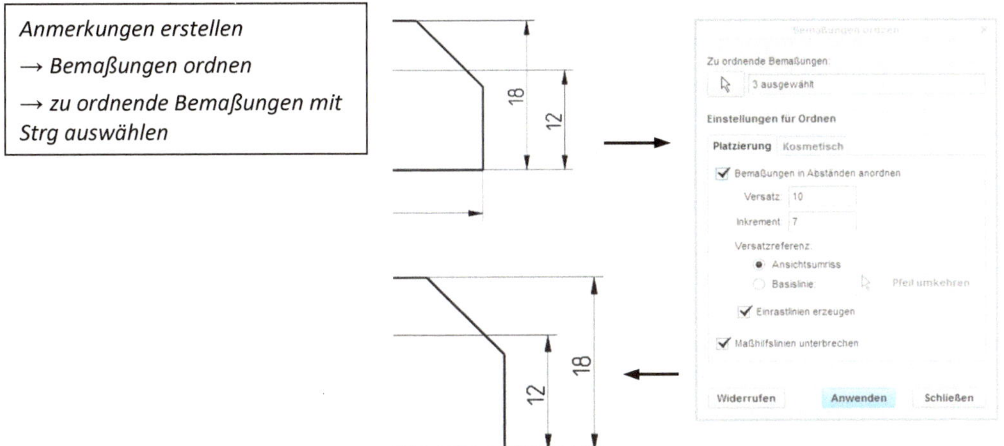

Abbildung 6-32: Automatisches Anordnen von Bemaßungen

Die Bemaßungstexte lassen sich im Eigenschaftenmenü, das sich durch einen Doppelklick auf die entsprechende Bemaßung öffnet, anpassen. In dem in Abbildung 6-33 dargestellten Beispiel soll der Durchmesserbemaßung eine ISO-Toleranz angefügt werden. Dazu ist als Suffix der Text *H6* einzutragen.

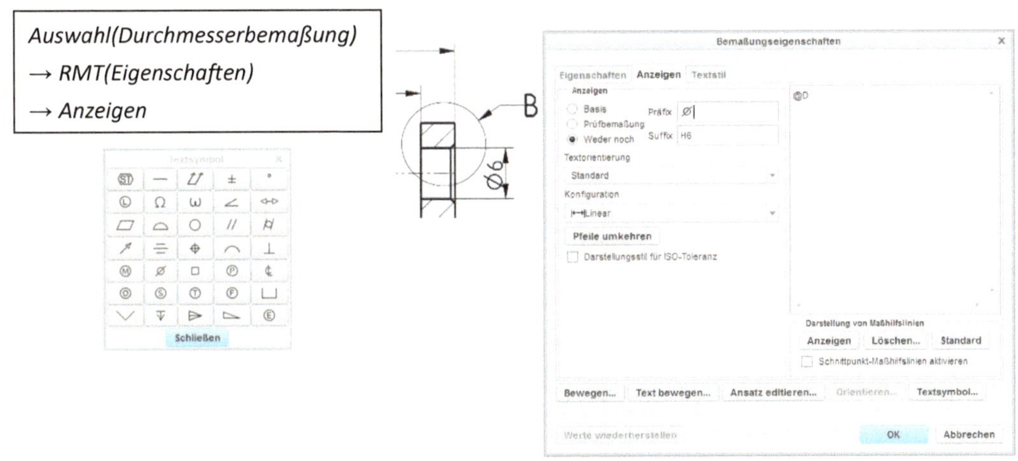

Abbildung 6-33: Änderung der Bemaßungseigenschaften

6.2.13 Oberflächenangaben

Festlegungen zur Oberflächengüte und zu geometrischen Toleranzen, die bereits für das 3D-Modell getroffen wurden, lassen sich wie Bemaßungen über das *Modellanmerkungen anzeigen*-Menü einfügen und manipulieren (Abbildung 6-30).

In *Creo* steht eine kleine Auswahl an Oberflächensymbolen zur Verfügung. Über die Funktion *Angepasstes Zeichnungssymbol* bietet die Möglichkeit, diese auf der Zeichnung zu platzieren oder neue Symbolbibliotheken zu erstellen, sodass eigene, normgerechte Symbole verwendet werden können.

Ist bereits eine normgerechte Symbolbibliothek vorhanden, kann diese über den gleichen Befehl geladen werden. Legt man einmalig den Standardpfad zum Verzeichnis mit dem *config.pro*-Eintrag *pro_palette_dir* fest, ist beim Einfügen die gewünschte Bibliothek bereits geladen. Die jeweilige Vorgehensweise, um die Symbole in die Zeichnung zu integrieren, erfolgt dialoggesteuert und wird an dieser Stelle nicht detailliert erläutert.

In Abbildung 6-34 wurde ein Symbol mit *Auf Element* und anschließender Wahl der Bezugskante platziert. Für das andere wurden die Optionen *mit Hinweislinien, auf Element und Pfeilspitze* genutzt. Die erste Option erlaubt das Auswählen mehrerer Bearbeitungsflächen.

Gegebenenfalls muss für eine genauere Platzierung der Ursprung des Symbols im Menü angepasst werden. Mit dem Platzierungstyp *Frei* können Oberflächenangaben beliebig positioniert werden.

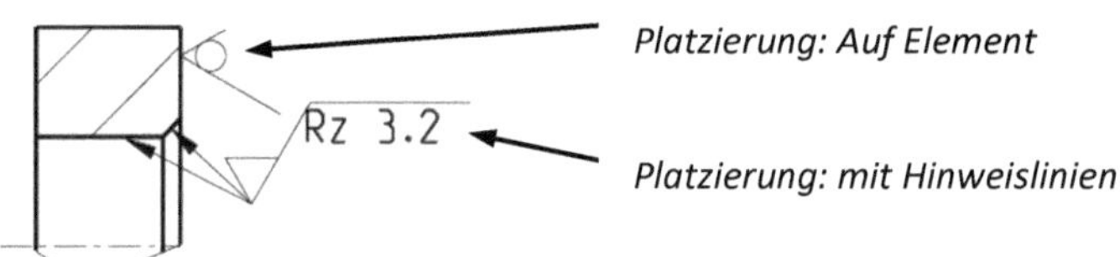

Abbildung 6-34: Positionierung der Oberflächenzeichen

6.2.14 Form- und Lagetoleranzen

Mit den Funktionen der *Geometrischen Toleranz* stehen die meisten Symbole für die normgerechte Zeichnungserstellung bereit. Auch hier sollte man sich im Vorhinein überlegen, ob man bereits im 3D-Modell die geometrischen Toleranzen definiert und diese dann über das *Modellanmerkungen zeigen*-Menü einblendet oder erst im Zeichnungsmodus toleriert. Das Hinzufügen von Tolerierungen im Zeichnungsmodus soll am folgenden Beispiel (Abbildung 6-35) gezeigt werden. Sicherzustellen ist eine Parallelität der Bohrungsachse zur Grundfläche.

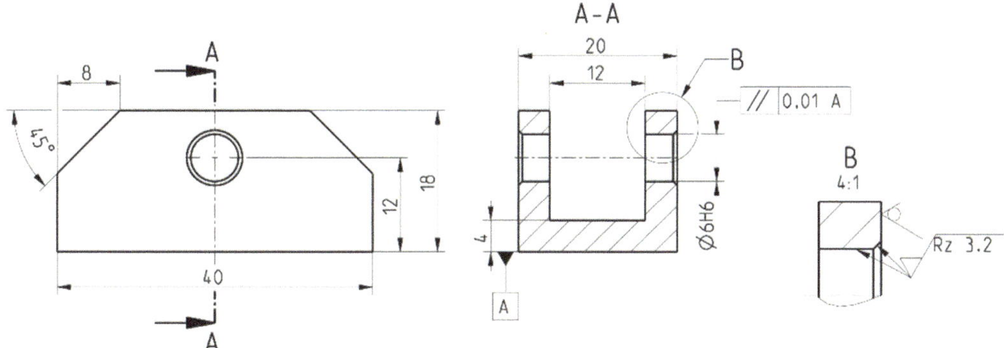

Abbildung 6-35: Teilezeichnung mit Lagetoleranz

Vor dem Einfügen von geometrischen Toleranzen müssen für einige Optionen Bezüge erzeugt werden. Dies kann ebenfalls wahlweise im 3D-Modell oder im Zeichnungsmodus erfolgen. Für das dargestellte Beispiel soll eine Bezugsebene *A* im Zeichnungsmodus neu hinzugefügt werden (Abbildung 6-36). Im Anschluss daran kann das Symbol per Drag&Drop beliebig verschoben werden.

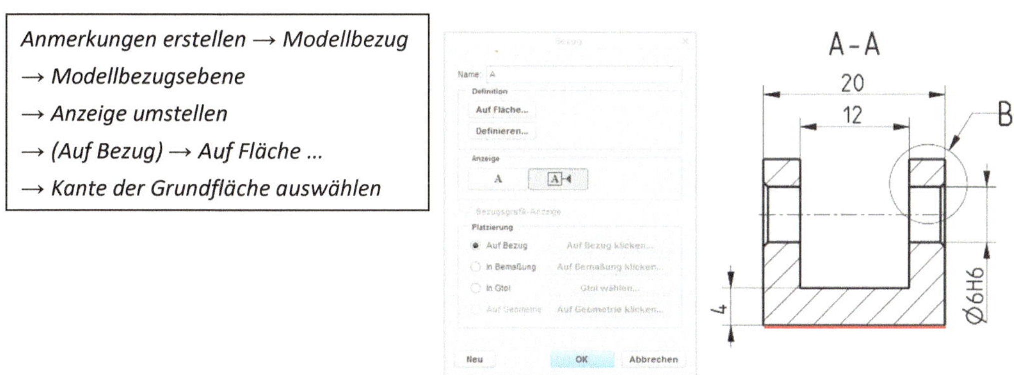

Abbildung 6-36: Erstellen von Bezügen

Nach Erstellung der Bezugssymbole beginnt die eigentliche Erzeugung der Toleranzen. Auf der linken Seite des Dialogfensters (in Abbildung 6-37) ist das Symbol der zu tolerierenden Eigenschaft (z. B. Rundheit, Parallelität, Gesamtlauf) zu wählen. Der Typ der *Referenz-Geometrie* wird entsprechend der Eigenschaft vorselektiert und ist vor der Angabe des Platzierungstyps festzulegen. Die Bezugsreferenz ist auf der zweiten Registerkarte festzulegen. Hier kann wahlweise aus einer Liste bereits vorhandener Referenzen gewählt oder eine angezeigte Referenz auf der Zeichnung ausgewählt werden. Der Toleranzwert selbst ist auf der dritten Registerkarte einzutragen. Zusätzliche Angaben bezüglich der Materialbedingungen von Bezug und Toleranzwert (Registerkarte 2 und 3) sowie weitere Symbole und Modifikationen (Registerkarte 4) komplettieren die Einstellung der geometrischen Toleranz.

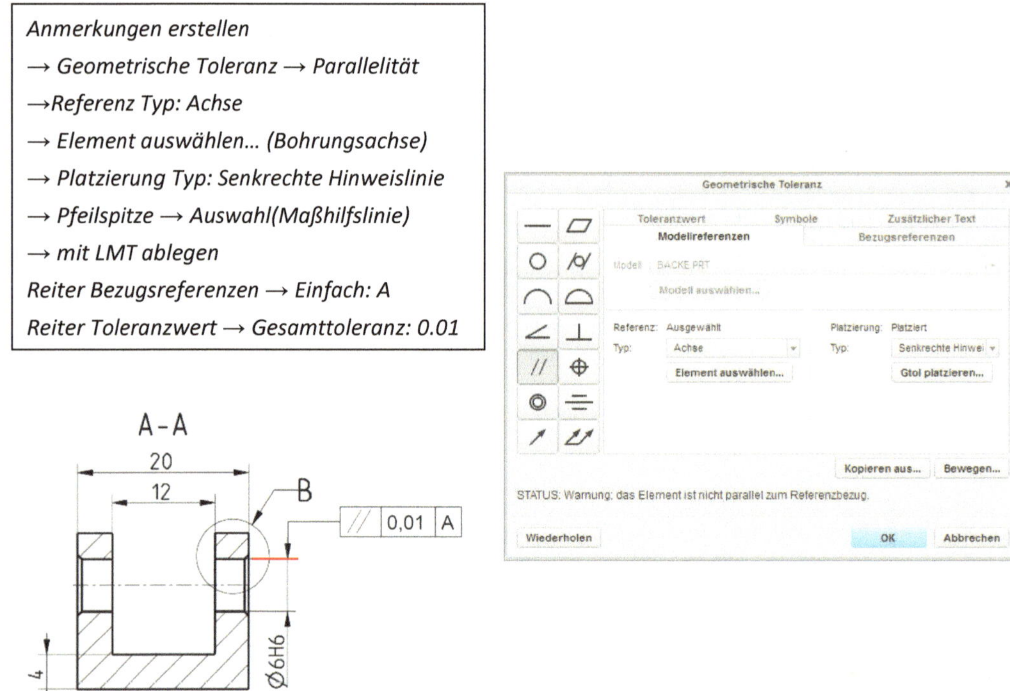

Abbildung 6-37: Erzeugung von geometrischen Toleranzen

6.2.15 Notizen und Tabellen

Hinweistexte lassen sich wie folgt in die Zeichnung integrieren:

Nicht angesetzte Notiz → Platzierungsauswahl treffen → Positionieren → Text eingeben

Im Menü-Manager lassen sich Optionen einstellen, um *Notizen* mit Hinweislinien zu versehen, die Textrichtung zu ändern oder Texte aus einer **.txt*-Datei zu übernehmen. Ist der Hinweistext angelegt, kann er mit Doppelkick jederzeit geändert werden.

Soll im Hinweistext der Wert eines Parameters angezeigt werden, muss vor dem Namen des Parameters das Schlüsselsymbol & eingegeben werden. Tabelle 6-2 zeigt eine kleine Auswahl nützlicher Parameter.

Tabelle 6-2: Systemparameter (Auswahl)

Parametername	Beschreibung
&pro_mp_mass	zeigt den Massenwert an
&model_name	zeigt den Modellnamen an
&scale	zeigt den Maßstab der Zeichnung an
&format	zeigt die Formatgröße an (bspw. A4)
¤t_sheet	zeigt die aktuelle Seitennummer an
&total_sheets	zeigt die vollständige Anzahl der Seiten einer Zeichnungsdatei an
&todays_date	zeigt aktuelles Datum an (im Format %dd%mm%yy)

Zur Erzeugung von *Stücklisten* stehen zwei Möglichkeiten zur Verfügung:

Manuelle Stückliste, jede Zeile der Stückliste muss eigenständig vom Anwender mit Inhalt gefüllt werden. Gleiches gilt für die Positionsnummern, es besteht also keine Verbindung zwischen der Baugruppe und dem Inhalt der Stückliste.

Automatische Stückliste, zur Erzeugung automatischer Stücklisten werden Baugruppen und Teileparameter verwendet, sodass die Zeilen der Stückliste automatisch gefüllt werden. Die Positionsnummern lassen sich daraufhin in der gewünschten Ansicht einblenden.

Die Erstellung beider Stücklistentabellen erfolgt mit dem Befehl *Tabelle*, die Automatisierung wird dann mit dem Befehl *Wiederholbereich* ergänzt. Ist die gewünschte Tabelle erstellt, kann diese in einer Datei gespeichert werden und steht für weitere Zeichnungen zur Verfügung. Zur Generierung eigener Tabellen sei auf die Online-Hilfe von *Creo* verwiesen.

Ist eine Baugruppe als aktuelles Modell eingestellt, erfolgt das Einfügen einer automatischen Stücklistentabelle wie folgt:

*Tabelle → Tabelle aus Datei → *.tbl-Datei wählen → Einfügeposition festlegen*

Das Hinzufügen von *Positionsnummern* erfolgt folgendermaßen:

Tabelle → Ballons → Ballons erzeugen → Nach Ansicht → LMT(Auf Ansicht)

6.3 Animationen

In vielen Fällen ist es hilfreich, sich anhand von *Animationen* die Funktionsweise eines technischen Erzeugnisses zu verdeutlichen, ohne hierbei eine komplette Mehrkörpersimulation durchzuführen. Grundlagen zur Durchführung von Bewegungsstudien werden bereits beim Aufbau der Baugruppen gelegt. Bislang wurden die Bauteile über Einbaubedingungen zusammengesetzt. Soll jedoch eine Animation erstellt werden, hat der Zusammenbau über die Definition von Verbindungen (Gelenken) zu erfolgen.

6.3.1 Gelenkdefinition für Bewegungsstudien

Der Einbau von Komponenten über Gelenke erfolgt prinzipiell wie der Einbau über Platzierungsbedingungen. Nun wird allerdings über *Benutzerdefiniert* zunächst der entsprechende Gelenktyp ausgewählt. In Tabelle 6-3 sind die Freiheitsgrade (Bewegungsachsen) der verschiedenen Gelenktypen zusammengestellt.

Tabelle 6-3: Freiheitsgrade der Gelenktypen

	Gelenktyp	*Freiheitsgrade translatorisch*	*Freiheitsgrade rotatorisch*
	Starr	*0*	*0*
	Drehgelenk	*0*	*1*
	Schubgelenk	*1*	*0*
	Zylinderlager	*1*	*1*
	Planar	*2*	*1*
	Kugel	*0*	*3*
	Schweißverbindung	*0*	*0*
	Lager	*1*	*3*
	Allgemein	*entsprechend der gewählten Referenzen*	
	6 FG	*3 (frei definierbar)*	*3 (frei definierbar)*
	Gimbal	*0*	*3*
	Führung	*entsprechend der gewählten Kurve (Punkt auf Kurve / Kante)*	

Im Folgenden soll die Baugruppe *Greifer_animiert* erstellt werden, mit deren Hilfe der Greifprozess abgebildet werden kann. Dazu wird zunächst die Baugruppe *Greifer* unter dem Namen *Greifer_animiert* kopiert (Abbildung 6-38). Bisher vorhandene Einbaubedingungen werden ersetzt. Im Beispiel soll die Unterbaugruppe *Gehaeuse* an die erste Position im Modellbaum verschoben werden, damit diese Unterbaugruppe auch während der Animation ortsfest bleibt. Dafür ist die Einbaubedingung *Fest* zu wählen.

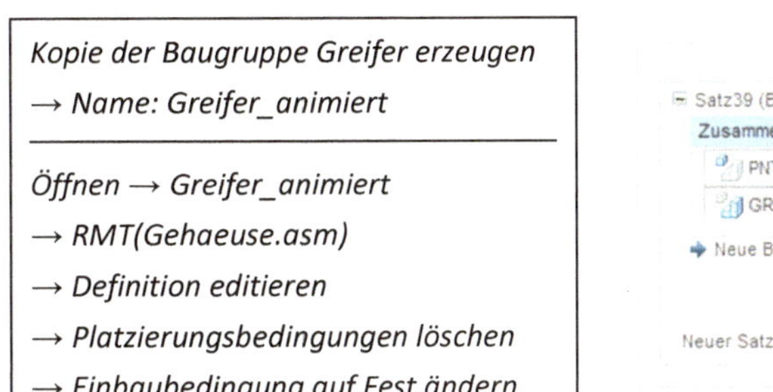

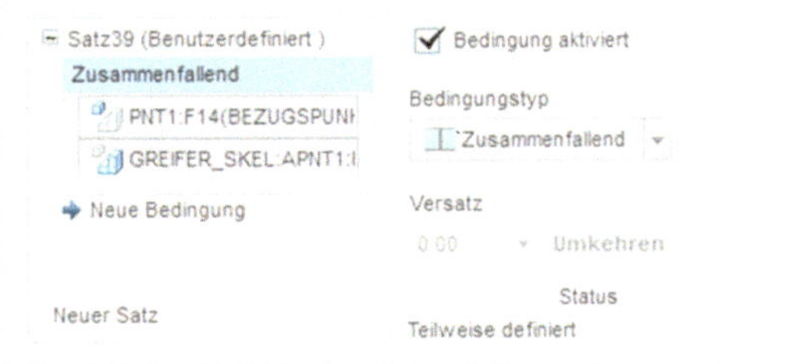

Abbildung 6-38: Umdefinieren der Baugruppe Gehaeuse

In der soweit vorbereiteten Baugruppe *Greifer* können jetzt die Einbaubedingungen durch Gelenke ersetzt werden. Um die Funktionalität der Baugruppe für die Animation zu gewährleisten, sind für die Gelenkdefinition jeweils Bezugselemente benachbarter Bauteile und *nicht* die des Skelettmodells zu wählen. Dies lässt sich am einfachsten sicherstellen, indem das Skelettmodell ausgeblendet wird.

Auf die gleiche Weise können auch andere, nicht benötigte Komponenten, z. B. in der Unterbaugruppe *Gehaeuse* ausgeblendet werden. Da für die meisten Gelenktypen mehrere Bedingungen festzulegen sind, sollte stets darauf geachtet werden, immer dieselbe Baugruppenreferenz für die Referenzauswahl zu nutzen.

Über das Kontextmenü wird der Dialog *Definition editieren* aufgerufen, die Einbaubedingungen gelöscht und ein neues Gelenk definiert. Für die Unterbaugruppe *Arm* ist das Vorgehen in Abbildung 6-39 dargestellt.

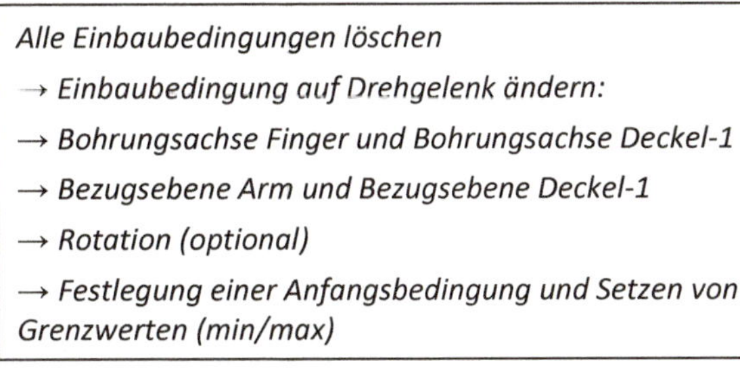

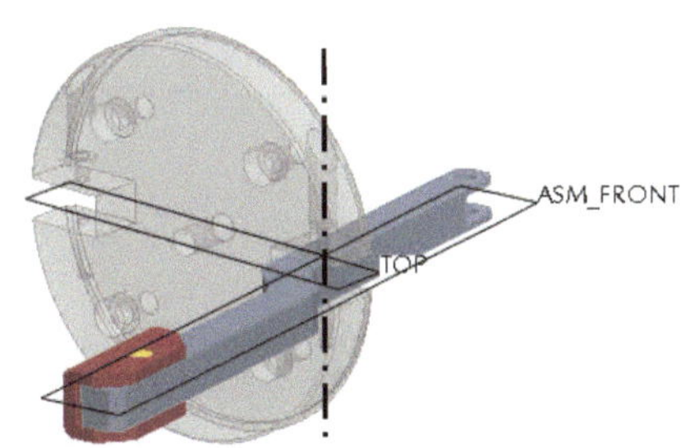

Abbildung 6-39: Umdefinieren der Unterbaugruppe Arm

Auf die dargestellte Weise sind die Bauteile anhand der nachfolgenden Tabelle 6-4 untereinander zu verbinden. Die Positionsnummern sind in Abbildung 6-40 angegeben und den Bauteilen zugeordnet. Für die Gelenkdefinition ist jeweils ein Achsenpaar als Rotationsachse und ein dazu senkrechtes Ebenen-, Flächen- oder Bezugspunktepaar zu wählen. Für ein Schubgelenk ist die Angabe eines Achsenpaares und eines Ebenen- oder Flächenpaares notwendig. Das Drehgelenk zwischen dem Bauteil *Führung* und dem Bauteil *Gewindespindel* ist in der Unterbaugruppe *Antrieb* zu definieren. Für die beiden Drehgelenke zwischen dem Bauteil *Führung* und den beiden

Bauteilen Verbindung muss im Bauteil *Führung* ein zweiter Satz bei der Drehgelenk-Definition angelegt werden.

Tabelle 6-4: Gelenke in der Baugruppe Greifer

Gelenktyp	1. Körper	2. Körper
Drehgelenk	Deckel-1 (Pos. 1)	Arm (Pos. 2)
Drehgelenk	Deckel-1 (Pos. 1)	Arm (Pos. 3)
Drehgelenk	Arm (Pos. 2)	Verbindung (Pos. 4)
Drehgelenk	Arm (Pos. 3)	Verbindung (Pos. 5)
Drehgelenk	Verbindung (Pos. 4)	Führung (Pos. 6)
Drehgelenk	Verbindung (Pos. 5)	Führung (Pos. 6)
Schubgelenk	Deckel-1 (Pos. 1)	Führung (Pos. 6)
Drehgelenk	Führung (Pos. 6)	Bolzen (Pos. 7)
Drehgelenk	Arm (Pos. 2)	Bolzen (Pos. 8)
Drehgelenk	Führung (Pos. 6)	Bolzen (Pos. 9)
Drehgelenk	Arm (Pos. 3)	Bolzen (Pos. 10)
Drehgelenk	Führung (Pos. 6)	Gewindespindel (Pos. 11)

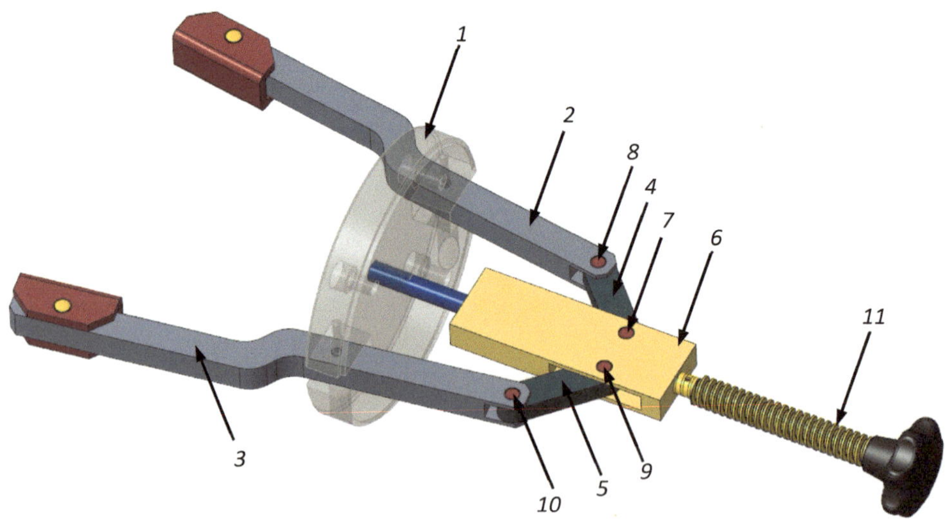

Abbildung 6-40: Bauteilbezeichnung

6.3.2 Animation einrichten

Die Baugruppe kann nach der Gelenkdefinition an das Tool *Animation* übergeben werden:

Anwendungen → Animation → Modellanimationen → Neue Animation → Schnappschuss

In dieser Applikation werden einzelne Momentaufnahmen erzeugt, die vom System nachfolgend zu einer Animation verrechnet werden.

Tabelle 6-5 enthält Hinweise zu einer Auswahl der wichtigsten Symbole, die bei einer Animation zur Verfügung stehen. Zusätzlich zu den gebräuchlichsten Befehlen können weitere Optionen über die Menüleiste aufgerufen werden.

Tabelle 6-5: Symbolleiste der Arbeitsumgebung (Auszug)

A	*Animation*		*Neue Transparenz zum Zeitpunkt erzeugen*
	Darstellung von Animations-Icons		*Neue Darstellung zum Zeitpunkt erzeugen*
	Körperdefinition in Animation		*Gewähltes Animationsobjekt editieren*
	Neue Schlüsselbildfolge erzeugen	X	*Gewählte Objekte aus der Animations-Zeitachse entfernen*
	Neue Körper-Körper-Sperre erzeugen	▶	*Animation generieren*
	Neuen Servomotor erzeugen	◀▶	*Wiedergabe*
	Ansicht zum Zeitpunkt erzeugen		*Animation exportieren*

Der Bildschirm enthält in der Applikation *Animation* eine Zeitachse, auf welcher der zeitliche Animationsverlauf und die Animationselemente dargestellt werden.

Für die Animation des *Greifers* ist zunächst ein Servomotor zu definieren. Dieser übernimmt den Antrieb der Gewindespindel, während die Position der Arme jeweils manuell eingestellt wird. Dieser Antrieb wird auf die Gelenkachse des Drehgelenkes zwischen *Gewindespindel* und *Führung* bezogen (Abbildung 6-41).

Erstellt wird im folgenden Beispiel eine *Schnappschussanimation*:

Modellanimation → Neue Animation → Schnappschuss

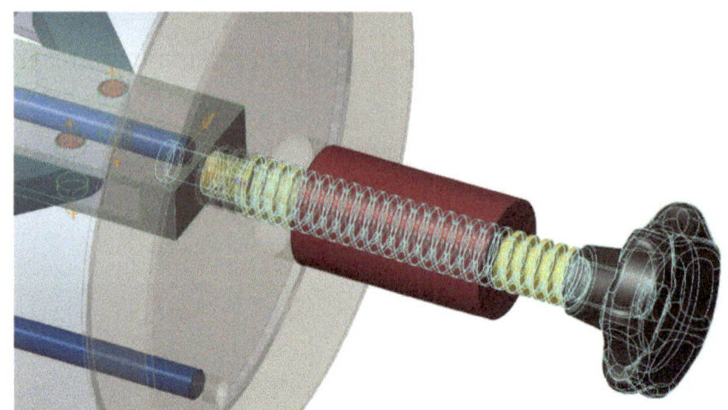
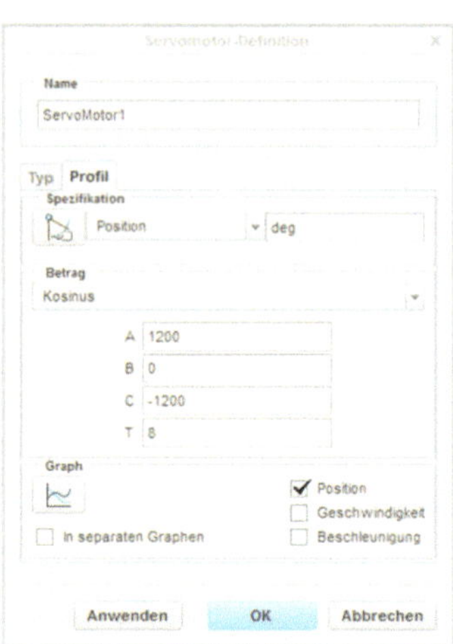

Abbildung 6-41: Definition des Servomotors

Auch ohne einen definierten *Antrieb* kann die nachfolgend beschriebene *Animation* erstellt werden. Die Bildfolge wird in Form von Einzelbildern erzeugt (Abbildung 6-42). Diese werden dann vom System unter Berücksichtigung des *Servomotors* zu einer *Animation* zusammengefügt.

Um unterschiedliche Positionen der Bauteile zueinander abzubilden, können die Bauteile mit der Maus angefasst und entsprechend der *Gelenke* bewegt werden. Von diesen Positionen werden Schnappschüsse definiert und zum Abschluss werden noch die gewünschten Zeiten, zu denen die jeweiligen Positionen erreicht sein sollen, vorgeben (Abbildung 6-42).

Durch Betätigung des Buttons *Wiedergabe* kann die Animation betrachtet werden. Dabei bestehen Möglichkeiten zur Variation der Wiedergabegeschwindigkeit und der Wiedergabeoptionen (*wiederholte, rücklaufende* oder *einmalige Wiedergabe*). Über den Button *Erfassen (Video Export)* im Menü *Wiedergabe* können Einstellungen für den Export als Videodatei vorgenommen und dieser durchgeführt werden (Abbildung 6-43).

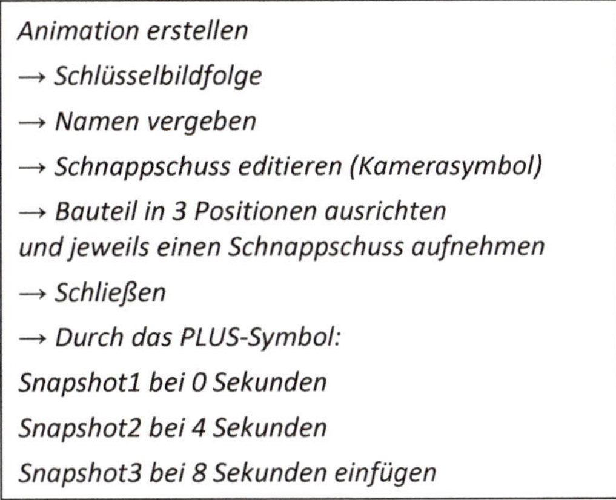

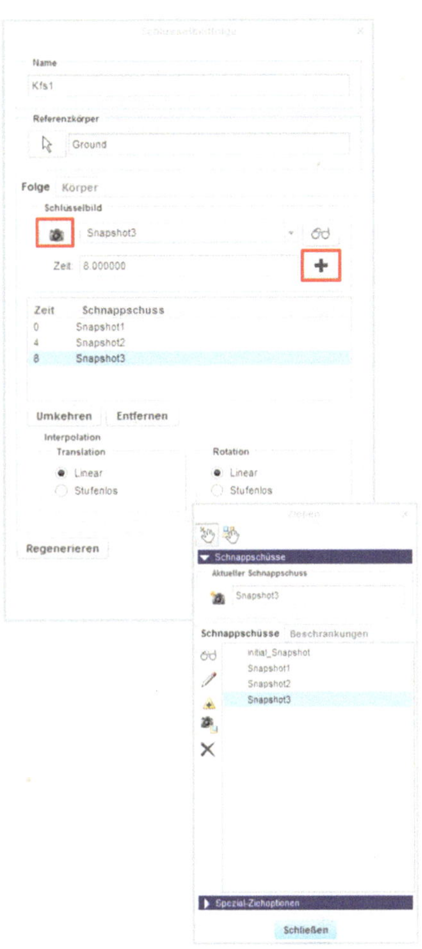

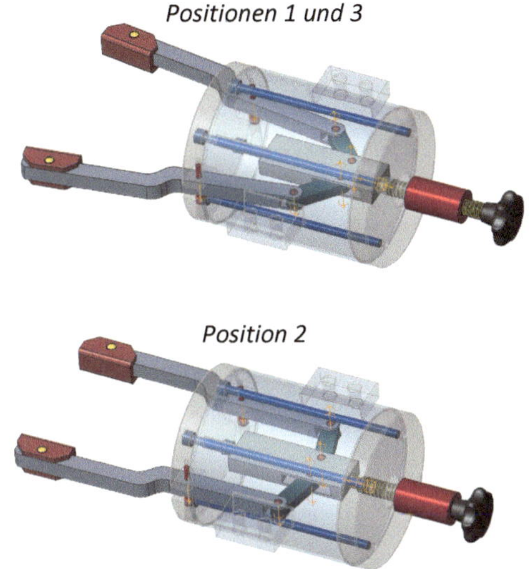

Abbildung 6-42: Definition der Bildfolge

Abbildung 6-43: Wiedergabe und Export der Animation

6.3.3   Explosionsanimation

Neben Bewegungsanimationen lassen sich auch andere Bildfolgen erstellen. Die Baugruppe *Greifer* lässt sich z. B. animiert in den Explosionszustand überführen. Dazu wird die Baugruppe *Greifer* geöffnet und die Applikation *Animation* aufgerufen. Hier wird über den Button *Körperdefinition in Animation* aus jedem Teil ein Körper generiert. Diese können dann unter *Neue Schlüsselbildfolge* erzeugen in die Positionen entsprechend der Abbildung 6-42 gebracht werden. Durch das Erzeugen mehrerer Einzelbilder kann die Abfolge der Demontage abgebildet werden. Für das gerichtete Verschieben der einzelnen Komponenten können Koordinatenrichtungen vorgewählt werden (Abbildung 6-44). Der weitere Ablauf ist analog zum Vorgehen bei der Bewegungsanimation.

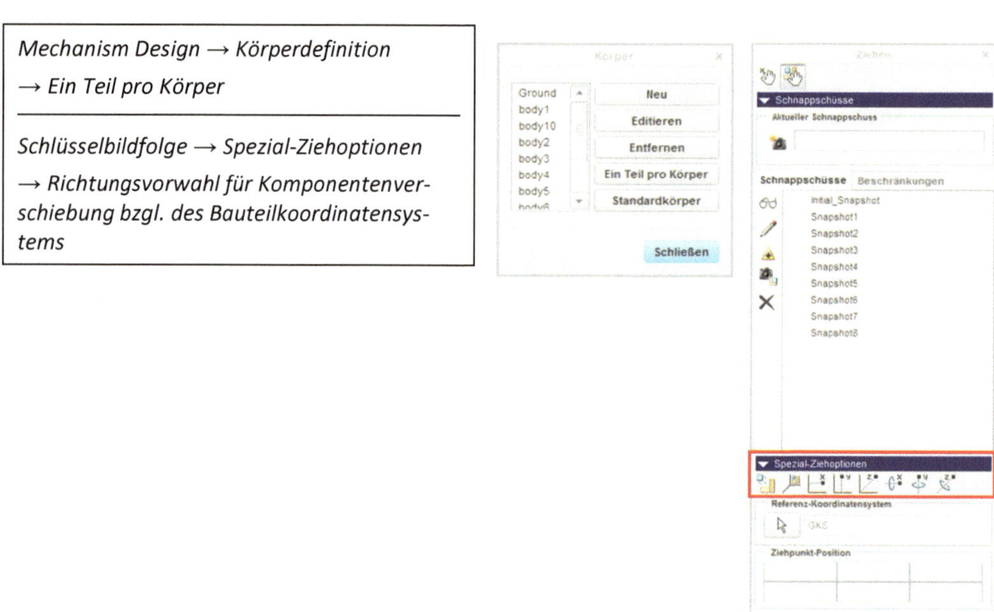

Abbildung 6-44: Komponentenplatzierung für Explosionsdarstellung

7 Arbeitstechniken zur Produktoptimierung

7.1 Modellanalysen

Bereits in den vorangegangenen Kapiteln wurden einige Möglichkeiten für die Beschaffung weiterreichender Modellinformationen genannt. Darauf aufbauend werden nachfolgend einige Themen weiter vertieft.

7.1.1 Modelcheck

Neben den zahlreichen Möglichkeiten zur dialogorientierten Überprüfung von geometrischen und semantischen Modellinformationen sind auch vordefinierte Prüfungsroutinen in das System integrierbar. In PTC *Creo* gibt es verschiedene Optionen für einen *Modelcheck* (*Datei* → *Vorbereiten* → *...*), so dass sowohl einzelne Modelle als auch Modellverbünde geprüft werden können. Die Prüfungsmöglichkeit des CAD-Modells durch ein Modelcheck-Programm beschränkt sich dabei nicht nur auf geometrische Ausprägungen. Ebenso kann bei entsprechender Konfiguration der Checktools unter anderem auch die korrekte Nomenklatur (z. B. Modell- und Parameterbezeichnung nach Firmenrichtlinie), die Korrektheit der Layerbelegung u.a. geprüft werden. Am Ende der Prüfung sollte vom Programm ein Bericht angefertigt werden, der neben der Fehlerbenennung auch die betroffenen Bereiche des Modells und eventuelle Fehlerbehebungsmöglichkeiten aufzeigt. Dieser Bericht ist die Grundlage für notwendige Modellanpassungen. Er kann zugleich als Instrument der Qualitätssicherung beim Datenaustausch dienen.

Da die Modelcheckprogramme in der Regel nur das Grundgerüst für derartige Qualitätskontrollen bieten, müssen für die konkreten Anwendungsfälle Vergleichsdaten bereitgestellt, Voreinstellungen vorgenommen und Regeln zur Informations- und Ergebnisauswertung implementiert werden.

Abbildung 7-1 zeigt das Ergebnis eines Modellchecks für ein Flächenmodell mit den vom Systemanbieter vordefinierten Routinen zur Geometrieprüfung entsprechend der VDA-Empfehlung 4955. Auch wenn Abweichungen hinsichtlich voreingestellter Toleranz- oder Wertebereiche angezeigt werden, bedeutet dies nicht automatisch, dass die Geometrie fehlerhaft ist. Im Beispiel ist alles im „grünen" Bereich. Dennoch wird unter anderem darauf hingewiesen, dass es im Modell Flächenberandungen gibt, die nicht tangential ineinander übergehen. Diese Bereiche können dann im Dialog auch im Grafikfenster am Modell hervorgehoben werden.

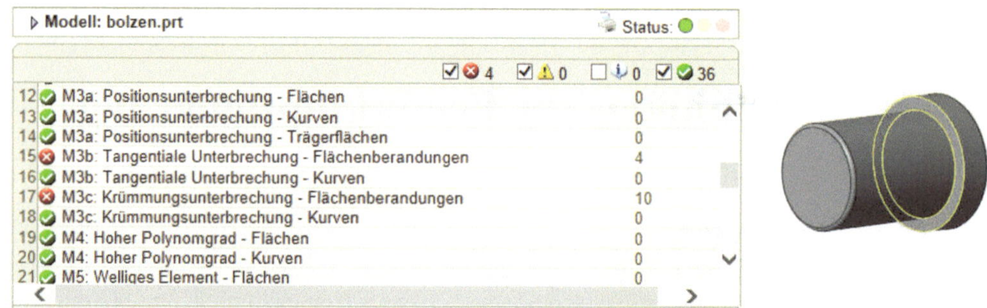

Abbildung 7-1: Geometrieüberprüfung nach VDA Richtlinie

7.1.2   Modellvergleich

In *Creo* gibt es zwei Optionen zum direkten *Modellvergleich* von Bauteil- und Baugruppenmodellen

Werkzeuge → Teil vergleichen

Beim reinen Geometrievergleich werden die Differenzen zwischen beiden Geometrien ermittelt. Dazu ist ein entsprechender Toleranzbereich festzulegen, so dass die Abweichungen auch optisch detaillierter sichtbar gemacht werden können.

Darüber hinaus können aber auch Features und Modellparameter verglichen werden. Die Differenzen zwischen den Modellen werden dann in einer Tabelle angezeigt (Abbildung 7-2). Im Beispiel wurden zwei Bolzen verglichen, die zwar gleiche Durchmesser aber verschiedene Fasen und Rundungen sowie eine unterschiedliche Länge hatten.

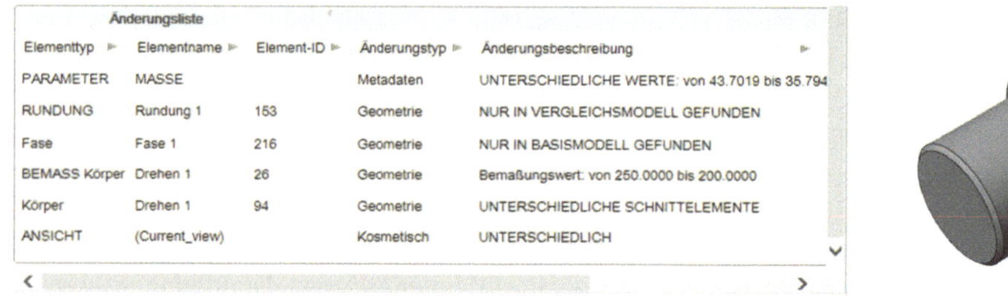
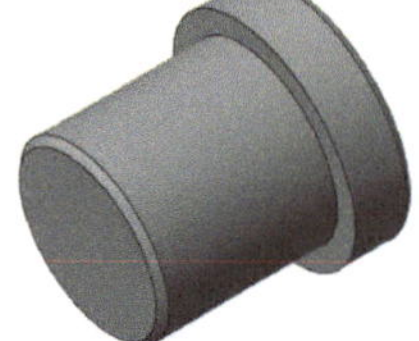

Abbildung 7-2: Modellvergleich

7.1.3 Toleranzanalyse

Schon ohne spezielle Werkzeuge zur *Toleranzanalyse* können Einbausituationen unter Beachtung möglicher Maßabweichungen untersucht werden. Dazu müssen zunächst die entsprechenden Maßtoleranzen festgelegt werden. Anschließend ist einzustellen, mit welchen Abweichungen vom Nennmaß (Größt- oder Mindestmaß) das Geometriemodell generiert werden soll.

Wie Maßtoleranzen angepasst werden können, wurde bereits im Kapitel 6.1.2 kurz erläutert. Allgemeintoleranzen können über die Option *Modelleigenschaften* festgelegt werden:

Modelleigenschaften → Toleranz → ändern→ Standard → ISO/DIN → Fertig/Zurück

Bei Einstellung *ISO/DIN* wird automatisch für jedes Maß die Toleranz nach ISO 2768 festgelegt. Unter „Modellklasse" kann „fein", „mittel", „grob" oder „sehr grob" eingestellt werden. Hierzu muss ggf. erst über den Befehl *Toleranztabellen* die Toleranztabelle *general_def.ttl* oder eine eigene Tabelle geladen werden.

Einfache Toleranzanalysen können mit Hilfe der Analysefunktion *Bemaßungsberandungen* durchgeführt werden.

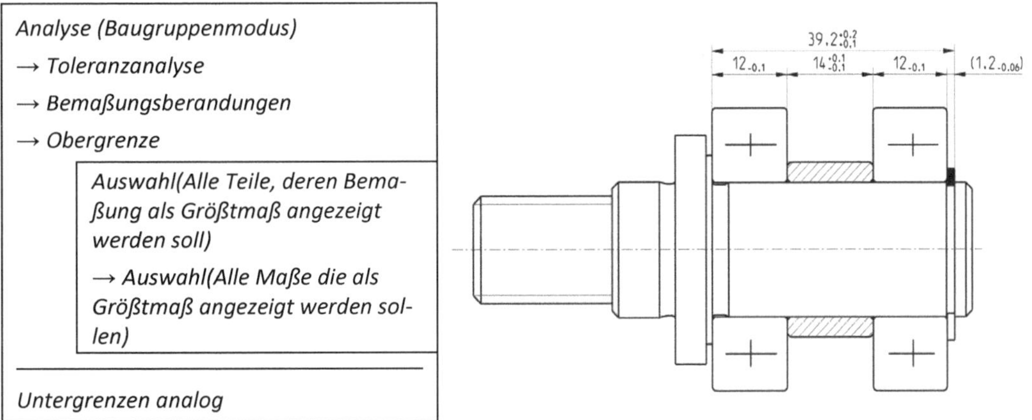

Abbildung 7-3: Toleranzen im Modell darstellen

Für das Beispiel in Abbildung 7-3 wird eine Lagerungssituation hinsichtlich Maximal- und Minimalspiel untersucht. Das System bietet die Möglichkeit, die vorher eingestellten Bemaßungstoleranzen im Modell sichtbar zu machen. Voraussetzung für die Untersuchung einer Baugruppe ist, dass die Einzelteile geeignet referenziert wurden und entsprechend der Längenänderungen anderer Einzelteile ihre Position ändern können.

Im Beispiel ist die linke Seitenfläche des linken Kugellagers auf den Wellenabsatz referenziert, die linke Seitenfläche des Distanzringes auf die rechte Seitenfläche des linken Kugellagers. Die linke Seite des rechten Kugellagers fällt dann mit der rechten Seite des Distanzringes zusammen. Der Sicherungsring muss dann mit der rechten Seitenfläche auf die rechte innere Nutseite referenziert werden. Sind die Toleranzen der Funktionsmaße festgelegt, kann die Analyse gemäß

Abbildung 7-3 durchgeführt werden. Damit wird das Größtspiel der Passung sichtbar und kann mit Hilfe der Analysefunktionen gemessen werden. Zur Bestimmung des Kleinstspiels wird analog vorgegangen.

Weiterführende Analysen, unter Berücksichtigung von Wahrscheinlichkeiten wie sie im Qualitätsmanagement angewendet werden, können mit Hilfe einer Toleranzstudie, die auf der CETOL-Technologie basiert, erfolgen.

7.1.4   Benutzerdefinierte Analyse

Benutzerdefinierte Analysen (BDA) werden für problemspezifische Untersuchungen der Modellgeometrie verwendet. Sie bestehen aus einer für die Messung notwendigen Gruppierung von Konstruktionselementen (Konstruktionsgruppe). Das letzte Element einer Konstruktionsgruppe muss ein Analyse-KE sein. Für die Erzeugung von BDAs steht in *Creo* das Konstruktionselement *Feldpunkt* zur Verfügung. Ein Feldpunkt ist ein Punkt eines Elements (Kurve, Kante, Fläche oder Sammelfläche), der die gesamte Domäne dieses gewählten Elements durchlaufen kann. Bei der Verwendung von Feldpunkten ist darauf zu achten, dass diese nicht als referenzierte Bezugspunkte für die Modellierung verwendet werden. Um den Missbrauch von Feldpunkten zu vermeiden, sollten Konstruktionsgruppen nach ihrer Erstellung unterdrückt werden. Sie stehen dem Anwender trotz Unterdrückungsstatus für weitere BDAs zur Verfügung.

Punkt → Versatz-Koordinatensystem			
Kurve durch Punkte erzeugen			
Zug-Verbund-KE			
→ Referenzen			
→ senkrecht zur Leitkurve			
→ Auswahl(Kurve)			
→ Schnitte → Schnittposition			
→ Anfang(PNT) → Skizze			
Skizze (Kreis Ø20)			
→ Schnitte→ Einfügen			
→ Schnittposition → Ende (PNT4)			
→ Skizze			
Skizze (Kreis Ø35)			

Name	*X*	*Y*	*Z*
PNT0	*0.00*	*8.00*	*6.00*
PNT1	*40.00*	*0.00*	*-5.00*
PNT2	*70.00*	*-2.00*	*0.00*
PNT3	*90.00*	*10.00*	*5.00*
PNT4	*120.00*	*35.00*	*-10.00*

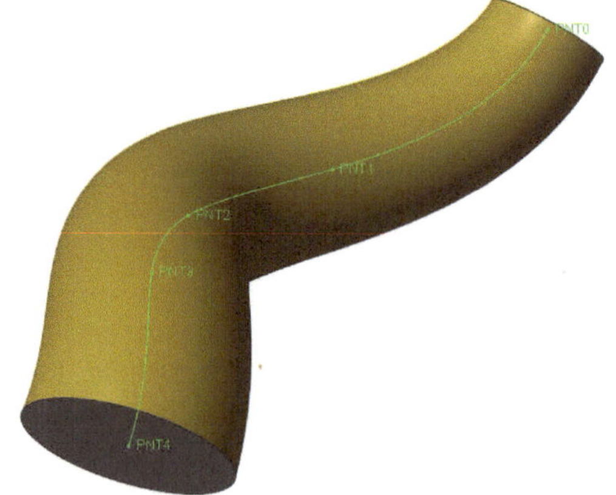

Abbildung 7-4: Krümmer als Zug-Verbund-KE

Zur Veranschaulichung einer BDA soll für einen *Krümmer* der Flächeninhalt des Querschnitts unter Verwendung eines Feldpunkts über die gesamte Länge des Bauteils ermittelt werden. In einem ersten Schritt wird der Krümmer als Zug-Verbund-KE erzeugt. Hierzu sind Stützpunkte für die Erzeugung eines Splines als Leitkurve notwendig (Abbildung 7-4).

Um den Querschnitt an einer beliebigen Stelle des Krümmers messen zu können, wird ein Feldpunkt auf der Leitkurve erzeugt. Die Kurve bildet somit die Domäne des Feldpunkts. Anschließend kann mit Hilfe einer Bezugsebene, die durch den Feldpunkt und senkrecht zur Kurve verläuft, der zu messende Querschnitt durch ein Analyse-KE ermittelt werden (Abbildung 7-5). Die Konstruktionsgruppe besteht demzufolge aus dem Feldpunkt, der Bezugsebene und dem Analyse-KE, da diese Elemente der reinen Definition einer Messung dienen und nicht im Zusammenhang mit der Bauteilmodellierung stehen.

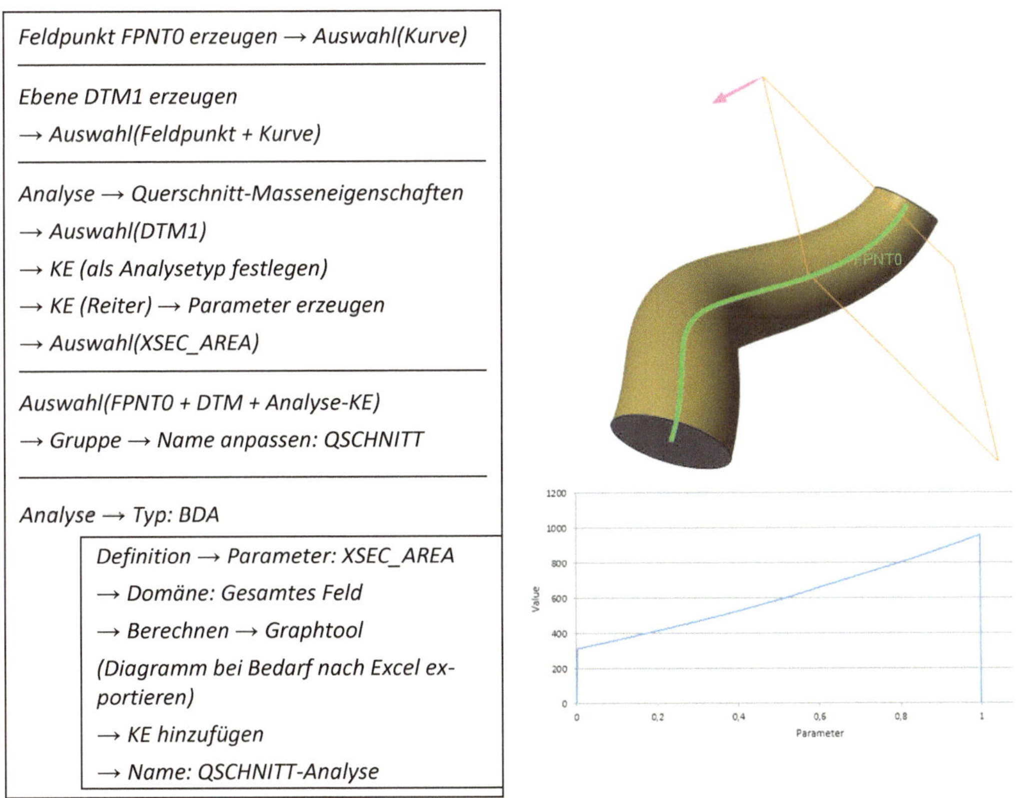

Abbildung 7-5: Benutzerdefinierte Analyse zur Querschnittsmessung

Nachdem alle Vorbereitungen getroffen wurden, erfolgt die eigentliche BDA. Hierzu durchläuft der Feldpunkt gemäß der eingestellten Auflösung seine Domäne (hier: Kurve) und ermittelt an diesen Punkten der Kurve den Flächeninhalt der Querschnitte analog zur zuvor erzeugten Messung.

Die als Graph ausgegebenen Wertepaare stehen danach für weitere Konstruktionsschritte zur Verfügung (z. B. Export als Excel-Datei).

In einem weiteren Beispiel soll anhand einer BDA die Maximalabmessung eines Bauteils an einer Freiformfläche ermittelt werden. Hierzu wird die entsprechende Fläche als Domäne für den eingesetzten Feldpunkt verwendet. In einem ersten Schritt wird ein Grundkörper erstellt, dessen Deckfläche durch eine Freiformfläche ersetzt wird (Abbildung 7-6).

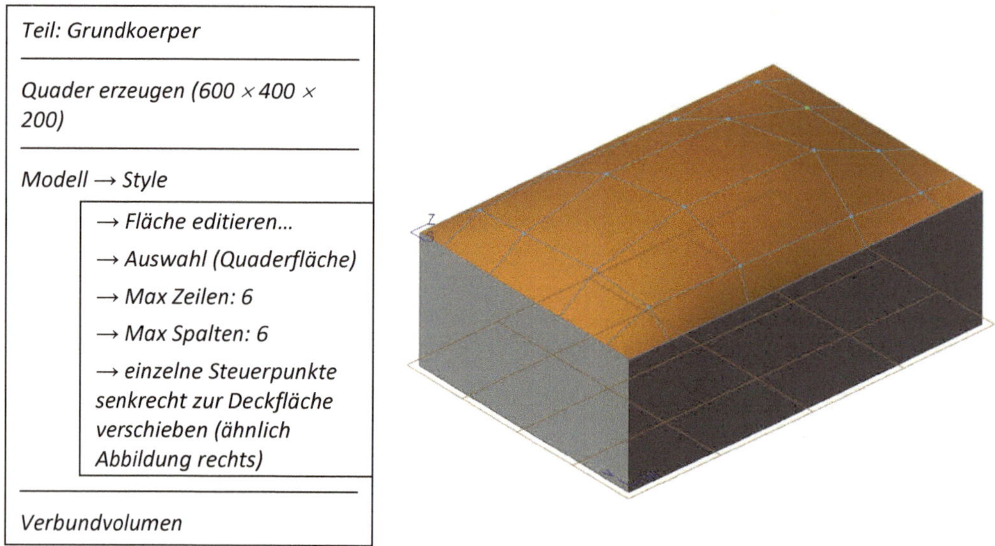

Abbildung 7-6: Grundkörper mit Freiformfläche

In einem weiteren Schritt wird auf der erzeugten *Freiformfläche* ein Feldpunkt eingefügt, der dann für die Abstandsmessung zur Bodenfläche verwendet wird (Abbildung 7-7).

Die in der BDA ermittelten Abstandswerte und Punktkoordinaten können für weitere Operationen verwendet werden.

Feldpunkt erzeugen → Auswahl(Fläche)

Analyse → Messen → Abstand

→ Auswahl(Feldpunkt +
Quader-Bodenfläche)

→ KE anlegen

Auswahl(Feldpunkt + Mess-KE)

→ RMT → Gruppieren

Analyse → Typ: BDA

→ Berechnen → Schließen

→ Ergebnis-Parameter → Erzeugen

→ Ja (für UDM_MAX_VAL)

→ Ergebnisbezüge → Erzeugen

→ Ja (für UDA_MAX_PNT)

Ebene erzeugen

→ Referenz (Analyse-Ergebnisbezug
(UDA_MAX_PNT + Quader-Bodenfläche))

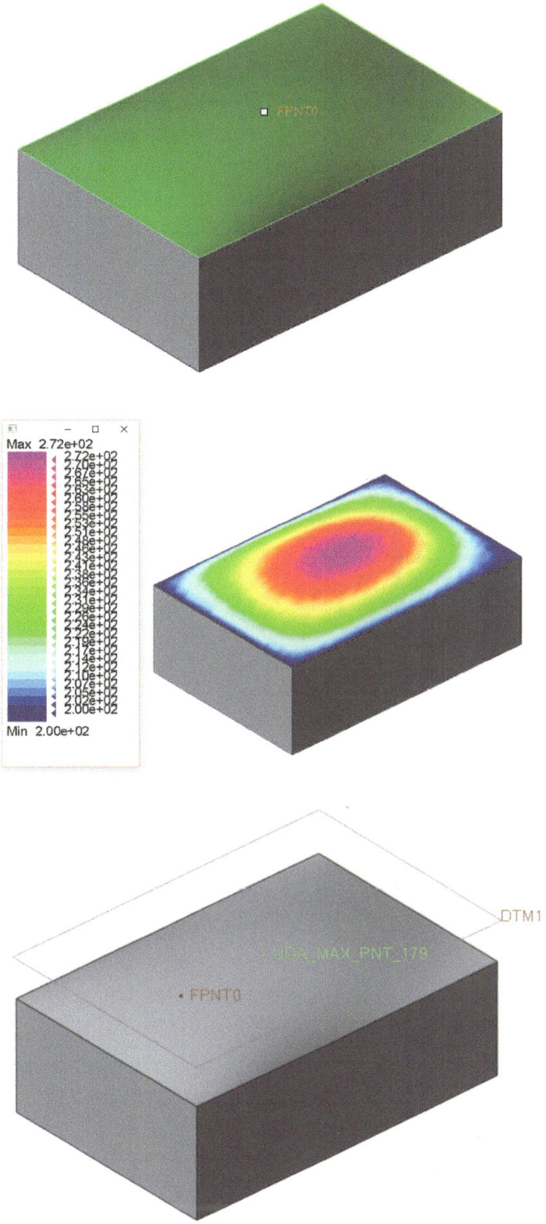

Abbildung 7-7: Benutzerdefinierte Analyse zur Abstandsmessung

7.2 Geometrieoptimierung

Optimierungsstudien erlauben dem System das Berechnen von Bemaßungswerten, welche die Anforderungen der vorher festgelegten benutzerdefinierten Bedingungen erfüllen. So kann beispielsweise für einen Körper bei konstantem Volumen die Oberfläche minimiert werden. Um eine Geometrieoptimierung durchführen zu können, ist eine vorherige Berechnung der notwendigen Parameter erforderlich. Diese können mit Hilfe eines *Analyse-Features* ermittelt werden. Ein Analyse-Feature ist ein Bezugs-Feature, welches eine Messung in Form eines Parameters, Bezugspunktes, Koordinatensystems oder Graphen für weitere Berechnungen oder Konstruktionen festhalten kann.

7.2.1 Optimierung eines Blechteils

An einem Blechteil soll die Kurvenlänge der Außenkontur (ohne Bogenstück) bei festgelegtem Flächeninhalt minimiert werden. Nach der Modellierung des Blechteils müssen zwei Analyse-Features erzeugt werden, die dann in der Optimierungsstudie zum Einsatz kommen. Das erste Analyse-Feature erfasst die Messung der Kurvenlänge, das zweite die Messung des Flächeninhalts (Abbildung 7-8).

Im Menü *Durchführbarkeit/Optimierung* kann nach Auswahl der Option Optimierung das Ziel der Optimierungsstudie festgelegt werden. In diesem Fall soll der Parameterwert der Längenmessung minimiert werden. Als Konstruktionsvariablen sind über „Bemaßung hinzufügen" die beiden Kantenlängen des Profils auszuwählen und entsprechende Wertebereich festzulegen.

Zusätzlich ist als Konstruktionsbedingung der Ergebnisparameter der Flächenanalyse auszuwählen und mit dem gewünschten Wert zu belegen.

Mit dem Befehl *Berechnen* wird die Optimierungsstudie gestartet. Über einen Konvergenzgraphen kann der Verlauf der Iterationen visualisiert werden. Die letzten Werte der Konstruktionsvariablen werden dann ins Modell übernommen. Über *Optionen* kann u. a. das Konvergenzkriterium der Studie vorab eingestellt werden. Wenn die Studie als Feature im Modellbaum verankert wurde, können die beiden Längenparameters des gewählten Beispiels nur dann verändert werden, wenn dieses Optimierungsfeature unterdrückt wird. Wenn dieses Feature jedoch aktiv ist, wird die Optimierung nach anderen Änderungen bei jeder Regenerierung ausgeführt.

Die Wertübernahme aus der Optimierung führt jedoch dazu, dass die Bemaßungsparameter nun aber nicht mehr Element einer gewünschten Normalzahlreihe sind.

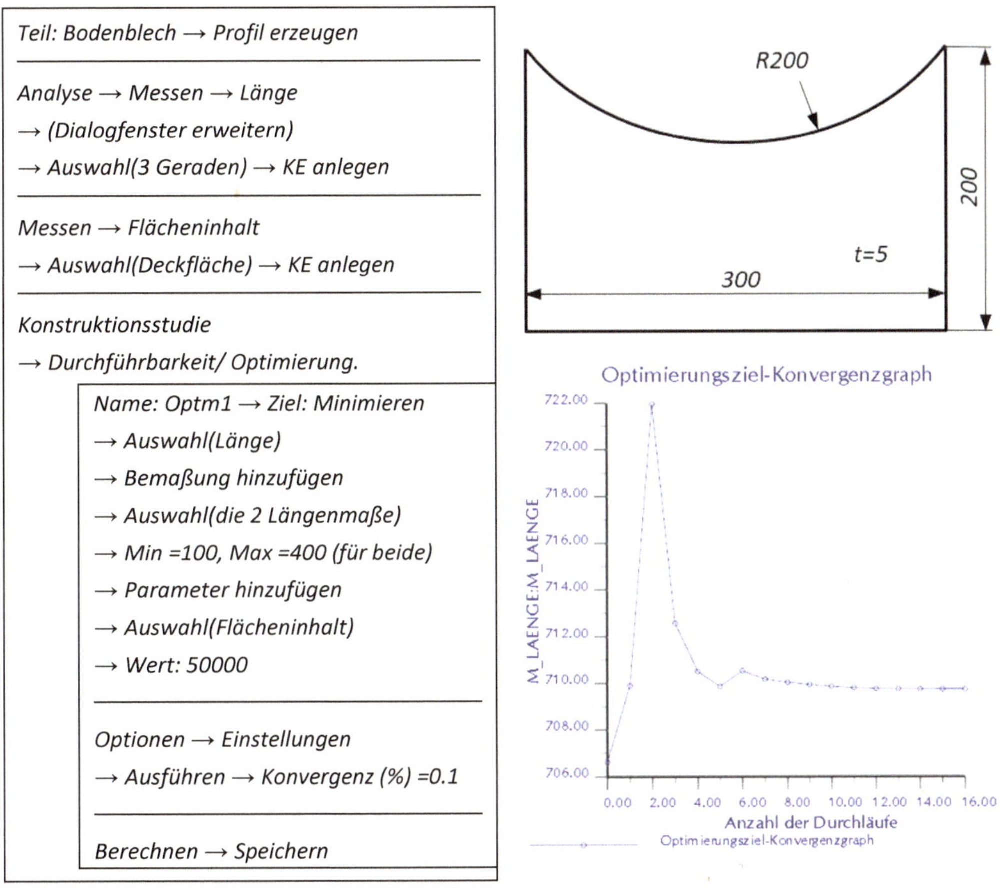

Abbildung 7-8: Bodenblech

7.2.2 Statische Unwuchtoptimierung einer Kurbelwelle

Weitere Möglichkeiten der *Geometrieoptimierung* sollen anhand des Modells einer *Kurbelwelle* aufgezeigt werden (Abbildung 7-9). Für einen unwuchtfreien Betrieb einer Kurbelwelle muss der Schwerpunkt der Kurbelwelle möglichst nah an der Drehachse liegen. Ziel dieser Optimierungsstudie ist demzufolge die Minimierung des Abstandes zwischen Schwerpunkt und Drehachse der Kurbelwelle. Auf die Erzeugung des Modells soll hier nicht näher eingegangen werden. Sinnvoll ist es, wenn die Drehachse mit einer Achse des Standardkoordinatensystems zusammenfällt. Im Beispiel ist es die x-Achse.

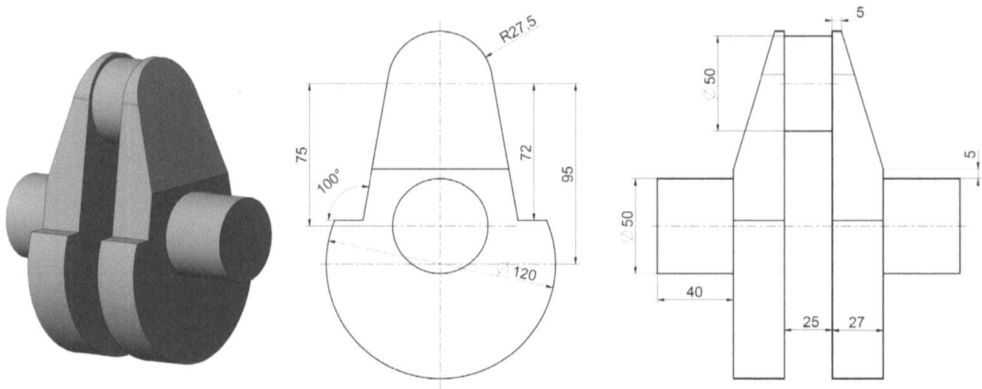

Abbildung 7-9: Kurbelwelle

Nach erfolgreicher Modellierung der Kurbelwelle muss ein *Analyse-Feature* erzeugt werden, das die Koordinaten des Schwerpunktes erfasst. Aufgrund der Symmetrie des Bauteils ist die z-Koordinate des Schwerpunkts nicht notwendig. Unter den gewählten Randbedingungen für das Beispiel reicht es, lediglich die y-Koordinate des Schwerpunktes als Parameter im Analyse-KE zu verankern (Abbildung 7-10).

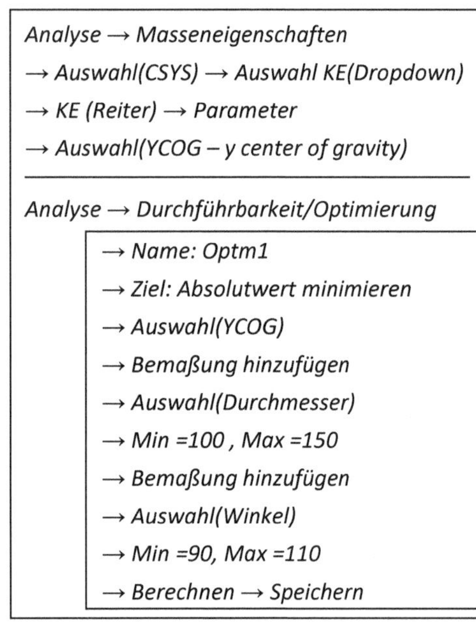

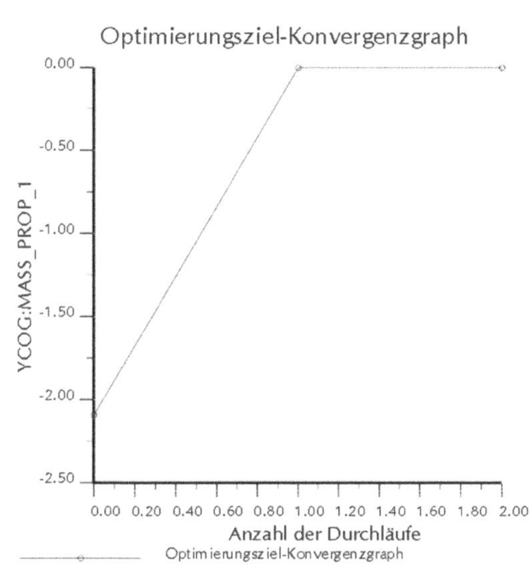

Abbildung 7-10: Optimierung der Kurbelwelle

Ziel dieser Optimierung ist die Minimierung des Betrags der y-Koordinate des Schwerpunkts. In diesem Fall reicht das einfache *Minimieren* nicht aus. Designvariablen dieser Studie sind der Durchmesser der Scheibe (Ø120) sowie die Winkelbemaßung (100°).

Bei der Berechnung von Masseneigenschaften können im ermittelten Schwerpunkt Bezüge (Koordinatensystem oder Bezugspunkt) zur weiteren Verwendung erstellt werden. Das wäre im Beispiel erforderlich, wenn die Rotationsachse nicht auf einer Koordinatenachse liegen würde. In dem Fall müsste dann auch ein Bezug (Punkt oder neues KS) im Analyse-Feature erzeugt werden, so dass dann der Abstandswert minimiert werden muss, dessen Parameter über ein zusätzliches Analyse-KE vorher zu ermitteln ist.

7.2.3 Graphenvergleich

Durch Vergleich zweier *Graphen* können Abweichungen der Verteilung eines bestimmten Parameters entlang eines anderen Parameters ermittelt werden. Für die Einhaltung des Konstruktionsziels kann die Ist-Verteilung eines Parameters (Graph aus Analyse-KE) mit den Soll-Werten (Graph-KE) verglichen werden. Die Abweichung der beiden Graphen voneinander kann dann als Parameter für eine Studie eingesetzt werden, um die Abweichung zu optimieren und somit die bestmögliche Verteilung zu erzielen.

Das Vorgehen soll am Beispiel eines Diffusors erläutert werden. Hierzu wird zunächst der *Diffusor* als Rotationskörper modelliert (Abbildung 7-11).

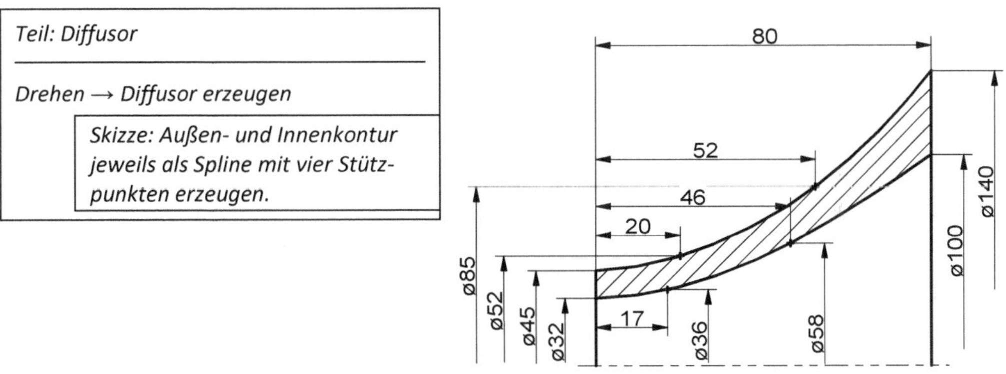

Abbildung 7-11: Diffusor

Dieser erste Modellentwurf wird nun zuerst analysiert. Hierzu werden die aktuellen Querschnitte an jedem Punkt des Diffusors gemessen und die Ergebnisse in Form eines Graphen ausgegeben. Dieser Graph wird dann mit einer Sollkurve des Querschnittsverlaufs, die sich aus thermodynamischen Berechnungen und/oder Festigkeitsberechnungen ergeben kann, verglichen. Anschließend wird die Differenz zwischen den beiden Graphen durch eine Optimierungsstudie minimiert.

In Abbildung 7-12 wird zunächst eine skizzierte Leitkurve entlang der Drehachse erzeugt, die in der Analyse die Domäne des Feldpunkts zur Messung der Querschnitte darstellt.

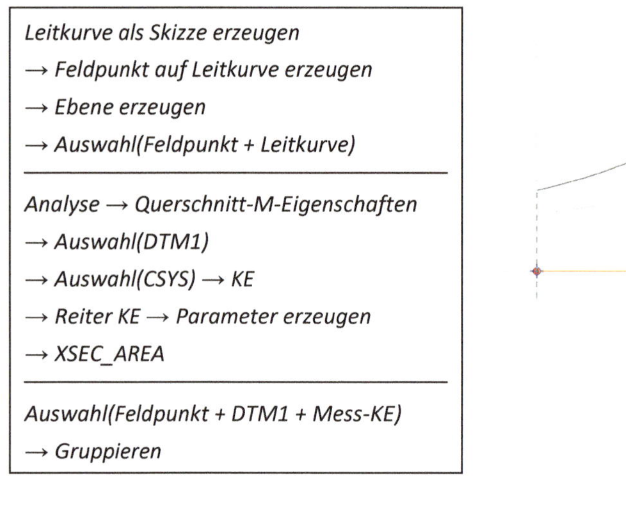

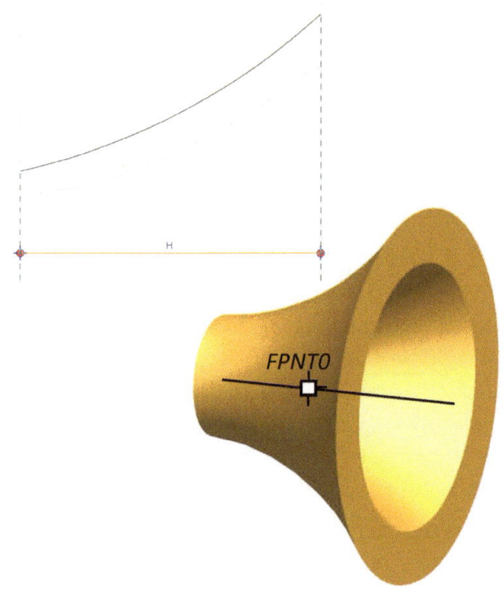

Abbildung 7-12: Querschnittsmessung am Diffusor

Mit Hilfe einer BDA kann nun das gesamte Bauteil hinsichtlich seines Querschnittsverlaufs untersucht werden. Bei der Definition der Ergebnisbezüge ist darauf zu achten, dass das Analyseergebnis als Graph ausgegeben wird (Abbildung 7-13).

Zur Erhöhung der Graphauflösung kann unter den Berechnungseinstellungen der Schieberegler entsprechend nach rechts (hier: Mitte) verschoben werden.

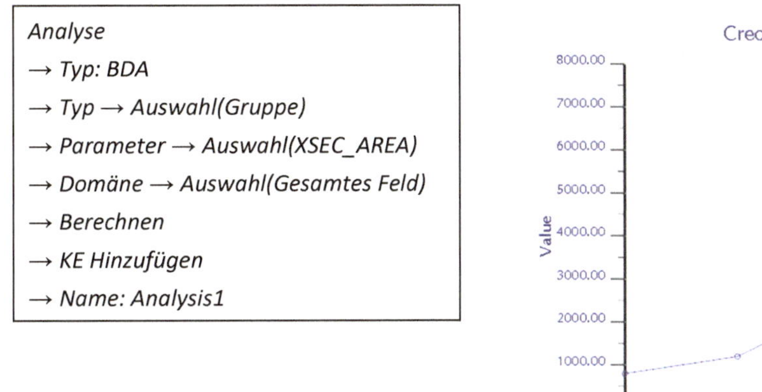

Abbildung 7-13: BDA am Diffusor

Mit dieser Analyse steht die Ist-Kurve des Querschnittsverlaufs fest und muss mit einer zu erzeugenden Soll-Kurve (Graph) verglichen werden (Abbildung 7-14).

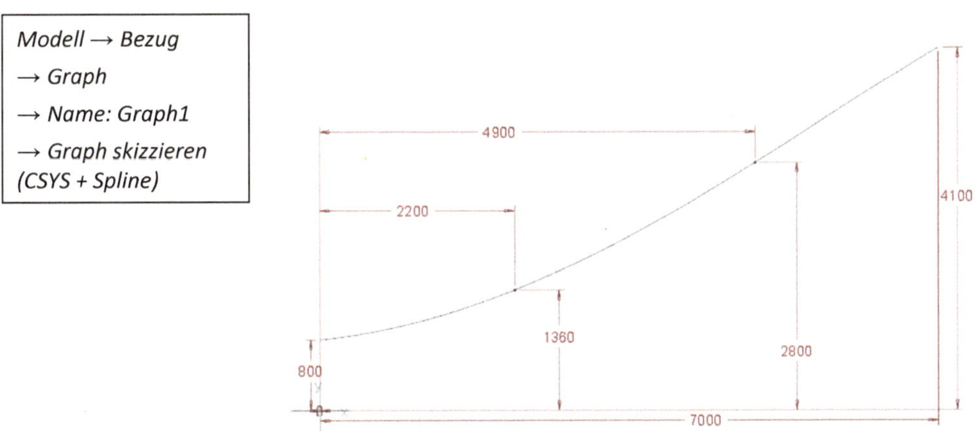

Abbildung 7-14: Graph als Sollkurve

Mi den x-Koordinaten des Graphen wird nur der Verlauf gesteuert. Die y-Koordinaten des Graphen dienen später dem eigentlichen Vergleich.

Der Vergleich dieses Graphen mit dem Ergebnisgraph der Querschnittsanalyse lässt sich mit
Hilfe eines Beziehungs-*Analyse-KEs* umsetzen. In der zu erstellenden Beziehung wird die bereits
vorgestellte Funktion *comparegraphs* verwendet (Abbildung 7-15).

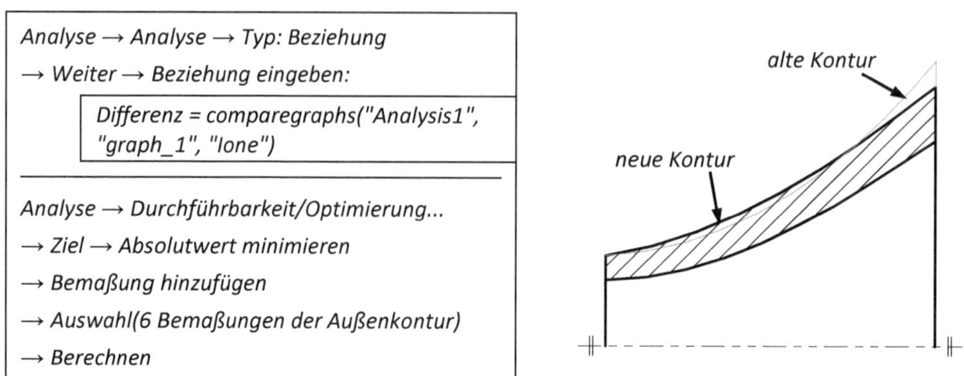

Abbildung 7-15: Graphenvergleich und Optimierung

Die in der Beziehung verwendete Berechnungsmethode *Ione* misst dabei den Bereich zwischen den Funktionen der beiden Graphen (f(t) – g(t)). Um nun den Diffusor bezüglich seines Querschnittsverlaufs zu optimieren, wird eine Optimierungsstudie durchgeführt, dessen Optimierungsziel die Minimierung des Differenzbetrags des ausgewerteten Beziehungs-Analyse-KEs darstellt. Die maßgeblichen Konstruktionsvariablen der Optimierungsstudie stellen die Bemaßungen der Außenkontur dar. Die Innenkontur wird dagegen als vorgegebener Verlauf nicht weiter verändert.

7.2.4　Multiziel-Konstruktionsstudien

Multiziel-Konstruktionsstudien dienen zum Ermitteln optimaler Lösungen mit mehreren (zum Teil auch widersprüchlichen) Konstruktionszielen. Eine Multiziel-Konstruktionsstudie bietet gegenüber einer Optimierungsstudie den Vorteil, dass der optimale Bereich ausgewählter Konstruktionsvariablen gefunden werden kann. Während Optimierungen zu einem einzigen Ergebnis führen, liefert die Multiziel-Konstruktionsstudie eine Auswahl optimaler Lösungen (sog. Pareto-Menge) an. Dies kommt insbesondere bei zunehmender Zahl an Konstruktionszielen zum Tragen.

Im folgenden Beispiel soll eine Rohrleitung mit vorgegebenen Anschlusspositionen um ein Hindernis konstruiert werden. Dabei ist ein Mindestabstand von 10 mm zwischen der Rohrleitung und dem Hindernis einzuhalten. Weiterhin sollen die Krümmungsradien in einem sinnvollen Bereich zwischen 5 mm und 15 mm liegen. Insgesamt ist die Rohrleitung so zu entwerfen, dass der Materialaufwand möglichst gering gehalten wird. Zunächst wird das Hindernis als Flächenmodell erzeugt (Abbildung 7-16) und anschließend die Rohrleitung mit Hilfe einer Kurve durch vorgegebene Punkte als Zug-KE modelliert.

<table>
<tr><td>

Teil: Rohrleitung

Profil → Hindernis auf XY-Ebene erzeugen

> *Skizze: abgerundetes Rechteck (250 × 250, R50; Höhe: 300)*
> *Koordinatensystem mittig*

Punkt → Versatz-KS → 7 Punkte erzeugen

Ebene durch PNT0 und parallel zur YZ-Ebene

Ebene durch PNT6 und parallel zur YZ-Ebene

Kurve durch Punkte erzeugen (Kurve im Start- und Endpunkt jeweils senkrecht zu den erzeugten Ebenen)

Zug-KE → Rohrleitung erzeugen mit ⌀50 mm (innen) und 5 mm Wandstärke

</td></tr>
</table>

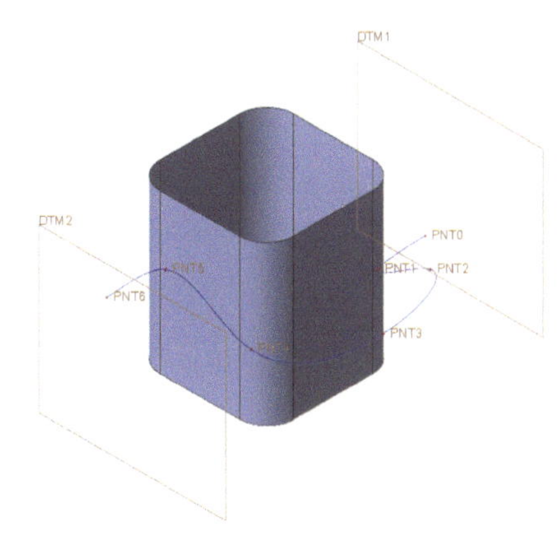

Name	X	Y	Z
PNT0	-300	0.00	50.00
PNT1	-200.00	10.00	50.00
PNT2	-170.00	140.00	130.00
PNT3	0.00	220.00	150.00
PNT4	170.00	140.00	170.00
PNT5	220.00	10.00	250.00
PNT6	300.00	0.00	250.00

Abbildung 7-16: Rohrleitung mit Hindernis (Flächenmodell)

Damit die bei der Multiziel-Konstruktionsstudie einzuhaltenden Randbedingungen als Parameter vorliegen, müssen verschiedene Analysen durchgeführt und als KE abgespeichert werden (Abbildung 7-17). In einem ersten Schritt wird der Krümmungsradius an der gesamten Rohrleitung ermittelt. Damit der Mindestabstand zum Hindernis eingehalten wird, muss in einem zweiten Schritt der kleinste Abstand zwischen Rohrleitung und Hindernis analysiert werden. Schließlich wird zur Minimierung des Materialverbrauchs die Kurvenlänge der Rohrleitung gemessen.

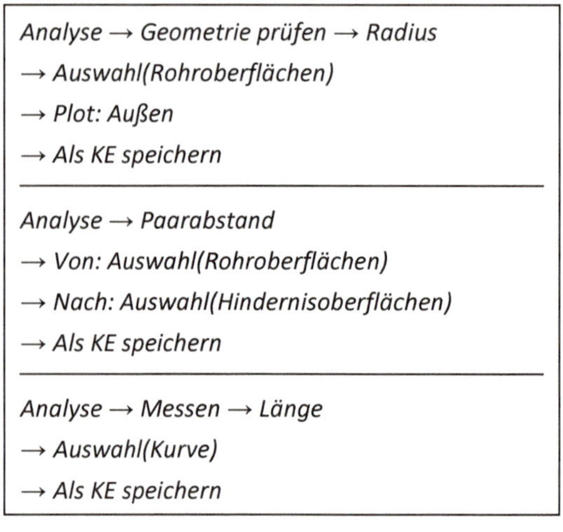
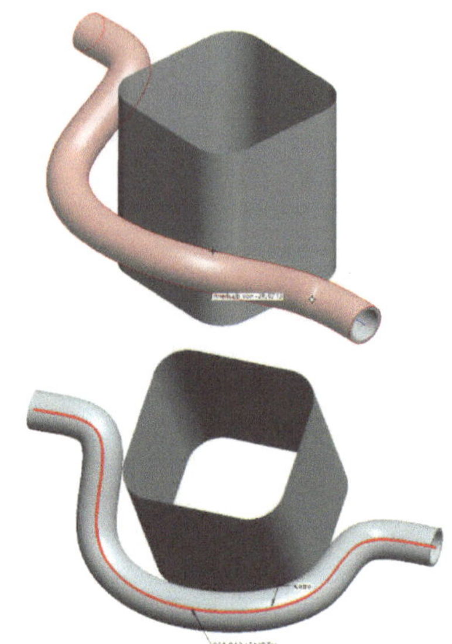

Analyse → Geometrie prüfen → Radius

→ Auswahl(Rohroberflächen)

→ Plot: Außen

→ Als KE speichern

Analyse → Paarabstand

→ Von: Auswahl(Rohroberflächen)

→ Nach: Auswahl(Hindernisoberflächen)

→ Als KE speichern

Analyse → Messen → Länge

→ Auswahl(Kurve)

→ Als KE speichern

Abbildung 7-17: Analyse-KEs zur Sicherstellung der Randbedingungsparameter

Mit Hilfe der nun in Parametern festgehaltenen Randbedingungen der Konstruktionsstudie kann die Rohrleitung optimiert werden. Hierzu wird eine Multiziel-Konstruktionsstudie gestartet, wobei die Bemaßungsparameter der Kurvenstützpunkte als Konstruktionsvariablen verwendet werden (Abbildung 7-18).

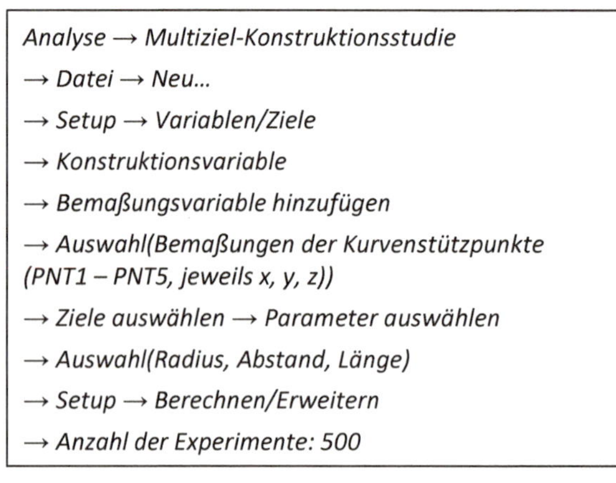

Analyse → Multiziel-Konstruktionsstudie

→ Datei → Neu...

→ Setup → Variablen/Ziele

→ Konstruktionsvariable

→ Bemaßungsvariable hinzufügen

→ Auswahl(Bemaßungen der Kurvenstützpunkte (PNT1 – PNT5, jeweils x, y, z))

→ Ziele auswählen → Parameter auswählen

→ Auswahl(Radius, Abstand, Länge)

→ Setup → Berechnen/Erweitern

→ Anzahl der Experimente: 500

Konstruktionsvariablen

Variabel	Min	Max
d25:ROHRLEITU...	-220.000000	-180.000000
d26:ROHRLEITU...	9.000000	11.000000
d27:ROHRLEITU...	45.000000	55.000000
d28:ROHRLEITU...	-190.000000	-150.000000
d29:ROHRLEITU...	120.000000	150.000000
d30:ROHRLEITU...	20.000000	145.000000
d31:ROHRLEITU...	-1.000000	1.000000
d32:ROHRLEITU...	140.000000	240.000000
d33:ROHRLEITU...	120.000000	180.000000
d34:ROHRLEITU...	150.000000	190.000000
d35:ROHRLEITU...	120.000000	150.000000
d36:ROHRLEITU...	150.000000	190.000000
d37:ROHRLEITU...	180.000000	220.000000
d38:ROHRLEITU...	9.000000	11.000000
d39:ROHRLEITU...	245.000000	255.000000

Abbildung 7-18: Multiziel-Konstruktionsstudie der Rohrleitung

Nun wird die sogenannte Master-Tabelle erstellt. Die in ihr enthaltenen verschiedenen Konfigurationen entstehen durch Variation der Konstruktionsvariablen innerhalb eines voreingestellten Abweichungsprozentsatzes und beinhalten die Auswertung der Zielparameter für die jeweilige Konfiguration. Erst durch Filtern der Master-Tabelle wird der Lösungsraum sinnvoll eingegrenzt. Dies geschieht durch das Ableiten einer weiteren Tabelle von der Master-Tabelle (Abbildung 7-19). Hier können die Konstruktionsziele minimiert bzw. maximiert (Option Pareto) oder durch Mindest- und Maximalwerte eingeschränkt werden (Option Bedingungen). Im vorliegenden Beispiel werden zunächst die Konfigurationen anhand vorgegebener Min/Max-Werte gefiltert. Im zweiten Schritt wird die Lösung gesucht, die die geringste Rohrleitungslänge aufweist.

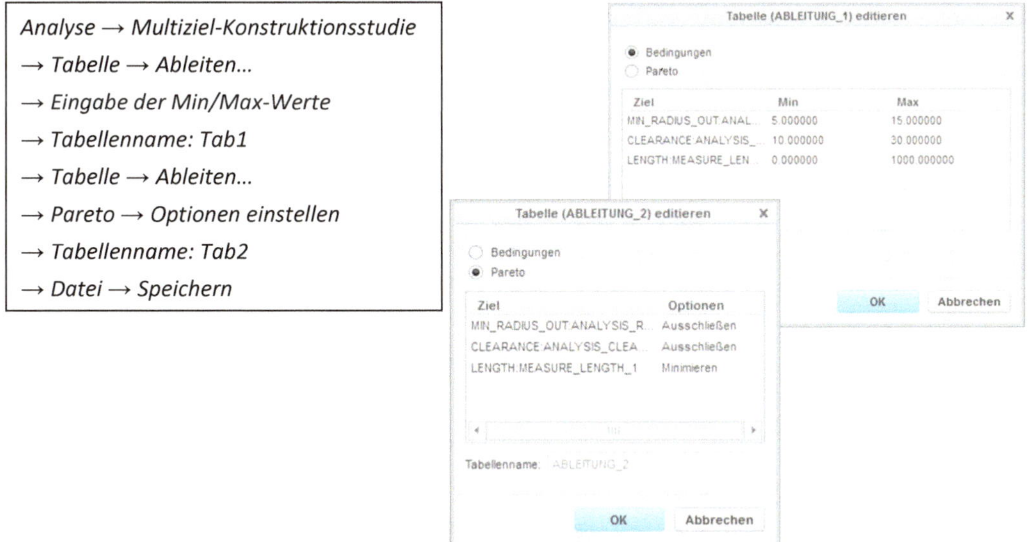

Abbildung 7-19: Ableiten von Tabellen

Vor Beendigung der Konstruktionsstudie können zu jedem Tabellensatz die Ergebnisse graphisch dargestellt werden. Nach Ausführung der Befehlsfolge:

Tools → Graphstudie

lassen sich für die x- bzw. y-Achse beliebige Konstruktionsvariablen oder Konstruktionsziele auswählen, die in einem Graphen gegenübergestellt werden. Um sich einzelne Lösungskandidaten als Modell anzeigen zu lassen, muss der entsprechende Datensatz selektiert werden. Anschließend erscheint durch:

Datensatz → Modell zeigen

eine Vorschau des Modells in einem separaten Fenster.

7.3 Wissensintegration

7.3.1 Excel-Analyse

Im Rahmen der wissensbasierten Teilekonstruktion kann in *Creo* anhand einer externen Excel-Datei eine Analyse definiert werden, die an einem Modell durchgeführt werden soll. Anschließend sind die Ergebnisse der *Excel-Analyse* in einem Excel-Analyse-KE speicherbar. Für diese Art der Analyse können Modellbemaßungen, Modellparameter und Analyse-KE-Parameter als Eingabewerte verwendet werden. Eingabe- und Ausgabeeinstellungen lassen sich festlegen, indem man eine Modellbemaßung oder einen Modellparameter mit der dazugehörigen Zelle im Excel-Spreadsheet verknüpft. Mit Hilfe der Konfigurationsoption (config.pro) *excel_analysis_directory* kann ein Standard-Verzeichnis für Excel-Dateien angegeben werden, sodass Excel-Analyse-KEs selbstständig regeneriert werden können.

Das vorliegende Beispiel einer Rohrleitungsauslegung verdeutlicht die prinzipielle Vorgehensweise einer Excel-Analyse. Hierzu ist zunächst ein *Rohrsegment* als Zugkörper zu erstellen (Abbildung 7-20).

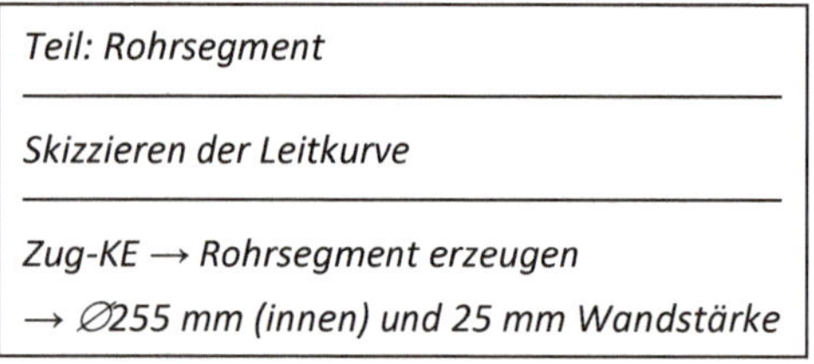

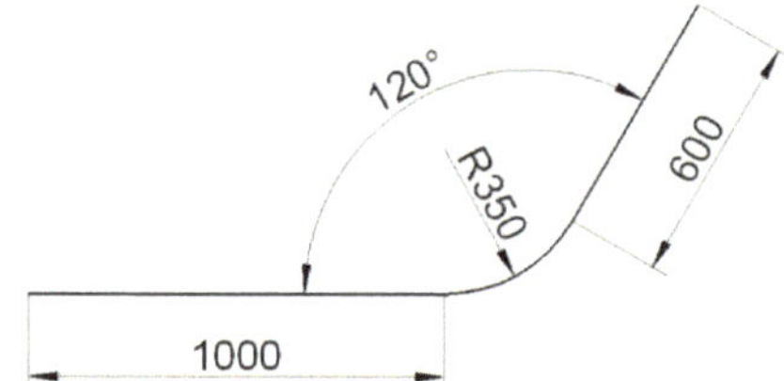

Abbildung 7-20: Rohrsegment als Zugkörper

Im weiteren Verlauf soll anhand einer Excel-Analyse der entstehende Druckverlust berechnet werden. Hierzu müssen die Parameter Rohrsegmentlänge l, Krümmungsradius R, Krümmungswinkel δ und Rohrdurchmesser d an Excel übergeben werden. Die Gesamtlänge des Rohrsegments lässt sich mit Hilfe eines *Analyse-KEs* messen (Abbildung 7-21), sodass dieser Parameter auch für eine weitere Verwendung zur Verfügung steht.

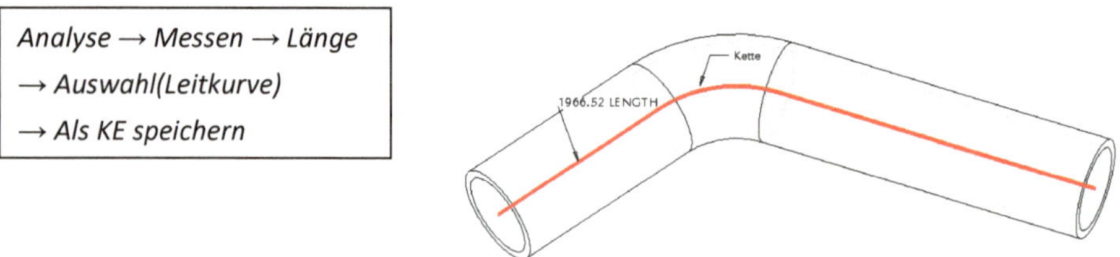

Abbildung 7-21: Messen der Rohrsegmentlänge

Zur Herstellung einer Verbindung mit Excel kann eine bestehende Datei geöffnet oder über *Neue Datei* ein neues Dokument angelegt werden. Es ist hierbei darauf zu achten, dass keine Umlaute in der Pfadangabe und im Dateinamen vorhanden sein dürfen. In der neuen Arbeitsmappe kann nun der volle Excel-Funktionsumfang genutzt werden. Für das vorliegende Beispiel der Rohrleitungsauslegung sind die abgebildeten Werte und Formeln einzugeben (Abbildung 7-22).

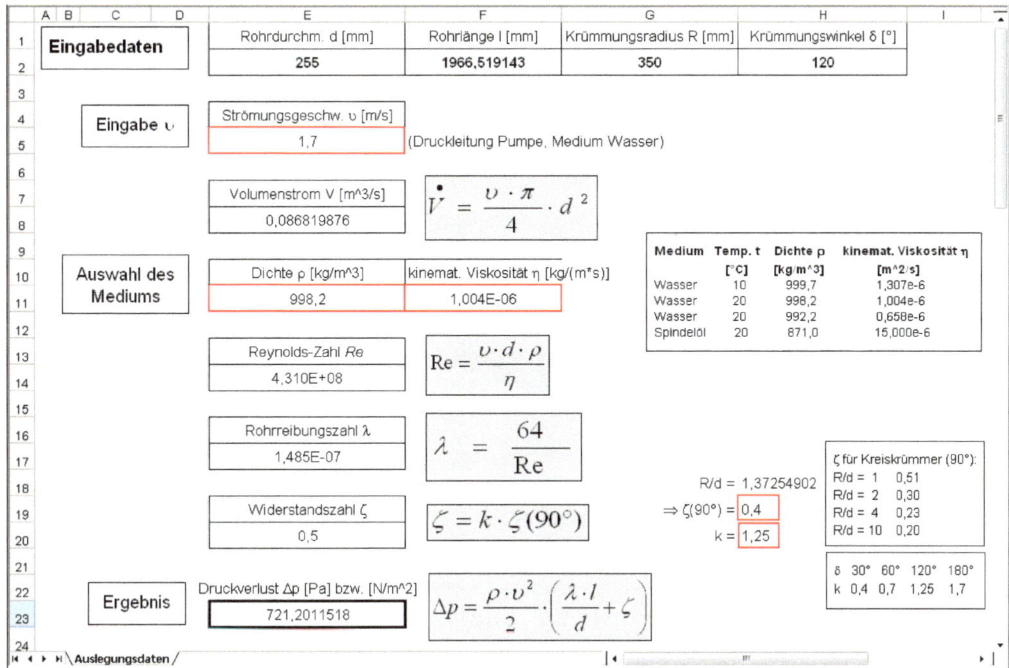

Abbildung 7-22: Excel-Berechnung

Um nun die endgültige Kopplung zwischen dem CAD-Modell und der Excel-Berechnung herzustellen, müssen die manuell eingetragenen Rohrsegmentparameter (Zeile 2) durch die CAD-Parameter überschrieben werden (Abbildung 7-23). Das geschieht durch die Paarung der Parameter mit den entsprechenden Excel-Zellen.

Anschließend kann im Beispiel die Analyse genutzt werden, um weitere Optimierungen durchzuführen. So könnte der Biegeradius vergrößert werden, um den Druckverlust zu verringern.

Analyse → Excel-Analyse

→ Datei laden (oder „Neu Datei" wie Abbildung 7-22)

→ Bemaß hinzufügen

→ Auswahl(Rohrrinnendurchmesser) → Auswahl(Excel-Zelle) → Fertig Ausw

→ Wiederholung (Biegeradius, Biegewinkel)

→ Parameter hinzufügen → Auswahl(Länge) → Auswahl(Excel-Zelle) → Fertig Ausw

→ Ausgabezellen → Auswahl(Excel-Zelle) → Fertig Ausw

→ Berechnen → Als KE speichern

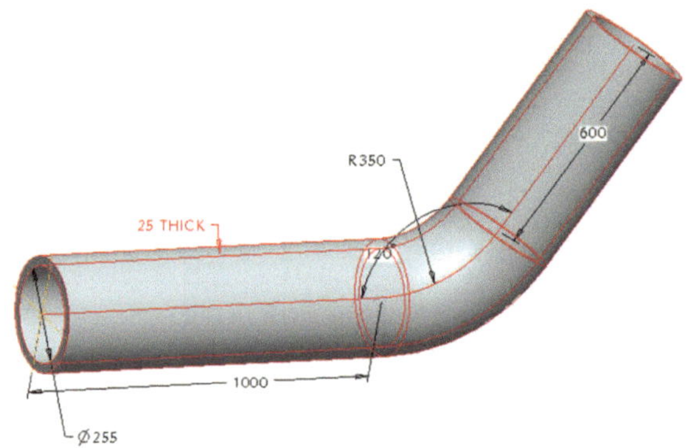

Abbildung 7-23: Parameterübergabe bei einer Excel-Analyse

7.3.2 Einbindung einer Mathcad-Analyse

Neben der Excel-Einbindung ist in *Creo* auch die Einbindung der Mathematiksoftware *Mathcad* möglich. Damit können komplexere Berechnungszusammenhänge in den CAD-Prozess eingebunden werden. Das Beispiel zeigt die Konstruktion einer *Blechrinne*, die hinsichtlich des Querschnittes A optimiert werden soll. Dazu wird mit Hilfe von *Mathcad* die geschlossene analytische Lösung zu einem Extremwertproblem ermittelt. Die Seitenteile der Rinne besitzen die Längen x und y, der Winkel φ soll so bestimmt werden, dass der Flächeninhalt A maximal wird. Vorbereitend ist die Geometrie aufzubauen und geeignet zu parametrisieren (Abbildung 7-24).

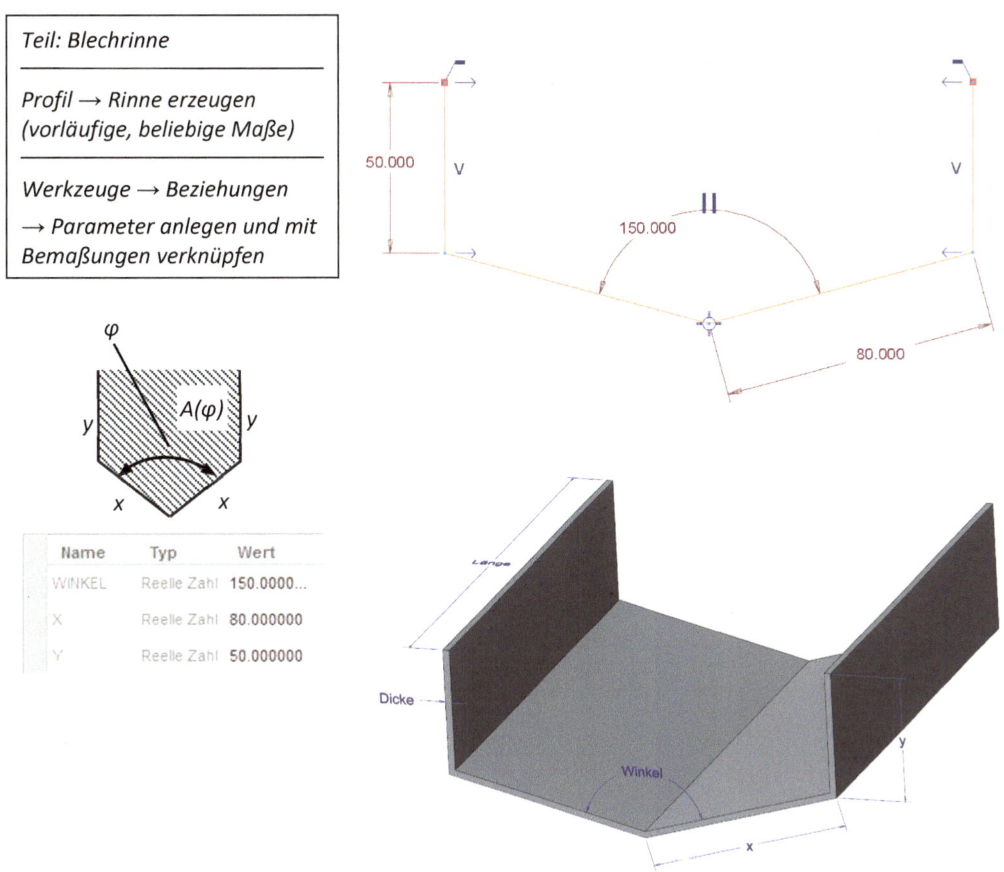

Abbildung 7-24: Vorbereitung der Geometrie in Creo

Anschließend soll die Extremwertaufgabe mit Hilfe von *Mathcad* gelöst werden und die Vorbereitung zur Kopplung mit dem CAD-Modell erfolgen. Dazu sind *Mathcad*-Kenntnisse notwendig, die an dieser Stelle vorausgesetzt werden. Nach dem manuellen Aufstellen der Funktion $A(\varphi)$, übernimmt *Mathcad* die Bestimmung der Ableitung und ermittelt die Winkelwerte, für welche die erste Ableitung Null wird (die Untersuchung der zweiten Ableitung ist aus Platzgründen nicht aufgeführt). Sowohl die *Mathcad*-Variablen, als auch die Parameter im *Creo*-Modell, welche miteinander verknüpft werden sollen, müssen die gleichen Namen tragen. Für Wertzuweisungen von *Creo* zu *Mathcad* muss die *Mathcad*-Variable als Eingabe, für Wertzuweisungen in umgekehrter Richtung als Ausgabe gekennzeichnet werden. Abbildung 7-25 soll dies verdeutlichen.

Markieren der Variablen x und y

→ RMT(Eingabe/Ausgabe)

→ Eingaben zuweisen

→ Markieren der Variable Winkel

→ RMT(Eingabe/Ausgabe)

→ Ausgaben zuweisen

Optimierung einer Blechrinne mit Mathcad

$$x := 80 \qquad y := 50$$

Flächenfunktion und deren Ableitung

$$A(\varphi) := 2\ x \cdot y \cdot \sin\left(\frac{\varphi}{2}\right) + x^2 \cdot \sin\left(\frac{\varphi}{2}\right) \cdot \cos\left(\frac{\varphi}{2}\right)$$

$$A_\varphi(\varphi) := \frac{d}{d\varphi} A(\varphi) \rightarrow 3200 \cdot \cos\left(\frac{\varphi}{2}\right)^2 + 4000 \cdot \cos\left(\frac{\varphi}{2}\right) - 3200 \cdot \sin\left(\frac{\varphi}{2}\right)^2$$

Analytische Bestimmung der Lösungen

$$\varphi_{Lsg} := A_\varphi(\varphi) = 0 \xrightarrow{\ solve\ }
\begin{bmatrix}
2 \cdot \mathrm{acos}\left(\dfrac{3 \cdot \sqrt{17}}{16} - \dfrac{5}{16}\right) \\[2mm]
2 \cdot \mathrm{acos}\left(-\dfrac{3 \cdot \sqrt{17}}{16} - \dfrac{5}{16}\right) \\[2mm]
-2 \cdot \mathrm{acos}\left(\dfrac{3 \cdot \sqrt{17}}{16} - \dfrac{5}{16}\right) \\[2mm]
-2 \cdot \mathrm{acos}\left(-\dfrac{3 \cdot \sqrt{17}}{16} - \dfrac{5}{16}\right)
\end{bmatrix}$$

$$\varphi_{Lsg} \xrightarrow{\ float,6\ }
\begin{bmatrix}
2.18429 \\
6.28319 - 0.821651 i \\
-2.18429 \\
-6.28319 + 0.821651 i
\end{bmatrix}$$

$$Winkel := \left| \varphi_{Lsg_0} \cdot \frac{180}{\pi} \right|$$

$$Winkel = 125.151$$

Abbildung 7-25: Vorbereitung des Mathcad-Arbeitsblattes

Ist die *Mathcad* Berechnung abgeschlossen, muss eine *Mathcad*-Analyse im *Creo*-Modell erstellt werden. Die Vorgehensweise zeigt Abbildung 7-26. Wenn mit Einheiten gerechnet werden soll, ist darauf zu achten, dass die zu verknüpfenden Parameter sowohl in *Mathcad* als auch in *Creo* die gleiche Einheit besitzen.

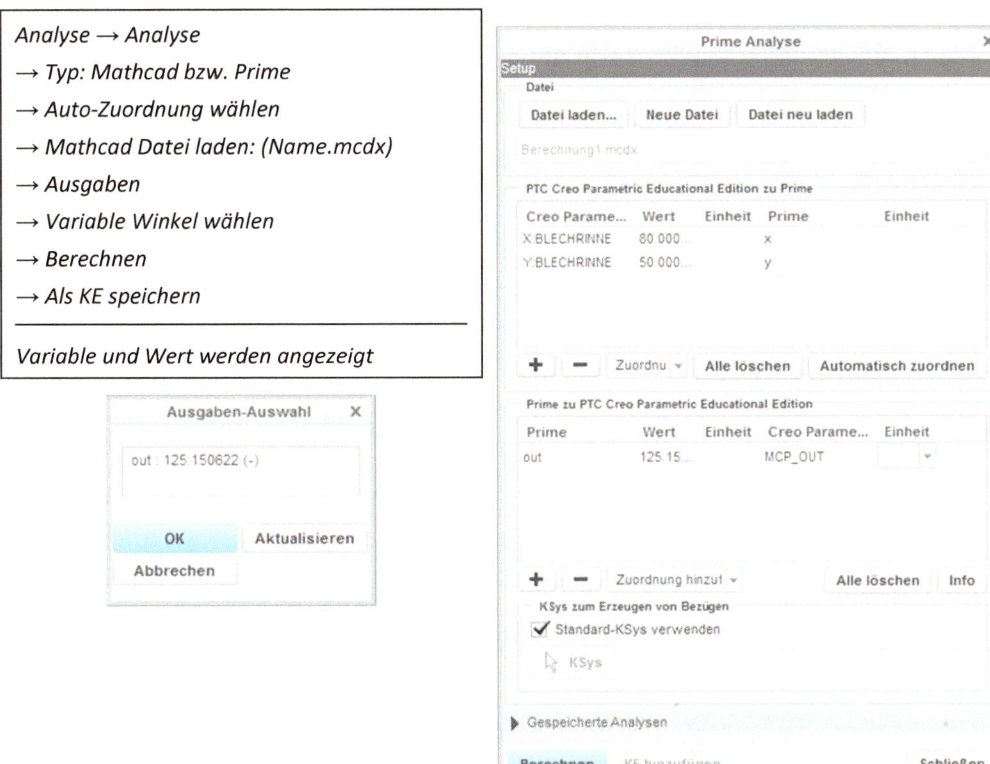

Abbildung 7-26: Mathcad Prime Analyse

Die Variablen sind vorerst nur im *Mathcad*-Analyse-KE vorhanden, daher müssen sie mit den Parametern auf Teileebene verknüpft werden. Die Vorgehensweise zeigt Abbildung 7-27.

Um die Verknüpfung zu testen, können die Werte der Parameter *x* und *y* im *Creo*-Modell geändert werden. Regenerieren bewirkt, dass die *Mathcad*-Berechnung automatisch durchgeführt wird und der Parameter *Winkel* seinen neuen Wert erhält. Um auch die Geometrie zu aktualisieren, muss erneut regeneriert werden. Alternativ kann dieses Beispiel auch mit Hilfe der Geometrieoptimierungsfunktion oder der Excel-Analyse durchgeführt werden.

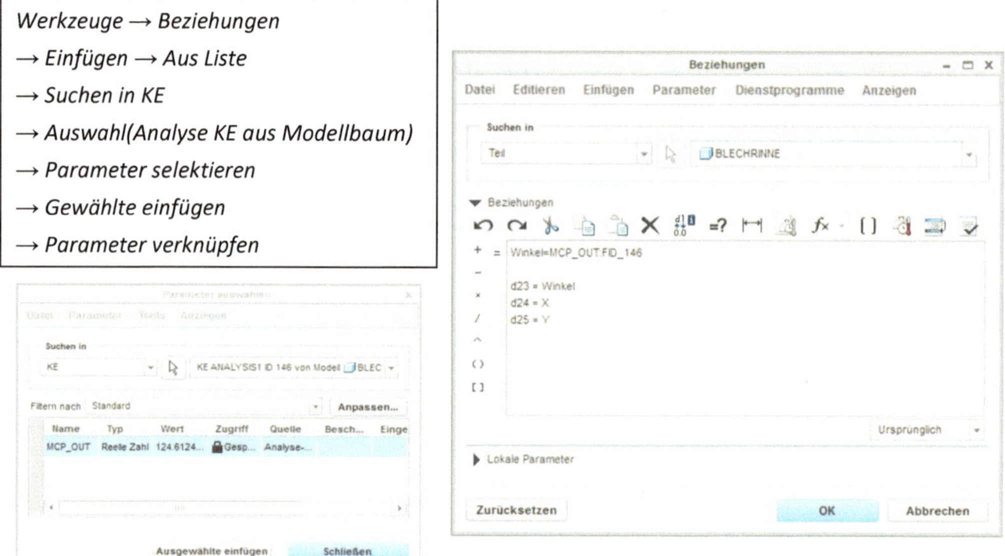

Abbildung 7-27: Analyse-Parameter verfügbar machen

7.3.3 Definition komplexer Beziehungen mit Pro/PROGRAM

Die Nutzung der systemeigenen Programmiersprache *Pro/PROGRAM* erlaubt neben der Integration komplexerer Beziehungen auch eine regelbasierte oder dialoggesteuerte Produktkonfigurierung. Die Syntax der Befehlsstrukturen ist herkömmlichen Programmiersprachen ähnlich, bietet aber nicht deren Funktionsumfang. Beim ersten Aufruf von *Pro/PROGRAM* sind bereits vorhandene Teileinformationen (integrierte Features, Parameterwerte, bestehende Beziehungen, ...) im Programmtext geordnet enthalten. Darauf aufbauend kann der Programmtext angepasst und erweitert werden.

Der Eingabebereich (*INPUT – END INPUT*) legt die Parameter fest, deren Werte durch den Benutzer einzugeben sind. Als Variablentypen stehen Zahlenwerte (*NUMBER*), Zeichenketten (*STRING*) und *Ja/Nein*-Entscheidungen (*YES_NO*) zur Verfügung.

Berechnungen und Parameterübergaben erfolgen im Beziehungsbereich (*RELATIONS – END RELATIONS*). Hierbei stehen alle mathematischen Operatoren und Funktionen aus dem *Creo* Beziehungseditor zur Verfügung. Ebenfalls sind bedingte Anweisungen (*IF – END IF*) möglich.

Der Informationsbereich listet alle Konstruktionselemente (*ADD FEATURE - END ADD*) auf. Damit ist das Ein- und Ausschließen von Features möglich. Die Berechnung der Massen kann im Bereich *MASSPROP – ENDMASSPROP* veranlasst werden.

An einem Beispiel soll nachfolgend verdeutlicht werden, wie Abfragen zum Ein- und Ausblenden von Konstruktionselementen und zur Eingabe verschiedener Berechnungsparameter erfolgen können und wie darauf aufbauend über Berechnungen die Modellausprägungen beeinflusst werden können. Darüber hinaus werden im Beispiel verschiedene Varianten als Familientabelleninstanz abgelegt.

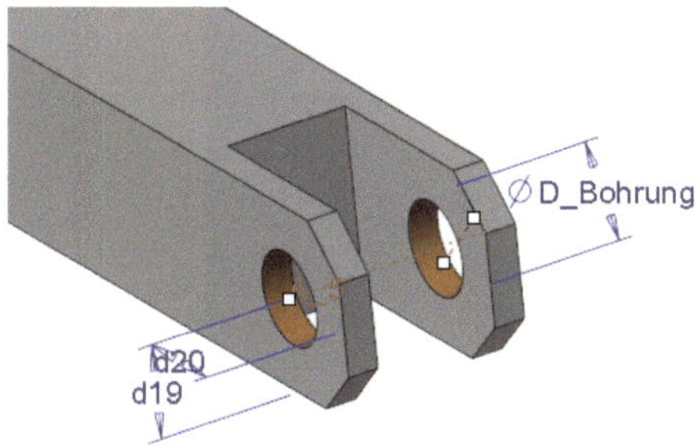

Abbildung 7-28: Betrachtetes Konstruktionselement

Als Beispiel dient eine vereinfachte Entwurfsberechnung einer *Bolzenverbindung*. Der Bohrungsdurchmesser wird in diesem Beispiel mit *D_Bohrung* bezeichnet, und muss an entsprechender Stelle durch die tatsächliche Bezeichnung ersetzt werden (bspw. *d17*). Die Platzierungsbemaßungen der Bohrung sind für das Beispiel irrelevant.

Ermittelt werden soll der Bohrungsdurchmesser am ausgearbeiteten Ende des Bauteils *Finger*. Die Bohrungsbezeichnung ist entsprechend anzupassen.

Die Berechnung des Bohrungsdurchmessers beruht auf folgender Gleichung:

$$d \approx k \cdot \sqrt{\frac{C_b \cdot F}{\sigma_{bzul}}}$$

Der Parameter *F* stellt die Betriebskraft am Bolzen dar, C_b den Betriebsfaktor, *k* den Einspannfaktor des Stiftes in dem Finger und σ_{bzul} die zulässige Biegespannung. Die Werte für C_b, *F* und σ_{bzul} sollen unter Zuhilfenahme eines Hinweistextes eingegeben und der Einspannfaktor ausgewählt werden. Um die Fasen in dem gesamten Bauteil beizubehalten oder zu unterdrücken, ist eine Ja/Nein-Abfrage zu gestalten.

Durch die Befehlsfolge:

Werkzeuge → Modellabsicht → Programm → Programm edit

wird der Programmtext im Editor angezeigt und kann nun ergänzt werden. Bei Aufruf des Programms wird zuerst der Eingabebereich abgearbeitet. Jeder Eingabeparameter wird durch den Parameternamen und Parametertyp deklariert. Optional kann in der darauffolgenden Zeile die Eingabeaufforderung angepasst werden. Für jeden Parameter, der über eine Eingabeaufforderung abgefragt werden soll, wird im Eingabebereich der Parametertyp deklariert. Darüber hinaus kann optional ein Text für eine Eingabeaufforderung festgelegt werden.

Der Input-Bereich des Beispiels soll folgende Einträge enthalten:

```
INPUT
        FASEN YES_NO
        "Sollen die Fasen in das Modell implementiert werden?"
        F NUMBER
        "Bitte geben Sie die Betriebskraft F in [N] ein:"
        CB NUMBER
        "Geben Sie den Betriebsfaktor Cb im Bereich zwischen 1.2 und 1.5 ein:"
        SIGMA_B_ZUL NUMBER
        "Wie gross ist die zulaessige Biegespannung in [N/mm²]?:"
        EINSPANNFAKTOR STRING
        "Wie ist das Einspannverhaeltnis?: Fest='f' Lose='l' "
END INPUT
```

Die letzte Eingabevariable umfasst eine Zeichenkette, in dem das Einspannverhältnis ausgewählt wird (fest oder lose). Die Parameter f bzw. l werden als Zeichenkette weitergegeben. Die Syntax der Programmzeilen ist daher unbedingt einzuhalten.

Direkt im Anschluss wird der Bereich der Beziehungszuweisungen definiert. Die in der *Creo*-Umgebung bereits definierten Beziehungen werden auch hier angezeigt. In diesem Beziehungs-bereich werden nun die Berechnungen definiert und die Übergabe der Parameter vorgenommen:

```
RELATIONS
        K = 1
        IF EINSPANNFAKTOR == "f"
                K = 1.4
        ENDIF
        IF EINSPANNFAKTOR == "l"
                K = 1.2
        ENDIF
        D_Bohrung = ceil(K * SQRT((CB*F)/SIGMA_B_ZUL))
END RELATIONS
```

Hinweis: Die Beziehung $K=1$ stellt lediglich einen Startwert für K dar, da sonst der Parameter K in der Beziehung *D_Bohrung=K*SQRT(...)* unbekannt ist, solange nicht das vollständige Pro-gramm (also inklusive Dialogführung) regeneriert werden konnte.

Zunächst erfolgt die Abfrage der Beziehungszuweisung mittels einer If-Schleife. Die beiden Schleifen hätten alternativ durch eine If-Else-Bedingung gestaltet werden können.

In der letzten Zeile wird dem Bohrungsdurchmesser das Ergebnis der Berechnungsgleichung zugewiesen. Das Berechnungsergebnis hat mehrere Nachkommastellen, die beseitigt werden können:

- *ceil(Variable)*   Aufrunden auf die nächst höhere ganze Zahl

- *floor(Variable)*   Abrunden auf die nächst niedrigere ganze Zahl.

Bei Berücksichtigung einzelner Kommastellen ist die Variable vor dem Runden mit der erforderlichen Zehnerpotenz zu multiplizieren und nach dem Runden wieder mit dem entsprechenden Wert zu dividieren.

Die in dem Eingabebereich definierten Parameter und im Relations-Bereich definierten Beziehungen sind auch in der *Creo* Umgebung unter Parameter und Beziehungen gespeichert.

Als letztes muss noch der Informationsblock des Konstruktionselements Fase entsprechend der obigen Abfrage mit einer If-Anweisung versehen werden. Hierbei kann die ID der Fase von dem hier dargestellten Zahlenwert abweichen:

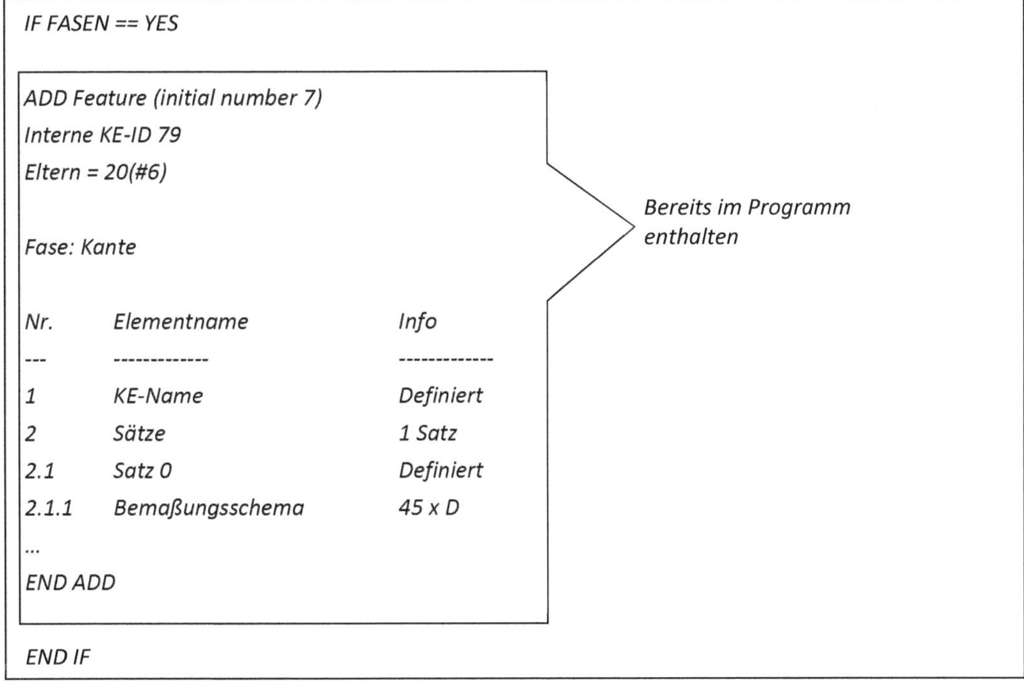

Wenn die Fasen in mehreren Konstruktionsschritten modelliert wurden, ist dies entsprechend für jedes Konstruktionselement durchzuführen.

Vor dem Verlassen des Editors ist das Programm zu speichern. Die dann folgende Abfrage, ob die Änderungen in das Modell eingebaut werden sollen, ist mit Ja zu beantworten. Anderenfalls wird das erstellte Programm nicht eingebunden. Falls beim Auswerten des Programms keine Fehler entdeckt wurden, ist entsprechend (Abbildung 7-29) vorzugehen.

Innerhalb des erscheinenden *INPUT SEL*-Menüs erscheinen die im Eingabebereich selbst definierten Parameter. Als Name erscheint dort der im Input-Bereich verwendete Parametername. Um alle anzuwenden, sind diese über „Alle auswählen" entsprechend zu markieren. Das Abarbeiten des Programms generiert im Eingabebereich die Abfragen.

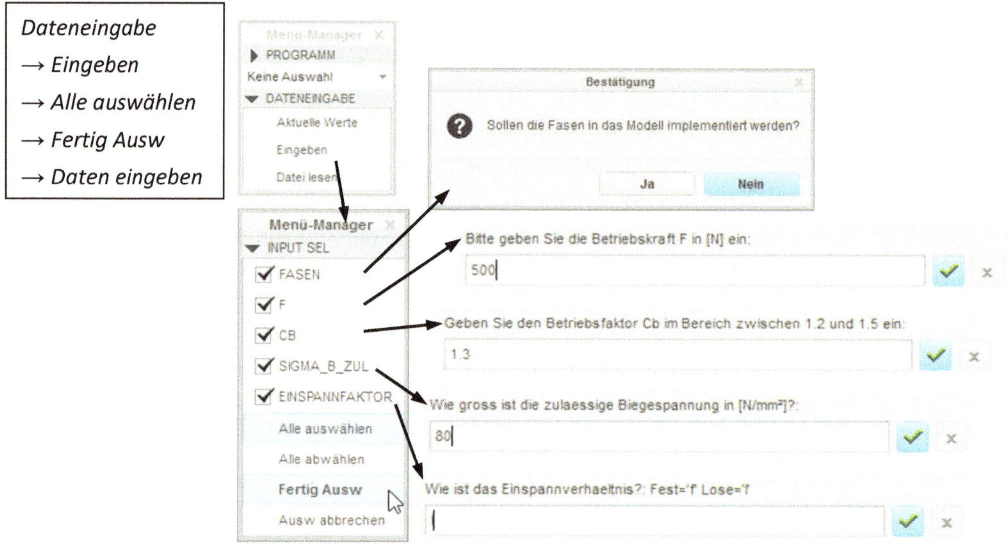

Abbildung 7-29: Dateneingabe zur Erzeugung von Varianten

Das Bauteil wird anschließend regeneriert und ohne Fasen sowie mit einem veränderten Bohrungsdurchmesser (~3.42 mm) dargestellt (Abbildung 7-30). Das Programm kann beliebig oft und in beliebiger Auswahl der Parameter durchlaufen werden. Der Aufruf erfolgt über:

Regenerieren → Eingeben

Bei einer Bauteiländerung sollte die Regenerierung mit der Option *Aktuelle Werte* erfolgen, um die Programmausführung zu unterbinden.

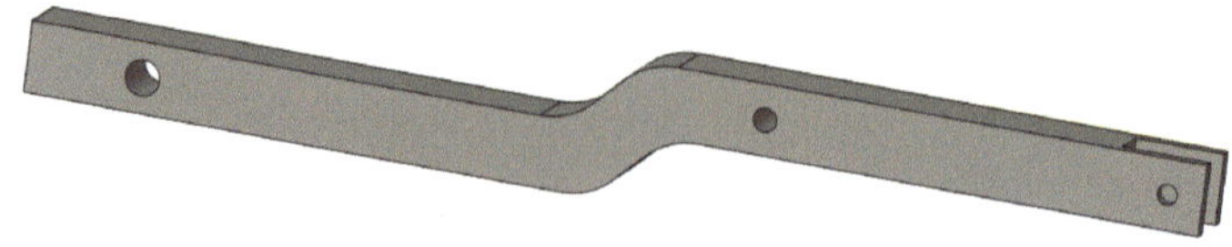

Abbildung 7-30: Modifiziertes Bauteil Finger

Die Eingabeparameter können mit der Option *Datei lesen* aus einer Textdatei eingelesen werden. Der Name und die Endung der Datei kann hierbei beliebig gewählt werden, solange die Datei mit einem einfachen Editor geöffnet werden kann. Jede Zeile in der Textdatei muss hierbei den Eingabeparameternamen und den zuzuweisenden Wert oder Ausdruck beinhalten. In diesem Beispiel beinhaltet die Datei folgenden Inhalt:

```
FASEN = YES

F = 1000

CB = 1.4

SIGMA_B_ZUL = 120

EINSPANNFAKTOR = "f"
```

Die Datei muss im Arbeitsverzeichnis des Modells liegen und wird mit Eingabe des Dateinamens und der Endung ausgelesen. Der vollständige Pfad muss hier nicht erneut eingegeben werden.

Im *Menü-Manager Programm* kann mit der Option Instanziieren jede Variante als neue Instanz der Familientabelle abgespeichert werden (Abbildung 7-31). In der Eingabeaufforderung muss man den Namen der neuen Variante eingeben. *Creo* erstellt automatisch für jeden Eingabeparametersatz eine Tabellenspalte und trägt die aktuellen Werte ein.

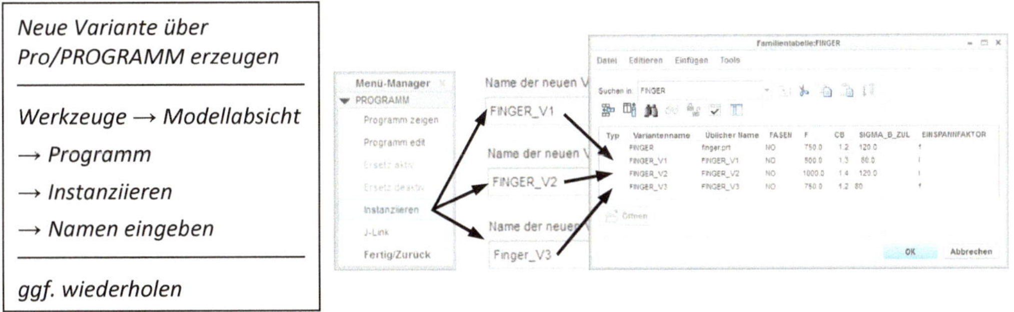

Typ	Variantenname	Üblicher Name	FASEN	F	CB	SIGMA_B_ZUL	EINSPANNFAKTOR
	FINGER	finger.prt	NO	750.0	1.2	120.0	f
	FINGER_V1	FINGER_V1	NO	500.0	1.3	80.0	l
	FINGER_V2	FINGER_V2	NO	1000.0	1.4	120.0	l
	FINGER_V3	FINGER_V3	NO	750.0	1.2	80	f

Abbildung 7-31: Speichern der Varianten als Familientabelleninstanz

7.3.4   Anwendungsorientierte Programmierung

In einigen Fällen reichen die Funktionen des CAD-System nicht aus, insbesondere dann, wenn Prozesse im CAD-System automatisiert oder das CAD-System mit anderen Softwaresystem verknüpft werden sollen. Alle namenhaften CAD-Systeme bieten zu diesen Zweck Schnittstellen zur Anwendungsprogrammierung kurz *API* (engl. application programming interface) an. *Creo* verfügt über verschiedene Schnittstellen (TOOLKIT, Object TOOLKIT C++/Java, J-Link, Web.Link und VB API) mit verschiedenen Programmiersprachen (C, C++, C#, Java, JavaScript, VBA, VB.NET und VB.Script). Die *VB API* unterstützt neben den Sprachen Visual Basic for Applications (VBA) und Visual Basic .NET (VB.NET) auch jede Sprache, welche die Möglichkeit besitzt auf COM-Server zu zugreifen.

Jede Schnittstelle bietet einen unterschiedlichen Funktionsumfang. Die VB API ist die Schnittstelle mit dem geringsten Funktionsumfang. Sie ist aber dennoch gut geeignet für einfache Automatisierungen oder um generell sich mit dem Thema Anwendungsprogrammierung in *Creo* vertraut zu machen. So können beispielsweise Konstruktionselemente nicht direkt erzeugt werden, sondern nur über den Einbau von zuvor erstellten Benutzerdefinierten Konstruktionselementen (UDF).

In diesem Kapitel wird beispielhaft die VB API genutzt und eine VBA-Anwendung in Excel geschrieben. Die Funktion *Excel-Analyse* in *Creo* bietet im Vergleich lediglich die Funktion Parameter als Zellenwert in Excel zu schreiben und wieder auszulesen. Beispielhaft werden hier ausgewählte Funktionen dargestellt:

- Benutzerinteraktionen
- Auslesen von Modellinformationen
- Auslesen und Schreiben von Parametern
- Einbau von *User Defined Feature* (UDF) in Bauteilen

In diesem Kapitel wird nur ein kurzer Einblick in die Schnittstellenprogrammierung gegeben, daher werden grundlegende Kenntnisse der objektorientierten Programmierung vorausgesetzt. Eine ausführliche Dokumentation ist unter *<CreoInstallDir>\Common Files\vbapi\vbug.pdf* zu finden. Der API-Wizard *<CreoInstallDir>\Common Files\vbapi\vbapidoc\IEPlugin.html* wird über den Internet Explorer aufgerufen. Weiterhin wurde bewusst auf Fehlerbehandlungen verzichtet, um eine Übersichtlichkeit des Quellcodes zu gewährleisten.

Vorbereitung des Systems

Zunächst müssen einmalig einige Vorbereitungen am System vorgenommen werden.

Die VB API muss bei der Installation von *Creo Parametric* installiert, bzw. über die *<CreoInstallDir>\Parametric\bin\reconfigure.exe* hinzugefügt werden.

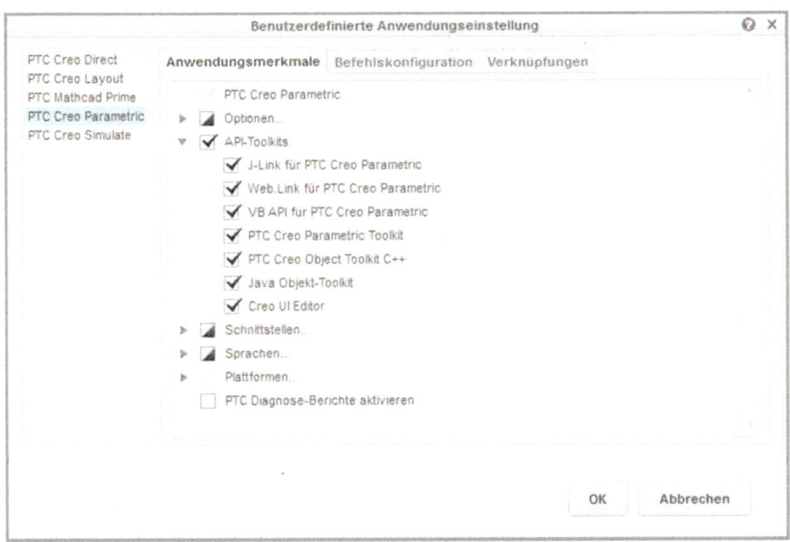

Abbildung 7-32: Installation der VB API Schnittstelle

Nach der Installation muss die Benutzervariable *PRO_COMM_MSG_EXE* mit dem Wert *<CreoInstallDir>\Common Files\<machine type>\obj\pro_comm_msg.exe* erstellt werden (*machine type* muss durch *i486_nt* bei Windows 32-Bit und *x86e_win64* bei Windows 64-Bit ersetzt werden).

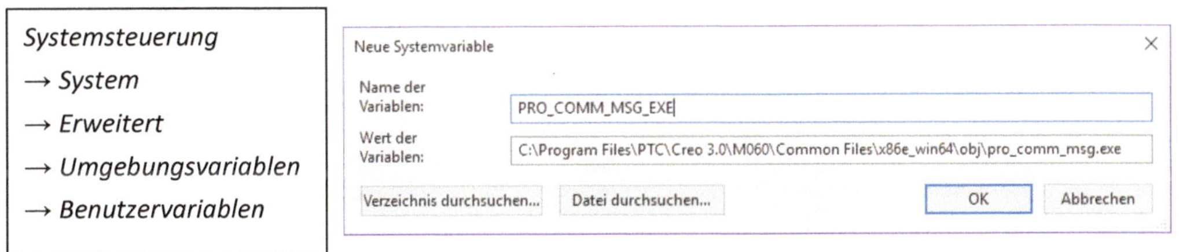

Abbildung 7-33: Benutzervariablen in den Umgebungsvariablen

Als nächstes muss der COM-Server aktiviert werden. Dazu ist die *<CreoInstall-Dir>\Parametric\bin\vb_api_register.bat* als Administrator auszuführen.

Erstellung eines neuen Projekts

Um in den Office Produkten in die Visual Basic Umgebung zu gelangen, ist der Reiter Entwicklertools unter:

Datei → Option → Menüband anpassen

zu aktivieren.

In dem Reiter *Entwicklungstools* ist der Befehl *Visual Basic* zu finden. Dieser ruft die integrierte Entwicklungsumgebung von *Excel* auf (Abbildung 7-35).

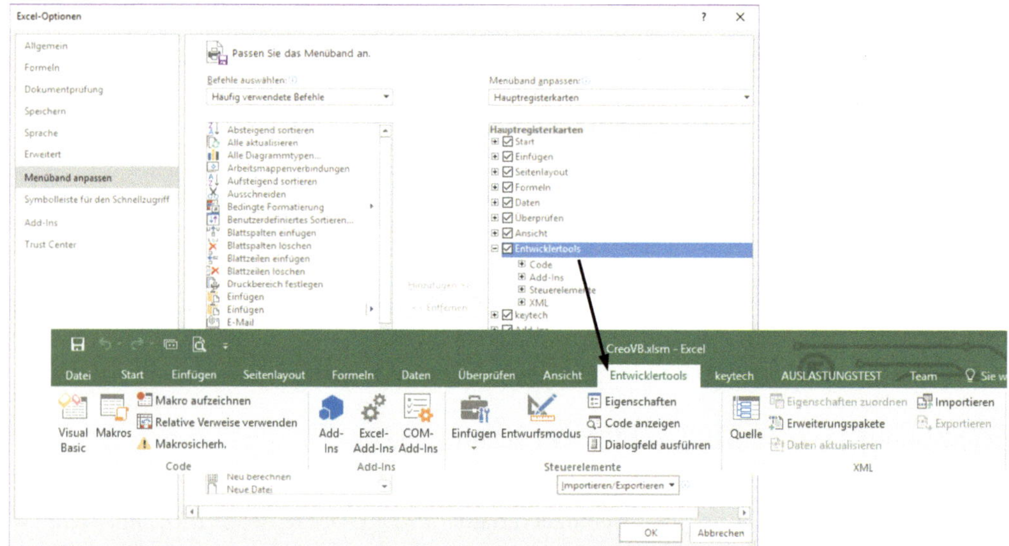

Abbildung 7-34: Aktivierung der Entwicklertools in Microsoft Excel

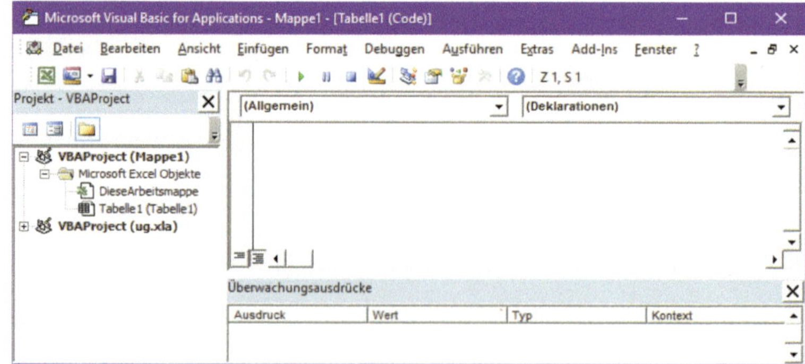

Abbildung 7-35: Entwicklungsumgebung Visual Basic for Applications

Für den Zugriff auf die Objektbibliotheken von *Creo* und den Aufruf externer Prozeduren müssen zunächst Verweise gesetzt werden(Abbildung 7-36). Zu finden sind diese unter:

Extras → Verweise → Creo VB API Type Library for Creo Parametric 3.0

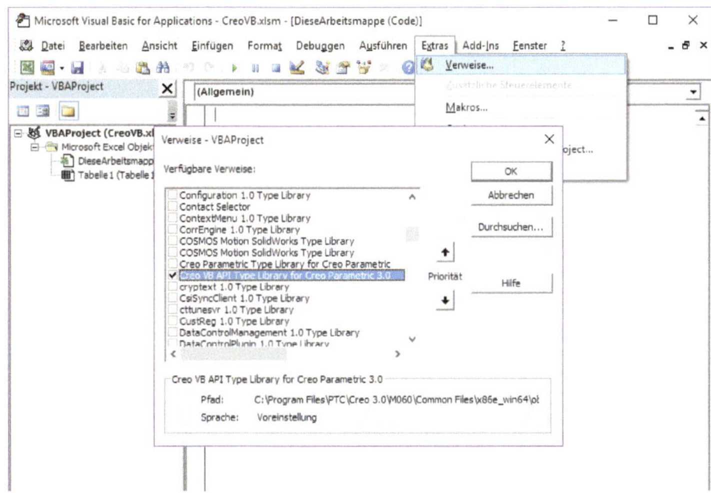

Abbildung 7-36: Verweise zu der Creo VB API Objektbibliothek

In Excel kann unter:

Entwicklertools → Steuerelemente → Einfügen→ ActiveX-Steuerelemente
→ Befehlsschaltfläche

eine Schaltfläche auf das Tabellenblatt gezeichnet werden. Die Eigenschaften der Schaltfläche werden im Kontextmenü aufrufen. Der Name der Schaltfläche soll *"btnConnect"* sein und als Anzeigetext (Caption) soll *"Creo verbinden"* angezeigt werden.

Im VBA-Editor kann nun eine Prozedur erstellt werden, die ausgeführt werden soll, wenn auf diese Schaltfläche geklickt wird. Dazu muss die Prozedur mit dem Namen der Schaltfläche mit dem Suffix *"_Click"* benannt werden.

```
Private Sub btnConnect_Click()

End Sub
```

Innerhalb dieser Prozedur wird die Verbindung zu *Creo* erstellt. Da die Objekte Verbindung und Sitzung in weiteren Prozeduren benötigt werden, werden diese außerhalb der Prozedur als globale Objekte deklariert. Bei der Funktion *Connect* wird lediglich als drittes Argument der Pfad zum *text* Ordner angegeben.

In der Zelle A1 wird der Text *"Creo Verbindungsstatus:"* geschrieben.

```
Dim AsyncConnection As pfcls.IpfcAsyncConnection
Dim Session As pfcls.IpfcSession
_______________________________________________________

Private Sub btnConnect_Click()

        Dim Casync As pfcls.CCpfcAsyncConnection
        Dim status As Long

        Set Casync = New CCpfcAsyncConnection
        Set AsyncConnection = Casync.Connect(Null, Null, "D:\00_CAD\Creo3\vbapi\text", Null)
        Set Session = AsyncConnection.session

        status = Session.UIShowMessageDialog("Verbindung zu Creo hergestellt.", Null)
        Range("B1").Value = "Verbunden"

End Sub
```

Die btnConnect_Click Prozedur zeigt nach erfolgreicher Verbindung ein Mitteilungsfenster an und schreibt den Text *"Verbunden"* in die Zelle B1. Im weiteren Verlauf wird die Funktion zur Erstellung von Mitteilungsfenster näher erläutert.

Um die Verbindung ordnungsgemäß zu trennen wird eine weitere Schaltfläche und Prozedur benötigt. Falls die Verbindung zu *Creo* nicht ordnungsgemäß getrennt werden konnte, muss *Creo* gegebenfalls geschlossen und folgende Prozesse müssen im Taskmanager beendet werden: *nmsd.exe, parametric.exe, pfclscom.exe* und *pro_comm_msg.exe*. Anschließend kann *Creo* gestartet und die Verbindung neu aufgebaut werden.

```
Private Sub btnDisconnect_Click()

        Dim status As Long

        status = Session.UIShowMessageDialog("Verbindung zu Creo wird getrennt.", Null)
        If Not AsyncConnection Is Nothing Then
                If AsyncConnection.IsRunning Then
                        AsyncConnection.End
                End If
        End If

        Range("B1").Value = "Getrennt"

End Sub
```

Nachfolgend werden einige unabhängige Funktionen erläutert, die durch Anpassungen in diversen Automatisierungsprozessen genutzt werden können. Schaltflächen zum Aufrufen der Funktionen sind selbstständig zu erzeugen. Es ist sicher zu stellen, dass zuvor die Funktion *btnConnect_Click()* mindestens einmal pro Sitzung ausgeführt wurde.

Benutzerinteraktion

Zunächst werden einige Möglichkeiten erklärt, wie dem Benutzer Meldungen angezeigt oder auch Abfragen erstellt werden können.

Die bereits beim Verbinden und Trennen genutzte Funktion *UIShowMessageDialog* zeigt dem Benutzer eine Meldung an. Über die *MessageDialogOptions* können zusätzlich Anpassungen an der Meldung durchgeführt werden. Im folgenden Beispiel wird der Fenstertitel und der Dialogtyp verändert. Zudem wird der Standard OK-Button durch Ja- und Nein-Button ersetzt und der Nein-Button als Standardauswahl definiert.

Der Rückgabewert der Funktion *UIShowMessageDialog* liefert eine Zahl zwischen 0 und 7 die weiterverwendet werden kann, um auf die Antwort vom Benutzer zu reagieren. Der Ja-Button liefert die Zahl 2 und der Nein-Button die 3 zurück.

```
Private Sub CustomMessageDialog()

    Dim ans As Long
    Dim CMsgOpt As New CCpfcMessageDialogOptions
    Dim MsgOpt As IpfcMessageDialogOptions
    Dim Btns As New CpfcMessageButtons
    Dim Btn As New CCpfcMessageButton

    Set MsgOpt = CMsgOpt.Create()
    MsgOpt.DialogLabel = "Auswahlmöglichkeit"
    MsgOpt.MessageDialogType = EpfcMESSAGE_QUESTION
    Btns.Append (Btn.MESSAGE_BUTTON_YES)
    Btns.Append (Btn.MESSAGE_BUTTON_NO)
    MsgOpt.Buttons = Btns
    MsgOpt.DefaultButton = Btn.MESSAGE_BUTTON_NO
    ans = Session.UIShowMessageDialog("Möchten Sie weitere Elemente auswählen.", MsgOpt)

End Sub
```

Es können auch Eingaben vom Benutzer während der Laufzeit abgefragt werden. Hierzu können die Funktionen *UIReadIntMessage*, *UIReadRealMessage* und *UIReadStringMessage* genutzt werden.

```
Private Sub ReadMessage()

    Dim intVal As Integer
    Dim strVal As String

    Call Session.UIDisplayMessage("cstreadmessage.txt", "IntegerAbfrage", Null)
    intVal = Session.UIReadIntMessage(0, 100)
    Call Session.UIDisplayMessage("cstreadmessage.txt", "StringAbfrage", Null)
    strVal = Session.UIReadStringMessage(False)

End Sub
```

Damit der Benutzer eine Nachricht angezeigt bekommt, was eingegeben werden soll, muss zuvor eine Meldung in den *Creo* Mitteilungsbereich geschrieben werden. Hierzu wird eine Textdatei (*cstreadmessage.txt*) in dem bei der Verbindung angegebenen Ordner erzeugt. Diese Datei enthält einen eindeutigen Identifizierer und den anzuzeigenden Text in der darauffolgenden Zeile. Jeder Block sollte 2 Leerzeilen enthalten:

```
IntegerAbfrage
Geben Sie eine Zahl zwischen 1 und 100 ein.


StringAbfrage
Geben Sie den Namen fuer diese Variante ein.
```

Modellinformationen sind immer in unterschiedlichen Objekten gespeichert. Dies können unter anderem die Sitzung, das Modell, das Teil oder das Volumen sein. Im nachfolgenden Beispiel werden sowohl Name, Material und die Masse des Modells ausgelesen und angezeigt.

```
Private Sub ModellInformationen()

        Dim BaseSess As IpfcBaseSession
        Dim Mdl As IpfcModel, Prt As IpfcPart, Sol As IpfcSolid
        Dim Mat As IpfcMaterial
        Dim MassPrpty As IpfcMassProperty
        Dim UnitSys As IpfcUnitSystem, MassUnit As IpfcUnit
        Dim ans As Long

        Set BaseSess = Session
        Set Mdl = BaseSess.GetActiveModel()
        ans = Session.UIShowMessageDialog(Mdl.FullName, Null)

        Set Prt = Mdl
        Set Mat = Prt.CurrentMaterial
        ans = Session.UIShowMessageDialog(Mat.Name, Null)

        Set Sol = Prt
        Set MassPrpty = Sol.GetMassProperty(Null)
        Set UnitSys = Sol.GetPrincipalUnits()
        Set MassUnit = UnitSys.GetUnit(EpfcUNIT_MASS)
        ans = Session.UIShowMessageDialog(MassPrpty.Mass & " " & MassUnit.Name, Null)

End Sub
```

Parameter können in *Creo* auf unterschiedlichen Ebenen abgelegt werden, wie z. B. in Baugruppen, Bauteilen, aber auch in den einzelnen KEs. In der VB API kann jedes Objekt, welches Parameter beinhaltet, in den Typ *ParamOwner* umgewandelt werden. Von diesem aus kann anschließend auf die Parameterinformationen zugegriffen werden. Am Beispiel der *Spiralfeder* aus Kapitel 4.3.2 und 4.7.3 soll der Parameter L_GES ausgelesen und anschließen verändert werden. Der Längenwert wird in Excel aus der Zelle B2 ausgelesen. Zusätzlich wird in dem Spiralförmigen Zug-KE ein neuer Parameter mit dem Änderungsdatum erzeugt. Hierbei wird zunächst geprüft ob der Parameter schon vorhanden ist. Ist dies nicht der Fall, dann wird der Parameter neu erzeugt.

```vb
Private Sub Parameter()

    Dim BaseSess As IpfcBaseSession, Mdl As IpfcModel, Sol As IpfcSolid
    Dim ParamOwner As IpfcParameterOwner, Param As IpfcParameter
    Dim Value As IpfcParamValue, StringValue As IpfcParamValue
    Dim CValue As CMpfcModelItem, Feats As IpfcFeatures
    Dim Feat As IpfcFeature, Win As IpfcWindow, ans As Long, L As Double

    Set BaseSess = Session
    Set Mdl = BaseSess.GetActiveModel()
    Set ParamOwner = Mdl
    Set Param = ParamOwner.GetParam("L_GES")
    Set Value = Param.GetScaledValue()
    L = Value.DoubleValue
    ans = Session.UIShowMessageDialog("aktuelle Spiralfederlänge: " & L & " mm", Null)
    Value.DoubleValue = Range("B2").Value
    Call Param.SetScaledValue(Value, Null)

    Set Feats = Sol.ListFeaturesByType(Null, EpfcFEATTYPE_PROTRUSION)
    Set Feat = Feats(0)
    Set ParamOwner = Feat
    Set Param = ParamOwner.GetParam("Aenderungsdatum")
    Set CValue = New CMpfcModelItem
    Set StringValue = CValue.CreateStringParamValue(Date & " - " & Time)
    If Not (Param Is Nothing) Then
            StringValue.StringValue = Date & " - " & Time
            Call Param.SetScaledValue(StringValue, Null)
    Else
            StringValue.StringValue = Date & " - " & Time
```

```
                    Set Param = ParamOwner.CreateParam("Aenderungsdatum", StringValue)
        End If


        Set Sol = Mdl
        Call Sol.Regenerate(Null)
        Set Win = BaseSess.CurrentWindow()
        Call Win.Refresh


End Sub
```

Zuvor erstellte UDFs können über die VB API automatisiert eingebaut werden. Entweder müssen die Referenzen programmbasiert anhand von Namen oder anderen Informationen ausgewählt oder dem Benutzer die Auswahl überlassen werden. Im nachfolgenden Beispiel wird das UDF Passfedernut aus Kapitel 4.6.10 von Excel aus eingebaut.

Zunächst wird das UDF in ein Objekt geladen und anschließend mit den Referenzen und den variablen Bemaßungen gefüllt. Hierbei werden dem Benutzer jeweils passende Meldungen in den Mitteilungsbereich geschrieben. Die Textdatei ist dementsprechend anzupassen. Beim Einlesen der Werte Nuttiefe, Nutbreite und Nutlänge werden zwar die in der Norm angegebenen kleinst- und größtmöglichen Maße als Grenzen angegeben, jedoch wird nicht geprüft ob der eingegebene Wert zu dem Durchmesser des Wellenabsatzes zulässig ist. Dies ist mit entsprechenden Datenbanken o. ä. zu erweitern.

```
Private Sub UDF_Passfedernut()


        Dim BaseSess As IpfcBaseSession, Mdl As IpfcModel, Sol As IpfcSolid
        Dim udfInstructions As IpfcUDFCustomCreateInstructions
        Dim UDFCustInstr As New CCpfcUDFCustomCreateInstructions
        Dim references As CpfcUDFReferences, CUDFRef As CCpfcUDFReference
        Dim reference As IpfcUDFReference, refSelect As IpfcSelection
        Dim VariantDim As IpfcUDFVariantDimension
        Dim variantVals As IpfcUDFVariantValues
        Dim selections As CpfcSelections, selectionOptions As IpfcSelectionOptions
        Dim CSelOpt As New CCpfcSelectionOptions
        Dim CUDFVarDim As New CCpfcUDFVariantDimension
        Dim Win As IpfcWindow, i As Integer, d As Double, ans As Long


        Set BaseSess = Session
        Set Mdl = BaseSess.GetActiveModel()
        Set Sol = Mdl
```

```
Set Win = BaseSess.CurrentWindow()
Call Win.Repaint


Set udfInstructions = UDFCustInstr.Create("Passfedernut")
Set references = New CpfcUDFReferences
Set CUDFRef = New CCpfcUDFReference


Call Session.UIDisplayMessage("cstreadmessage.txt", "PF_UDF_Zylinderflaeche", Null)
Set selectionOptions = CSelOpt.Create("surface")
selectionOptions.MaxNumSels = 1
Set selections = BaseSess.Select(selectionOptions, Nothing)
Set refSelect = selections(0)
Set reference = CUDFRef.Create("Zylinderflaeche", refSelect)
reference.IsExternal = False
Call references.Set(0, reference)
refSelect.UnHighlight


Dim surface As IpfcSurface
Dim diam As Double
Set surface = selections(0).SelItem
diam = surface.EvalDiameter(Nothing)
ans = Session.UIShowMessageDialog("Durchmesser Absatz: " & diam & " mm", Null)


Call Session.UIDisplayMessage("cstreadmessage.txt", "PF_UDF_EbeneDraufsicht", Null)
Set CUDFRef = New CCpfcUDFReference
Set selectionOptions = CSelOpt.Create("datum")
selectionOptions.MaxNumSels = 1
Set selections = BaseSess.Select(selectionOptions, Nothing)
Set refSelect = selections(0)
Set reference = CUDFRef.Create("EbeneDraufsicht", refSelect)
reference.IsExternal = False
Call references.Set(1, reference)
refSelect.UnHighlight


Call Session.UIDisplayMessage("cstreadmessage.txt", "PF_UDF_EbeneVorderansicht", Null)
Set CUDFRef = New CCpfcUDFReference
Set selectionOptions = CSelOpt.Create("datum")
selectionOptions.MaxNumSels = 1
```

```
Set selections = BaseSess.Select(selectionOptions, Nothing)
Set refSelect = selections(0)
Set reference = CUDFRef.Create("EbeneVorderansicht", refSelect)
reference.IsExternal = False
Call references.Set(2, reference)
refSelect.UnHighlight

Call Session.UIDisplayMessage("cstreadmessage.txt", "PF_UDF_Stirnflaeche", Null)
Set CUDFRef = New CCpfcUDFReference
Set selectionOptions = CSelOpt.Create("surface")
selectionOptions.MaxNumSels = 1
Set selections = BaseSess.Select(selectionOptions, Nothing)
Set refSelect = selections(0)
Set reference = CUDFRef.Create("Stirnflaeche", refSelect)
reference.IsExternal = False
Call references.Set(3, reference)
refSelect.UnHighlight

udfInstructions.references = references

Set variantVals = New CpfcUDFVariantValues

Call Session.UIDisplayMessage("cstreadmessage.txt", "PF_UDF_Nuttiefe", Null)
d = Session.UIReadRealMessage(1.2, 31)
Set VariantDim = CUDFVarDim.Create("d25", d)
Call variantVals.Set(0, VariantDim)

Call Session.UIDisplayMessage("cstreadmessage.txt", "PF_UDF_Nutbreite", Null)
i = Session.UIReadIntMessage(6, 100)
Set VariantDim = CUDFVarDim.Create("d26", i)
Call variantVals.Set(1, VariantDim)

Call Session.UIDisplayMessage("cstreadmessage.txt", "PF_UDF_Nutlaenge", Null)
i = Session.UIReadIntMessage(2, 400)
Set VariantDim = CUDFVarDim.Create("d27", i)
Call variantVals.Set(2, VariantDim)

Call Session.UIDisplayMessage("cstreadmessage.txt", "PF_UDF_AbstandStirnflaeche", Null)
```

```
        i = Session.UIReadIntMessage(0, 1000)
        Set VariantDim = CUDFVarDim.Create("d30", i)
        Call variantVals.Set(3, VariantDim)
        udfInstructions.VariantValues = variantVals


        Call Sol.CreateUDFGroup(udfInstructions)
        Call Win.Repaint
        Call Win.Refresh


End Sub
```

7.4 Konstruktionsbegleitende Simulation

Die konstruktionsbegleitende Simulation erlangt im Produktentwicklungsprozess einen immer höheren Stellenwert. Sie ist gekennzeichnet durch die Weiterverwendung des 3D-Modells eines Bauteils oder einer Baugruppe für die weiteren Prozesse. *Creo* besitzt das Modul *Mechanismus* für die Durchführung von Mehrköpersimulationen (MKS), und das Modul *Simulate* für strukturmechanische Berechnungen (FE). Zu finden sind beide Module im Reiter *Anwendungen* im Bauteil- oder Baugruppenmodus. Der Inhalt der folgenden Abschnitte stellt weder eine umfassende Anleitung zum Umgang mit den beiden Modulen dar, noch sollen theoretische Grundlagen vermittelt werden. Für umfassende Informationen zu den Anwendungen wird auf die Hilfe und weitere Literatur verwiesen.

7.4.1 Mehrkörpersimulation

Durch das Mechanismus-Modul unterstützt *Creo* die statische, die kinematische und die dynamische Simulation von mechanischen Mehrkörpersystemen. Die tiefgehende Integration mit *Creo* Parametric führt zu einem Entfallen von Schnittstellenproblemen. Eine Einbindung des 3D-Modells aus Parametric in *Mechanismus* ist, wie auch die Einbindung von Ergebnisgrößen einer MKS-Analyse nach Parametric möglich.

Das Modul wird am Beispiel der *Greiferbaugruppe* erläutert. Durch die MKS werden die resultierenden Lasten am Bauteil *Finger* ermittelt. Im nächsten Schritt werden diese nach *Simulate* übertragen, wo dann eine strukturmechanische Berechnung des Bauteils erfolgt. Grob gliedert sich eine MKS in die folgenden Punkte:

Tabelle 7-1: Grobe Checkliste zur Modellbildung bei Mechanismus

Simulationsphase	Durchgeführte Schritte
	Zusammenbau der Baugruppe mittels Gelenken
Pre-Processing	Simulationsmodell erstellen
	Analysedefinition
Analyse	Starten der Analyse
Post-Processing	Ergebnisauswertung

Gestartet wird das Modul über:

Anwendungen → Mechanismus

Es wird vorausgesetzt, dass die Greifer-Baugruppe bereits vorhanden ist und gemäß Kapitel 6.3 auch schon animiert wurde. Notwendige Anpassungen ergeben sich hinsichtlich des *Servomotors*. Hinzu kommen zwei Kräfte, die zu einer festgelegten Zeit an den beiden Backen angreifen. Im Beispiel der Animation wurde die translatorische Bewegung über Schnappschüsse zu aufeinanderfolgenden Zeitpunkten erzeugt. In der Simulation wird stattdessen ein neuer *Servomotor* auf die Bewegungsachse des *Schubgelenkes* definiert. Der Betrag der Positionsänderung wird als *Rampe* festgelegt (A = 0, B = 3). Durch die Gesamtdauer der Analyse von 5 s beträgt der Weg 15 mm, welcher genau den Grenzen des *Schubgelenks* entspricht. Die Krafteinleitung erfolgt über einen Punkt am Bauteil Backe. Dieser wird mittig auf der der zu erkennenden Fläche in Abbildung 7-37 erstellt. Der Betrag beträgt konstant 500 N, die Richtung wird über eine zur Kraft parallele Kante festgelegt. Mit Durchführung dieser Schritte ist das Simulationsmodell erstellt.

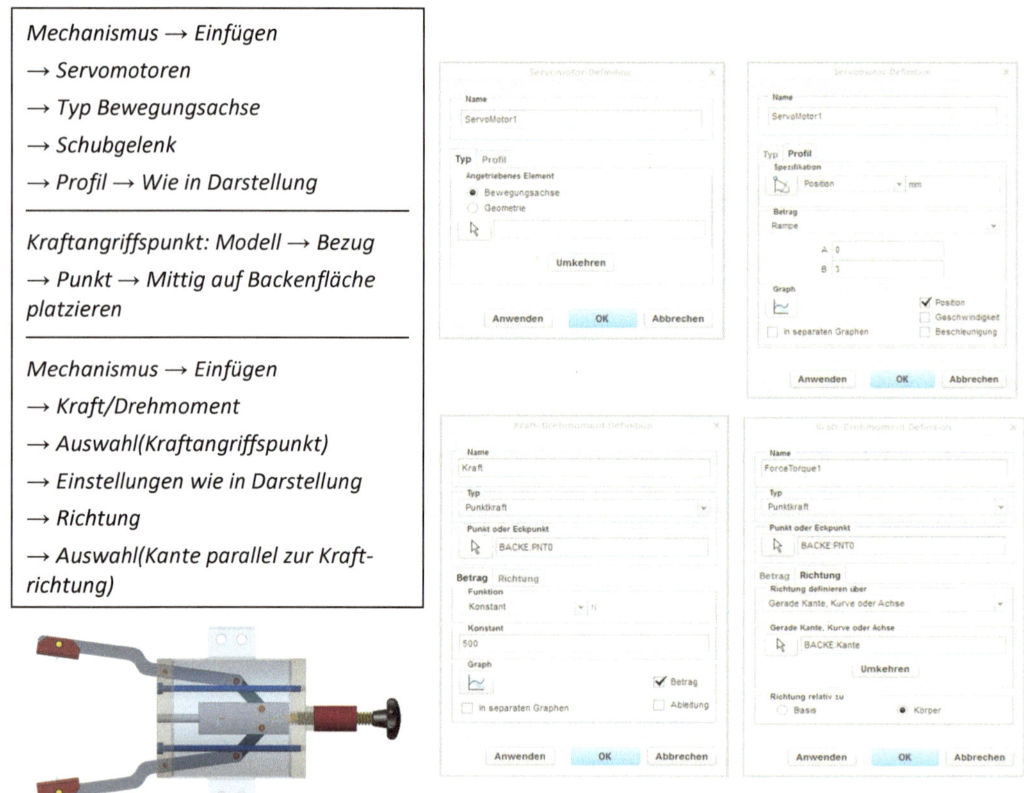

Abbildung 7-37: Definition von Servomotor und Kraft

Der Typ der *Analyse* ist „dynamisch", da Kräfte und Momente ermittelt werden sollen. Die Dauer der Analyse beträgt 5 s, als Einzelbildrate werden 20 Bilder pro Sekunde empfohlen. Der *Servomotor* muss aktiviert sein. Die *Kraft* soll ab der vierten Sekunde bis Ende der Analyse wirken, da erst ab hier der Lasteingriff erfolgen soll. Um die resultierenden Kräfte und Momente, welche auf das Bauteil *Finger* wirken nach *Simulate* zu exportieren, muss die Funktion in *Simulation verwenden* gewählt werden.

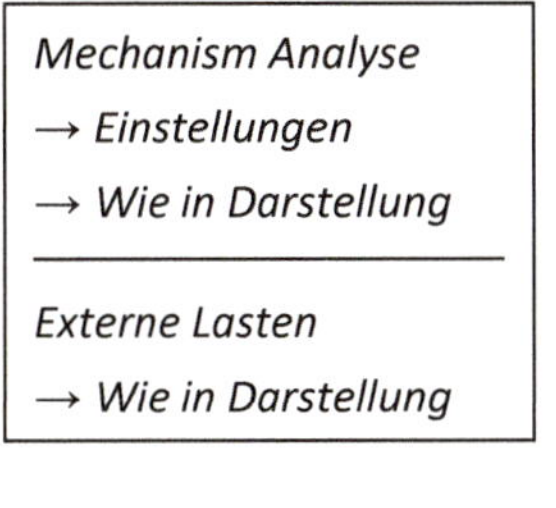

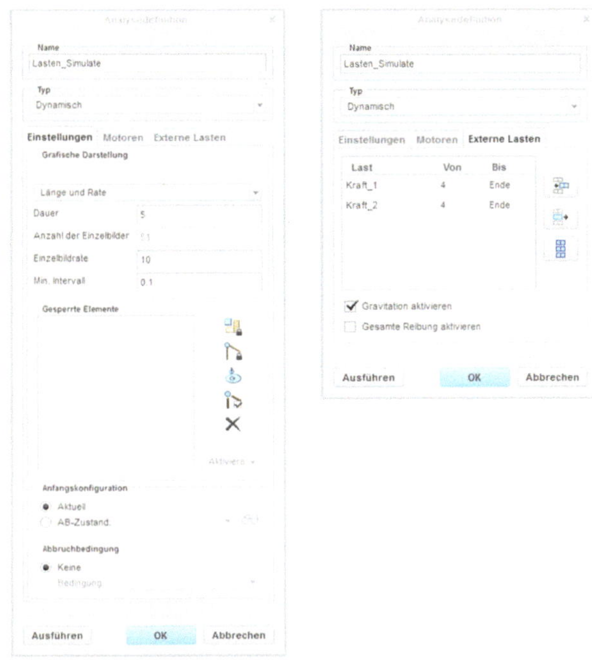

Abbildung 7-38: Definition dynamische Analyse

Exportiert werden sollen alle Kräfte und Momente zum Zeitpunkt von 4 s. Die Winkelgeschwindigkeit, die Winkelbeschleunigung und die Gravitation werden abgewählt.

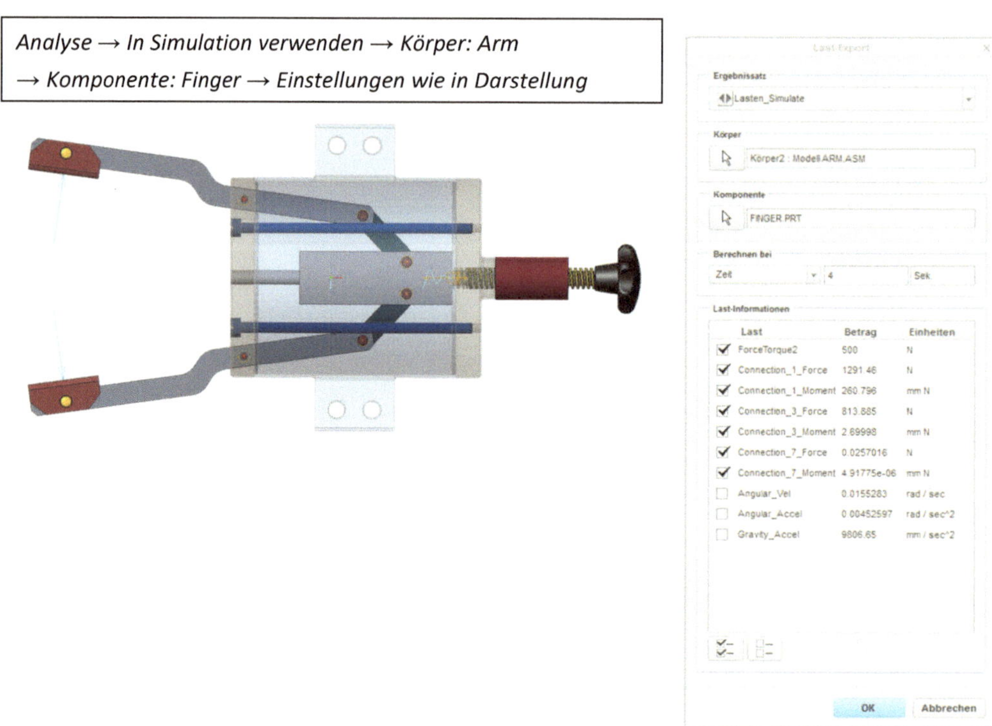

Abbildung 7-39: Export von Lastbedingungen nach *Simulate*

7.4.2   FEM-Berechnungen

Durch die Integration des Moduls zur strukturmechanischen Simulation in die CAD-Umgebung ergeben sich Vorteile, z. B. eine hohe Bedienungsfreundlichkeit und das Entfallen von Schnittstellenproblemen. Daher kommt *Simulate* häufig konstruktionsbegleitend zum Einsatz, um schnell Varianten berechnen und vergleichen zu können. Expertensysteme bieten dagegen deutlich mehr Eingriffsmöglichkeiten für den Anwender. Für die Bearbeitung von strukturmechanischen Simulationen sind diverse Schritte obligatorisch, da von ihnen sowohl die Rechenzeit und damit Kosten, als auch die Ergebnisqualität abhängen. Allgemein ist die Unterteilung in die Phasen Pre- und Post-Processing sowie den Solver-Lauf üblich. Während dieser Phasen werden die Lager- und Belastungssituation analysiert, mögliche Vereinfachungen am Modell durchgeführt, das Simulationsmodell aufgebaut und die Analyse definiert. Der anschließende Solver-Lauf verläuft dann ohne Benutzereingriff. Im Post-Processing werden dann die Ergebnisse grafisch dargestellt (Farbplots, Tabellen, Diagramme etc.). Diese sind unbedingt kritisch zu betrachten, da das System „falsche" Benutzereingaben nicht erkennt und das berechnet, was zuvor eingegeben wurde. Darüber hinaus handelt es sich immer um Näherungslösungen, da die FEM ein numerisches Verfahren ist.

Tabelle 7-2: Grobe Checkliste zur Modellbildung bei Simulate

Simulationsphase	Durchgeführte Schritte
Pre-Processing	Analyse der Einbausituation (Lagerstellen & Lasten identifizieren)
	Defeaturing / Symmetrie (Vereinfachung der Geometrie)
	Simulationsmodell erstellen
	Analysedefinition
Solver	Starten des Gleichungslösers
Post-Processing	Simulationsmodell auswerten

Die Vorstellung des Moduls erfolgt anhand des Finger-Bauteils der Greifer-Baugruppe. Die Lasten werden hierbei aus der zuvor durchgeführten MKS übernommen.

Das Defeaturing der Komponente umfasst lediglich die äußeren Fasen des Bauteils. Die Symmetrie wird nicht abgebildet. Dies ist begründet mit der verwendeten Massenträgheitsentlastung. Bei geöffnetem Bauteilmodell wird über den Reiter *Anwendung* zu *Simulate* gewechselt. Hier erfolgt die Definition des Simulationsmodells. Importiert werden die Lasten über den Befehl *Mechanismuslast*. Die Lasten werden als Punktlasten übernommen. Diese müssen dann noch den jeweiligen Angriffsflächen zugewiesen werden.

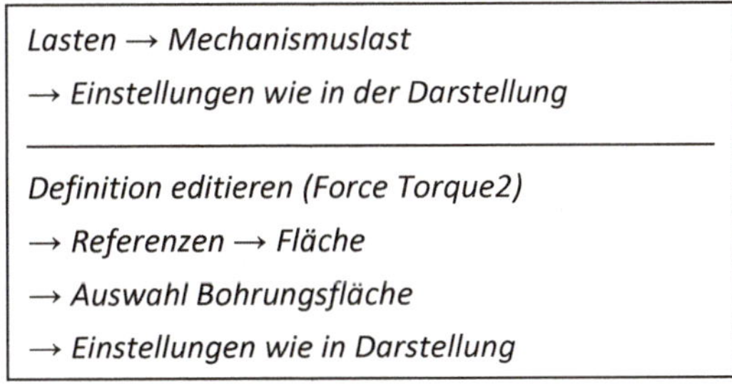

Abbildung 7-40: Lastdefinition in Simulate

Die in der Abbildung 7-40 dargestellte Lastdefinition wird insgesamt viermal durchgeführt. Ein Vorteil bei der Verwendung der bereits in *Mechanismus* ermittelt Lasten ist, dass sich das Bauteil quasi im Kräfte- und Momentengleichgewicht befindet. Dies kann mit dem Befehl *Gesamtlast prüfen* überprüft werden. Dazu werden alle Lasten ausgewählt und die *Res. Last berechnet.* Eine Definition von weiteren Randbedingungen ist nicht notwendig.

Um die Vernetzung des Bauteils durchführen zu können, muss in jedem Fall ein Material zugewiesen werden. *Simulate* liefert in einer Datenbank die wichtigsten Werkstoffe, die bei Bedarf auch ergänzt bzw. geändert werden können.

Startseite → Materialzuweisung → Weitere... → steel.mtl auswählen

Die Netzerzeugung oder Diskretisierung des Bauteils läuft vollständig automatisiert ab. Der Benutzer hat jedoch Möglichkeiten, auf die Vernetzung lokal und global Einfluss zu nehmen.

AutoGEM erzeugt ein Netz aus p-Elementen, d. h., dass die Ergebnisgenauigkeit primär durch die Erhöhung des Polynomgrades der Ansatzfunktion verbessert wird. Je nach Notwendigkeit kann so eine Elementkante durch ein Polynom bis zum Grad 9 beschrieben werden. Dadurch werden weniger Netzelemente benötigt, als bei anderen Methoden.

Im Folgenden wird für das Netz des Bauteils eine Elementgröße von 15 mm vorgegeben:

AutoGEM-Steuerung → Typ → Maximale Elementgröße → Referenzen
→ Komponenten → Elementgröße: 15

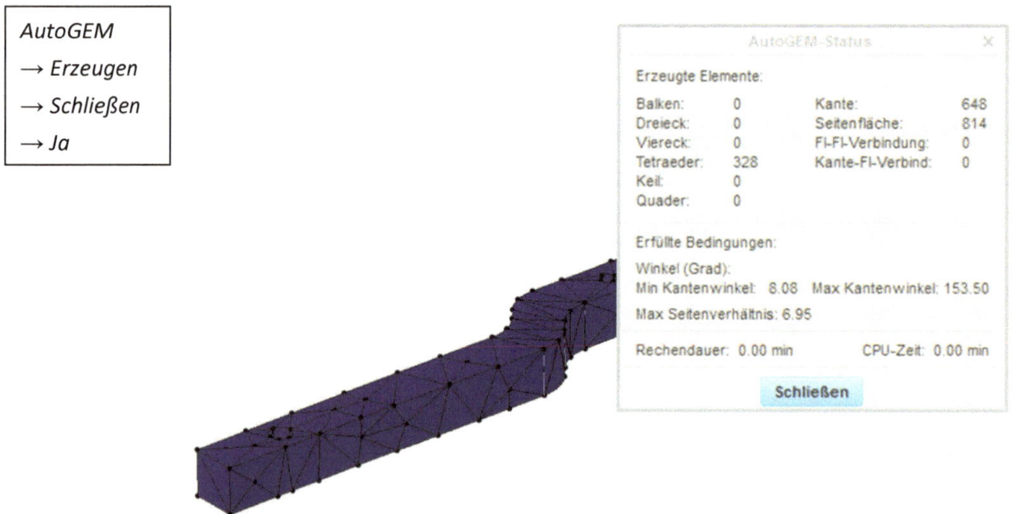

Abbildung 7-41: Netzerzeugung

Der letzte Schritt des Pre-Processings ist das Erstellen einer Analyse. Hier werden verschiedene Parameter festgelegt, die u. a. die Konvergenz und damit die Ergebnisqualität bestimmen. Anschließend sollte noch die Speicherzuteilung deaktiviert werden (Abbildung 7-42), um möglichst viel Speicher für die Simulation zur Verfügung zu stellen.

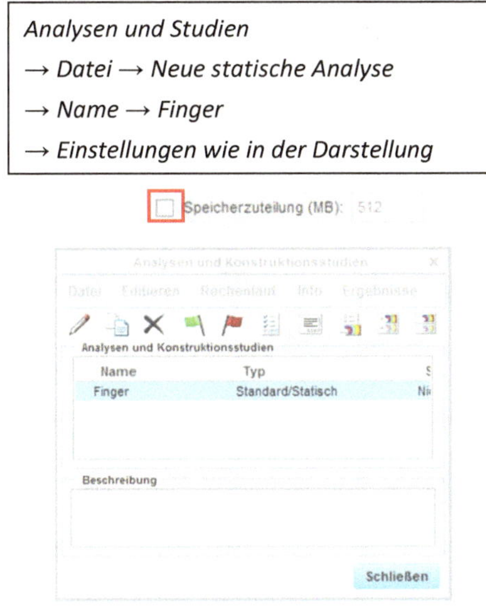

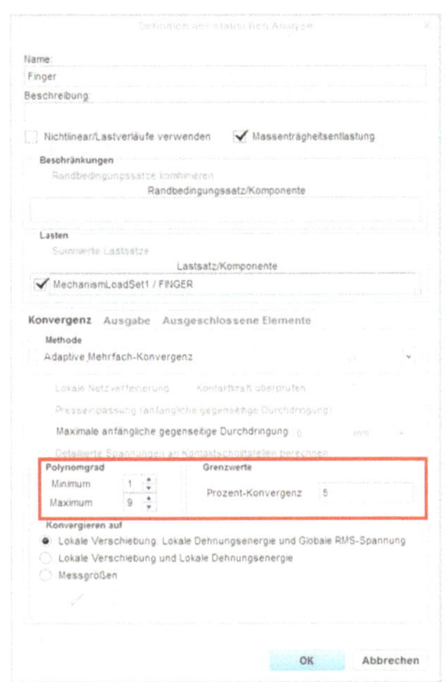

Abbildung 7-42: Definition der Analyse

Nach Abschluss der Berechnung sollte überprüft werden, ob die Konvergenz erreicht wurde (Abbildung 7-43). Ist dies nicht der Fall, müssen geeignete Maßnahmen ergriffen werden (Polynomgrad oder Elementzahl erhöhen), um eine konvergierende Analyse zu erhalten, da sonst keine aussagekräftige Bewertung der Ergebnisse möglich ist. Das Post-Processing kann aus dem bereits geöffneten Fenster *(Analysen und Konstruktionsstudien)* gestartet werden. Anderenfalls ist die jeweilige Analysedatei auszuwählen.

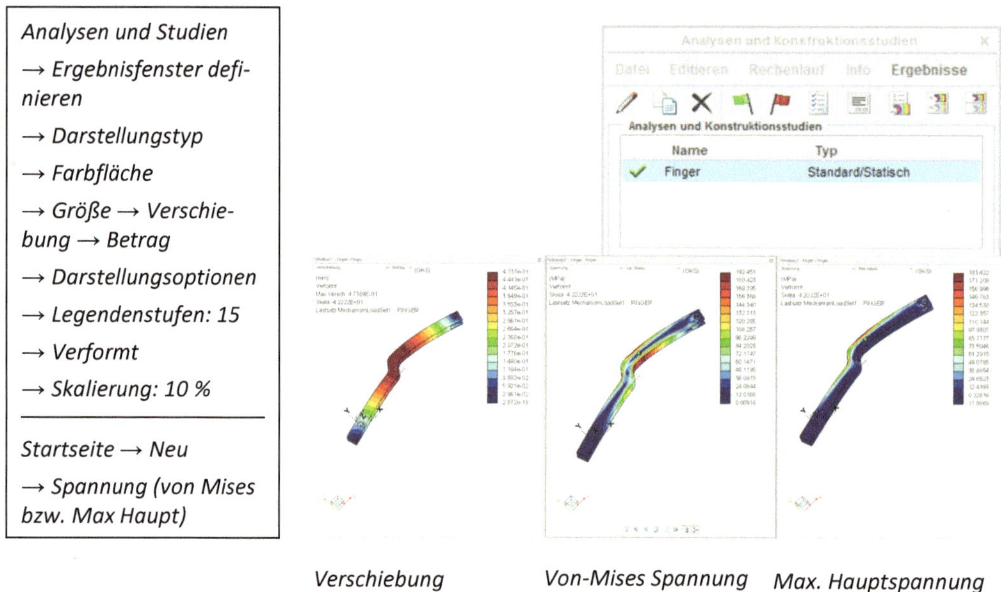

Abbildung 7-43: Auswertung statische Analyse

Die Verformung ist mit ca. 0.47 mm unkritisch. Große Verformungen müssten dagegen nichtlinear gerechnet werden, da so ein entsprechendes Materialgesetz und Berechnungsmodell implementiert werden kann. Um eine Aussage über ein mögliches Versagen des Bauteils treffen zu können, müssen Kennwerte des eingesetzten Werkstoffs bekannt sein. Je nach Werkstoff ist ein unterschiedliches Versagenskriterium zu verwenden. Für zähe Werkstoffe, wie z. B. Aluminium, aber auch zahlreiche Stahlsorten, wird häufig die Gestaltänderungshypothese verwendet. Dabei wird die von Mises-Spannung als Kriterium herangezogen, welche mit der Streckgrenze $R_{p0.2}$ verglichen wird. Nach Überschreitung dieser Grenze tritt eine irreversible plastische Verformung auf und somit Bauteilversagen. Für spröde Werkstoffe hingegen wird die Hauptnormalspannungshypothese angewendet, welche besagt, dass ein Bauteil unter der höchsten Normalspannung versagt. Dies gilt für wenig duktile Werkstoffe, die sich vor dem Bruch nur unmerklich verformen. Der relevante Werkstoffkennwert ist hierbei die Zugfestigkeit R_m.

7.4.3 Referenzkurven aus Bewegungsanalysen

Bei der Modellierung mit Hilfe der Zusatzapplikation *Mechanismus* lassen sich kinematische Zusammenhänge untersuchen. Bei Bedarf können Bewegungsbahnen von einzelnen Punkten mitgeschrieben werden. Die so ermittelten räumlichen Kurven können dann als Referenzelement der Bauteilmodellierung dienen.

Nachfolgend wird gezeigt, wie die Kontur einer Kurvenscheibe (Abbildung 7-44) ermittelt werden kann, wenn die Bewegung der Schubstange vorgegeben wird. Im Beispiel soll sich bei einer kompletten Drehung der Kurvenscheibe die Schubstange zweimal auf und ab bewegen. Auf der Schubstange ist dafür ein Bezugspunkt (*PNT0*) zu erzeugen.

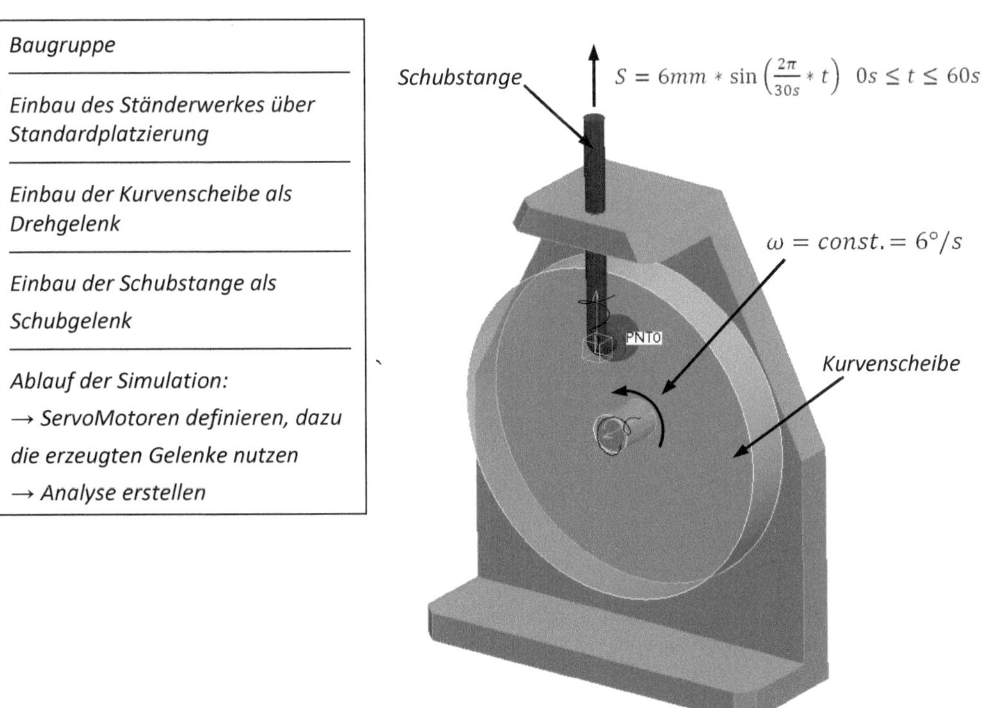

Abbildung 7-44: Aufbau des kinematisches Modells

Abbildung 7-45 zeigt die Spurkurve des Punktes *PNT0*, die sich durch die Simulation ergab. Die Spurkurve wird im Teil Kurvenscheibe erzeugt und kann nun als Leitkurve für einen Materialschnitt auf der Kurvenscheibe genutzt werden.

Anwendungen → Mechanismus

→ Analyse

→ Spurkurve

→ Papierteil: Kurvenscheibe

→ Bezugspunkt: (PNT0)

→ Simulation wählen

Teil Kurvenscheibe öffnen

→ Zug-KE Materialschnitt mit Spurkurve als Leit-kurve

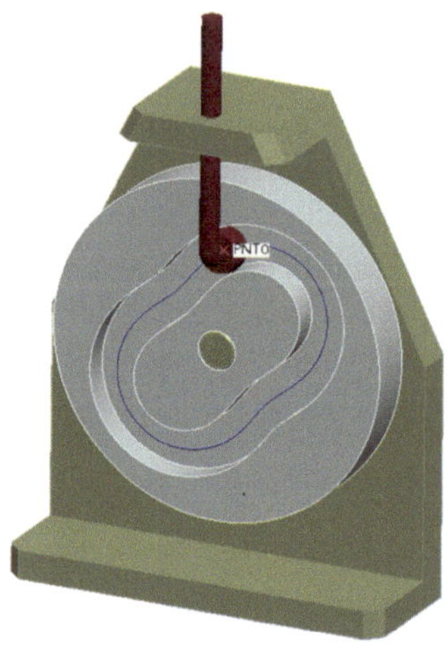

Abbildung 7-45: Ermittlung der Kurvenscheibenkontur

8 Anwendungsbeispiele

8.1 Rohrzange

8.1.1 Entwurfsskizze für eine Rohrzange

Am Beispiel einer Rohrzange sollen nachfolgend einige Möglichkeiten zur modellübergreifenden Informationsweitergabe erläutert werden. Dabei soll das Gestaltungskonzept für eine Rohrzange über geeignete Skizzen und Bezugselemente in einem Entwurfsmodell verankert werden. Um die Übersicht beim Skizzieren nicht zu verlieren, wird die Entwurfsskizze auf mehrere Skizzen verteilt. Die grobe Umrissgestaltung der beiden Zangenteile erfolgt in Anlehnung an gängige Normen (z. B. DIN ISO 8976). In der ersten Skizze werden die Umrisse und andere Bezugselemente des äußeren Zangenteils verankert (Abbildung 8-1) und in der zweiten die des inneren Teils (Abbildung 8-3).

Neues Teil: Zangenentwurf

Skizze1 → *Auswahl(TOP und Referenz RIGHT)*

> → *Definition notwendiger Hilfslinien*
>
> → *Erzeugung der Geometrie bestehend aus Geraden, Bögen (deren Mittelpunkte mit grauen Pfeilen gekennzeichnet sind) und Splines (grün dargestellt)*

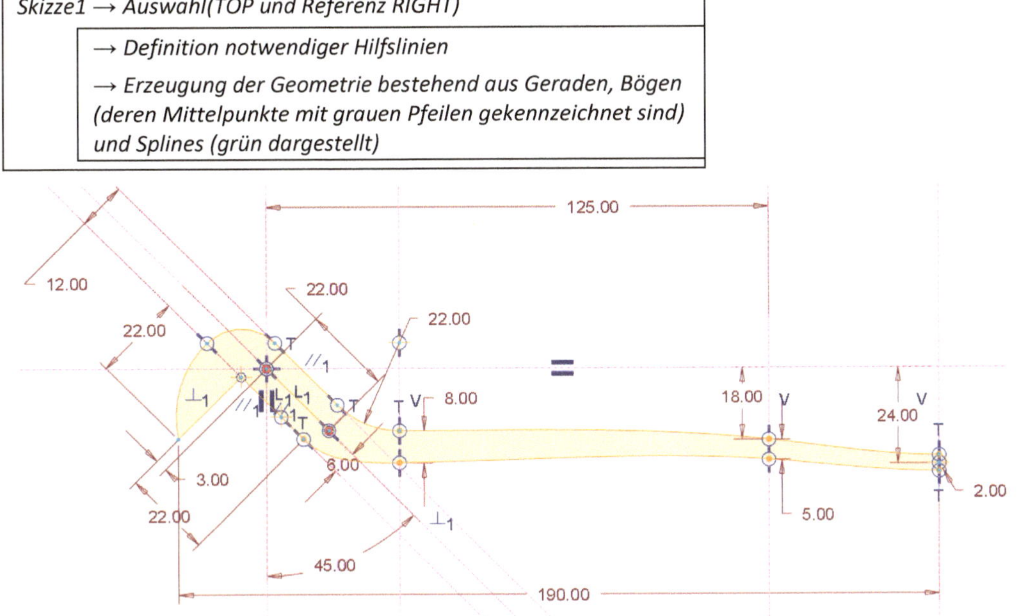

Abbildung 8-1: Entwurf des äußeren Zangenteils

Zusätzlich werden im 3D-Modell zwei Achsen erzeugt, die die beiden Endlagen der Gelenkachse verdeutlichen (Abbildung 8-2). Die notwendigen Referenzpunkte dazu sind in der ersten Skizze (Punktabstand 22 mm) definiert.

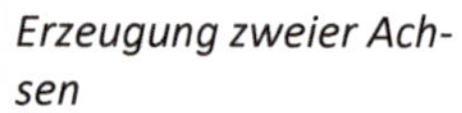

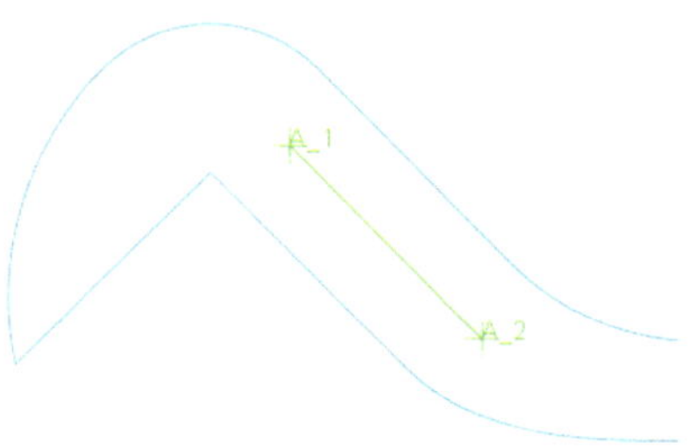

Abbildung 8-2: Bezugsachsen

Die beiden Achsen können nun auch in der *Skizze2* als zusätzliche Referenz dienen.

> *Skizze2* → Auswahl(TOP und Referenz RIGHT)
>
> → *Zusätzliche Skizzenreferenzen festlegen*
>
> → *Definition notwendiger Hilfslinien*
>
> → *Erzeugung der Geometrie bestehend aus Geraden, Bögen und Splines (grün dargestellt)*

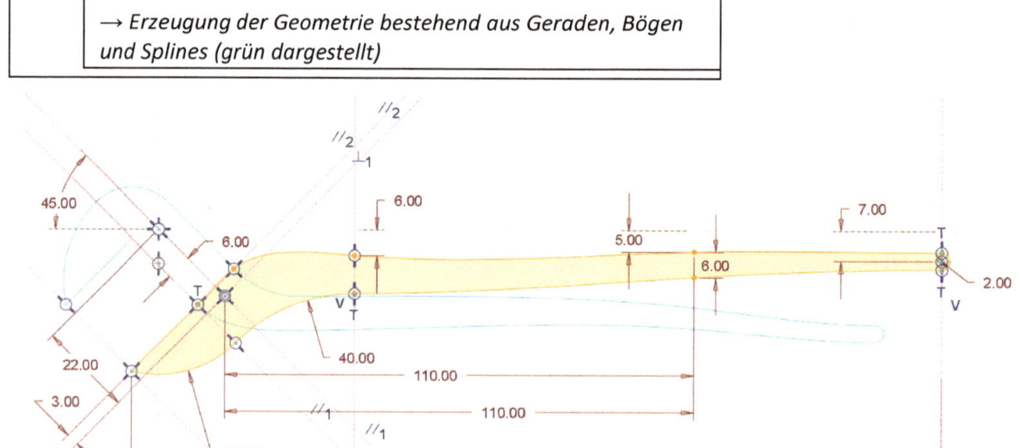

Abbildung 8-3: Entwurf des inneren Zangenteils

Das Innenteil wurde in der *Skizze2* so positioniert, dass sich der größte parallele Abstand an den Spannflächen ergibt.

Die Beweglichkeit der Zange soll in diesem Entwurfsmodell ausschließlich durch Verschieben und Drehen der *Skizze2* verdeutlicht werden.

Die *Skizze2* wird daher über Spezial einfügen als abhängige Kopie erneut eingefügt und dabei in Richtung der zweiten Drehachse verschoben (Abbildung 8-4). Hieraus ergibt sich daher die Null-stellung.

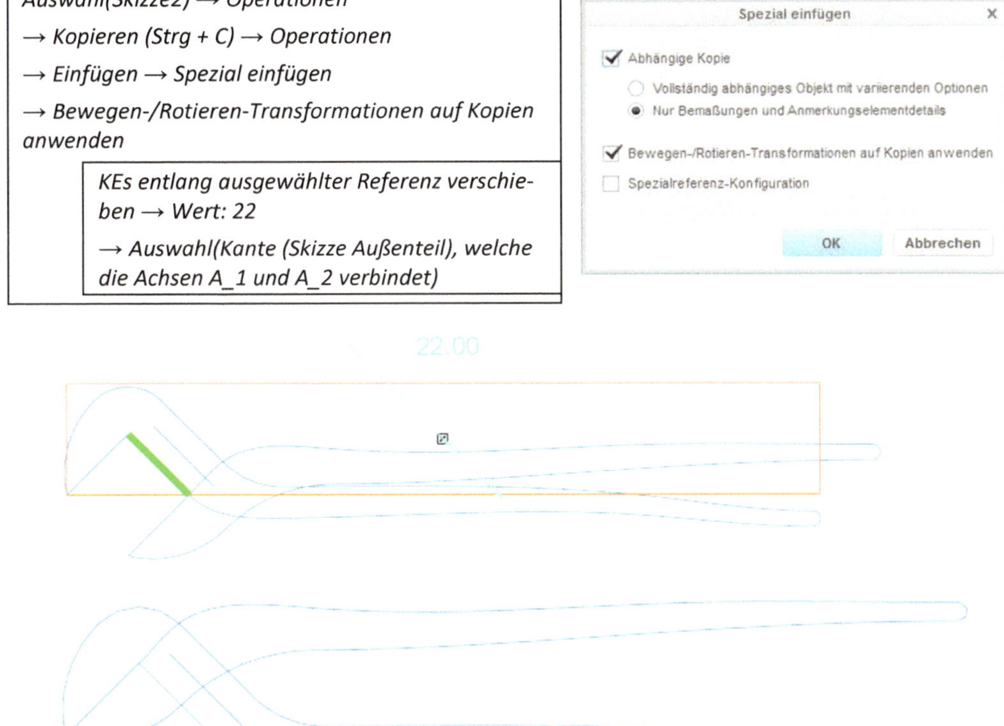

Abbildung 8-4: Positionierung der Skizzenkopie

Auf die gleiche Weise sollen für beide Endlagen des Innenteils (an den Drehachsen A_1 und A_2) verschiedene Öffnungswinkel der Zange generiert werden (Abbildung 8-5). Hierdurch lassen sich die Ausmaße des benötigten Ausschnitts im Außenteil ableiten, unter der Annahme, dass in allen Lagen ein Öffnungswinkel von mindestens 45° realisierbar ist.

Auswahl(Skizze des Innenteils)

→ Operationen → Kopieren (Strg + C)

→ Operationen → Einfügen

→ Spezial einfügen

→ Bewegen-/Rotieren-Transformationen auf Kopien anwenden (oder KE um ausgewählte Referenz rotieren (hier: 45°)

Abbildung 8-5: Verschiedene Öffnungswinkel bei variierender Endlage des Innenteils

Wenn alle Skizzen im Modell eingeblendet sind, kann nun eine weitere Skizze erzeugt werden, die dann als Referenz für den Ausschnitt im Außenteil dient (Abbildung 8-6).

Skizze → Auswahl(TOP)

> *→ Festlegen der benötigten Kurven aus den verschiedenen Innenteilstellungen als Referenzen*
>
> *→ 2x Verbinden der Schnittpunkte durch eine Gerade*
>
> *→ Projizieren der Kontur des Zangenaußenteils*
>
> *→ Trimmen der übrigen Kontur über Segment löschen*

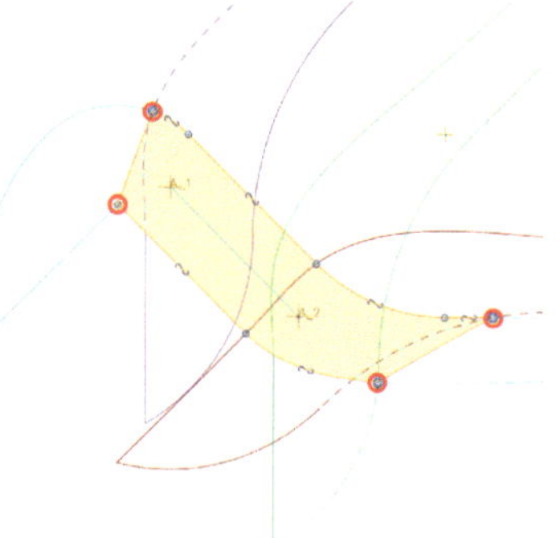

Abbildung 8-6: Referenzskizze für den Ausschnitt im Außenteil

8.1.2 Weitergabe geometrischer Referenzen

Nach der Definition des Zangenentwurfs wird mit der Ausgestaltung der einzelnen Zangenelemente begonnen. Dies kann wahlweise direkt im Baugruppenkontext oder im Teilemodus durchgeführt werden. In beiden Teilen werden alle benötigten Referenzen aus dem Zangenentwurf als Kopie-Geometrien hinterlegt. Mit Kopie-Geometrie-KEs können beliebige Arten geometrischer Referenzinformationen und benutzerdefinierte Parameter, aber keine (!) Volumenelemente weitergegeben werden.

<table>
<tr><td>

2x neues Teil: Zangenaußenteil/Zangeninnenteil

Kopie-Geometrie

Modell öffnen aus dem Geometrie kopiert werden soll:
Zangenentwurf.prt → Platzierungsmethode: Standard

→ Nur publizierte Geometrie deaktivieren

→ Außenteil: 3 Ketten (Kontur, Ausschnitt, Führung) und
2 Referenzen (A_1 und A_2 an den Enden der Führung)

→ Innenteil: 1 Kette (Kontur) und 1 Referenz (A_2)

Profil → Platzierung: TOP

→ Projizieren der jeweiligen Kontur aus der Kopie-Geometrie

→ Austragungsoption: Symmetrisch extrudieren
(Außenteil: 10; Innenteil: 4)

</td></tr>
</table>

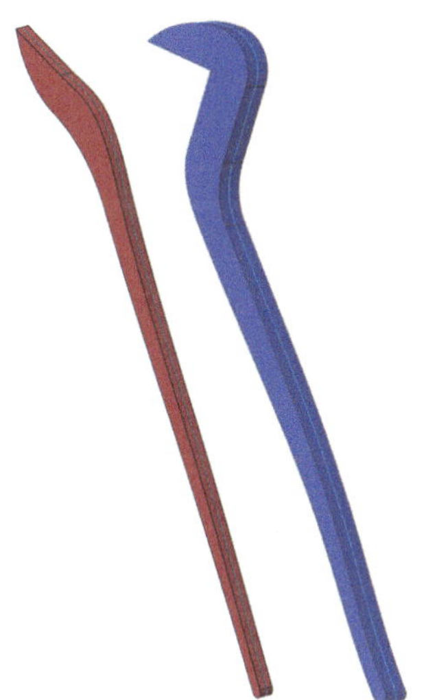

Abbildung 8-7: Grobgestalt der beiden Zangenteile

Alternativ zur benutzerdefinierten Auswahl von Elementen kann eine zulässige Auswahlmenge bereits im Vorfeld im Quellenmodell als *Publiziergeometrie* definiert werden. Dadurch können abgestimmte Konstruktionsabsichten leichter bzw. sicherer übernommen werden.

Beide Zangenteile werden nun in eine Zangenbaugruppe eingebaut. Damit das Innenteil durch das Außenteil gesteckt werden kann, soll in nächsten Schritten der Ausschnitt im Zangenaußenteil erzeugt und weitere Anpassungen vorgenommen werden.

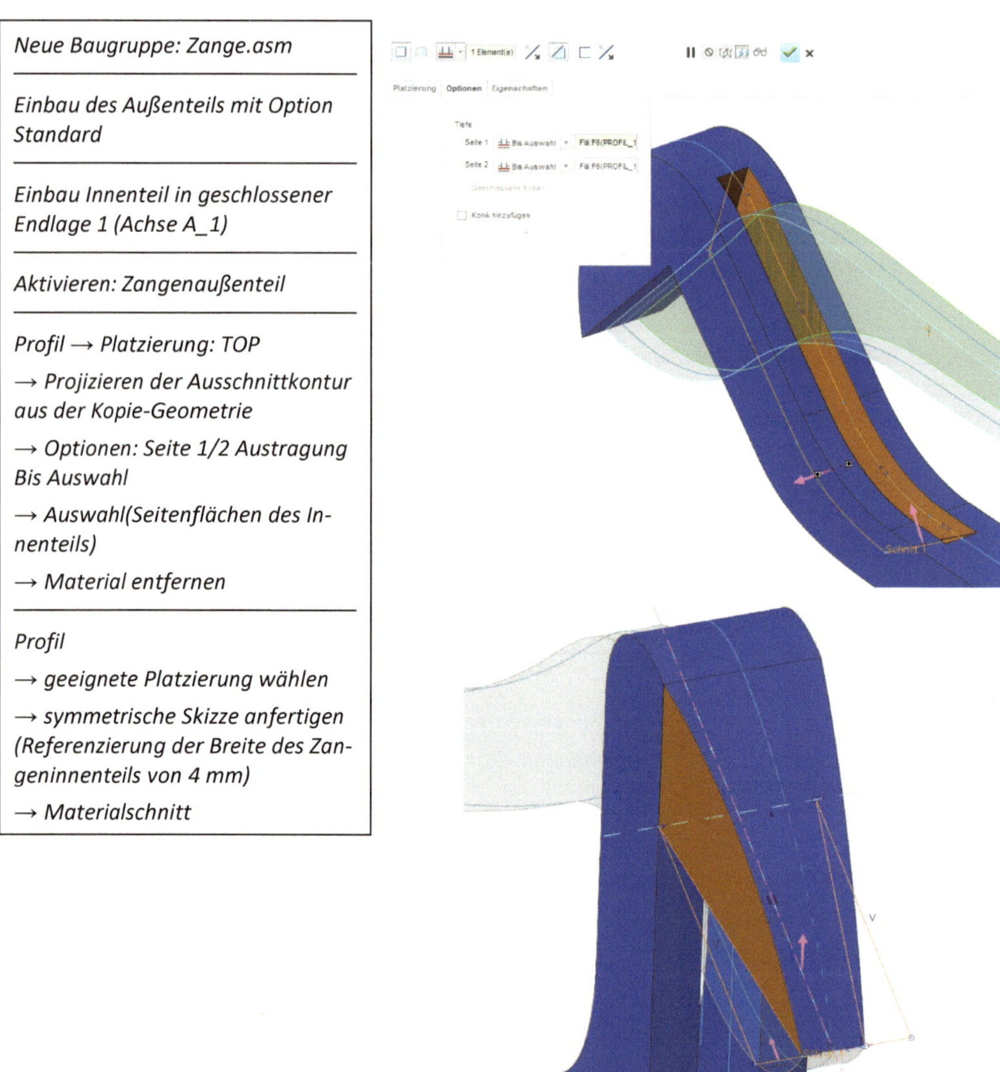

Neue Baugruppe: Zange.asm

Einbau des Außenteils mit Option Standard

Einbau Innenteil in geschlossener Endlage 1 (Achse A_1)

Aktivieren: Zangenaußenteil

Profil → Platzierung: TOP

→ Projizieren der Ausschnittkontur aus der Kopie-Geometrie

→ Optionen: Seite 1/2 Austragung Bis Auswahl

→ Auswahl(Seitenflächen des Innenteils)

→ Material entfernen

Profil

→ geeignete Platzierung wählen

→ symmetrische Skizze anfertigen (Referenzierung der Breite des Zangeninnenteils von 4 mm)

→ Materialschnitt

Abbildung 8-8: Materialentfernung im Zangenaußenteil

8.1.3　Geometrievererbung

Vererbungs-KEs ermöglichen die assoziative Übertragung von Daten von einem Referenzmodell zu einem Zielmodell. Mit Vererbungs-KEs lassen sich Varianten bestehender Modelle erzeugen, die unterschiedliche Detaillierungsgrade aufweisen. Dadurch kann Materialgeometrie hinzugefügt oder auch entfernt werden. Ebenso kann eingestellt werden, ob die Abhängigkeit zum Referenzteil aufgehoben werden soll.

Als Vorbereitung für die nachfolgende Feingestaltung der Zangenelemente, werden zunächst die Teile *Bolzen* und *Ausschnitt* erzeugt (s. Abbildung 8-9).

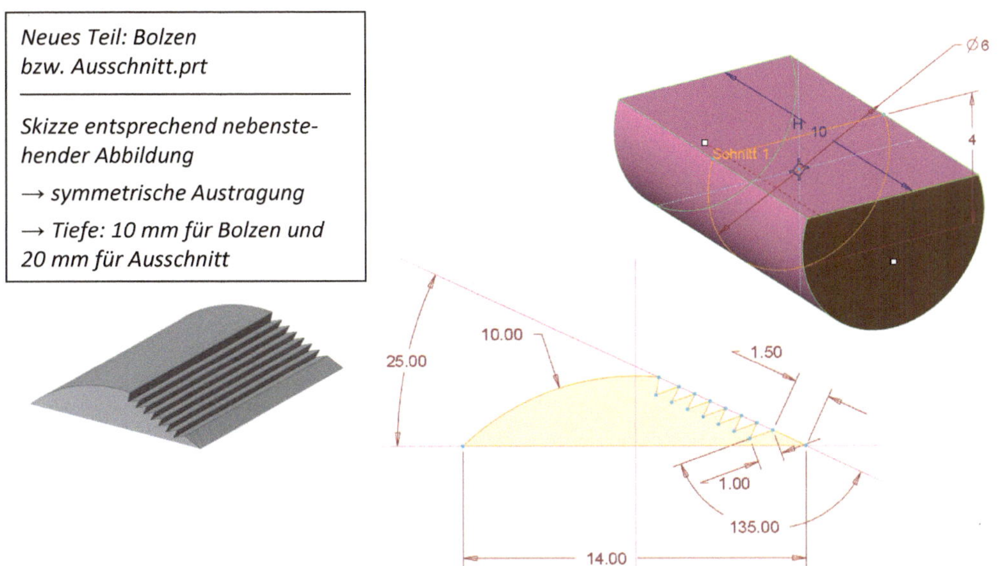

Abbildung 8-9: Modellierung der Referenzkörper Bolzen und Ausschnitt

Abbildung 8-10 zeigt, wie in einem bereits geöffneten Bauteil ein anderes Bauteil (hier: *Bolzen.prt*) dazu genutzt werden kann, um einen Materialschnitt anzubringen. Änderungen im Bauteil Bolzen führen so automatisch auch zur Anpassung des Bauteils. Das kann aber auch Nachteile haben, so dass der Einsatz dieser Features in ein Gesamtkonzept des Produktdatenmanagements einzuordnen ist, um ungewollte Anpassungen zu verhindern.

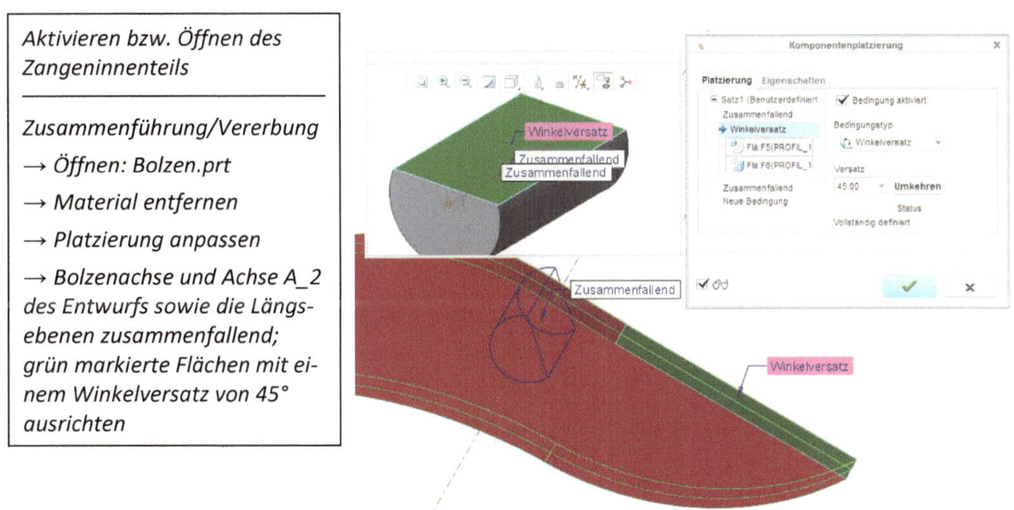

Abbildung 8-10: Vererbung des Bolzens im Innenteil

Analog dazu wird der Ausschnitt in beiden Zangenteilen über eine Zusammenführung realisiert. Die Querebene soll dabei einen Abstand von *12 mm* zur Zangenspitze haben.

<table>
<tr><td>

Aktivieren bzw. Öffnen des Zangeninnenteils/-außenteils

Zusammenführung/Vererbung

→ Öffnen: Ausschnitt.prt

→ Material entfernen

→ Platzierung anpassen

→ ebene Fläche der Zangenteile und des Referenzkörpers sowie die Längsebenen zusammenfallend ausrichten

</td><td>

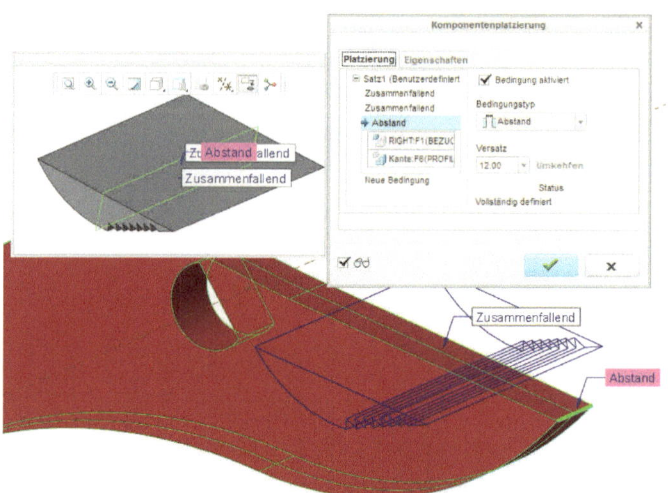

</td></tr>
</table>

Abbildung 8-11: Vererbung des Ausschnitts in den Zangenteilen

<table>
<tr><td>

Öffnen bzw. Aktivieren des Zangenaußenteils

Anbringen einer durchgängigen 6 mm Bohrung in einer der beiden Endlagen (A_1 oder A_2)

Mustern der Bohrung mit der Option Kurve

→ Projizieren (in der Skizze) der Führungslinie (Verbinung zwischen A_1 und A_2) aus der Kopie-Geometrie

→ Umstellen auf Anzahl der Mustermitglieder: 6

</td><td>

</td></tr>
</table>

Abbildung 8-12: Bohrungsmuster im Zangenaußenteil

<table>
<tr><td>

Aktivieren des Außen- bzw. Innenteils

Rundung

→ *Wert: 0.5 (für die Bereiche der Zangenbacken sowie die gesamte umlaufende Kante des Zangeninnenteils)*

Rundung

→ *Wert: 2 (für die Kanten des Zangenaußenteils)*

</td><td>

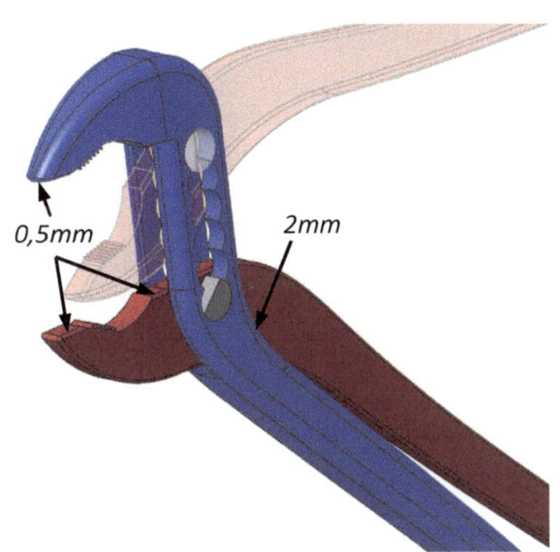

</td></tr>
</table>

Abbildung 8-13: Feingestaltung der Zangenteile

8.2 Besondere Zylinder-Kegel-Durchdringungen

Im Anlagen-, Apparate- und Rohrleitungsbau kommen häufig Bauteile zum Einsatz, die eine zylindrische oder keglige Grundform aufweisen. Daher gibt es häufig auch besondere Anforderungen hinsichtlich der *Abwickelbarkeit* von Bauteiloberflächen und der Gestaltung von Zylinder-Kegel-Durchdringungen. Nicht in jedem Fall lassen sich diese Probleme automatisch auch mit dem CAD-System lösen. Nachfolgend soll an einigen Beispielen gezeigt werden, wie Spezialwissen im Modell oder in benutzerdefinierten Features verankert werden kann.

8.2.1 Konstruktiv-geometrische Grundlagen

Trotz der Leistungsfähigkeit moderner CAD-Systeme ist bei der Umsetzungen von Produktanforderungen häufig geometrisches Hintergrundwissen erforderlich. Nachfolgend werden kurz einige Besonderheiten erwähnt, die für Zylinder-Kegel-Durchdringungen Bedeutung haben. Ausführlicher werden diese Themen zum Beispiel in [2][13] behandelt.

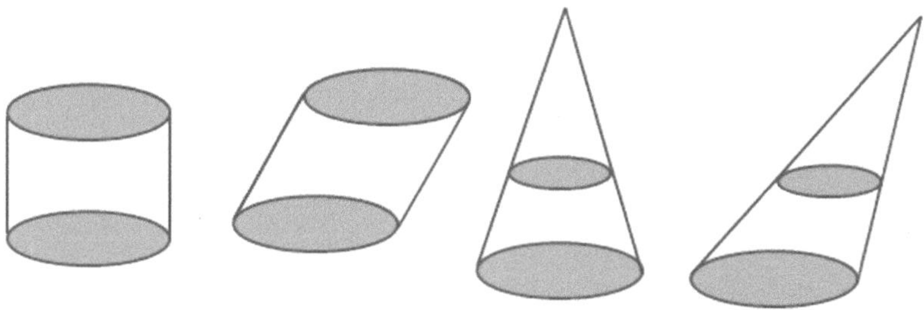

Abbildung 8-14: Gerade und schiefe Kreiszylinder und Kreiskegel

Kreiszylinder und Kreiskegel sind Spezialfälle der elliptischen Zylinder bzw. Kegel. Kreiszylinder und Kreiskegel werden als gerade bezeichnet, wenn die Zylinder- bzw. Kegelachse senkrecht zum Kreisquerschnitt steht. Alle Mantellinien dieser Flächen liegen daher rotationssymmetrisch zur Zylinder- bzw. Kegelachse. Das gilt allerdings nicht für elliptische Zylinder und Kegel und damit auch nicht für schiefe Kreiskegel und schiefe Kreiszylinder. Interessant ist daher die Klärung der Frage, wie elliptische Zylinder und Kegel geschnitten werden müssen, um einen Kreis als Schnittfläche zu erhalten.

In Abbildung 8-15 ist zu erkennen, dass immer dann kreisförmige Schnittflächen einstehen, wenn eine (gedachte) Kugel die beiden Mantellinien tangiert, die den größten Abstand (bei einem elliptischen Zylinder) bzw. den größten Winkel (bei elliptischen Kegeln) zueinander haben. Die sich ergebenden ebenen Durchdringungskurven sind Kreise, deren Neigung sowohl zeichnerisch (Abbildung 8-15) als auch rechnerisch ermittelt werden kann. Es gibt zwei Scharen von Schnittebenen (Schnittwinkel), die am elliptischen Kegel bzw. am elliptischen Zylinder kreisförmige Schnitte erzeugen. Bei der dargestellten zeichnerischen Ermittlung für den Kegel wurden die Haupt- und Seitenansicht mittig übereinander gelegt. Der rote Kreis tangiert die äußeren

Umrisse. Die Schnittpunkte mit den beiden „inneren" Umrissen legen den Neigungswinkel der Schnittebenen fest.

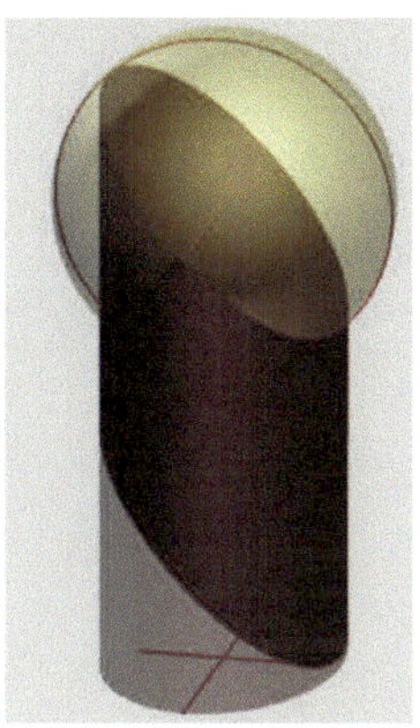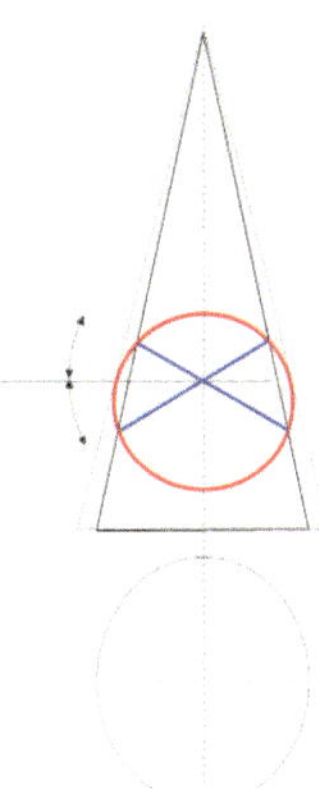

Abbildung 8-15: Kreisschnitte an elliptischen Zylindern und Kegeln

Aus den Überlegungen hinsichtlich besonderer Schnittebenen bei den Zylindern und Kegeln lässt sich eine weitere Besonderheit formulieren:

Zwischen zwei nicht parallelen Kreisen kann nur dann eine elliptische Zylinder- oder Kegelfläche erzeugt werden, wenn die Kreise auf der gleichen Hilfskugel liegen.

Das bedeutet, dass zwischen zwei beliebig im Raum positionierten Kreisquerschnitten, nicht in jedem Fall Zylinder- oder Kegelflächen entstehen (Abbildung 8-16).

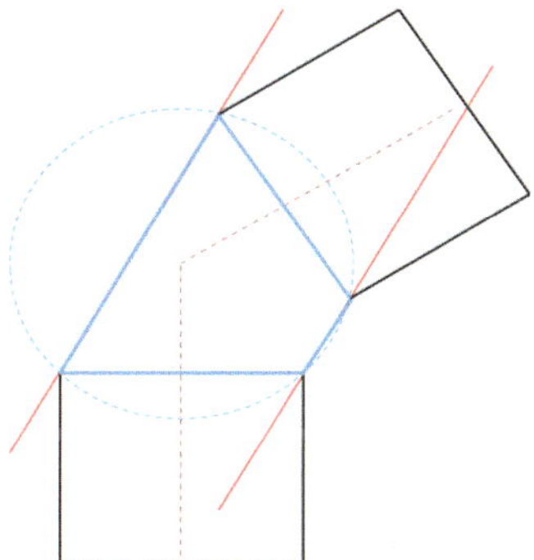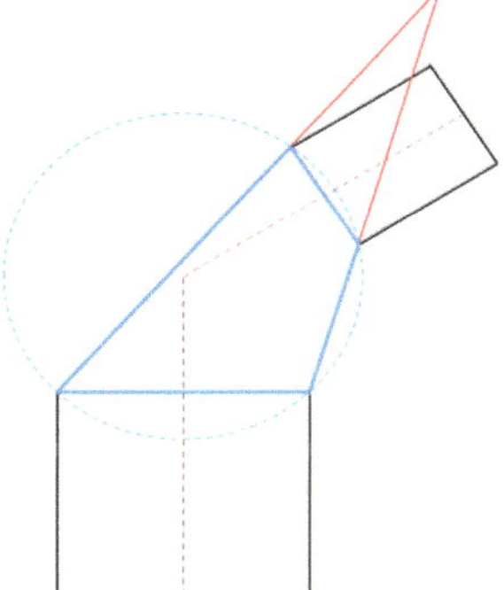

Abbildung 8-16: Elliptische Kegel und Zylinder zwischen zwei nicht parallelen Kreisen

Auch bei den Durchdringungen von zylindrischen und kegligen Flächen gibt es Besonderheiten, die nicht automatisch von den CAD-Modellierkernen beachtet werden. Nachfolgend werden drei in der Praxis vorkommende Sonderfälle betrachtet, die insbesondere dazu führen, dass sich stückweise ebene Durchdringungskurven ergeben, so dass Fertigungs- bzw. Fügeprozesse einfacher beherrscht werden können.

Abbildung 8-17 zeigt Durchdringungen zwischen geraden Kreiszylindern und Kreiskegeln, deren wesentliches Merkmal es ist, dass sie beide die gleiche tangentiale Hilfskugel tangieren. Dadurch entstehen stets ebene Durchdringungskurven (Ellipsenbögen). Bei der Durchdringung zweier gerader Kreiszylinder, deren Achsen in einer Ebene liegen, kann auf die Hilfskugel verzichtet werden, da sich die „äußersten" tangentialen Mantellinien durch den parallelen Versatz der Zylinderachsen ergeben.

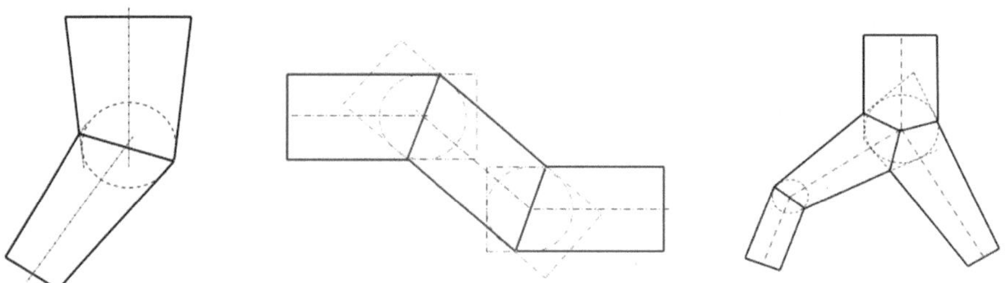

Abbildung 8-17: Durchdringungen an tangentialen Hilfskugeln

Abbildung 8-18 zeigt, dass sich auch zwischen beliebigen Kreiszylindern oder Kreiskegeln immer dann ebene Schnittkurven, wenn sie mindestens einen Kreis gemeinsam haben.

Um zu sichern, dass sich durch die Verbindung der nicht parallelen Kreisquerschnitte eine Kreistorse ergibt, wird ein Hilfskreis wie in Abbildung 8-16 genutzt. Die Lage der Ebene der Kegelschnittkurve zwischen den beiden Komponenten ergibt sich in der dargestellten Ansicht aus den beiden Schnittpunkten der Umrisslinien. Falls die Verbindungslinien zwischen AC und BF parallel liegen, ist dazu auch die Linie von S1 zum Teilungspunkt T parallel.

Abbildung 8-19 zeigt den dritten Sonderfall. Immer dann, wenn sich jeweils zwei Mantellinien der beiden sich durchdringenden Zylinder- oder Kegelflächen tangieren, entstehen stückweise eben Durchdringungskurven (Ellipsenbögen).

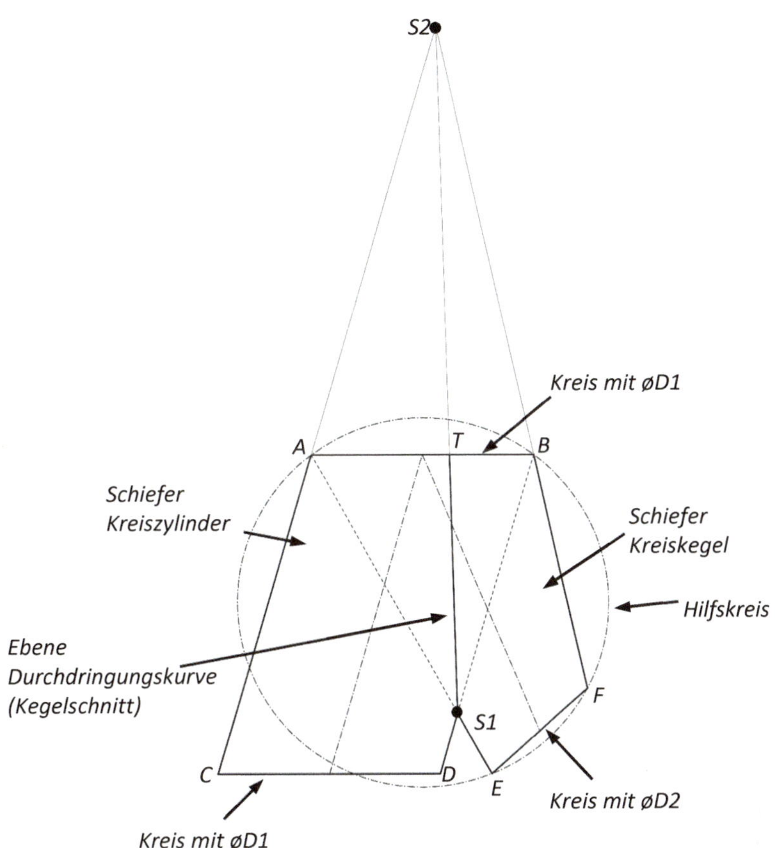

Abbildung 8-18: Ebene Durchdringung zwischen elliptischen Zylindern und Kegeln

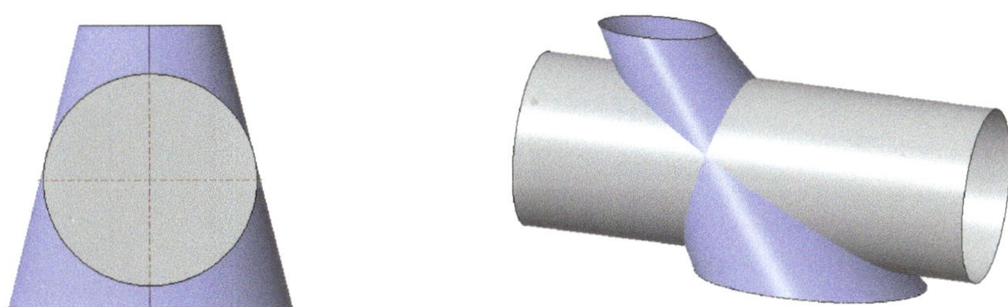

Abbildung 8-19: Tangentiale Durchdringungen

8.2.2 Abwicklungsgerechte Rohrverbindungen

Abbildung 8-20 zeigt eine Aufgabenstellung, die bei der Verbindung zweier unterschiedlich großer Rohre zu lösen ist. Insbesondere zwischen zwei nicht parallelen Kreisen ist nicht in jedem Fall vom CAD-System eine exakt abwickelbare Oberfläche generierbar. Daher soll eine Lösung gefunden werden, bei der das Übergangsstück mathematisch gesehen eine Kegelfläche ist. Hierfür wird im Schnittpunkt der Rohrachsen eine Hilfskugel erzeugt, mit der dann die Rohre beschnitten werden, so dass sich die gesuchte Lage der beiden Anschlusskreise ergibt (Abbildung 8-15).

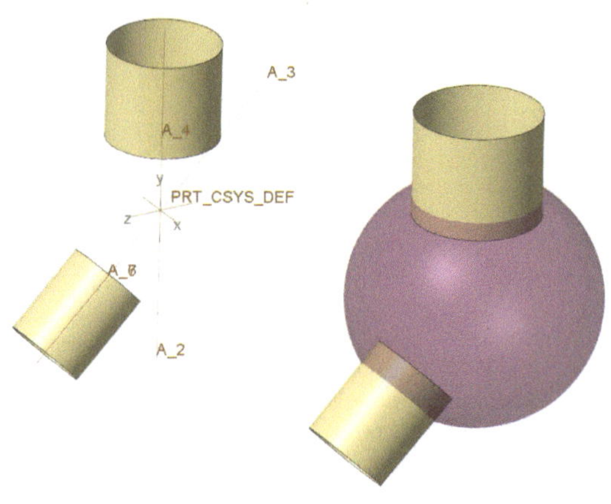

Abbildung 8-20: Schnitt mit Hilfskugel

Nun kann zwischen den beiden neuen Kreisquerschnitten das Verbindungsstück erzeugt werden (Abbildung 8-21). Die Krümmungsanalyse zeigt allerdings, dass die Gauß´sche Krümmung nicht überall gleich Null ist und daher rechnerintern die Konstruktionsabsicht nicht korrekt umgesetzt wurde.

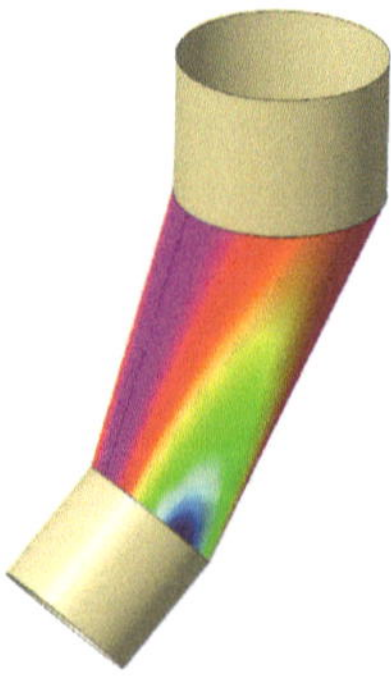

Abbildung 8-21: Verbundfläche zwischen zwei Zylindern

Um doch noch zwischen den beiden richtig ermittelten Kreisen mit dem *Verbund-KE* eine abwickelbare Fläche zu erzeugen, wird zunächst eine Übergangsfläche zwischen zwei parallelen Kreisen erzeugt, die dann schräg geschnitten wird. Dafür sind vorher in einer Skizze die Umrisslinien so festzulegen, dass sie beide auf der Kugel liegenden Kreise berühren (Abbildung 8-22).

<table>
<tr><td>

Neue Skizze auf einer Ebene in der beide Zylinderachsen legen

→ *Schnittpunkte übernehmen*

→ *3 Linien ergänzen*

Durch die horizontale Linie der ersten Skizze eine horizontale Ebene erzeugen

---

Skizze auf der neuen Ebene mit Kreis erzeugen, Länge der Linie legt den Durchmesser fest

---

Einfügen → Verbund → Fläche

→ *Optionen: Allgemein → Schnitte auswählen*

Verbundfläche an Kugel trimmen, dazu erst die Verbundfläche wählen, dann den Trimmbefehl und anschließend die Kugel als Trimmobjekt

</td><td>

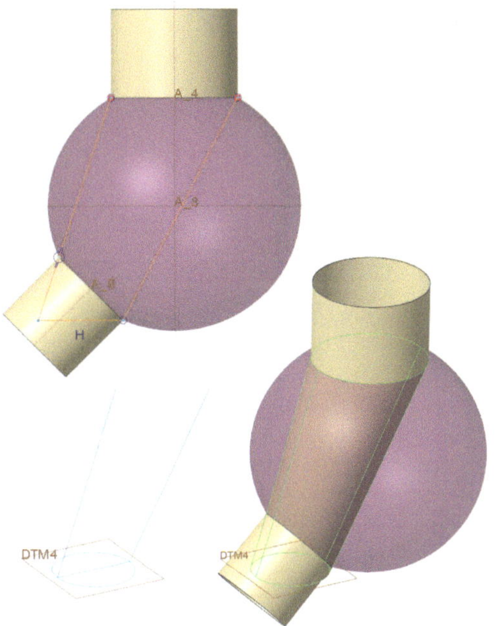

</td></tr>
</table>

Abbildung 8-22: Abwicklungsgerechte Erzeugung der Verbundfläche

Alternativ könnte die benötigte Übergangsfläche zwischen den beiden parallelen Kreisen auch über das variable Zug-KE generiert werden, indem ein Kreisquerschnitt (zwei Halbkreise) entlang zweier Geraden parallel verschoben wird.

Abbildung 8-23 zeigt, wie die Verbundfläche zwischen den beiden nicht parallelen Ausgangskreisen über einen Berandungsverbund gleich abwicklungsgerecht modelliert werden kann. Dafür dürfen allerdings die Anschlussquerschnitte nicht geschlossen sein. Es wird daher zunächst nur mit den Halbkreisen gearbeitet. Im Beispiel kann die Kreisteilung auch so erfolgen, dass sich zwei symmetrische Hälften ergeben.

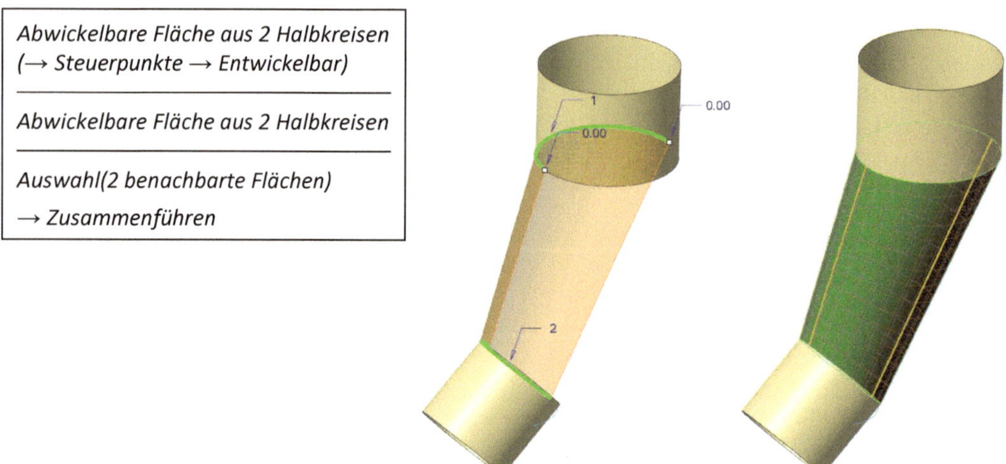

Abbildung 8-23: Abwicklungsgerechter Berandungsverbund

Abbildung 8-24 zeigt, wie aus einem Flächenmodell ein Blechteil generiert werden kann. Da dieses Übergangsstück so modelliert wurde, dass die Gauß´sche Flächenkrümmung gleich Null ist, kann auch hierfür eine Blechabwicklung erzeugt werden.

Abbildung 8-24: Abwicklungsgerechte Verbundfläche

Abbildung 8-25 zeigt ein sogenanntes *Kniestück* zwischen zwei unterschiedlichen Rohrdurchmessern. Hier hat der Konstrukteur letztendlich verschiedene Möglichkeiten, eine Lösung auf Basis gerader Kreiszylinder und Kreiskegel zu erzeugen. Das Kniestück könnte aus zwei kegligen Bauteilen oder aber aus einem zylindrischen und einem kegligen Bauteil erzeugt werden. Für das Beispiel wurde eine Kegel-Kegel-Variante gewählt, die aber auch dann funktioniert, wenn ein Teil zylindrisch ist. Beide Bauteile wurden dabei erst im Baugruppenzusammenhang auf Basis eines Skelettmodells erzeugt. Für alle in der Skizze enthaltenen Bemaßungen können im Baugruppenmodell Parameter vordefiniert werden, so dass dann dieses Baugruppenmodell als Mastermodell für weitere Kniestücke dienen könnte. Beim Speichern einer Kopie dieses Mastermodells kann dann auch den beiden Komponenten ein anderer Name (z. B. durch einen Präfix oder Suffix) gegeben werden.

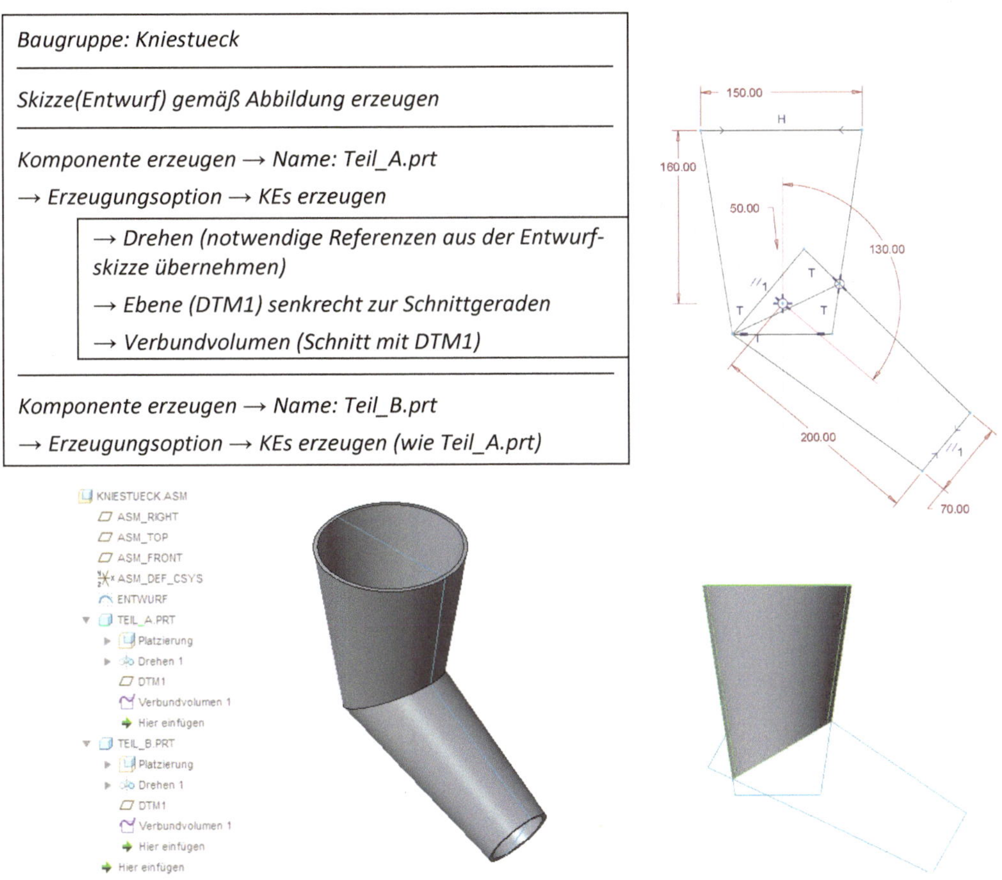

Abbildung 8-25: Mastermodell für ein Kniestück

Auf die ähnliche Art und Weise können so auch schrittweise komplexere Verbindungen wie Etagenrohre und Segmentkrümmer zwischen Rohren mit unterschiedlichen Durchmessern modelliert werden.

Abbildung 8-26 und Abbildung 8-27 zeigen einen *dreiteiligen Segmentkrümmer*, dessen Segmente auf der gleichen Kegelfläche basieren. Die Modellierung erfolgte hier so, dass alle Segmente zu einer Teilefamilie gehören und über vordefinierte Bezüge zusammengebaut werden können. Hierfür sind insbesondere die beiden Ellipsenmittelpunkte wichtig. Durch sie kann am einfachsten gesichert werden, dass das Baugruppenmodell korrekt zusammengebaut wird. Diese Ellipsenmittelpunkte liegen bei einem Kegel, der schräg geschnitten wird, nicht auf der Kegelachse. Die zur Definition genutzte projizierte Kurve bietet auch die Möglichkeit, in der Abwicklung des Ausgangskegels schon die späteren Schnittkurven der Segmente darzustellen. Nach Durchführung der Schnittoperationen besteht auch die Möglichkeit, die Blechabwicklungen der einzelnen Segmente zu erzeugen.

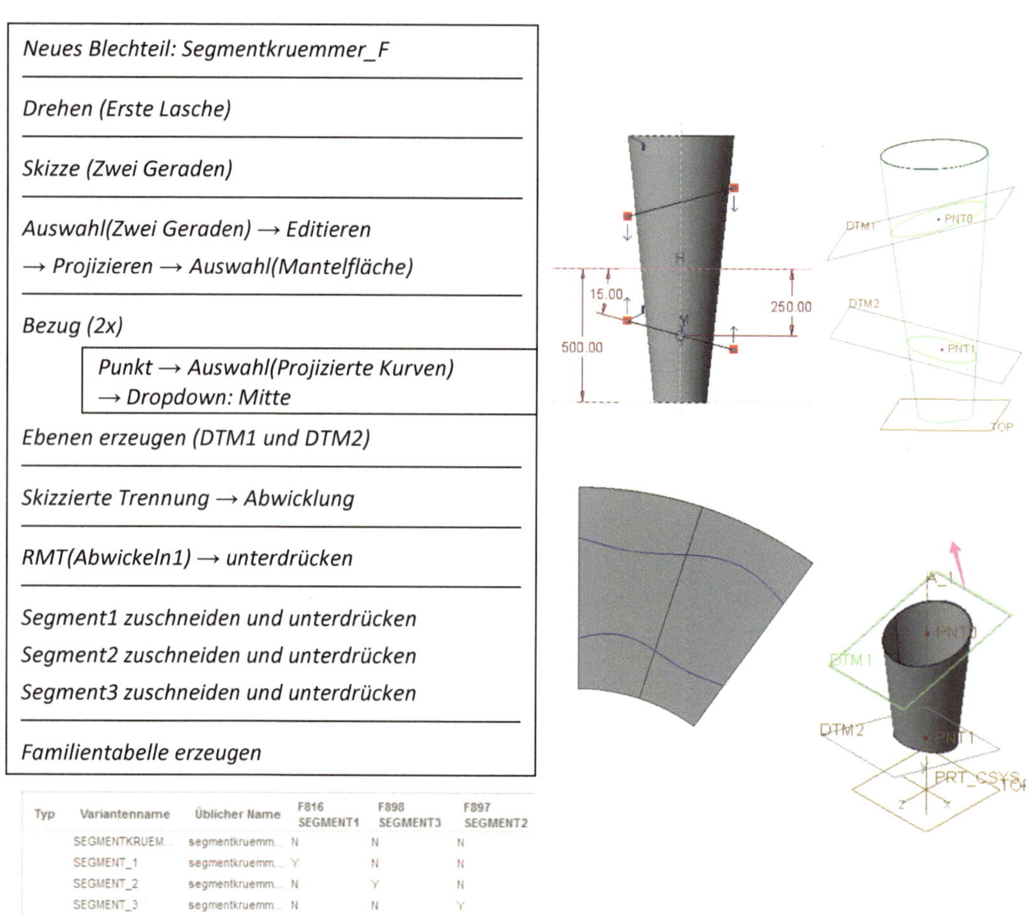

Neues Blechteil: Segmentkruemmer_F

Drehen (Erste Lasche)

Skizze (Zwei Geraden)

Auswahl(Zwei Geraden) → Editieren
→ Projizieren → Auswahl(Mantelfläche)

Bezug (2x)

> *Punkt → Auswahl(Projizierte Kurven)*
> *→ Dropdown: Mitte*

Ebenen erzeugen (DTM1 und DTM2)

Skizzierte Trennung → Abwicklung

RMT(Abwickeln1) → unterdrücken

Segment1 zuschneiden und unterdrücken
Segment2 zuschneiden und unterdrücken
Segment3 zuschneiden und unterdrücken

Familientabelle erzeugen

Typ	Variantenname	Üblicher Name	F816 SEGMENT1	F898 SEGMENT3	F897 SEGMENT2
	SEGMENTKRUEM...	segmentkruemm...	N	N	N
	SEGMENT_1	segmentkruemm...	Y	N	N
	SEGMENT_2	segmentkruemm...	N	Y	N
	SEGMENT_3	segmentkruemm...	N	N	Y

Abbildung 8-26: Teilefamilie für einen dreiteiligen Segmentkrümmer

<table>
<tr><td>Neue Baugruppe: BG_SEGMENTKRUEMMER</td></tr>
<tr><td>Einbau der ersten Komponenten über CSYS</td></tr>
<tr><td>Einbau der zweiten und dritten Komponente jeweils über die beiden
identischen Ellipsenmittelpunkte und jeweils zwei Ebenenpaare</td></tr>
</table>

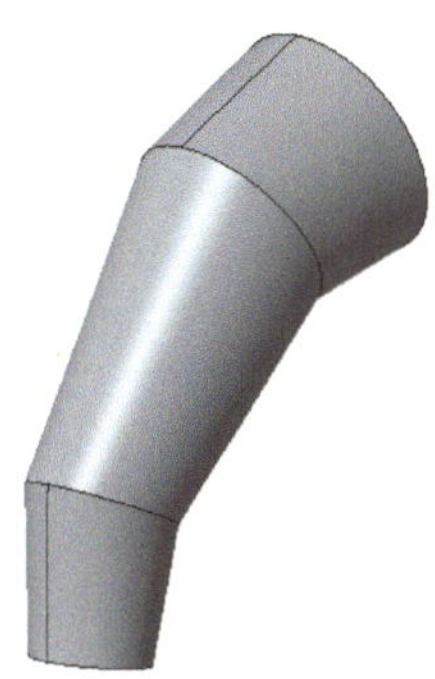

BG_SEGMENTKRUEMMER.ASM
  ASM_RIGHT
  ASM_TOP
  ASM_FRONT
  ASM_DEF_CSYS
▶ SEGMENT_2<SEGMENTKRUEMMER_F>.PRT
▶ SEGMENT_3<SEGMENTKRUEMMER_F>.PRT
▶ SEGMENT_1<SEGMENTKRUEMMER_F>.PRT
  Hier einfügen

Abbildung 8-27: Konischer Segmentkrümmer

8.2.3 Rohrverzweigungen

Auf Basis zweier gemäß Kapitel 8.2.2 erzeugten Verbundblechteile wird nun eine Baugruppe *Hosenrohr* erzeugt, wobei die Maße jedes *Hosenbeines* veränderbar sein sollen. Über eine Baugruppenbeziehung ist allerdings zu sichern, dass die beiden identischen Anschlusskreise auch wirklich stets gleich sind.

Zunächst wurden beide Teile ohne Beachtung der gegenseitigen Durchdringung eingebaut. Danach wurde eine Ebene (*Ebene 1*) erzeugt, die senkrecht auf der Ebene des gemeinsamen Anschlusskreises steht und die Mittelpunkte der beiden anderen Anschlusskreise enthält. Falls diese Ebene noch nicht alle drei Kreismittelpunkte enthält, ist eine weitere Ebene (*Ebene 2*) zu erzeugen, um über einen Hilfsschnitt die im weiteren Verlauf benötigten Umrisskurven zu ermitteln.

Danach kann dann in der *Ebene 1* eine Bezugsskizze erzeugt werden. Hier wird letztendlich in Abhängigkeiten von den Referenzgeometrien eine Gerade definiert, die dann Ausgangspunkte für den ebenen Volumenschnitt an beiden Teilen ist (Abbildung 8-18). Da die Lösung in Abbildung 8-28 allgemeingültig sein soll, wurde der Teilungspunkt *T* über eine Hilfskonstruktion ermittelt, die auch funktioniert, wenn die äußeren Umrisslinien parallel sind.

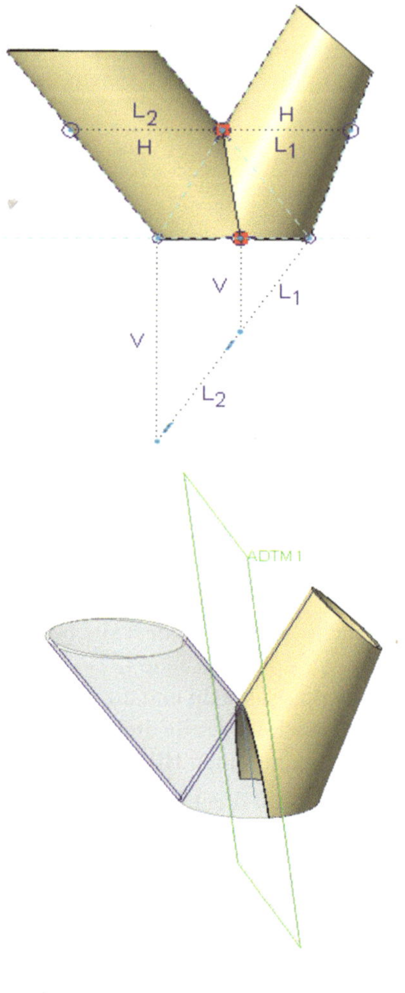

Neue Baugruppe: Hosenrohr
Einbau der beiden Komponenten, sodass die gemeinsamen Kreisflächen deckungsgleich sind
Ebene 1 erzeugen (durch die Mittelpunkte der 2 Anschluss-kreise senkrecht zur Ebene des gemeinsamen Kreises)
Ebene 2 erzeugen (durch die 3 Kreismittelpunkte)   *(In einfachen Fällen sind die beiden Ebenen identisch)*
Ansicht → Schnitt → Neu: Schnitt_A   *→ Planar → Auswahl(Ebene 2)*
Modell → Bezug → Kurve aus Querschnitt (Name: Umriss)
Skizze → Auswahl(Ebene 1)

Referenzen hinzufügen (Linien aus Umrisskurve)
     → Konstruktionsmodus
     → 2 horizontale Linien durch den Schnittpunkt bis zum Umriss (L1, L2)
     → rechtwinkliges Dreieck
     → Teilung der Hypotenuse in L1 und L2
     → senkrechte Linie durch den Teilungspunkt
     → Konstruktionsmodus beenden
     → Geometrielinie durch den sich ergebenden Punkt auf der gemeinsamen Durchmesserlinie bis zum oberen Schnittpunkt

Ebene ADTM1 erzeugen (durch Gerade der Skizze, senkrecht zur Ebene 1)
Komponente aktivieren → Auswahl(ADTM1)
Verbundvolumen → Material senkrecht zur Fläche entfernen deaktivieren → Richtung festlegen
Gleiche Schnittoperation für die zweite Komponente
Baugruppe aktivieren

Abbildung 8-28: Zweiteiliges Hosenrohr

Für das dreiteilige symmetrische Hosenrohr in Abbildung 8-29 wurde eine Kopie des Kniestücks (Abbildung 8-25) verwendet. Über die Musterfunktion wird das Hosenbein zweimal eingebaut. Anschließend ist an beiden Ausgangsteilen noch jeweils eine weitere Schnittoperation durchzuführen.

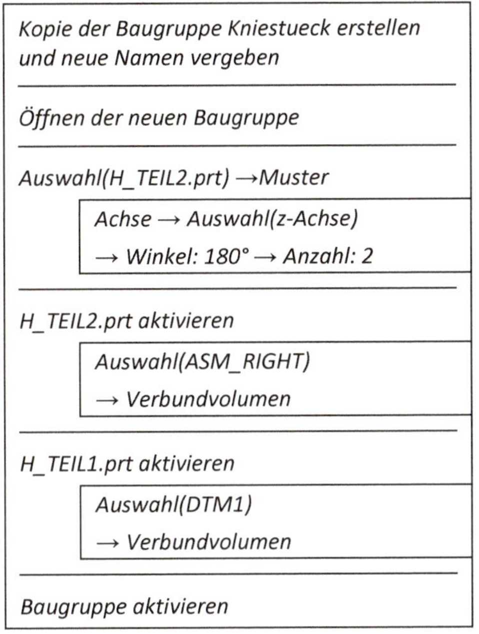

Kopie der Baugruppe Kniestueck erstellen
und neue Namen vergeben

Öffnen der neuen Baugruppe

Auswahl(H_TEIL2.prt) →Muster

> Achse → Auswahl(z-Achse)
> → Winkel: 180° → Anzahl: 2

H_TEIL2.prt aktivieren

> Auswahl(ASM_RIGHT)
> → Verbundvolumen

H_TEIL1.prt aktivieren

> Auswahl(DTM1)
> → Verbundvolumen

Baugruppe aktivieren

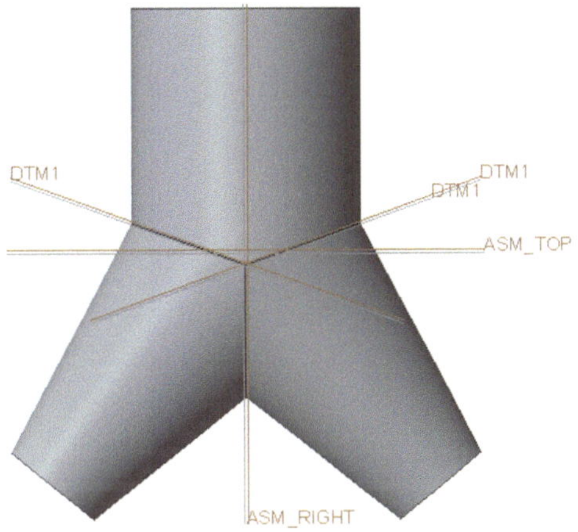

Abbildung 8-29: Dreiteiliges Hosenrohr

Abbildung 8-30 zeigt ein konisches Abzweigrohr, dass über das Mastermodell des dreiteiligen Hosenrohrs (Abbildung 8-29) erzeugt wurde, indem die Durchmesserwerte und der Neigungswinkel in *Skizze 1* entsprechend verändert wurden. Dieses Vorgehen liefert aber nur ein senkrechtes Stutzenrohr und das Hauptrohr würde hier unnötigerweise aus zwei Teilen bestehen.

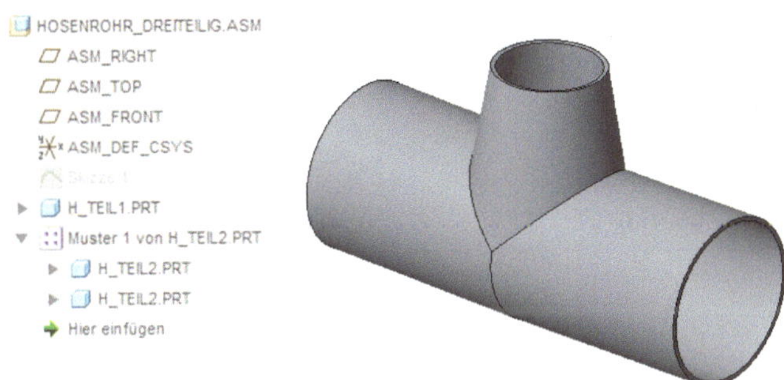

Abbildung 8-30: Hosenrohrvariante als senkrechter konischer Abzweig

Abbildung 8-31 zeigt den allgemeinen Fall eines tangentialen konischen Abzweigrohres.

An der Stelle, an der sich die Mittellinien der beiden Grundkörper treffen, muss es eine gedachte Hilfskugel geben, die die Außenflächen der beiden Elemente tangiert. Dies wurde über einen tangentialen Kreis bei beiden Bauteilen in einer Skizze verankert. Zusätzlich enthält diese Skizze noch einen Bezugspunkt, der dann bei der Positionierung im Baugruppenmodell genutzt werden kann. Wenn die beiden Komponenten eingebaut sind, werden zunächst die drei APNT-Punkte ermittelt, die für die Ebenendefinition benötigt werden. Hierbei wird die mathematische Besonderheit ausgenutzt, dass die Ebenen ADTM1 und ADTM2 stets senkrecht zueinander stehen.

In einer Baugruppenbeziehung ist zu sichern, dass diese tangentialen Hilfskreise auch wirklich gleich groß sind.

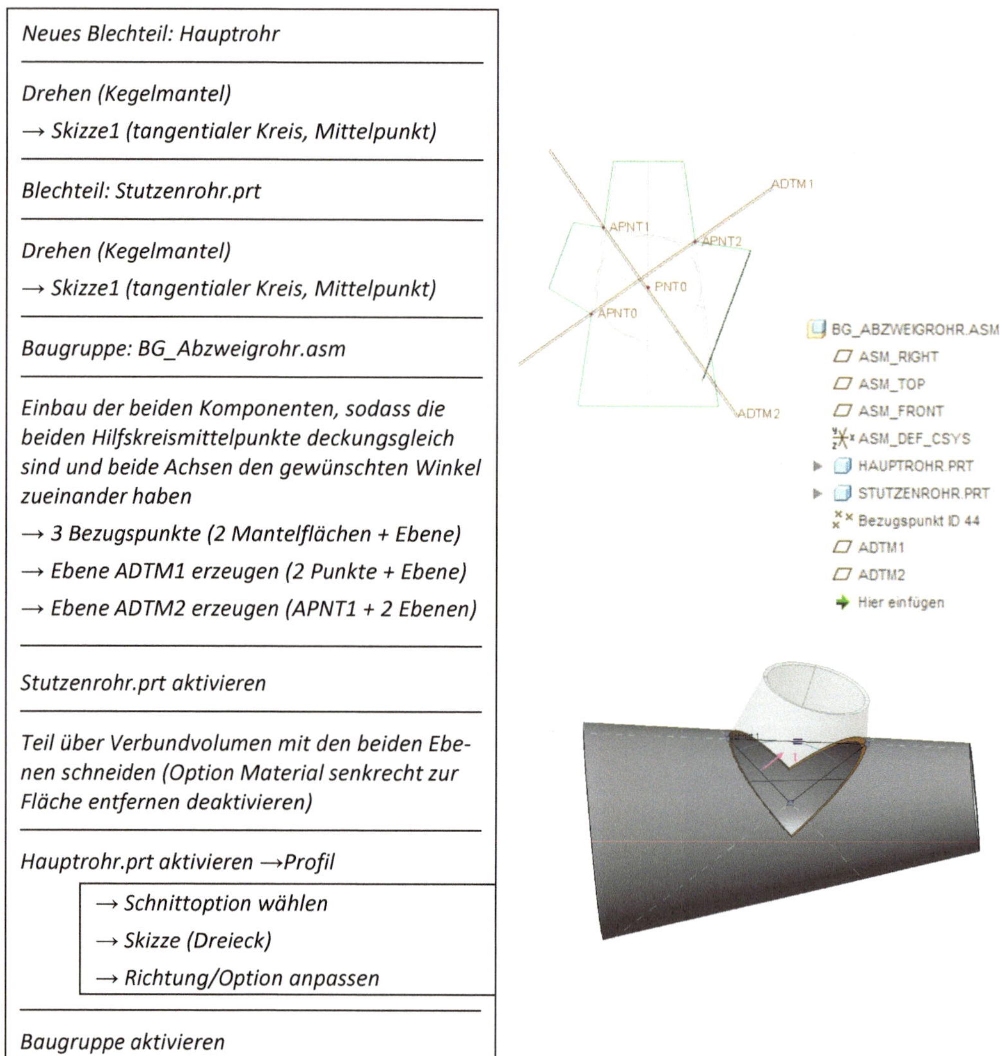

Abbildung 8-31: Konischer Stutzen

Für beide Teile können nun auch die benötigten Blechabwicklungen abgeleitet werden.

8.2.4   Stutzensonderformen

Tangentiale Stutzen an zylindrischen und konischen Bauteilen können auch auf Verbundelementen basieren. Im Bauteilmodell des Stutzens (Abbildung 8-32) wurde die äußere Mantelfläche des Übergangsstutzens an einen Hilfszylinder angepasst, der dem Außendurchmesser des Rohres entspricht, an das der Stutzen angebracht werden soll. Da die beiden Dreieckflächen des Übergangsstückes tangential auf das Hauptrohr treffen, ergeben sich auch hier stückweise ebene Durchdringungskurven, da die gekrümmten Teilflächen des Ausgangsmodells damit zu einem schiefen Kreiskegel gehören, der den Zylinder (wie in Abbildung 8-19) tangential berührt. Um das zu sichern, sollten entsprechende Hilfsskizzen als Modellbezug definiert werden.

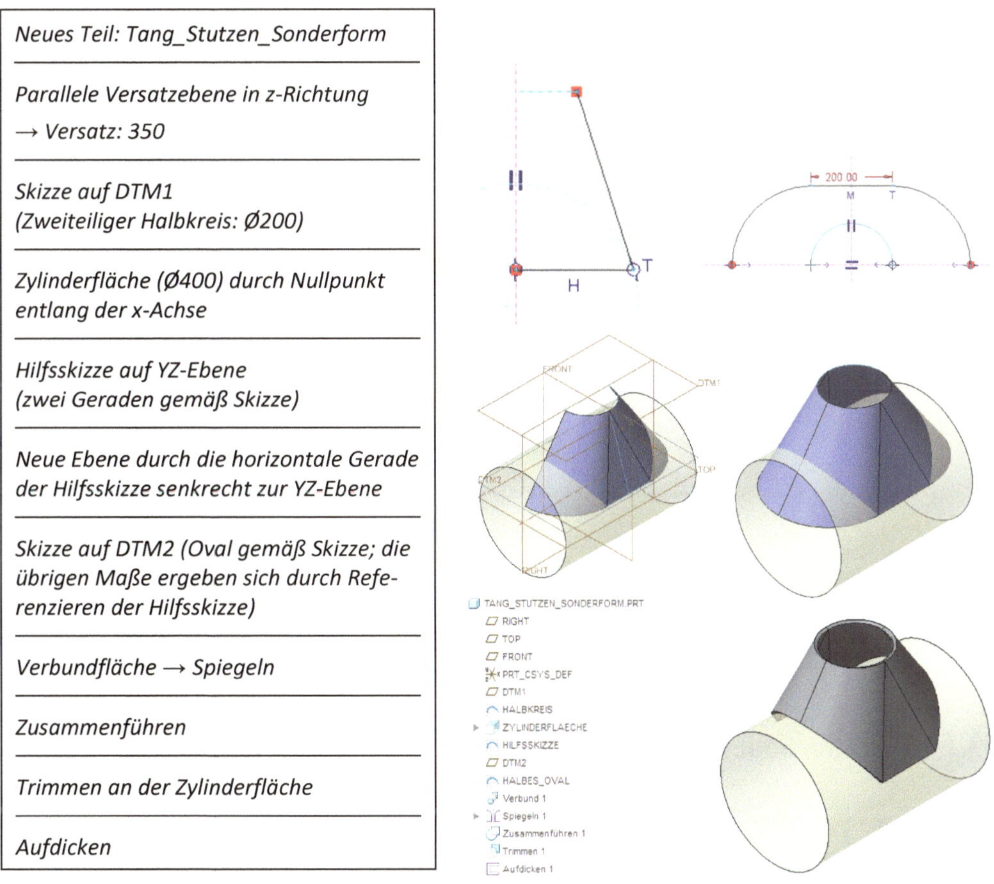

Abbildung 8-32: Tangentialer Verbundstutzen am Rohr

8.3   Behälterbau

Abbildung 8-33 zeigt einige Behältervarianten, die im Apparate- und Anlagenbau zum Einsatz kommen. Häufig wird zwischen liegenden und stehenden Behältern unterschieden, für die es wiederum sehr unterschiedliche Gestaltvarianten gibt. Die Vielfalt ergibt sich nicht nur aus verschiedenen Einsatzbedingungen oder Grundkörpervarianten, sondern auch aus Stutzenanordnungen, Tragelementen und anderen An- und Einbauten. Daraus ergeben sich nicht zuletzt auch unterschiedliche Anforderungen an die Auslegung, Nachweisführung und Dokumentation.

Nachfolgend soll an Beispielen verdeutlicht werden, wie anpassungsfähige funktions- und fertigungsgerechte CAD-Modelle im Behälterbau aufgebaut werden können, die dann auch als Ausgangsmodelle für Folgeaufträge genutzt werden können.

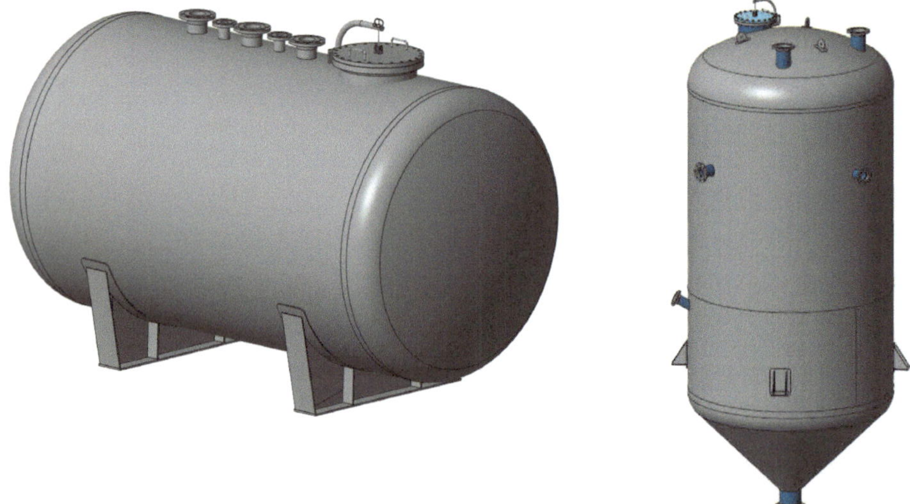

Abbildung 8-33: Beispiele aus dem Behälterbau

8.3.1   Behälterboden

Im Apparatebau werden zum Anschluss an zylindrische oder kegelförmige Behälterschalen verschiedene mehr oder weniger gewölbte oder auch ebene Bodenformen eingesetzt.

Ein gewölbter Boden besteht aus mathematischer Sicht häufig aus einem Kugelabschnitt (Kalotte), einer torusförmigen Krempe und einem zylindrischen Bord mit einer definierten Mindestlänge. Die drei Teile haben an den Berührungslinien gemeinsame Tangenten. Sonderfälle sind dabei der Klöpperboden und der Korbbogenboden, für die definierte Radien-Durchmesserverhältnisse einzuhalten sind. Entsprechende Festlegungen sind in den Normen enthalten (z. B. DIN 28011 und DIN 28013).

Für den Korbbogenboden in Abbildung 8-34 gilt zum Beispiel $r1=0.8*da$ und $r2=0.154*da$.

Als Werkstoff soll die Edelstahlsorte 1.4571 verwendet werden.

Da in den genannten Normen der Anschlussdurchmesser *da* der Außendurchmesser ist und die Radien *r1* und *r2* stets von innen gemessen werden, werden in der Rotationsskizze die entsprechenden Außenradien *RA1* und *RA2* ermittelt. Da auf Basis der Rotationsskizze später auch noch das Innenvolumen des Bodens ermittelt werden soll, wird diese Skizze als eigenständiges KE erzeugt.

Das parametrische CAD-Modell ist für das Übungsbeispiel so aufzubauen, dass die geometrische Ausprägung des Bodens durch die Festlegung des äußeren Anschlussdurchmessers und der Bodenwanddicke gesteuert werden kann. Dabei soll gesichert werden, dass die Bordhöhe (also die Länge des zylindrischen Ansatzes) stets in Abhängigkeit von der Blechdicke gemäß Tabelle 8-1 festgelegt wird. Für Wanddicken, die größer als 30 mm sind, soll die Höhe des zylindrischen Bords durch die dreifache Bodenwanddicke festgelegt werden. Für diese Festlegungen kann eine entsprechende Excel-Analyse eingebunden werden. Die sich ergebende Formel für die Excel-Analyse lautet folgendermaßen, wenn A16 die Blechdicke enthält und A18 bis K19 Tabelle 8-1 repräsentiert:

*=WENN(A16>30;A16*3;INDEX(A18:K19;2;VERGLEICH(A16;A18:K18;-1)))*

Eine Alternative dazu ist die Definition eines Graphen (Kapitel 3.8.3).

Um später beim Aufbau eines Behältermodells auch Stutzenpositionierungen vornehmen zu können, die z. B. in der DIN 28022 angeregt werden, wird noch eine tangentiale Bezugsebene in das Modell eingefügt.

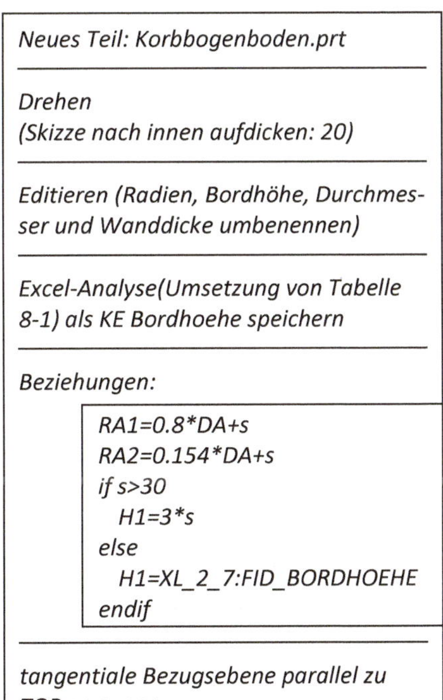

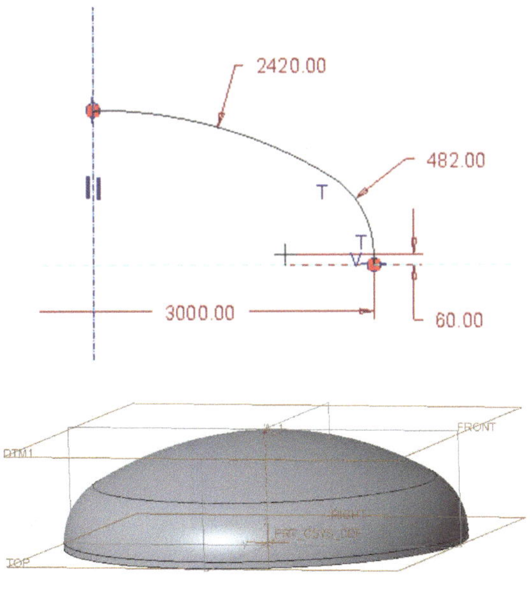

Abbildung 8-34: Korbbogenboden

Tabelle 8-1: Auswahlreihe für Bordhöhen h in Abhängigkeit von der Wanddicke s

s	$<=$	30	28	25	23	20	18	15	13	10	8	6
$H1$	$=$	90	85	75	70	60	55	45	40	30	25	20

Abbildung 8-35 zeigt eine Variante zur Ermittlung des Füllvolumens für den Behälterboden.

Dazu werden zunächst die Innenflächen des Bodens ausgewählt. Über ein *Füll-KE* wird diese Sammelfläche geschlossen, so dass das innere Volumen ermittelt werden kann. Diese Analyse wird als KE gespeichert, so dass dann damit der Parameter *V_Boden* im Modell verankert werden kann. Um die bildliche Darstellung übersichtlicher zu gestalten, sollten dann die Analyseelemente gruppiert und ausgeblendet werden.

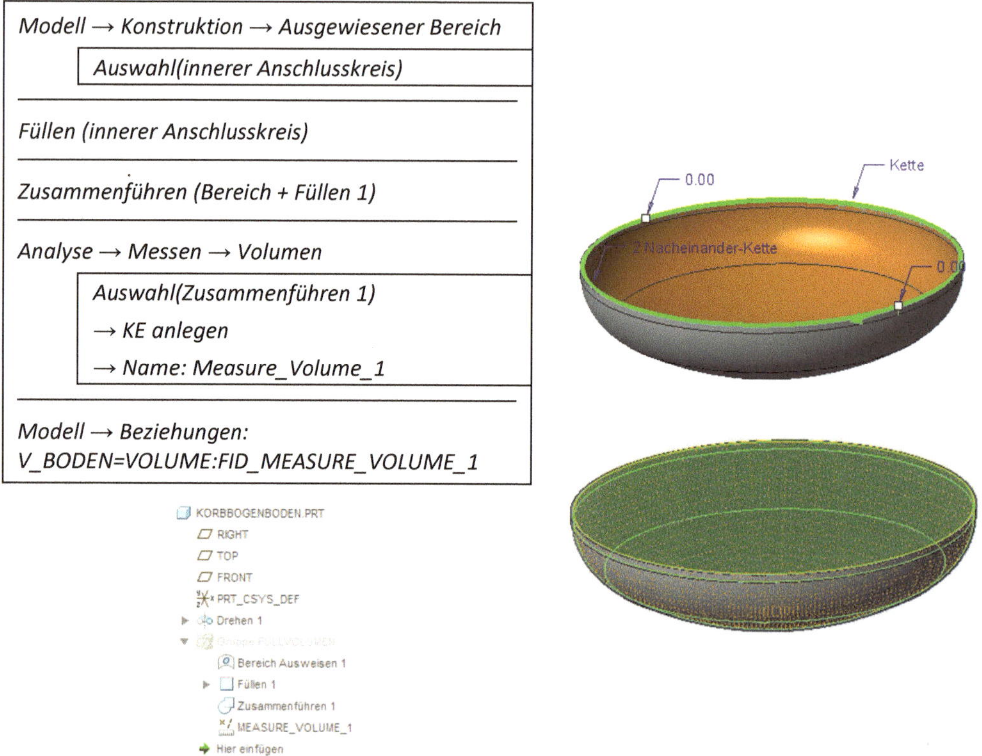

Abbildung 8-35: Volumenermittlung

Die für einen Korbbogenboden beschriebene Modellierungsstrategie kann problemlos auf flachgewölbte Böden, Klöpperböden und andere Bodenformen übertragen werden.

Abbildung 8-36 zeigt den Sonderfall eines Kegelbodens, bei dem nach dem Runden des Ausgangskegels oben eine Krempe angerollt wurde. Das bedeutet, dass für die Blechabwicklung des Kegelmantels der Ausgangskegel zu ermitteln ist.

Im Beispiel wurde dazu eine Entwurfsskizze in das Modell integriert, die dann Ausgangspunkt sowohl für die Endgestalt des Kegelbodens als auch für die Abwicklungsermittlung des Ausgangskegels ist. Beide Modellausprägungen haben ein gemeinsames Teilstück (Kegel_A1). In der Skizze wird zunächst der Umriss mit dem Krempenbereich skizziert und bemaßt. Zusätzlich erhält der Bogen noch das Bogenmaß als Referenzmaß, sodass darauf bei der Berechnung der Mantellinienlänge des Ausgangskegels zurückgegriffen werden kann.

Über die in Kapitel 2.4 schon erwähnten Ansichtsoptionen (*Vereinfachte Darstellungen*) kann gesteuert werden, welcher Zustand für das Baugruppenmodell oder bei der Zeichnungsableitung zu nutzen ist.

Zur Ermittlung des Füllvolumens eines Kegelbodens mit angerollter Krempe kann genauso verfahren werden, wie für den gewölbten Boden. Da der Kegel zu beiden Seiten offen ist, müssen nun für den *Ausgewiesenen Bereich* zwei Berandungsketten ausgewählt werden.

Für zylindrische und keglige Behälterschalen ohne Krempe kann das Füllvolumen auch sehr leicht rechnerisch ermittelt werden.

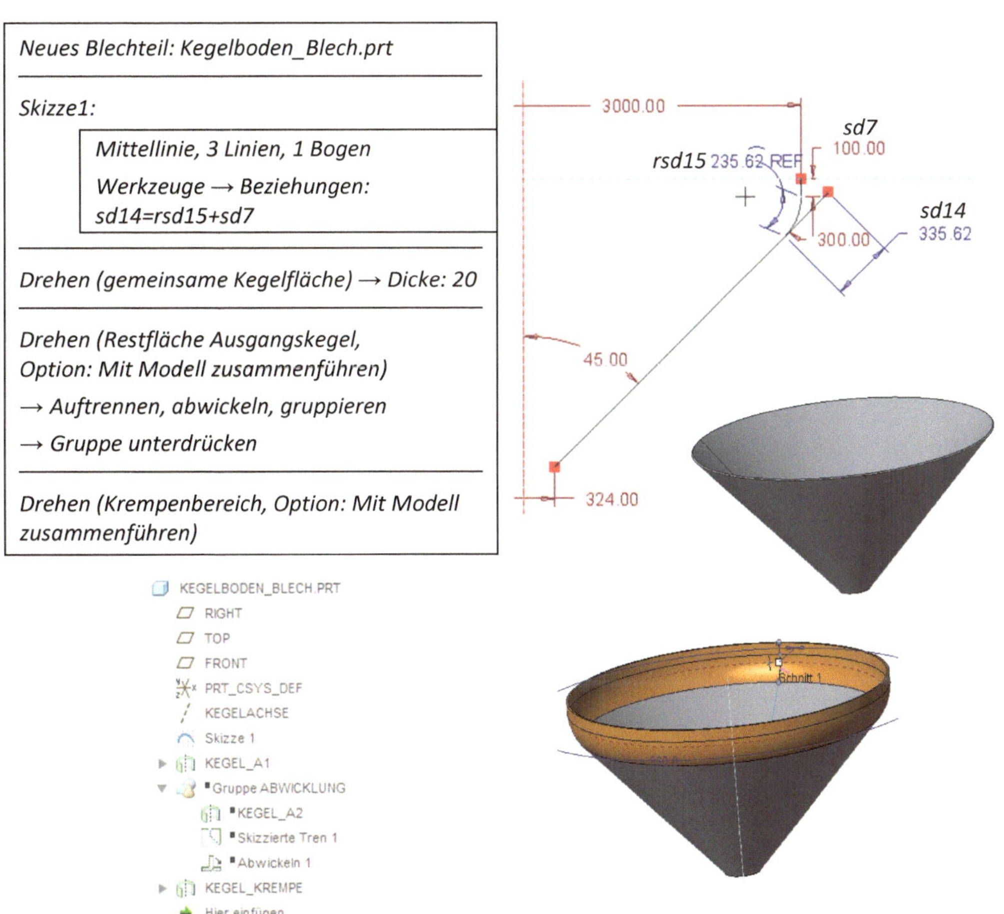

Abbildung 8-36: Kegelboden mit angerollter Krempe

8.3.2 Behältergrundkörper

Nachfolgend sollen für einen stehenden Behälter aus Edelstahl, der später noch weiter bearbeitet wird, eine anpassungsfähige Gestaltvariante für den Grundkörper aufgebaut werden, dessen Füllvolumen rund 40 m³ betragen soll.

Schon der zylindrische Behältermantel besteht hier aus zwei sogenannten Behälterschüssen, da in der Regel die Maschinen zum Runden dieser Zylinderschalen maximal eine Breite von 3000 mm zulassen. Aus schweißtechnischen Gründen muss gesichert werden, dass sich die Längsnähte zweier zu verschweißender Zylinderschalen nicht kreuzen.

Bei großen Zylinderdurchmessern müssen vor dem Runden mehrere Blechplatten zusammengeschweißt werden, um den benötigten Ausgangszuschnitt zu erhalten. Im Beispiel wurde davon ausgegangen, dass Blechtafeln in einer Größe von 1,5 x 3 m zur Verfügung stehen.

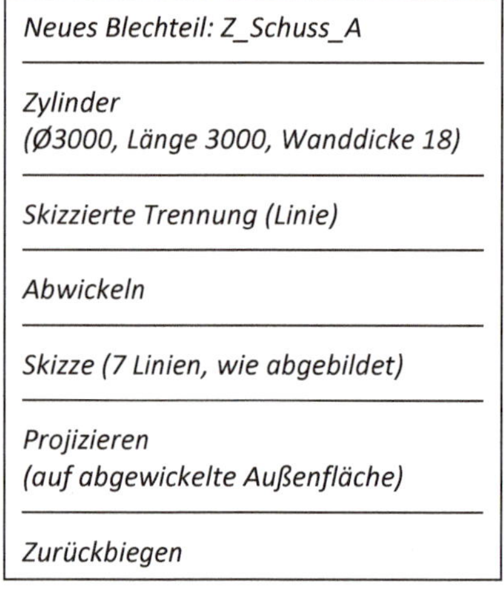

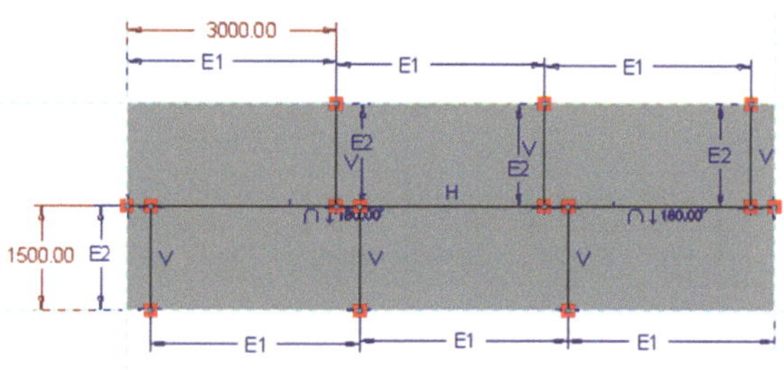

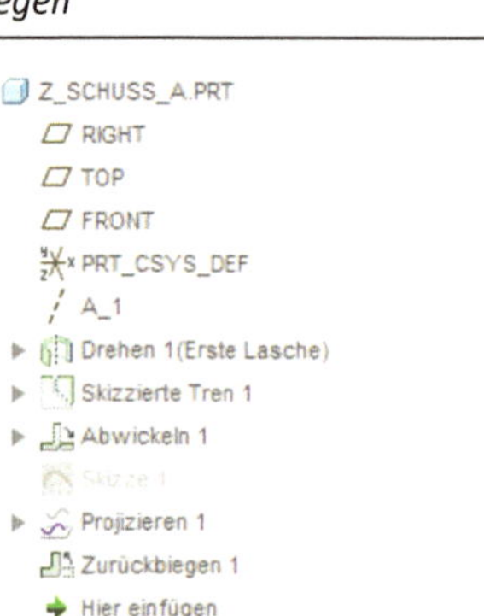

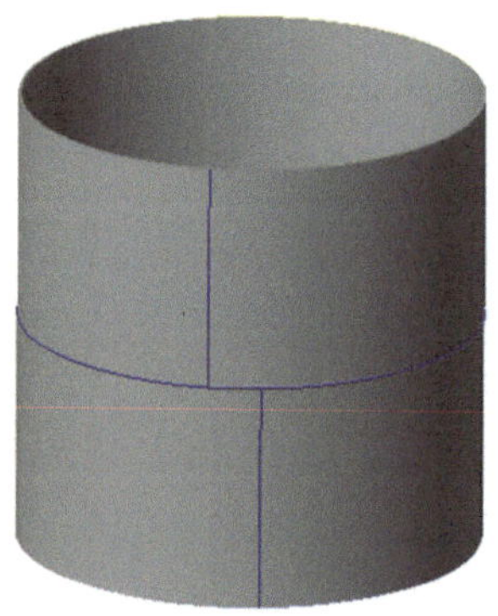

Abbildung 8-37: Zylinderschuss

Gerade bei Druckbehältern wird es wichtig sein, auch die Lage dieser Schweißnähte im Blick zu haben. Das setzt aber voraus, dass Aspekte der Fertigungsplanung in den CAD-Prozess integriert werden können. Im Beispiel wurde daher im Bauteilmodell jedes Zylindermantels auch die Abwicklung erzeugt und dort dann durch eine projizierte Skizze der Zuschnitt markiert, der dann wiederum auch beim Rückbiegen angezeigt werden kann.

Genau genommen ist dieser Zylinderschuss eine Baugruppe, für die mehrere Bleche benötigt werden. Das Beispiel zeigt aber, dass die nötigen Informationen in diesem Fall auch schon in einem Bauteilmodell verankert werden können.

Um das Bauteil im zurückgebogenen Zustand in der Baugruppe verwenden zu können und gleichzeitig den abgewickelten Zustand für die Zeichnungsableitung zu benutzen, werden von den beiden Zuständen jeweils *vereinfachte Darstellungen* erzeugt. In der einen Darstellung, wird das Endabwicklungs-KE unterdrückt und für die zweite Darstellung wird dieses KE zugelassen.

Der zweite Zylinderschuss kann aus einer Kopie des ersten erzeugt werden, wobei die Länge auf 1500 mm und die Wandstärke auf 20 mm festzulegen ist.

Auch für die Herstellung von konischer Behälterschalen sind Randbedingungen für den Zuschnitt zu beachten. Für den Kegelboden in Abbildung 8-36 reichen die verfügbaren Blechtafelgrößen aus, so dass hier keine Aufteilung in zwei Schüsse erforderlich ist. Die Abwicklung des Kegels zeigt, dass dennoch auch hier für den Zuschnitt verschiedene Blechsegmente benötigt werden. Im Beispiel wurde die konische Behälterschale aus 8 identischen Segmenten gefertigt (Abbildung 8-38).

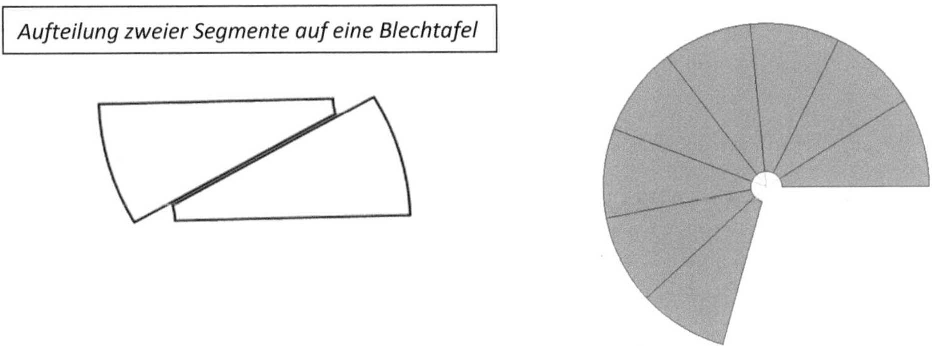

Abbildung 8-38: Zuschnittplan für einen Kegelmantel

Abbildung 8-39 zeigt den Grundkörper, in dem auch ein Korbbogenboden entsprechend Abbildung 8-34 und der Kegelboden mit angerollter Krempe eingebaut wurde.

Abbildung 8-39: Grundkörper eines stehenden Behälters

Um das Grundkörpermodell zu komplettieren, können über die Applikation *Schweißen* die Rundnähte einschließlich der erforderlichen Nahtvorbereitungen festgelegt werden. Erläuterungen dazu sind im Kapitel 5.8.2 enthalten.

Ein wichtiger Parameter zur Festlegung der Behälterabmessungen ist das Füllvolumen. Im Kapitel 8.3.1 wurde bereits gezeigt, wie für gewölbte Böden das Füllvolumen anhand des CAD-Modells ermittelt werden kann. Eine ähnliche Strategie könnte natürlich auch für den gesamten Grundkörper genutzt werden. Im Beispiel soll davon ausgegangen werden, dass diese Teilvolumenparameter bereits in den Komponentenmodellen ermittelt wurden, so dass dann das Gesamtvolumen durch eine einfache Beziehung ermittelt werden kann.

Für die zylindrischen Behälterschalen ist daher im jeweiligen Modell noch das Füllvolumen zu ermitteln. Da dies für Zylinder rechnerisch kein Problem ist, muss dazu lediglich eine Beziehung hinzugefügt werden:

*V_Zylinder = (H*PI*(DA-2*s)^2)/4*

Nach dem Einbau kann nun auch das Füllvolumen des Grundkörpers über eine Baugruppenbeziehung ermittelt werden und z. B. in Kubikmeter umgerechnet werden:

V_GK = ceil((V_BODEN:4+V_ZYLINDER:2+V_ZYLINDER:0+V_KEGELBODEN:6)/10^9)

8.3.3 Stutzen

Für das betrachtete Behälterbeispiel werden Stutzen verwendet, die aus einem Rohr und einem *Vorschweißflansch* bestehen und durch eine Schweißnaht verbunden sind. Der dabei gewählte Grundaufbau, der den Einbau in eine Behälterbaugruppe erleichtern soll, kann auf andere Stutzenausführungen übertragen werden.

Gewählt wurden Stutzenausführungen, die der PN-Nummer 10 der DIN 28025 entsprechen und damit bei Raumtemperatur einen Überdruck von 10 bar zulassen.

In Kapitel 4.11 wurde bereits die Konstruktion des Vorschweißflansches inklusive der Erzeugung einer Teilefamilie bereits erläutert. Auch für die Rohre wird eine Teilefamilie erzeugt, sodass Länge, Durchmesser und Wanddicke der Stutzenrohre nach den Erfordernissen ausgewählt werden können (Tabelle 8-2). Im Bauteilmodell der Rohre wird zusätzlich noch eine Versatzfläche verankert, die dann später zur Erzeugung des Ausschnitts im Behältergrundkörper dienen wird. Auch dieser Versatzwert wird in der Familientabelle festgelegt. Die Versatzfläche wird auf eine Folie (z. B. *06_PRT_ALL_SURF*) gelegt, die dann auszublenden ist. Im Modellbaum bleiben diese Elemente dennoch sichtbar und auswählbar.

Tabelle 8-2: Modellbaum und Familientabelle der Rohre

Modellbaum	Name	ØA	s	Länge	Versatz
N_ROHR.PRT	N_ROHR_300-1	324	10	200	3
RIGHT	N_ROHR_250-1	273	5	300	3
TOP	N_ROHR_200-1	219	5	300	3
FRONT	N_ROHR_150-1	168	5	250	3
PRT_CSYS_DEF	N_ROHR_125-1	140	5	300	3
Drehen 1	N_ROHR_125-2	140	5	200	3
Gruppe AUSSCHNITT	N_ROHR_100-1	114	5	300	3
Versatz 1	N_ROHR_80-1	89	5	300	2
Versatz 2	N_ROHR_65-1	76	5	300	2
Zusammenführen 1	N_ROHR_50-1	60	4	300	2
Hier einfügen					

Abbildung 8-40 zeigt den Einbau der generischen Komponentenmodelle in die Stutzenbaugruppe. Die Erzeugung einer entsprechenden Schweißverbindung wurde bereits in Kapitel 5.8.2 beschrieben. Die Abbildung zeigt auch, wie aus beiden Bauteilfamilien eine Baugruppenfamilie erzeugt werden kann.

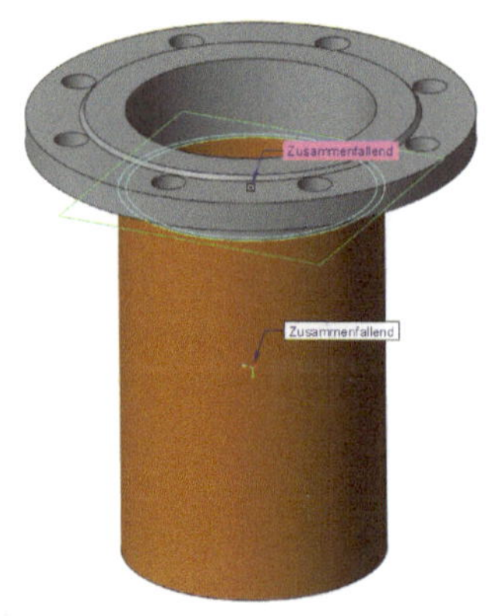

> *Neue Baugruppe: BG_Stutzen*
>
> *Vorschweißflansch.prt über CSYS einbauen*
>
> *N_Rohr.prt einbauen (über Achse und Ebene an Flansch ausrichten)*
>
> *Modellabsicht → Familientabelle*
>
> > *2 Komponenten als Spalten hinzufügen*
> > *→ Zeilen hinzufügen (Tabelle 8-3)*
> > *→ Auswahl(Komponentenspalte in der Zeile)*
> > *→ Tools → Ersetzten durch → Familienmitglied*

Abbildung 8-40: Schweißbaugruppe Stutzen

Tabelle 8-3: Familientabelle der Baugruppe Stutzenrohr

Name	V_Flansch	N_Rohr
Generisch	Vorschweißflansch	N_Rohr
BG_A_Stutzen_300-1	V_FLANSCH_300-10	N_ROHR_300-1
BG_A_Stutzen_250-1	V_FLANSCH_250-10	N_ROHR_250-1
BG_A_Stutzen_200-1	V_FLANSCH_200-10	N_ROHR_200-1
BG_A_Stutzen_150-1	V_FLANSCH_150-10	N_ROHR_150-1
BG_A_Stutzen_125-1	V_FLANSCH_125-10	N_ROHR_125-1
BG_A_Stutzen_125-2	V_FLANSCH_125-10	N_ROHR_125-2
BG_A_Stutzen_100-1	V_FLANSCH_100-10	N_ROHR_100-1
BG_A_Stutzen_80-1	V_FLANSCH_80-10	N_ROHR_80-1
BG_A_Stutzen_65-1	V_FLANSCH_65-10	N_ROHR_65-1
BG_A_Stutzen_50-1	V_FLANSCH_50-10	N_ROHR_50-1

Für den Einbau der Stutzen in eine Behälterbaugruppe muss die Lage und Orientierung der Anschlussquerschnitte definiert werden. Für den Stutzen in Abbildung 8-41 wurde zunächst in der Behälterbaugruppe ein neues Koordinatensystem erzeugt, das bereits die gewünschte Position und Orientierung des Stutzens verkörpert, so dass beim Einbau nur noch zwei Koordinatensysteme auszurichten sind. Im Beispiel wurde der Versatz über Zylinderkoordinaten definiert, da es so recht einfach möglich ist, die Position des Stutzens den Erfordernissen anzupassen. Als Referenzkoordinatensystem wurde das der Hauptbaugruppe gewählt, welches im Beispiel letztendlich mit dem des Kegelbodens zusammenfällt. Für den Winkel der Zylinderkoordinaten bildet damit die XZ-Ebene (ASM_RIGHT) die Nulllage.

Für den Einbau weiterer Stutzen kann es sinnvoll sein, ein tabellengesteuertes Muster auf Basis des bereits definierten Einbaukoordinatensystems (ACS0) zu erzeugen. Die Tabelle kann dabei schrittweise um die notwenigen Ausprägungen erweitert werden.

Der Stutzen (NW 300) am Auslauf des Kegelbodens wurde ohne ein zusätzliches Koordinatensystem eingebaut.

Für die Positionierung der beiden identischen Stutzen (NW 200) am Korbbogenboden wurden im Beispiel die tangentiale Bezugsebene des Bodens (DTM1) sowie XZ-Ebene (RIGHT) und die YZ-Ebene (TOP) der Hauptbaugruppe genutzt.

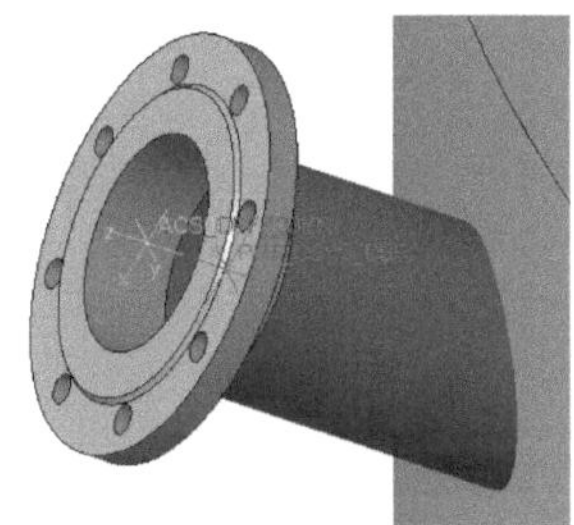

<table>
<tr><td>

Neue Baugruppe: Behaelter_S3000.asm

Einbau des Grundkörpers Behaelter_GK_S.asm (Standard)

→ Bezug → Koordinatensystem

> *Ursprung → Auswahl(ASM_DEF_CSYS)*
>
> *→ Zylindrisch: R=1750, Θ=-30, Z=2500*
>
> *Orientierung → Ausgewählte CSYS-Achsen:*
> *Um_X=0, Um_Y=60, Um_Z=-30*

Einbau des Stutzens BG_A_Stutzen_125-1<...>.asm über die Koordinatensysteme

---

Auswahl(ACS0) → Editieren (Parameterbezeichnungen ändern)

→ Muster

> *Tabelle → Tabellen-Bemaßungen*
>
> *→ Auswahl(6 Bemaßungen)*
>
> *→ Editieren(Tabelle 8-4)*

Einbau weiterer Stutzen

</td></tr>
</table>

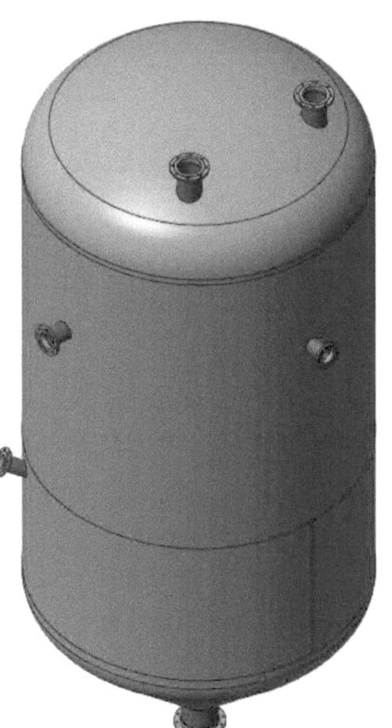

Abbildung 8-41: Stutzeneinbau

Tabelle 8-4: Muster der Koordinatensysteme für den Stutzeneinbau

!	*Position des Anschlusspunktes*				*Orientierung der Achse*	
!idx	*PR(1700)*	*PW(-30)*	*PZ(1400)*	*Rot_Z(-30)*	*Rot_Y(60)*	*Rot_X(0)*
1	*1700*	*90*	*3500*	*90*	*90*	*0*
2	*1700*	*0*	*3500*	*0*	*90*	*0*

Einige Stutzenrohre müssen im Baugruppenzusammenhang noch weiter bearbeitet werden, um notwendigen Konturanpassungen gerecht zu werden. Grob kann zunächst zwischen aufgesetzten und durchgesteckten Stutzenrohren unterschieden werden, da sich hieraus bereits Zusammenhänge zwischen Stutzen und Behälterausschnitt ableiten lassen. Die Schnittdarstellung in Abbildung 8-42 zeigt einen aufgesetzten Stutzen, der an den Außendurchmesser des Behälters anzupassen ist, wobei der noch benötigte Behälterausschnitt dem Rohrinnendurchmesser entsprechen soll.

Hierzu gibt es mehrere Lösungsstrategien. Am unkompliziertesten ist es vermutlich, diese Schnittoperationen im Baugruppenzusammenhang mit dem Profil- oder Drehen-Feature durchzuführen und dabei auf die vorhandenen Kanten zu referenzieren. Im Beispiel wurden für einen Stutzen Kopien der Rohrinnenflächen und der Behälteraußenfläche genutzt, um über die Option *Verbundvolumen* die Materialschnitte vorzunehmen.

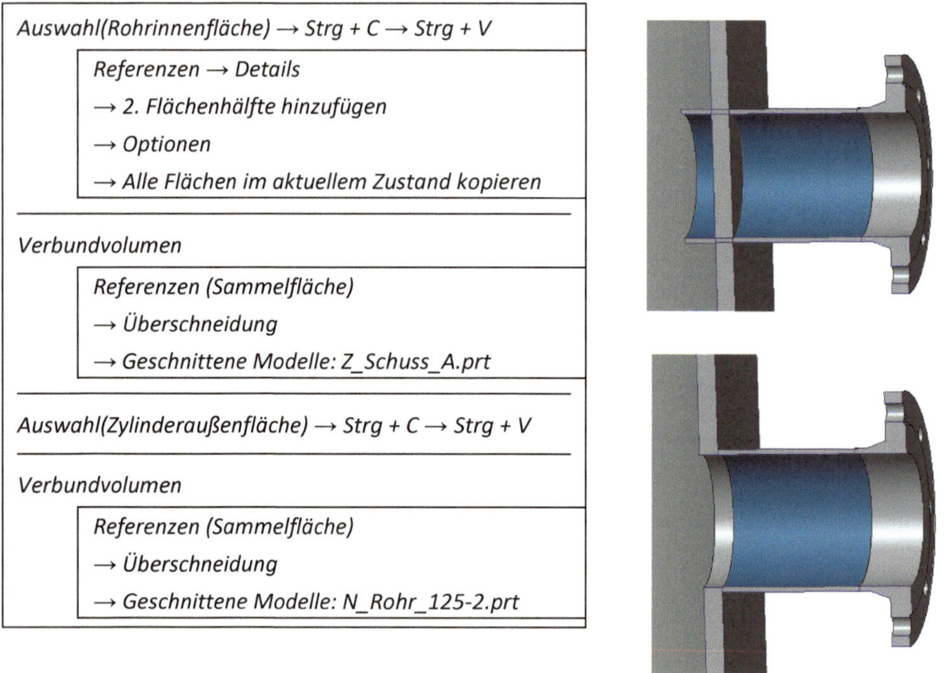

Abbildung 8-42: Komponentenanpassung bei aufgesetzten Stutzen

Bei der Art der Stutzeneinpassung kann auch noch weiter differenziert werden. Bei durchgesteckten Stutzen kann zum Beispiel noch festgelegt werden, wie weit der Stutzen hineingesteckt wird und ob eine Anpassung an die innere Behälterschale erforderlich ist. In diesem Fall ist in der Behälterbaugruppe eine Versatzfläche der Behälterschale zu erzeugen mit der dann der Materialschnitt (Verbundvolumen) am Stutzen durchgeführt wird (Abbildung 8-44). Zunächst werden aber die Ausschnitte am Behältergrundkörper ermittelt. Dafür werden im Beispiel die im Stutzenmodell bereits vorhandenen Versatzflächen genutzt (Abbildung 8-43).

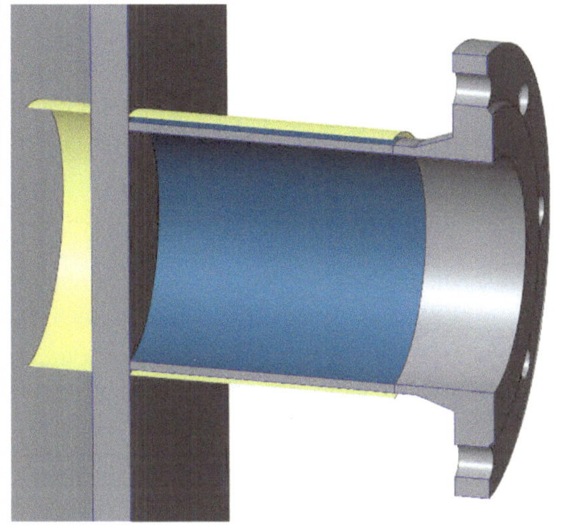

Abbildung 8-43: Ausschnittermittlung bei durchgesteckten Stutzen

Bei den Anpassungen der Stutzen wird im Beispiel davon ausgegangen, dass einige Stutzten ca. 8 mm in das Behälterinnere ragen sollen. Die bisher eingebauten Stutzen am Behälterboden sollen dagegen unbeschnitten bleiben. Dennoch wird die nach innen gerichtete Versatzfläche gleich für den gesamten Grundkörper erzeugt, um später auch noch weitere Stutzenrohre in gleicher Weise trimmen zu können.

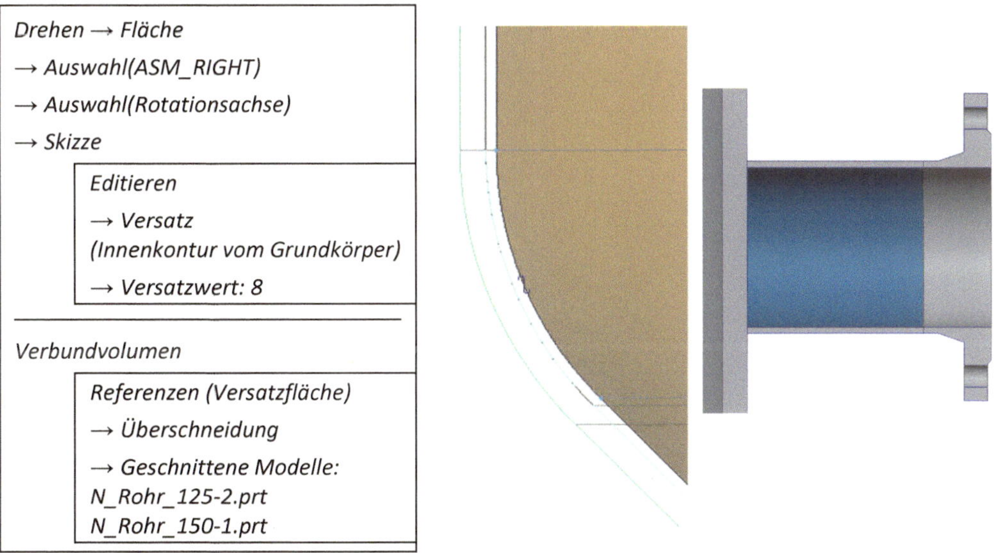

Abbildung 8-44: Anpassung der durchgesteckten Stutzenrohre

8.3.4   Flanschverbindungen

Flanschverbindungen sind die am häufigsten verwendeten, lösbaren Verbindungen für Rohrleitungen und Apparate. Eine vollständige Flanschverbindung besteht aus einem Flanschpaar, Schrauben, Muttern, Unterlegscheiben sowie einer Dichtung.

Flansche sind in verschiedenen Normen definiert. Die Normung erfolgt dabei häufig auch unter Beachtung der Einsatzbedingungen (Nenndruck PN in bar). Neben den bereits im Kapitel 8.3.3 verwendeten Vorschweißflanschen gibt es auch glatte Flansche, Gewindeflansche und weitere, die zusätzlich noch nach der Art der Abdichtung differenziert werden können.

In Abbildung 8-45 ist eine Flanschverbindung zwischen einem Anschweißflansch (DIN 28033) und einem Blindflansch dargestellt, bei der die Abdichtung über eine glatte Dichtleiste erfolgt. Bei der Erzeugung des Baugruppenmodells für diese Arbeitsöffnung werden zunächst eine entsprechende Stutzenbaugruppe sowie die (neu erstellten) Bauteilmodelle der Dichtung und des Blindflansches eingebunden. Die Verschraubung wird dann über den Verschraubungsassistenten durchgeführt.

Im Beispiel wurde eine genormte Arbeitsöffnung mit der Normbezeichnung *Verschluss DIN 28124-2- MC 500 × 200 - A - 10 - 1.4571* gewählt. Die Maße sind daher den genannten Normen zu entnehmen. Der Anschweißflansch und der Blindflansch müssen der gleichen Nenndruckklasse entsprechen, damit die Anschlussmaße auch zueinander passen.

Die Arbeitsöffnung wird noch mit zwei Griffen und einer Schwenkvorrichtung versehen. Die Komponenten der Unterbaugruppe *M_Schwenkvorrichtung* sind entsprechend der Vorgaben der DIN 28124-4 aufzubauen.

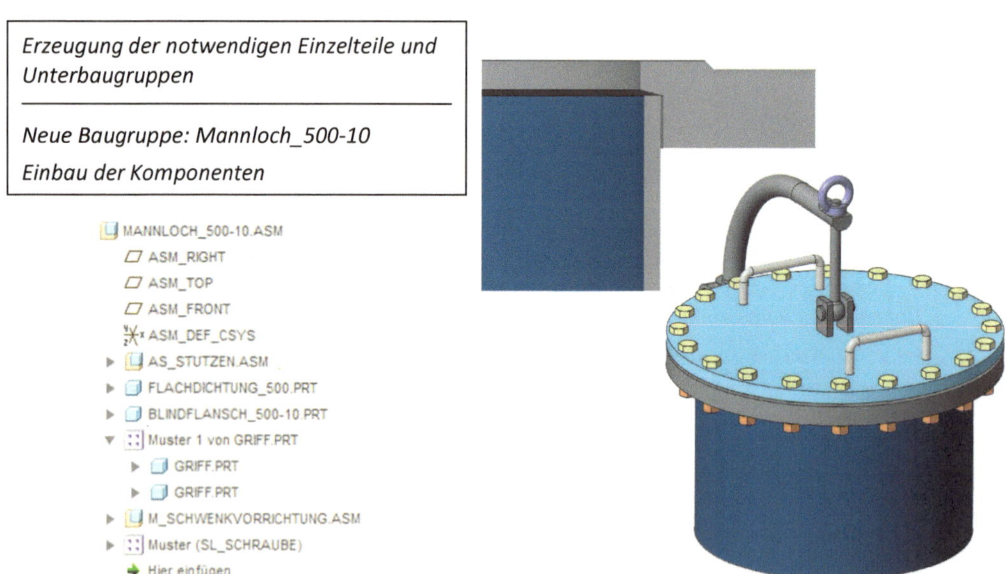

Abbildung 8-45: Arbeitsöffnung für einen Behälter

Nach dem horizontalen Einbau der Arbeitsöffnung in den Korbbogenboden der Behälterbaugruppe wird das Stutzenrohr noch, wie in Abbildung 8-44 beschrieben, angepasst, in dem es im Materialschnittdialog als zu schneidende Fläche hinzugefügt wird.

8.3.5 Tragelemente

Zur Aufstellung von Behältern und Apparaten werden abhängig vom Anwendungsfall verschiedene Elemente eingesetzt. Dazu gehören Pratzen, Füße, Tragsättel, Tragringe in unterschiedlichsten Ausführungen. Hinzu kommen noch spezielle Tragelemente für den Transport.

Die Abmessungen dieser Tragelemente sind häufig in entsprechenden Normen festgelegt, wobei einige Werte auftragsspezifisch anzupassen sind. Für die im Beispiel genutzten Tragpratzen trifft dies für die Wölbungsradien zu, die dem Behälteraußendurchmesser entsprechen müssen. Dabei ist zusätzlich zu beachten, dass die Pratze mit oder ohne Verstärkungsplatte ausgeführt werden kann. Wenn derartige Norm- und Wiederholteile auftragsunabhängig vorgefertigt werden sollen, müssen die Ausgangsabmessungen eventuell etwas größer ausgeführt werden.

Das Modell der Pratze mit der Nenngröße 5 nach DIN 28083 wurde im Beispiel so aufgebaut, dass die Pratze für Behälterschalen mit unterschiedlichen Durchmessern eingesetzt werden kann (Abbildung 8-46). Der eigentliche Zuschnitt des Auflagebleches erfolgt durch ein zylindrisches Flächenstück, das gleich so definiert wird, dass es dem rechteckigen Umriss des eventuell erforderlichen Verstärkungsbleches entspricht. Der Zylinderradius wird dann später beim Einbau der Pratze in die Behälterbaugruppe angepasst.

Bei Aufbau der Pratzenbaugruppe werden die Stegbleche am Auflageblech und an der Hilfsfläche ausgerichtet.

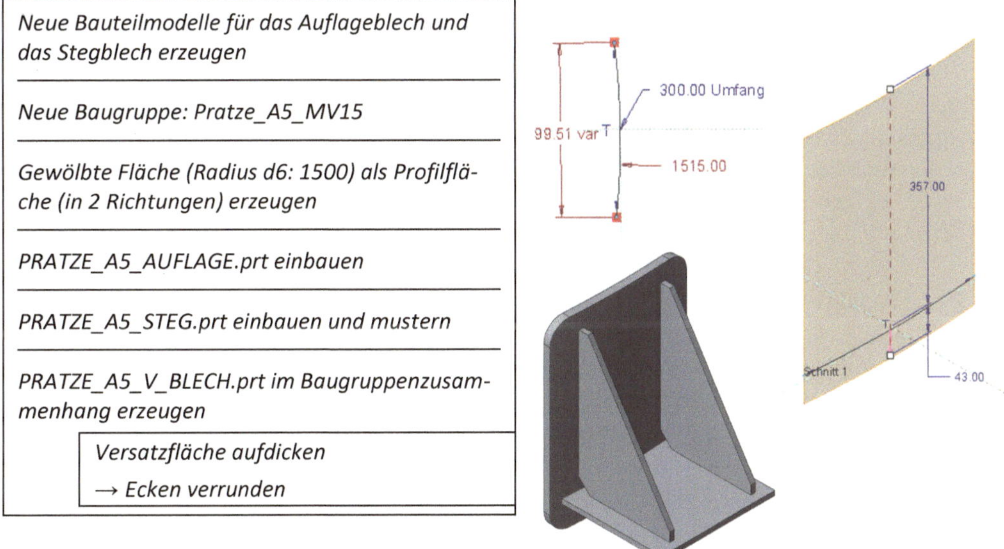

Abbildung 8-46: Ausgangsmodell der Tragpratze

Die auftragsspezifischen Anpassungen sollten dann möglichst automatisch beim Einbau erfolgen. Hierfür sind die entsprechenden Geometrieparameter im Modell der Behälterbaugruppe in Beziehung zu setzen:

Anpassungsradius der Pratze = Außenradius des Zylinders + Dicke des Verstärkungsbleches

Im Beispiel wurden vier Pratzen mit Verstärkungsblech über die Musteroption eingebaut (Abbildung 8-48).

Am Korbbogenboden des Grundkörpers wurden für den Transport zusätzlich drei identische Tragösen (gemäß DIN 28086) platziert. Für den Einbau der ersten Tragöse wird zunächst ein neues Koordinatensystem erzeugt, das entsprechend der gewünschten Einbaulage ausgerichtet wird. (Kapitel 3.1, Abbildung 3.4)

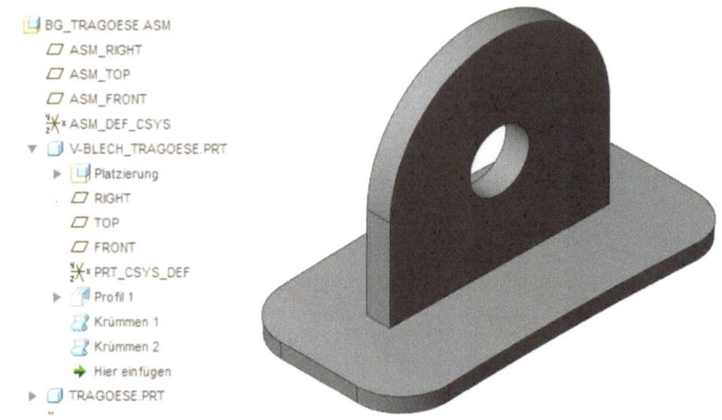

Abbildung 8-47: Flexibles Tragösenmodell

Auch bei den Tragösen müssen Anpassungen hinsichtlich der Wölbung vorgenommen werden. Im Beispiel wurden dazu zwei Krümmungsfeatures integriert, so dass über zwei Winkelangaben, die Anpassung an den Behälterboden erfolgen kann. Die Schenkel dieser beiden Winkel definieren letztendlich den Mittelpunkt des Krümmungskreises. Wenn der Winkel gleich Null ist, wird das Bauteil in dieser Richtung nicht gekrümmt.

8.3.6   Massenberechnung

Sowohl für Montage- und Transportprozesse als auch für die sichere Auslegung und Aufstellung des Behälters sind Leer- und Füllgewichte zu beachten. Im Beispiel sind diese schon erforderlich, um die Tragpratzen belastungsgerecht auszuwählen. Um die Masseneigenschaften der Behälterbaugruppe zu analysieren, sollte zunächst gesichert werden, dass allen Komponenten das richtige Material- und Einheitenmodell zugewiesen wurde.

Bei der Materialzuweisung für die einzelnen Komponenten ist zu prüfen, ob auch die Werkstoffkennwerte, die für die Berechnung benötigt werden, in der Materialdefinitionsdatei vorhanden sind. Bei Bedarf sind fehlende Kennwerte hinzuzufügen.

Das Füllvolumen wurde bereits im Kapitel 8.3.2 ermittelt, so dass nun noch die Dichte des Füll-mediums bei der Ermittlung des Füllgewichts zu beachten ist. Für das Beispiel soll Wasser als Füllmedium angenommen werden. Über eine Beziehung ist daher aus dem Füllvolumen, das Füllgewicht zu ermitteln und dann letztendlich die gesamte Gewichtskraft.

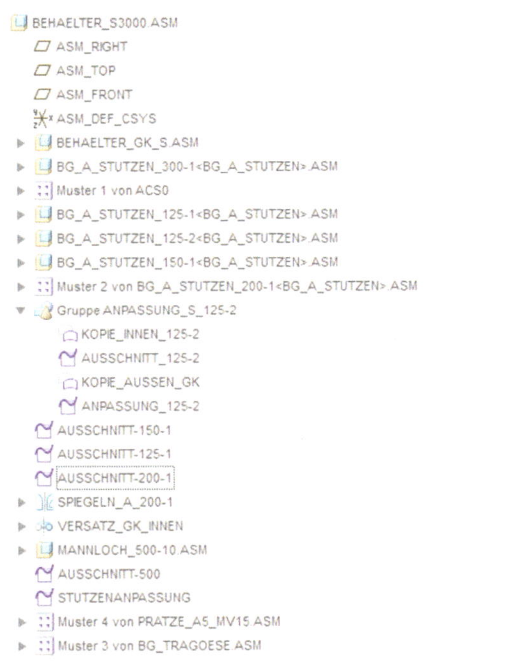

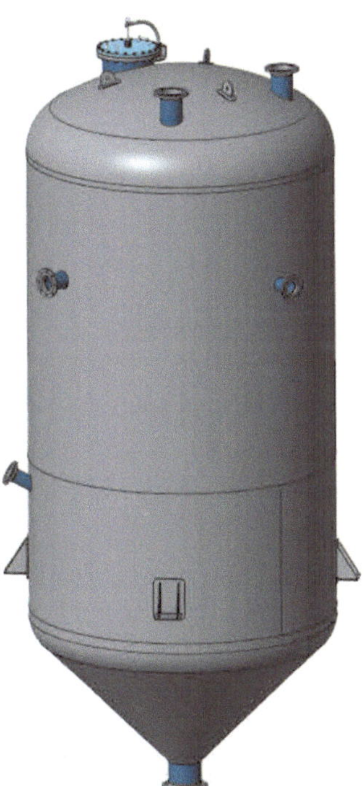

Abbildung 8-48: Baugruppenmodell des Behälters

8.3.7 Integration ausgewählter Festigkeitsberechnungen

Für die Festigkeitsberechnung im Behälterbau gibt es zahlreiche Vorschriften bzw. nationale und internationale Normen. Für das vorliegende Beispiel sind z. B. in der DIN EN 13445-3 wichtige Vorgaben und Berechnungsansätze enthalten. Zudem stehen zahlreiche Softwaretools zur Ver-fügung, die sich mit der Berechnung von Druckgeräten und anderen Komponenten des Apparate- und Rohleitungsbaus beschäftigen. In einigen Fällen bestehen zwischen diesen speziellen Be-rechnungswerkzeugen und ausgewählten CAD-Systemen auch Möglichkeiten des Datenaustau-sches. Darüber hinaus stehen häufig Excel basierte Berechnungstools zur Verfügung. Die Ein-bindung von Excel wurde bereits in Kapitel 7.3.4 thematisiert.

Über eine solche Excel-Einbindung soll nachfolgend gesichert werden, dass die Dicke des Ver-stärkungsbleches der Tragpratzen den Vorgaben in der DIN 28083-1 entspricht.

Hierbei wird davon ausgegangen, dass bereits die Gesamtmasse des leeren Behälters in einem Analyse-KE ermittelt wurde und dass auch das Füllvolumen und die Dichte des Füllmediums (z.B. Wasser) bekannt sind bzw. im Modell als Parameter vorliegen. Hieraus kann dann bereits im Baugruppenmodell die Gesamtmasse des Behälters ermittelt und als Parameter hinterlegt werden. Neben der Gesamtmasse werden an Excel auch noch die berechnungsrelevanten Parameter der Pratze übergeben. Die erforderliche Wandstärke des Verstärkungsbleches wird dann in Excel ermittelt und anschließend an das CAD-Modell zurückgegeben.

Abbildung 8-49 zeigt eine Variante zum Aufbau der einzubinden Excel-Datei.

Im CAD-Modell oder auch schon in Excel ist zu prüfen, ob die ermittelte Dicke im zulässigen Bereich liegt (siehe Formel aus der DIN28083 in der Abbildung 8-49).

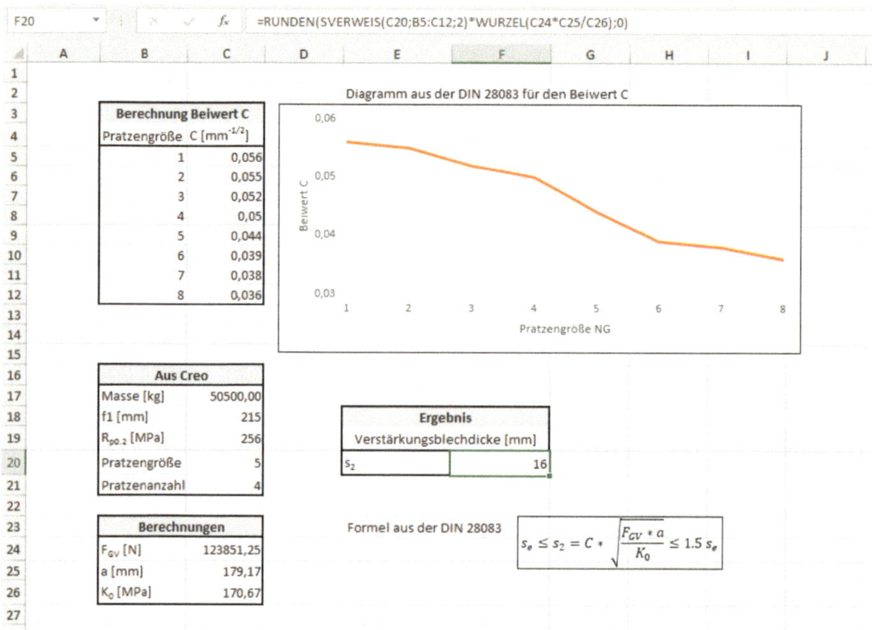

Abbildung 8-49: Excel-Datei zur Ermittlung der Verstärkungsblechdicke

8.4 Beachtung fertigungstechnischer Randbedingungen

8.4.1 Problemeingrenzung

Nachfolgend werden vor allem Problemfelder betrachtet, welche im Zusammenhang mit Zerspanungsprozessen bereits bei der Modellierung Beachtung finden sollten. Die nachfolgenden Beispiele werden zeigen, dass die gängigen Konstruktionselemente eines CAD-Systems nicht in allen Fällen ausreichen, um die translatorischen, rotatorischen oder trajektorischen Materialabtragungen abzubilden.

Wenn die Bewegung des Werkzeugs entlang einer 2D-Leitkurve erfolgt und das Werkzeug senkrecht zur Skizzenebene steht (also keine Neigung erfährt), können die erforderlichen Materialschnitte durch elementare Modellierungsoptionen (Profil, Zug-KE) im CAD-System erzeugt werden. Auch Rotationsschnitte bereiten keine Probleme, wenn die Werkzeugachse stets senkrecht auf den (gedachten) Rotationskreis trifft oder die Werkzeugschnittkontur in einer Ebene liegt, die durch die Rotationsachse geht (Abbildung 8-50, obere Reihe).

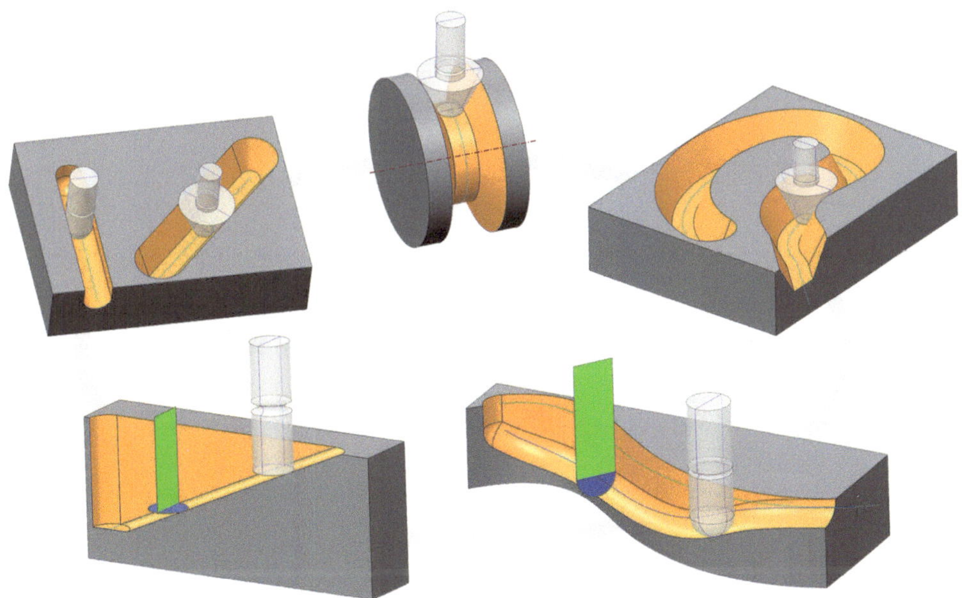

Abbildung 8-50: abgesicherte Problemfelder

Bei räumlichen Leitkurven bzw. Werkzeugen, welche keine halbkugelförmige Stirn aufweisen, muss die Bewegungsbahn des realen Schnittwerkzeugs unter Umständen durch mehrere unterschiedliche Trajektionen abgebildet werden (Abbildung 8-50, untere Reihe). Im Beispiel wurde die Materialentfernung durch den zylindrischen Schaft des Werkzeuges durch das Schieben eines Rechtecks (grün) senkrecht zur Projektion des Werkzeugverfahrweges in Richtung der Werkzeugachse abgebildet. Bei einem halbkugelförmigen Werkzeugende muss eine Trajektion eines Kreises senkrecht zur Leitkurve durchgeführt werden. Für das ebene Werkzeugende in der linken unteren Ecke der Abbildung muss stattdessen ein Kreis mit konstanter senkrechter Richtung (Richtungsreferenz auch hier wieder die Werkzeugachse bzw. eine dazu parallele Kante oder senkrechte Ebene) entlang der Leitkurve verschoben werden. Dies ist aber nur dann möglich, wenn in der Leitkurve keine Scheitelpunkte liegen, da diese zu Überschneidungen in der generierten Kanalfläche führen würden.

Abbildung 8-51 zeigt exemplarisch ein Beispiel, bei denen diese Materialentfernungen nicht ohne weiteres durch die grundlegenden Modellierungsfeatures abgebildet werden können.

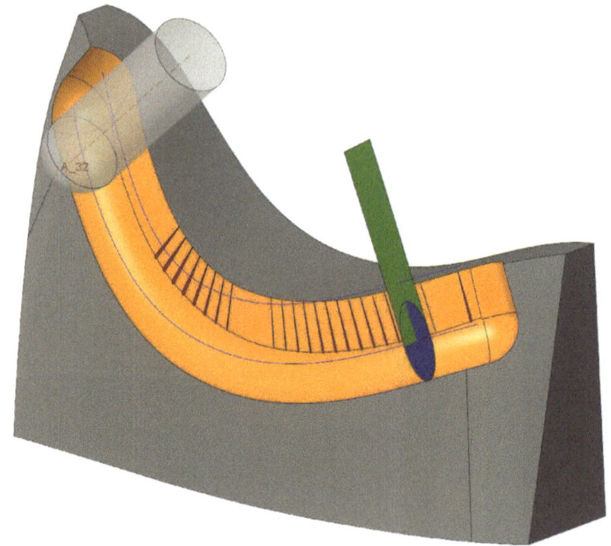

Abbildung 8-51: Fehlerhafte Modellierungsstrategie bei variabler Werkzeugneigung

Um eine Materialentfernung abzubilden, bei der die Werkzeugachse entlang eines dreidimensionalem Werkzeugverfahrweges eine Neigung erfährt, also keine konstante Ausrichtung besitzt, werden mindestens zwei Kurven (eine Leit- sowie eine Führungskurve) benötigt.

In diesem Beispiel wurde die Führungskurve direkt auf die gekrümmte Bauteiloberfläche projiziert und von dieser ausgehend eine Versatzkurve senkrecht zur Bauteiloberfläche erzeugt, welche als eigentliche Leitkurve dient. Auf diese Weise ist sichergestellt, dass das Werkzeug zu jedem Zeitpunkt senkrecht zu der Bauteiloberfläche steht.

Abbildung 8-51 stellt den gescheiterten Versuch dar, die Materialentfernung durch die oben genannten Features abzubilden. Es wird deutlich, dass die Materialentfernung durch das halbkugelförmige Werkzeugende noch immer mit dem Zug-KE und der Option senkrecht zur Leitkurve generiert werden kann. Der Bereich, welcher durch den zylindrischen Werkzeugschaft erzeugt wird, weist jedoch fehlerhafte Bereiche auf. Diese werden hier aufgedeckt, indem an mehreren Positionen des Verfahrweges Testschnitte mit dem Werkzeug durchgeführt wurden.

Im Folgenden soll daher am Beispiel eines Wendelverteilers (Abbildung 8-51) eine flächenbasierte Modellierungsstrategie aufgezeigt werden, welche die Werkzeugbewegungshülle und darauf basierend die korrekte Materialentfernung erzeugt.

Abbildung 8-52: Wendelverteiler

8.4.2 Wendelverteiler

Der Wendelverteiler dient im Rahmen der Kunststoffverarbeitung der gleichmäßigen und thermisch homogenen Schmelzeverteilung. Im Entwurfsprozess werden Berechnungen und FE-Simulationen zur Bestimmung von Strömungs- und Druckverteilungen durchgeführt. Die Nuten folgen im Prinzip einer Spiralkurve, deren Radius sich dabei ändert.

Beim Aufbau des CAD-Modells werden in einem ersten Schritt der Grundkörper und ein Graph erzeugt (Abbildung 8-53), welcher im Anschluss den Wendeltiefenverlauf (Änderung des Radius der Spirale) steuert.

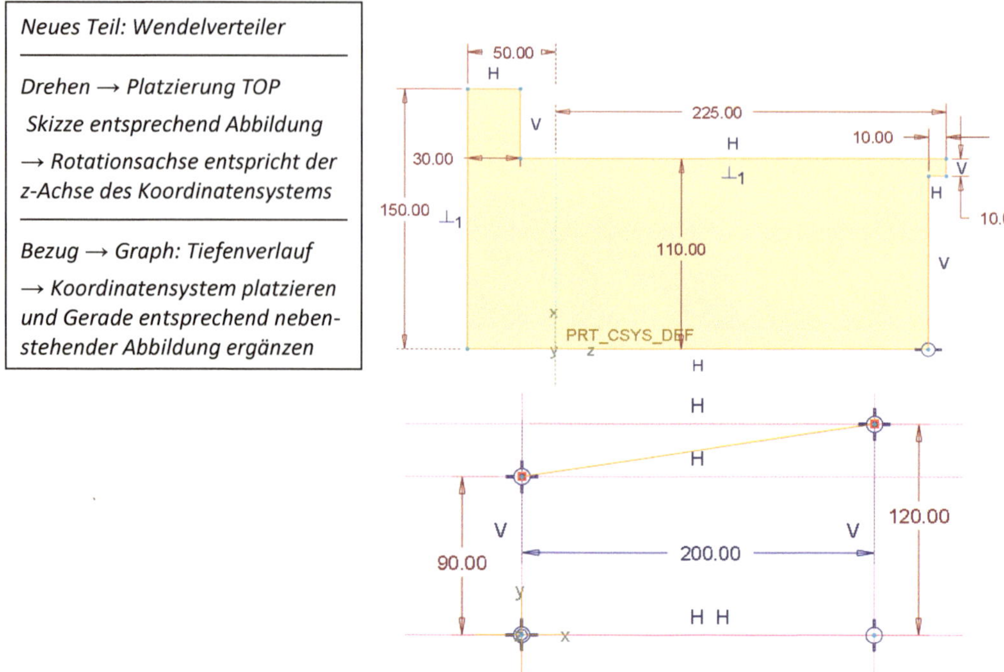

Abbildung 8-53: Grundgeometrie und Wendeltiefenverlauf

Entsprechend der obigen Ausführungen werden im nächsten Schritt eine Leit- sowie eine Führungskurve, welche die Ausrichtung des Werkzeuges beschreibt, benötigt. Dazu wird eine *Kurve aus Gleichung* erzeugt, welche mit Hilfe der *evalgraph*-Funktion bereits die geforderte Steuerung des Wendeltiefenverlaufes mit einbezieht (Abbildung 8-54).

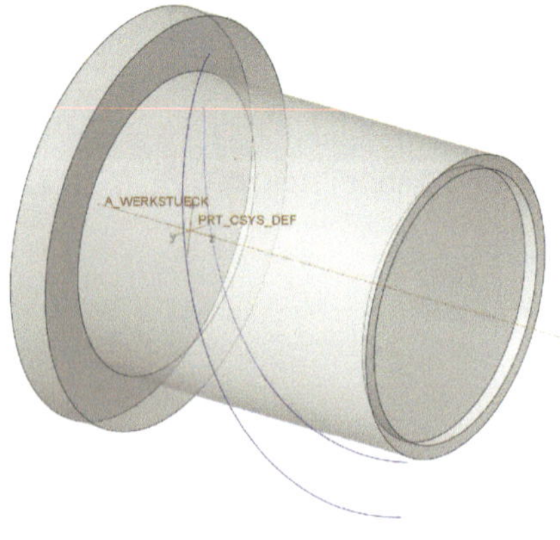

Abbildung 8-54: Leit- und Führungskurve

Zwischen Leit- und Führungskurve wird eine Berandungsfläche generiert, welche die Bewegung der Werkzeugachse während der Vorschubbewegung darstellt. Ausgehend von dieser Fläche wird zu beiden Seiten eine Versatzfläche mit einem Abstand entsprechend des Fräserradius definiert (Abbildung 8-55).

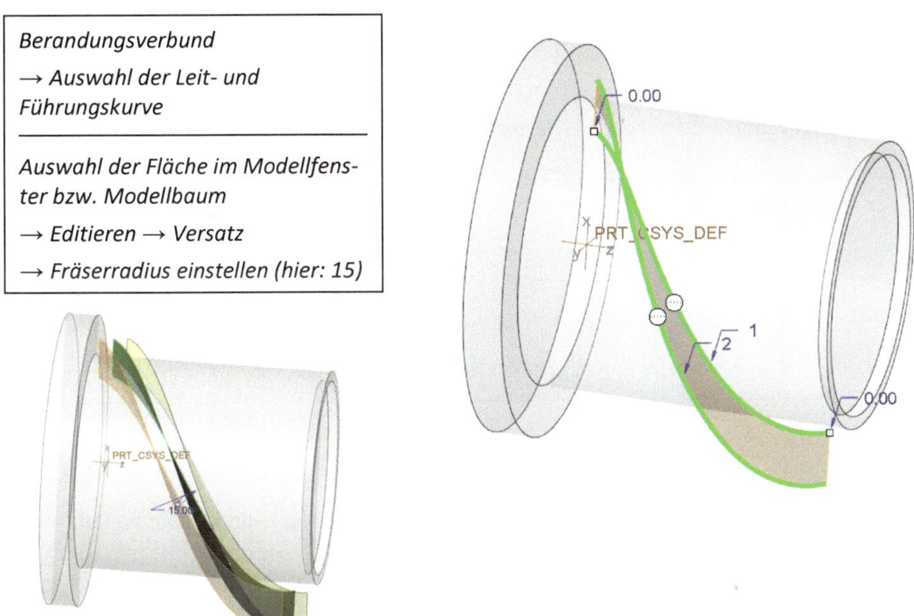

Abbildung 8-55: Generieren der seitlichen Berandungsflächen

Das untere, halbkugelförmige Werkzeugende wird generiert, indem ein Kreis mit dem Werkzeugradius senkrecht zur Leitkurve ausgetragen wird. Die dabei entstehende Rohrfläche muss anschließend zur Hälfte getrimmt werden. Als Trimmfläche bietet sich hierbei ein Berandungsverbund zwischen den Unterkanten der beiden Versatzflächen an (Abbildung 8-56). Nach erfolgreicher Trimmoperation können die nicht mehr benötigten Flächen ausgeblendet werden.

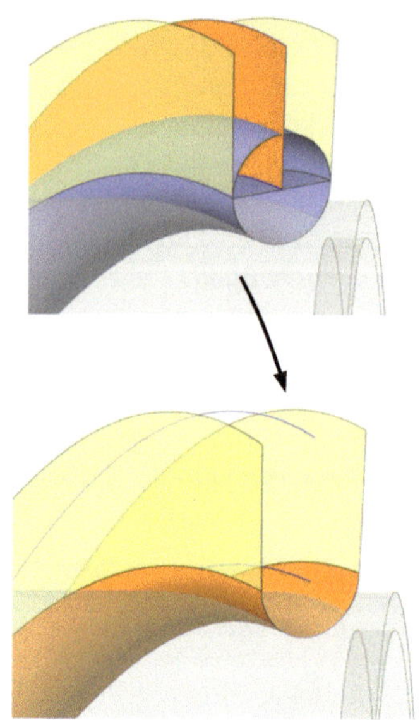

Zug-KE → Auswahl der Leitkurve

→ Optionen: Zug-KE als Fläche und senkrecht zur Leitkurve

→ im Zugschnitt Kreis skizzieren mit Durchmesser 30

Berandungsverbund

→ Auswahl der beiden unteren Kanten der Versatzflächen

Rohrfläche im Modellfenster bzw. -baum auswählen

→ Editieren → Trimmen

→ Auswahl(gerade erzeugten Berandungsfläche als Trimm-objekt)

Abbildung 8-56: Erzeugen und Trimmen der Rohrfläche

Damit die Werkzeugbewegungshülle im finalen Schritt von dem Werkstückvolumen subtrahiert werden kann, muss es sich um eine vollständig geschlossene und zusammenführbare Sammelfläche handeln. Um dies zu erreichen gibt es zwei Optionen: Die erste Option besteht in der exakten Modellierung des Werkzeugauslaufs an den beiden Enden des Verfahrweges, welcher im Anschluss an der bestehenden Kanalgeometrie getrimmt werden muss. Die zweite, weniger fehleranfällige Option besteht darin, den Kanal an beiden Enden durch einen Berandungsverbund zu verschließen, um anschließend die Werkzeugausläufe durch Rotationsschnitte abzubilden (Abbildung 8-56).

Berandungsverbund → Auswahl der oberen Kanten der Versatzflächen

---

2x Berandungsverbund → Kurven

→ Erste Richtung: Auswahl der Kanten der Versatzflächen

→ Zweite Richtung: Auswahl der Halbkreiskante der Rohrfläche und der Kante der Deckelfläche

---

Auswahl mindestens zweier Teilflächen

→ Editieren → Zusammenführen

 Auswahl(übrige Teilflächen)

Auswahl der Sammelfläche

→ Editieren

→ Verbundvolumen

→ Option: Material entfernen

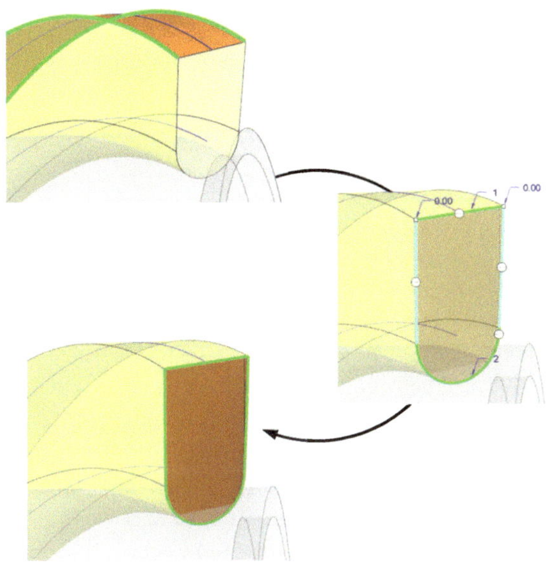

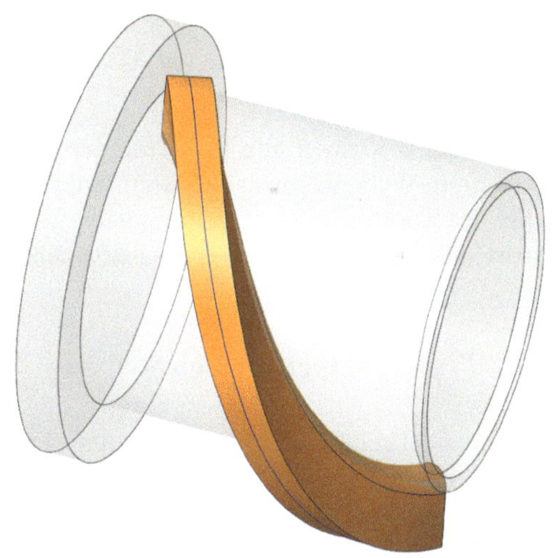

Abbildung 8-57: Zusammenführung der Werkzeugbewegungshülle

Da beide Enden des Verfahrweges vollständig im Werkstück liegen ist es notwendig, dass die Werkzeugausläufe durch jeweils einen Rotationsschnitt abgebildet werden (Abbildung 8-58).

Auswahl der Sammelfläche → Editieren

→ Verbundvolumen

→ Option: Material entfernen

Bezug → Achse → Auswahl der Endpunkte von Leit- und Führungskurve

---

Bezug → Ebene → Auswahl dieser Achse und einer beliebigen Richtungsreferenz (z. B. senkrecht zur FRONT)

Drehen → Option: Material entfernen

→ Platzierung auf der erzeugten Ebene

→ zusätzlich die erzeugte Achse sowie den Endpunkt der Leitkurve referenzieren

→ Skizzieren des halben Werkzeugquerschnitts, wobei der Viertelkreis seinen Mittelpunkt um Startpunkt der Leitkurve hat

---

Für das verbleibende Ende wiederholen

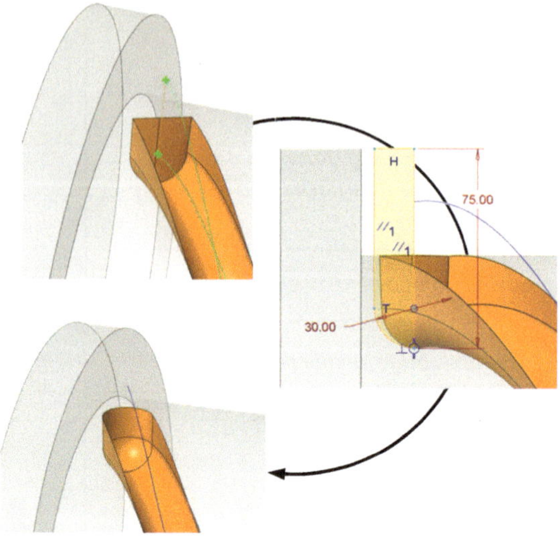

Abbildung 8-58: Modellierung der Werkzeugausläufe

An dieser Stelle können alle Elemente der Wendelkonstruktion (von der ersten Leitkurve bis zum zweiten Werkzeugauslauf) gruppiert werden, sodass diese Gruppe sechs Mal um die z-Achse des Koordinatensystems gemustert werden kann. Abschließend können die übrigen Elemente, wie Speise- oder Kühlbohrungen, entsprechend Abbildung 8-52 ergänzt werden.

8.4.3 Transportschnecken

Abbildung 8-59 zeigt rechts einen Teil einer Transportschnecke, durch die zylindrische Objekte mit einem vorgegebenen Durchmesser D transportiert werden sollen. Die Zylinderachse steht dabei stets senkrecht auf einer Ebene, die durch die Schneckenachse geht. Die Nut muss daher so ausgeführt werden, dass der Zylinder stets diese Nutflächen tangiert. Bei der Fertigung dieser Nut, die ja einer Schraubenlinie folgt, können hier daher auch zylinderförmige Fräs- oder Schleifwerkzeuge zum Einsatz kommen, die senkrecht aber mit Abstand zur Schneckenachse bewegt werden.

Mit den aktuellen Möglichkeiten der CAD-Systeme können allerdings Hüllgeometrien, die sich durch die Bewegung eines Körpers oder einer gekrümmten Fläche ergeben, nicht in jedem Fall exakt genug erzeugt werden. In der Abbildung 8-59 wird deutlich, dass sich aber über geschickte Musterungsfunktionen schon ein guter Eindruck verschafft werden kann, wie die Nut aussehen muss. Die sich hierbei ergebenden Schnittkanten müssten noch geeignet geglättet werden. Auch dafür gibt es noch nicht genügend Unterstützung, so dass Alternativen benötigt werden.

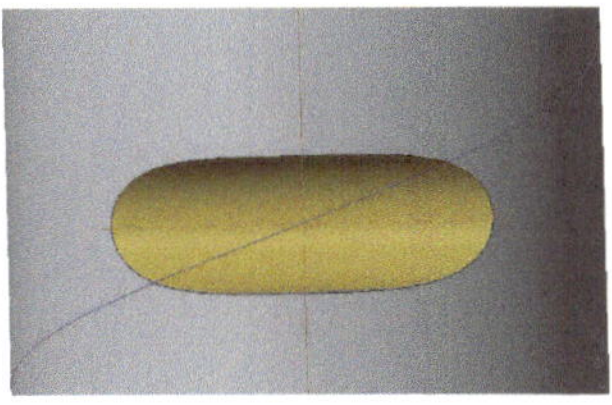

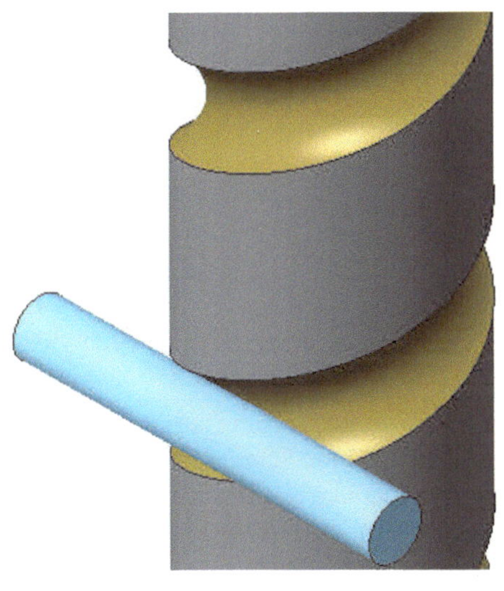

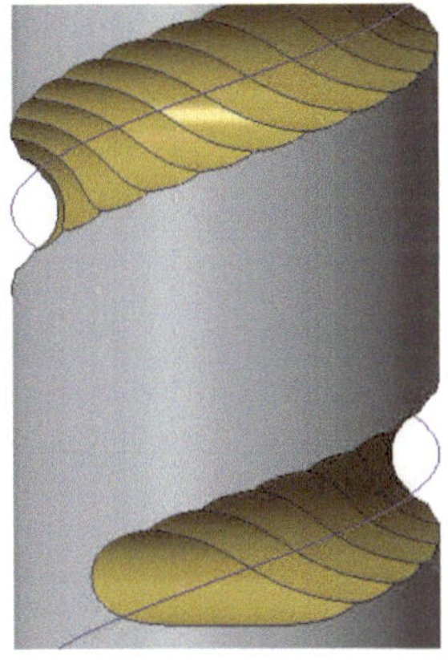

Abbildung 8-59: Zylindertransportschnecke

Immer dann, wenn Nuten dieser Zylindertransportschnecke einer zylindrischen Schraubenlinie mit konstanter Steigung folgen, können sowohl rechnerisch als auch konstruktiv/geometrisch exaktere Lösungen gefunden werden, da jeder Punkt des noch zu bestimmenden Trajektionsquerschnitts einer Schraubenlinie folgen muss.

Bei dem nachfolgend gewählten *Lösungsansatz zur werkzeugabhängigen Abbildung von Materialschnitten entlang einer zylindrischen Schraubenlinie* wird daher eine Schar von Spiralkurven erzeugt, die dann der Erzeugung der Schraubfläche dienen. Durch die Startpunkte dieser Spiralkurven wird letztendlich der Querschnitt definiert, der entlang der Schraubenlinien bewegt wird. Die erreichbare Genauigkeit hängt daher von der Anzahl der ermittelten Spiralkurven ab (Abbildung 8-60).

> *Ziehen → Auswahl(6 Schraubenlinien)*
> *→ Senkrecht zur Projektion*
> *→ Richtungsreferenz*
> *→ Auswahl(TOP)*
> *→ Zugschnitt erzeugen*
>> *Skizze → Gerade*
>> *→ Auswahl(2 Punkte)*
>> *→ Spline → Auswahl(6 Punkte)*

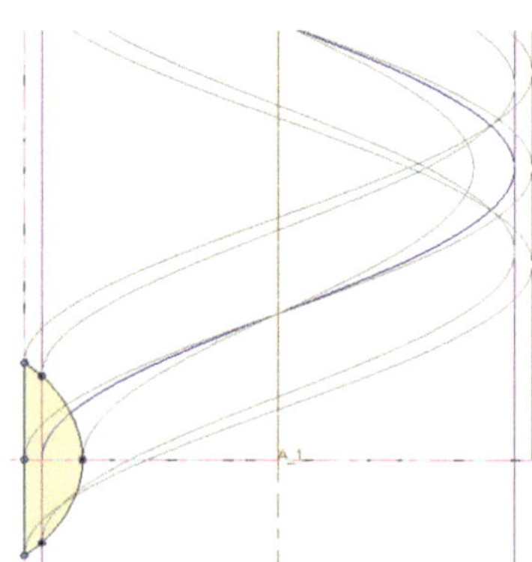

Abbildung 8-60: Trajektion über mehrere Leitkurven

Der grundlegende Lösungsansatz zur Ermittlung dieser Spiralkurven wird an einem Beispiel erläutert. Es soll eine Schneckengeometrie gemäß Abbildung 8-59 mit 4 Windungen auf dem Ausgangszylinder erzeugt werden.

Für die Schraubenlinie (*Spirale1*) auf dem Schneckenaußendurchmesser gilt daher in Zylinderkoordinaten:

$$r = DA\,/\,2, \quad theta = t * 360 * W, \quad z = t * H * W \quad mit\ t = 0...1$$

Der Außendurchmesser *DA*, die Ganghöhe *H* und die Anzahl der Windungen *W* sind vorher als Parameter im Modell zu verankern, ebenso der Durchmesser *D* des benötigten Objektzylinders. Im Beispiel soll gelten:

$$DA = 130\ mm, \quad H = 150\ mm, \quad W = 4, \quad D = 30\ mm$$

Über eine Beziehung kann nun der Steigungswinkel *w1* ausgerechnet werden, den alle Tangenten der *Spirale_1* mit der XY-Ebene bilden. Im nächsten Schritt sind die Schraubenlinien zu ermitteln, die ebenfalls auf dem Schneckenaußendurchmesser liegen. Diese haben den gleichen Radius und die gleiche Steigung wie die bereits definierte Spirale. Sie sind jedoch symmetrisch so zu versetzen, dass sie die Durchdringungskurve zwischen dem Schneckenzylinder mit dem Objektzylinder tangieren (Abbildung 8-61). Dieser Versatzwert soll nachfolgend durch eine spezielle Analysestrategie vom CAD-System ermittelt werden.

Zunächst ist durch den Schnitt des Schneckenzylinders mit dem Objektzylinder eine Durchdringungskurve zu ermitteln, auf welcher dann ein Punkt erzeugt wird. Durch den erzeugten Punkt wird dann eine Tangente an die Durchdringungskurve generiert.

Anschließend wird ein Analyse-KE definiert, welches den Winkel zwischen dieser Tangente und der XY-Ebene misst. Für dieses Analyse-KE wird noch ein Parameter erzeugt, der sich aus der Differenz zwischen beiden Tangentenwinkeln ergibt. Über eine Optimierungsstudie wird nun der Punkt auf der Durchdringungskurve so verschoben, dass diese Winkeldifferenz gegen Null geht. Für diesen optimierten Punkt wird nun noch der Abstand (Versatz) in z-Richtung zu mittleren Schraubenlinie ermittelt, so dass dann die beiden tangentialen Schraubenlinien in Parameterform definiert werden können.

Parameter (DA, D, H, W) erzeugen
*→ Beziehung (w1=atan(h/(pi*DA))*

Spirale_1 in Zylinderkoordinaten

*Schneckenzylinder (ØDA, Länge 4*H) → Objektzylinder als Fläche (ØD) → Schneiden → Auswahl(2 Zylinderflächen) → Umbenennen der Durchdringung in DK_1*

Punkt → Auswahl(DK_1) → Umbenennen in PD_1

Achse → Auswahl(PD_1 + DK_1) → Tangential
→ Umbenennen in TANGENTE_1

Achse → Auswahl(PD_1 + Zylinderfläche)
→ Umbenennen in MANTELLINIE_1

Punkt → Auswahl(MANTELLINIE_1 + Spirale1)
→ Umbenennen in A_PD_1

Analyse →Messen → Winkel
    → Auswahl(TANGENTE_1 + XY-Ebene)
    → Speichern als KE → Name: A_Winkel1

Beziehungen → KE → Auswahl(A_WINKEL1)
    DIFF=ANGLE-w1

Analyse → Optimierungs-KE
    Ziel → Absolutwert minimieren
    → Auswahl(DIFF:A_WINKEL1)
    → Variable: Bemaßung hinzufügen
    → PD_1 → 0...1

Analyse → Messen →Abstand
    → Auswahl(PD_1 + A_PD_1)
    → Speichern als KE → Name: Abstand_1

Spirale_1A als Kopie von Spirale_1 mit
    *z=t*H-DISTANCE:FID_ABSTAND_1+H*

Spirale_1B als Kopie von Spirale_1 mit
    *z=t*H-DISTANCE:FID_ABSTAND_1-H*

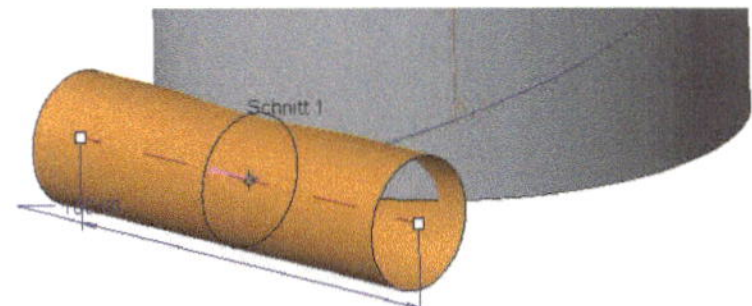

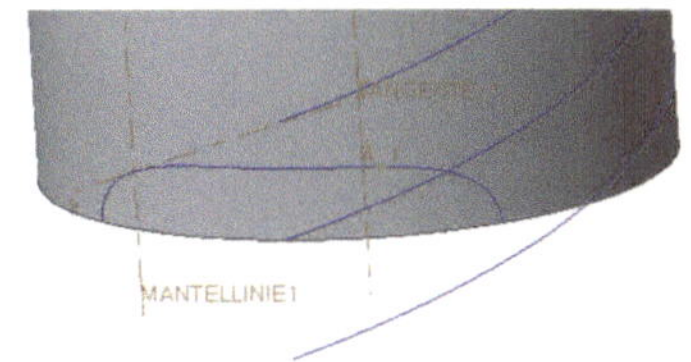

Abbildung 8-61: Tangentiale Schraubenlinien an der Durchdringungskurve

In Abbildung 8-60 sind vier weitere Schraubenlinien enthalten, die im Inneren des Schnecken-ausgangszylinders liegen. Zwei dieser Kurven entstehen ganz einfach durch die Anpassung des Radiuswertes als Kopie der ersten Spirale.

Die ganz innen liegende Spirale (*Spirale_3*) definiert die Tiefe der zu erzeugenden spiralförmigen Nut. Hier gilt daher:

$r = (DA - D) / 2$

Für die anderen Spiralen (*Spirale_2*, *Spirale_2A* und *Spirale_2B*) sollte ein Radiuswert gewählt werden, der zwischen den Radien von Spirale 1 und 3 liegt. Im Beispiel wird er zunächst mit

$r = (DA - D / 3) / 2$

festgelegt.

Zu ermitteln ist nun noch der Versatzwert in z-Richtung für die Spiralen *2A* und *2B*.

Das geschieht erneut wie bereits in Abbildung 8-61 beschrieben. Dabei muss allerdings bei der Ermittlung der Durchdringungskurve statt des Schneckenzylinders ein Hilfszylinder sowie eine darauf liegende Hilfsspirale verwendet werden. (Zum Verständnis: Auch wenn die Steigung der Spiralen gleich sind, ändert sich mit dem Radius der Spirale auch der Tangentenwinkel.)

Wenn alle Kurven definiert sind, kann wie in Abbildung 8-60 dargestellt, die Schneckengeometrie erzeugt werden.

Durch einen zylindrischen Materialschnitt kann nun geprüft werden, ob die erreichte Genauigkeit ausreichend ist.

Die Genauigkeit kann erhöht werden, wenn weitere Spiralen (wie Spirale *2A* und *2B*) auf Basis entsprechender Hilfszylinder erzeugt und in das Zug-KE eingebunden werden.

Kleinere Nachbesserungen können auch über die Anpassung des Radiuswertes für den Hilfszylinder oder über die Manipulierung der Spline-Kurve des Zug-KE-Querschnitts erfolgen.

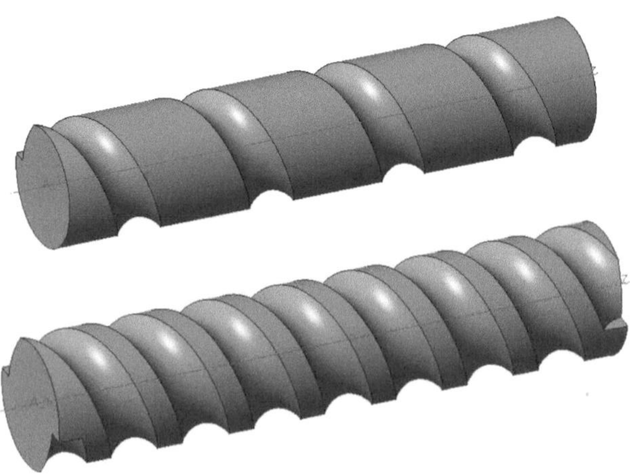

Abbildung 8-62: Grobmodelle der Transportschnecke

Das obere Bild in Abbildung 8-62 zeigt das Modell des Schneckenzylinders, das nun Ausgangspunkt für die weitere Gestaltung sein kann. Es ist zu erkennen, dass die Spiralnut an beiden

Enden nicht vollständig ausläuft. Falls das jedoch erwünscht ist, sollten die Schraubenlinien entsprechend in z-Richtung versetzt und zugleich die Anzahl der Windungen um eins erhöht werden. Das Zug-KE zur Erzeugung der Nut wurde für die untere Abbildung über die Musterfunktion zweimal in das Modell integriert.

8.4.4   Zylinderschnecken

Der im Kapitel 8.4.3 entwickelte Lösungsansatz zur werkzeugabhängigen Abbildung von Materialschnitten entlang einer zylindrischen Schraubenlinie kann auch auf andere Problemstellungen übertragen werden. Abbildung 8-63 zeigt dies am Beispiel eines scheibenförmigen Werkzeugs, das entlang einer Schraubenlinie in das Werkstück eingreift. Zur Erzeugung der Nut im Werkstückmodell werden wieder über die Durchdringungskurven zwischen dem Flächenmodell des Werkzeuges und der Zylinderfläche des Werkstückes die Punkte gesucht, deren Tangentenwinkel dem der Schraubenlinie auf diesem Zylinder entspricht. Im Beispiel wurde darauf verzichtet nun noch weitere Offset-Hilfszylinder des Werkstückes mit dem Flächenmodell des Werkzeuges zu schneiden, um weitere exakte Steuerkurven für die *Trajektion* zu ermitteln. Stattdessen wurde noch die innerste Schraubenlinie ermittelt. Hierfür muss nur der Radius entsprechend angepasst werden. Im Beispiel wird davon ausgegangen, dass das scheibenförmige Werkzeug so platziert wird, dass der Übergangskreis zur halbkreisförmigen Wölbung den Außenmantel des Werkstückes berührt. In diesem Fall ähnelt der benötigte Trajektionsquerschnitt einer halben Ellipse. Diese Ähnlichkeit wird mit steigendem Scheibendurchmesser immer geringerer. Um noch Anpassungsmöglichkeiten im Querschnittsmodell zu verankern, wird jedoch zwischen den Leitkurven ein symmetrischer Spline erzeugt, wobei zusätzlich zwei weitere Interpolationspunkte definiert werden. In der ersten Näherung werden diese beiden Punkte so gewählt, dass der Spline annähernd einer halben Ellipse entspricht. Nach der Erzeugung der spiralförmigen Nut sollte nun überprüft werden, ob die Werkzeuggeometrie diese Nuten auch tangiert. Gegebenenfalls sollten über eine *Optimierungsstudie* die beiden freien Steuerpunkte des Querschnittsplines angepasst werden.

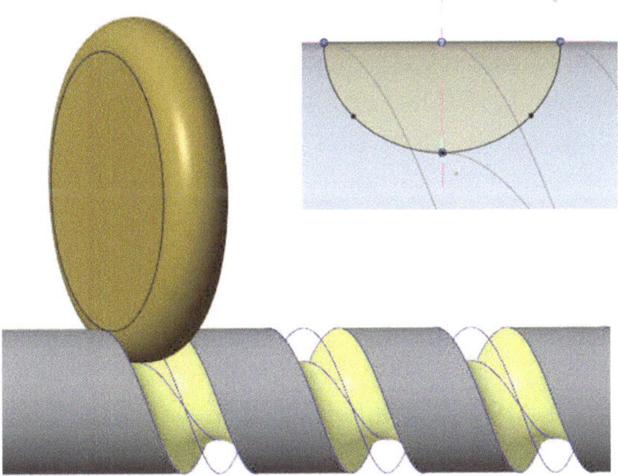

Abbildung 8-63: Eingriff mit abgerundeter Profilscheibe

8.4.5 Regelschraubflächen

Regelschraubflächen entstehen durch die Bewegung einer Geraden entlang einer Schraubenlinie entsprechend der gewünschten Eigenschaften. Im ersten Beispiel (Abbildung 8-64) ist eine Gerade so entlang einer Schraubenlinie bewegt worden, dass sie stets senkrecht auf die Schraubenlinienachse trifft.

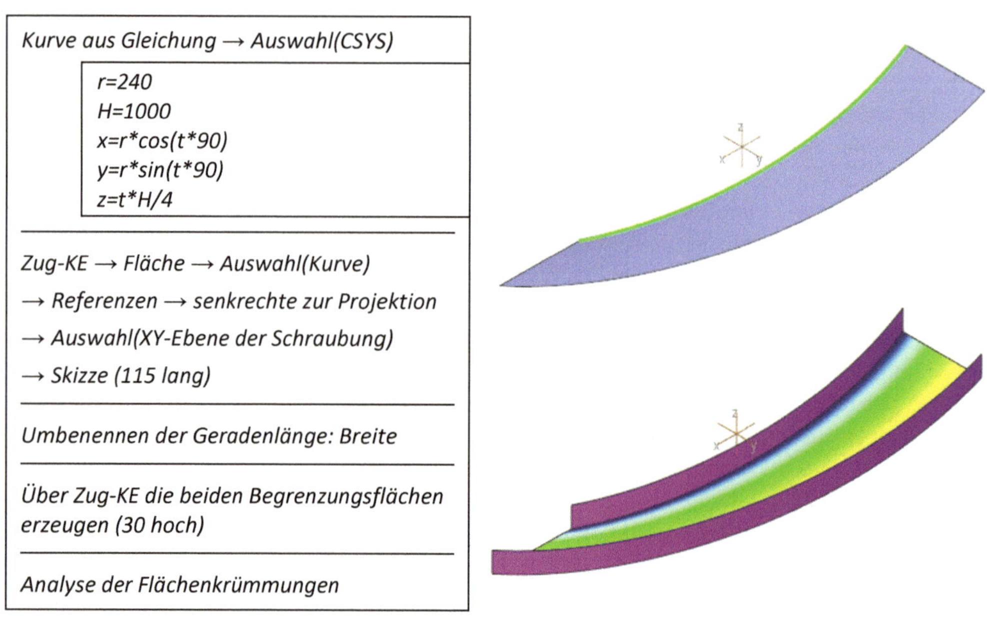

Abbildung 8-64: Flächenmodell einer Abflussrinne

Die Flächenanalyse zeigt, dass die Schraubfläche nicht exakt abwickelbar ist, da die Gauß´sche Krümmung nicht gleich Null ist. Die beiden Randbegrenzungen sind dagegen exakt abwickelbar.

In Creo können von Flächenmodellen unter bestimmten Bedingungen über die Option *Abgewickelte Sammelfläche ...* Flächenabwicklungen erzeugt werden. Auch für die Schraubfläche des Beispiels erzeugt das System bei Bedarf eine Näherungslösung der Abwicklung, die allerdings nicht immer den technologischen Anforderungen in der Fertigung gerecht wird.

Im Beispiel wird der Blechzuschnitt letztendlich aus einem Kreisringsegment bestehen, für das die beiden Radien und der Öffnungswinkel ermittelt werden müssen. Dazu werden die Bogenlängen der Schraubenlinien benötigt. Diese können leicht über eine Berechnung oder über ein Analyse-KE ermittelt werden. Aus einem Abwicklungsradius und der entsprechenden Bogenlänge kann dann auch der Abwicklungswinkel ermittelt werden (Abbildung 8-65).

Die so erzeugte Modelldatei kann nun als Referenz für die entsprechenden Bauteilmodelle bzw. als Skelettmodell für eine Baugruppe dienen.

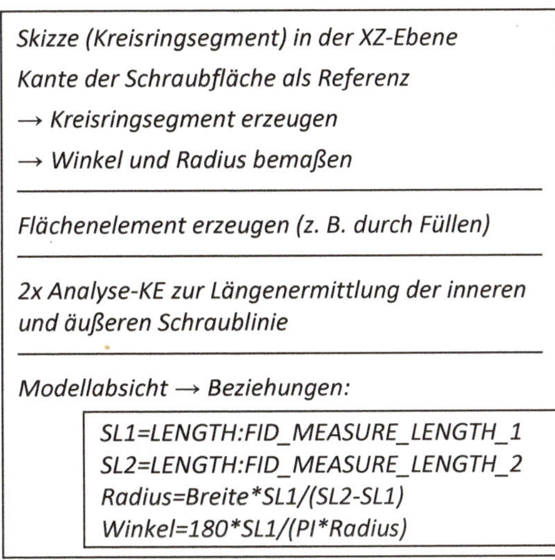

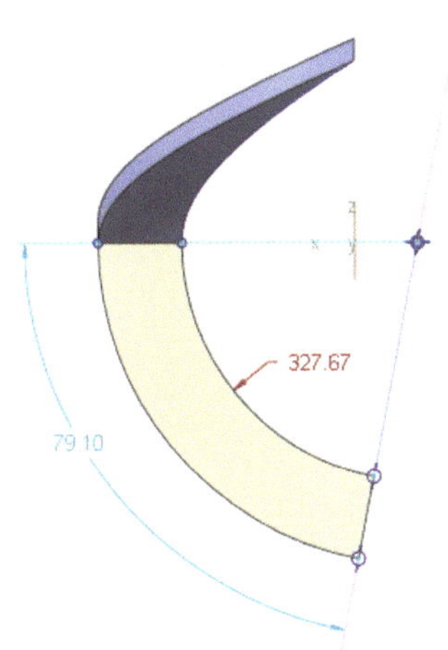

Abbildung 8-65: Angenäherte Abwicklung der Schraubfläche

Exakt abwickelbare Regelschraubflächen entstehen genau dann, wenn sie durch die Tangenten der Schraubenlinie aufgespannt werden können.

Für das nächste Beispiel wird eine Schraubenlinie mit halber Windung ($N=0.5$) verwendet. Der Steigungswinkel *wt* der Tangente bezogen auf die XY-Ebene kann über eine Analyse-KE oder (wie im Beispiel) rechnerisch ermittelt werden. Die zu erzeugende Schraubfläche soll innerhalb eines gedachten Zylinders (Radius *R2*) liegen. Die Tangente hat mit diesem Zylinder zwei Schnittpunkte, so dass sich auch zwei Spiralkurven durch die Tangentenendpunkte ergeben.

Abbildung 8-66 zeigt einen Weg zur Ermittlung dieser Kurven und der daraus sich ergebenden Schraubflächen. Benötigt werden für den Startpunkt der äußeren Spiralen der Winkelversatz und der Versatzwert in z-Richtung. Die in der Abbildung enthaltene Skizze der Draufsicht soll beim Verständnis der angegebenen Beziehungen helfen.

Aufgrund numerischer Ungenauigkeiten kann es durchaus passieren, dass vom System nicht die gewünschte abwickelbare Flächengeometrie erzeugt wird. Das liegt vor allem an der Tangentialität der erzeugenden Geraden an der inneren Schraubenlinie.

Abbildung 8-67 zeigt, wie dieses Problem für das Beispiel gelöst werden kann. Hierbei wird die nach außen aufsteigende Schraubfläche betrachtet. Für die nach außen abfallende Schraubfläche kann in gleicher Weise verfahren werden, wenn die notwendigen Vorzeichenwechsel der Versatzwerte beachtet werden.

Im Lösungsansatz wird eine weitere Schraubenlinie (minimal versetzt zur 1. Kurve) erzeugt. Der Startpunkt dieser neuen Kurve wird nach dem gleichen Prinzip ermittelt wie für die Kurve 2 in Abbildung 8-66.

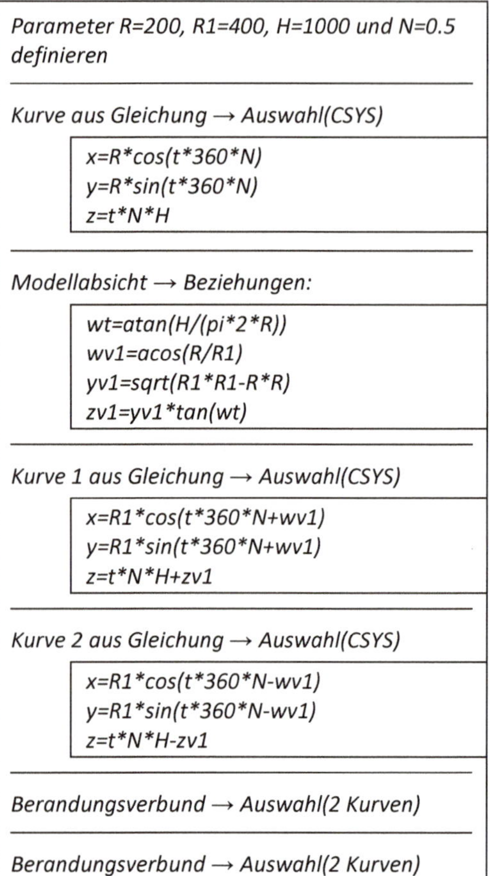

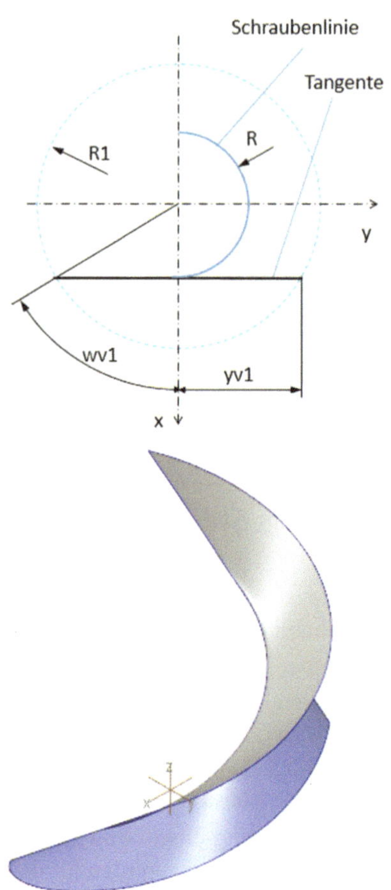

Abbildung 8-66: Tangentenflächen der Ausgangsspirale

Zunächst sind in einer Kopie des Modells aus Abbildung 8-66 die Flächen wieder zu löschen.

Die benötigte Versatzwerte (Winkel und Abstände) für die minimal zur Ausgangsspirale zu versetzende Kurve werden wieder rechnerisch ermittelt. Daher sind noch ein Parameter *R2* und drei Parameterbeziehungen hinzuzufügen.

Nach Erzeugung der Fläche kann wieder überprüft werden, ob die gewünschten Krümmungseigenschaften erreicht wurden. Wenn alles korrekt modelliert wurde, kann auch die Abwicklung dieser Fläche exakt vom System erzeugt werden. Sie besteht für diese Ausgangsfläche aus zwei Kreisbögen und zwei Geraden. Im Beispiel wird die Schraubfläche vor dem Abwickeln noch mit zwei Koordinatenebenen beschnitten, so dass sich wieder eine viertel Windung ergibt. In diesem Fall besteht dann die Abwicklung aus zwei Kreisbögen und zwei Kurven.

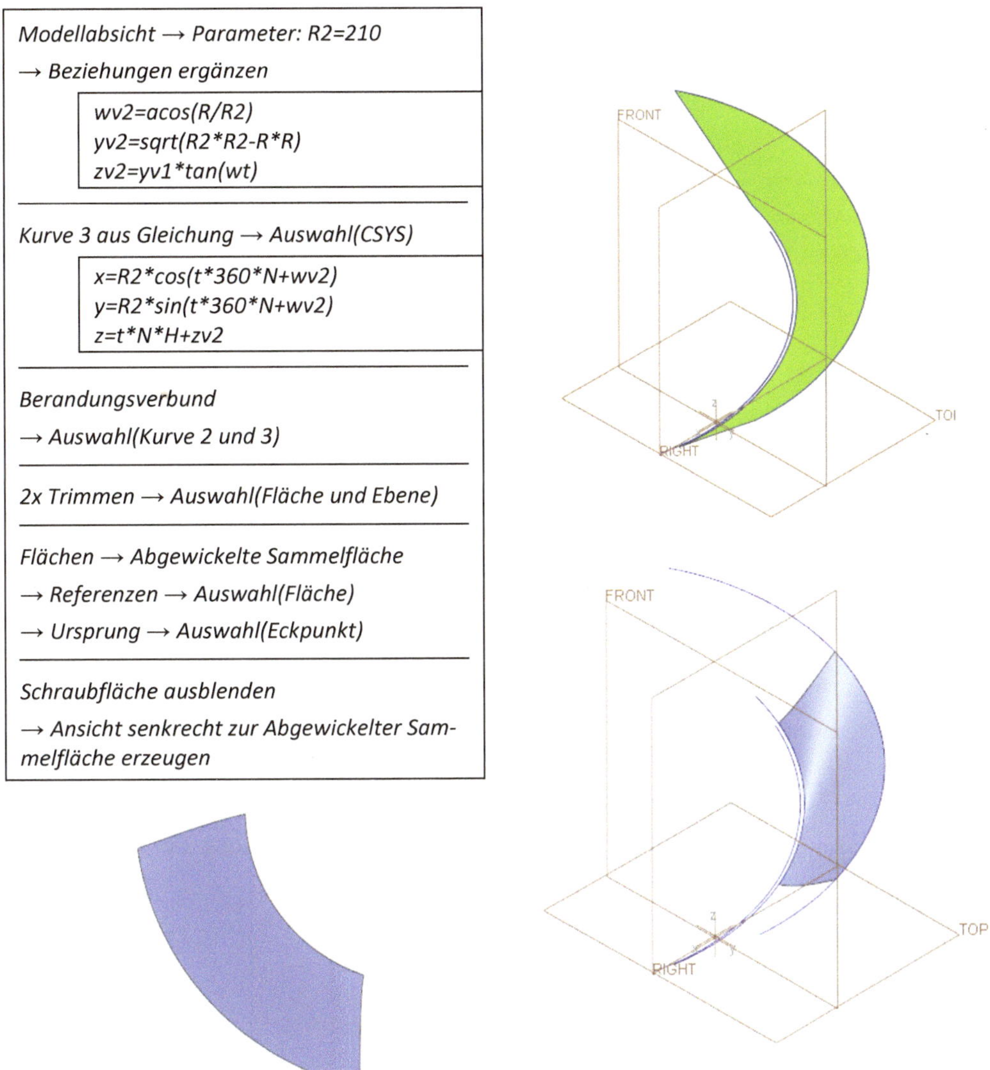

Abbildung 8-67: Abwickelbares Rinnenblech

Für Abbildung 8-68 wurden zunächst die Kurvenbeschreibung verändert, so dass sich eine Schraubfläche mit drei kompletten Windungen ergibt. Dazu musste lediglich der Windungsparameter verändert werden ($N=3$). Anschließend wurde die Schraubfläche am oberen Ende durch eine Ebene beschnitten und die sich ergebende Fläche aufgedickt.

Wenn die Dosierschnecke als Baugruppe aufgebaut werden soll, sind die in Abbildung enthaltenen weiteren Schritte (Mustern der aufgedickten Fläche und Hinzufügen eines Zylinders) erst in einem Baugruppenmodell durchzuführen.

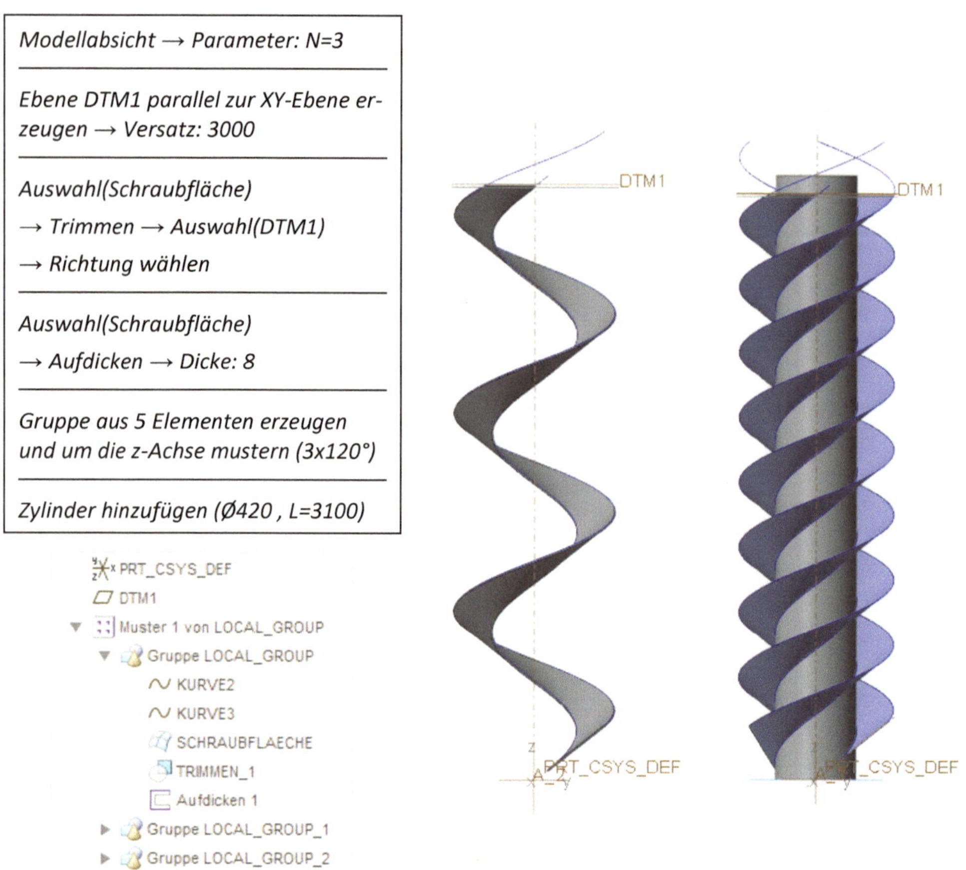

Abbildung 8-68: Dosierschnecke

8.4.6   Bauteilvorbereitung für den 3D-Druck

Das 3D-Drucken gehört zu den additiven Fertigungsverfahren, die ein Bauteil durch schichtweises Hinzufügen von Material in einem vorgegebenen (begrenzten) Bauraum aufbauen. Dabei stehen verschiedene Verfahren zur Verfügung, die häufig auch auf bestimmte Materialgruppen (Kunststoffe, Metalle, Keramiken, …) spezialisiert sind. Durch den schichtweisen Aufbau ergibt sich ein mehr oder weniger großer *Treppenstufeneffekt,* der damit auch die Oberflächengüte eines Werkstückes bzw. den Aufwand für die Nachbearbeitung beeinflusst. Hinzu kommt, dass häufig *Stützkonstruktionen* erforderlich sind, um die Teile von bereits erzeugten Schichten in ihrer Position im Bauraum zu halten oder auch um die Prozesswärme gezielt abzuführen.

Schon aus den wenigen genannten Randbedingungen wird klar, dass für Funktionsteile, die additiv gefertigt werden sollen, die Orientierung der Bauteile im Bauraum eine besondere Bedeutung hat. Bohrungen in Bauteilen können zum Beispiel exakter additiv gefertigt werden, wenn deren Achsen senkrecht im Bauraum stehen. Andererseits können durch die additive Fertigung auch problemlos andere Querschnittformen realisiert werden.

Ziel sollte es daher sein, dem Konstrukteur die Möglichkeiten zu geben, bestimmte Aspekte der additiven Fertigung schon beim Aufbau des CAD-Modelles zu berücksichtigen. In Kapitel 3.2 wurde eine Schablone erzeugt, die für additiv zu fertigende Teile Ausgangspunkt der Modellierung sein sollte. Durch die beiden darin enthaltenen Koordinatensysteme ist es möglich, zunächst das Bauteil zu modellieren und dann auch anforderungsgemäß in seiner Positionierung und Orientierung anzupassen. Dadurch können gezielt, Optimierungsstudien hinsichtlich der Funktions- und Fertigungsgerechtheit durchgeführt werden. [11][12]

Nachfolgend wird für die Modellierung der Beispielgeometrie die genannte Bauteilschablone genutzt. Die notwendige Schneckengeometrie wird über ein Zug-KE erzeugt, bei dem ein Kreis parallel entlang einer Schraubenlinie verschoben wird (Abbildung 8-69).

Der Radius der Schraubenlinie ist dabei deutlich kleiner als der Kreisdurchmesser. Anschließend wird an den beiden Endkreisen noch ein zylindrischer Ansatz erzeugt. Abschließend erhält das Bauteil noch eine Durchgangsbohrung, deren Achse mit der Achse der Schraubenlinie zusammenfällt.

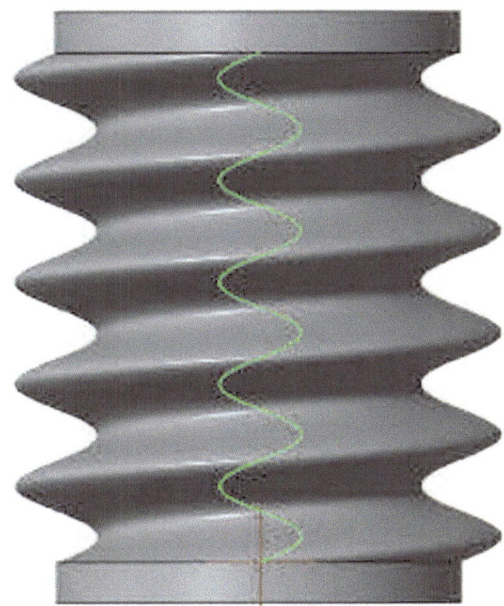

Abbildung 8-69: Kunststoffschnecke

Mit entsprechenden Erfahrungswissen könnten nun verschiedene Positionen und Bauteilorientierungen am Modell durchgespielt werden, um eine möglichst günstige Ausgangsposition für die Datenübergabe an das Fertigungsvorbereitungssystem zu haben. Im Beispiel wäre es für die Qualität der Bohrung am günstigsten, wenn deren Achse senkrecht auf der Bauplattform steht. Für die äußere Schneckengeometrie ist es im Beispiel dagegen günstiger, wenn die Achse waagerecht liegt. Vermutlich wird es daher günstiger sein, diese Position zu wählen und die Bohrung später durch das Fertigungsverfahren *Bohren* zu bearbeiten.

Wenn schon im CAD-Modell die günstige Orientierung festgelegt werden kann, ergeben sich auch Möglichkeiten zur direkten Erzeugung von Schichtdaten für die additive Fertigung. [12]

In PTC Creo ist eine Option *3D-Druck* enthalten, die bereits einfache Möglichkeiten bietet, Position und Orientierung der Bauteile zu verändern. Ebenso wird der vorhandene Bauraum des 3D-Druckers angezeigt und es besteht die Möglichkeit, sich die Bereiche anzeigen zu lassen, für die in einer ersten Analyse Stützkonstruktionen notwendig sind (Abbildung 8-70).

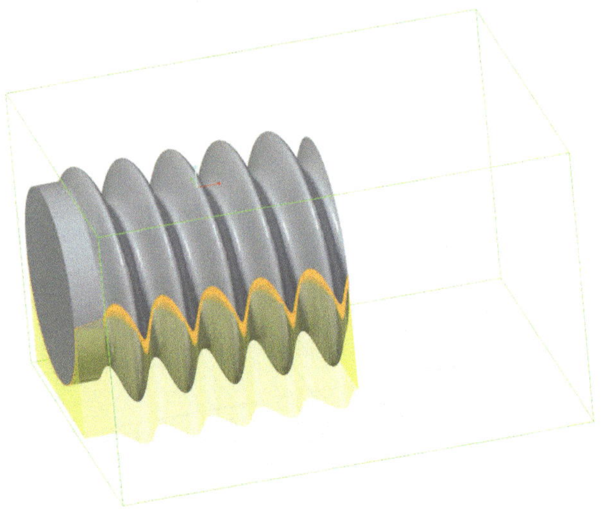

Abbildung 8-70: Bauteil im Bauraum

8.5 Arbeit mit Partialmodellen am Beispiel eines Gussteiles

Die Produktdefinition von Gussbauteilen kann in Abhängigkeit des eingeflossenen Know-hows aus der Gießereitechnik (z. B. der beauftragten Gießerei) stark im Grad ihrer Detaillierung variieren. Angefangen bei der Verwendung der reinen Fertigteilgeometrie, aus der der Gießer selbst die erforderliche Rohteilgeometrie erstellt, über die fertigungsnahe Definition des Rohteils bis hin zur Spezifikation des gesamten Gießprozesses.

3D-CAD-Gussmodelle bilden die Grundlage für den modernen Informationsaustausch zwischen der Konstruktion, dem Modellbau und der Gießerei. Neben Machbarkeitsbewertungen, der CAM-Kopplung für die Modellschreinerei und der Angebotserstellung dient die CAD-Modellierung von Gussbauteilen vor allem dazu, den Konstrukteur bei der Lösung der immer komplexer werdenden Aufgaben zu unterstützen.

In Abhängigkeit der Komplexität eines neu zu entwickelnden Gussbauteils kann die Erzeugung der 3D-Modelle der Produktdefinition direkt erfolgen oder durch die Vorschaltung eines Konzeptmodells unterstützt werden.

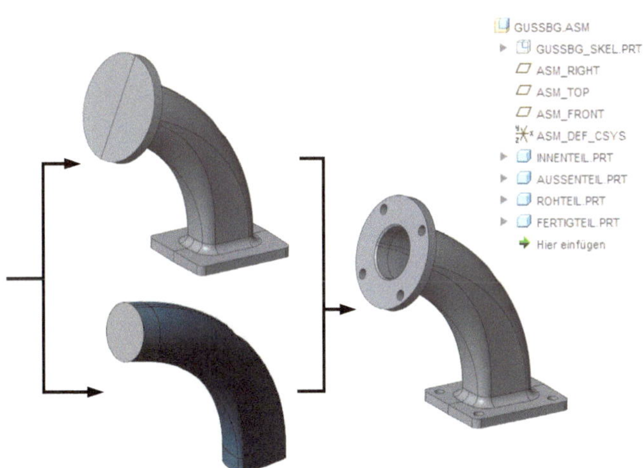

Abbildung 8-71: Entstehung des Rohteils in der Gussbaugruppe

8.5.1 Vorbereitung der Modellgeometrie

Abbildung 8-72 zeigt zunächst die Modellierung eines Flächenverbundes, der später für die Gussteilmodellierung genutzt wird. Die Bezugselemente werden als eigenständige KEs erzeugt. Entlang der Leitkurve werden vier Querschnittskizzen platziert. Jeweils zwei Querschnittkonturen sind identisch, so dass über Kopieroptionen bzw. geschickte Referenzierungen dieser Zusammenhang in das Modell integriert werden kann.

Für den Flächenverlauf sind sowohl die Reihenfolge bei der Auswahl der Querschnitte als auch die jeweiligen Positionen der Startpunkte auf den Querschnitten ausschlaggebend. Gegebenenfalls sind selbstständig Anpassungen vorzunehmen.

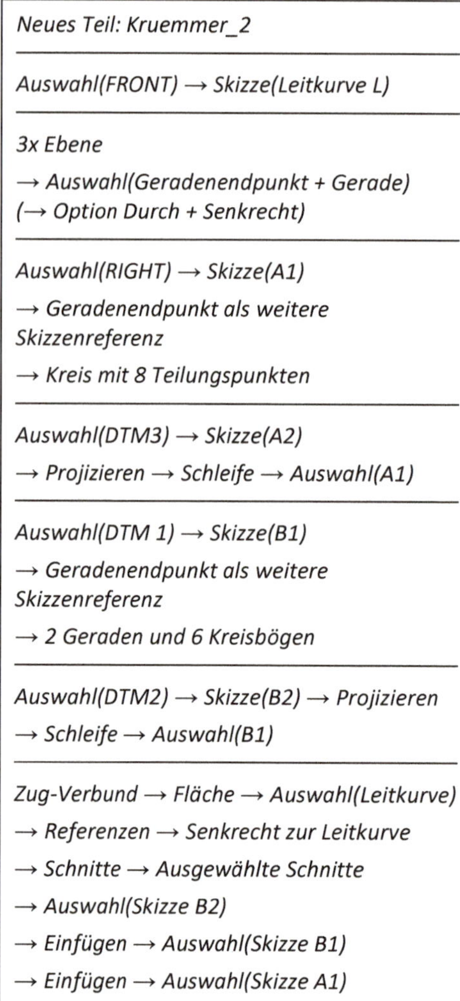

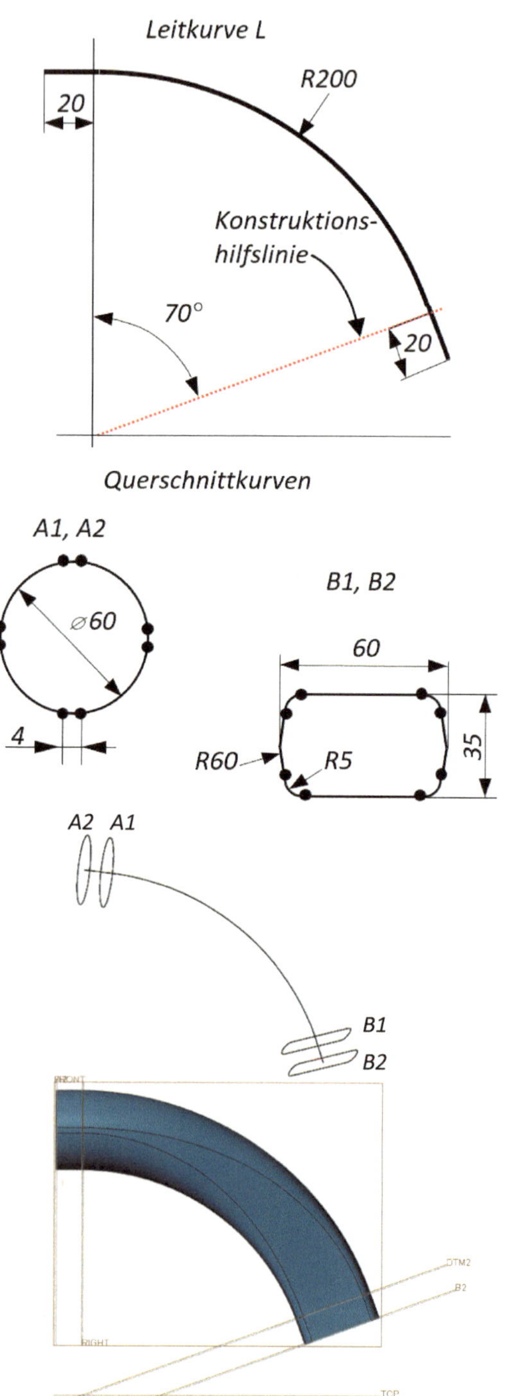

Abbildung 8-72: Verbundfläche auf Basis eines Bauteilskeletts

Abbildung 8-73 zeigt, wie am Bauteil *Kruemmer_2* nun noch ein Freigang angebracht wird. Der Freigang soll verhindern, dass beim Zusammenbau ein anderes Bauteil im Wege steht. Dafür wird eine Zylinderfläche erzeugt und mit der Krümmerfläche so verschmolzen, dass die Vertiefung entsteht.

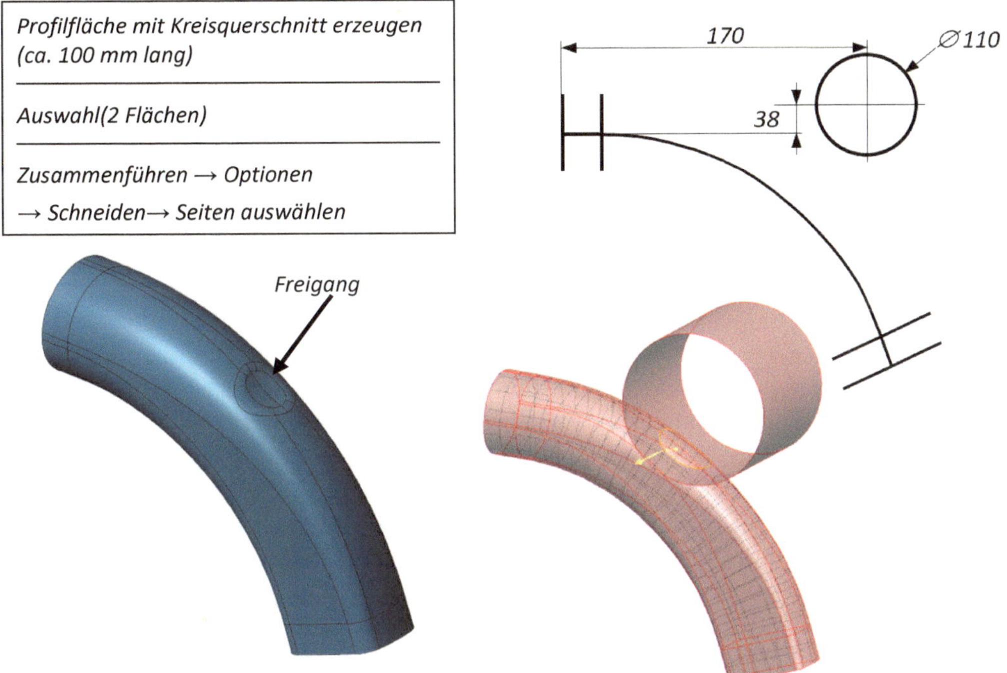

Abbildung 8-73: Definition der Störgeometrie

8.5.2 Definition einer Gussbaugruppe

Bereits im Kapitel 3.8 wurden Möglichkeiten aufgezeigt, Abhängigkeiten zwischen Bauteilmodellen modellintern zu verankern. Nachfolgend wird ein fiktives Baugruppenmodell (Abbildung 8-71) genutzt, das aus einem Skelettmodell, einem oder mehreren Innenteilen (Kernen), einem Außenteil und dem herzustellenden Rohteil besteht, das dann weiter bis zum Fertigteilstatus bearbeitet werden kann (Fertigteil).

Das Skelettmodell sollte dabei alle relevanten Bezugselemente (Achsen, Ebenen, Bezugskurven und Punkte) enthalten sowie grundlegende formgebende Flächen, die zur Erzeugung der Innen-, Außen- und Rohteile verwendet werden können. Das Außenteil bildet die Außengeometrie des Rohteils ab. Ein oder mehrere Innenteile repräsentieren die Hohlräume.

Für das Skelettmodell wird das bereits vorhandene Flächenmodell *Kruemmer_2* verwendet. Die anderen Komponenten der *Gussbaugruppe* bestehen zunächst aus leeren Standardteilen (Abbildung 8-74), die jeweils mit der Einbaubedingung *Koordinatensystem* in der angegebenen Reihenfolge in die Gussbaugruppe eingebaut werden.

> *Neu → Baugruppe → Gussbaugruppe*
>
> *Skelettmodell erzeugen → Kruemmer_Skelett*
> *→ Aus vorhandenen kopieren → Auswahl(Kruemmer_2)*
>
> *4x Teil mit Standardbezügen erzeugen (Innenteil, Aussen-teil, Rohteil, Fertigteil)*
> *→ CSYS ausrichten → Auswahl(ASM_DEF_CSYS)*

Abbildung 8-74: Aufbau der Baugruppenstruktur

8.5.3 Anpassung des Skelettmodells

Anhand der im Modell bereits vorhanden Innenfläche kann eine erste Schrägenprüfung durch-geführt werden, um die spätere Ausformbarkeit sicher zu stellen (Abbildung 8-75). Im Menü-fenster Schräge muss neben der zu überprüfenden Geometrie der Schrägenwinkel sowie die Öff-nungsrichtung angegeben werden, zu der entformt wird. In diesem Fall dient die Skizzierebene der Leitkurve als Öffnungsrichtung bei einem Schrägenwinkel von 1°.

Die Ausformbarkeit lässt sich optisch anhand der Einfärbungen der Fläche beurteilen. Hier sollte eine Seite der Fläche vollständig blau und die andere vollständig rosa gefärbt sein. Stellenweise eingefärbte Bereiche deuten auf Hinterschnitte hin, die, falls sie geometrisch nicht vermieden werden können, mit entsprechenden Formtechniken behandelt werden müssen.

Die Überprüfung der Ausformbarkeit zeigt, dass die Innenfläche im Bereich des Freigangs nicht aushebbar ist (Schrägenwinkel zur Normalen der Teilungsebene von 0°). Um die Ausformbar-keit weiterhin sicherzustellen, ist es notwendig diesen Bereich mit zusätzlichen Schrägen zu ver-sehen.

> *Öffnen → Kruemmer_Skelett*
>
> *Analyse → Geometrie → Schräge*
>> *Richtung: FRONT*
>> *→ Schräge: 1 → Qualität→ ...*

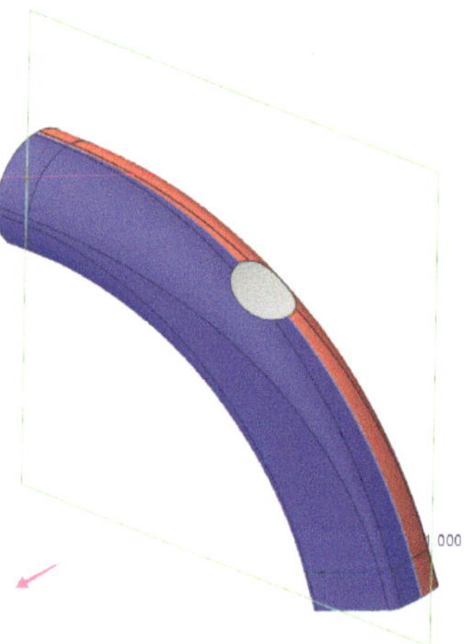

Abbildung 8-75: Schrägenanalyse

Dazu kann im Falle zylindrischer und planarer Flächen das Schrägen-Tool genutzt werden (Abbildung 8-76). Durch die eingefügte Schräge wird die Innenfläche wieder ausformbar, was leicht anhand einer erneuten Schrägenprüfung erkennbar ist.

Die entstehenden Kanten zwischen dem geschrägten Freigang und dem Rest der Innenfläche werden anschließend gießereiprozessgerecht verundet.

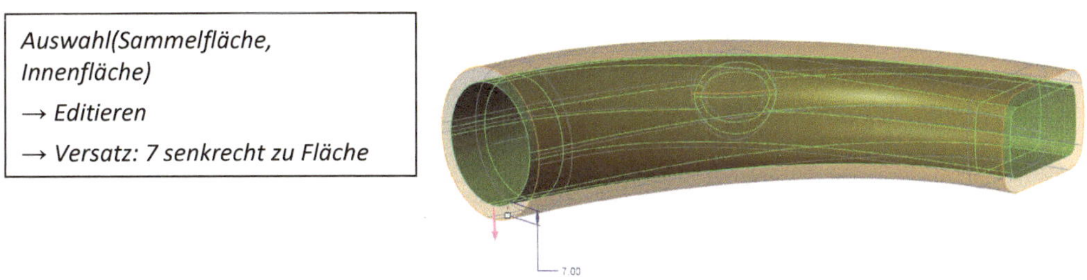

Schräge → Referenzen

→ Trennoptionen:
An Schrägenscharnier trennen

Verrundung → Auswahl(Kante)
→ Radius: 8

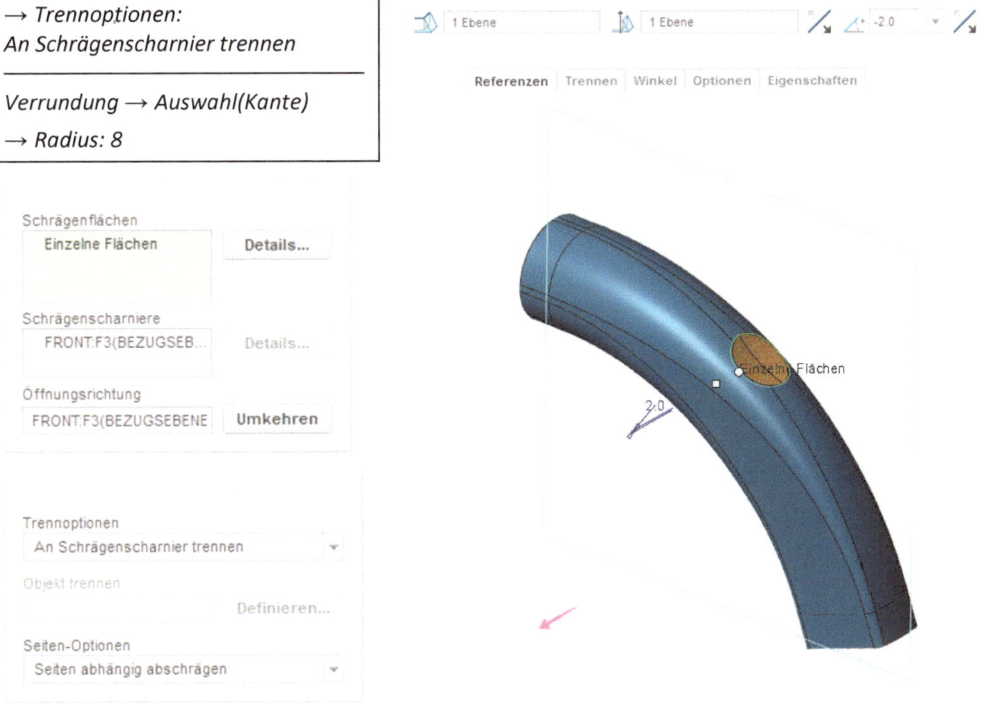

Abbildung 8-76: Anbringen einer Flächenschräge und Verrundung

Abschließend wird im Skelettmodell die Außenfläche definiert und zwar als Versatzfläche von der Innenfläche um den Betrag der Wanddicke von 7 mm (Abbildung 8-77).

Auswahl(Sammelfläche,
Innenfläche)
→ Editieren
→ Versatz: 7 senkrecht zu Fläche

Abbildung 8-77: Erzeugung der Außenfläche durch senkrechten Versatz

8.5.4   Ableitung der Innen- und Außenteile

Aufbauend auf dem Skelettmodell werden nun das Innen- und das Außenteil modelliert. Die notwendigen Referenzen werden mittels Kopie-Geometrien übergeben.

In der geöffneten Gussbaugruppe wird zunächst das Innenteil aktiviert und ein Kopie-Geometrie-Feature mit der Innenfläche aus dem Skelett als Flächenreferenz im Baugruppenkontext eingefügt. Zusätzlich zu dieser Sammelfläche wird als Referenz die Ebene an den Anschlüssen A2 und B2 (Ebene_A2 und Ebene_B2) gewählt. (Abbildung 8-78). Auf gleiche Weise wird die Skelett-Außenfläche und Ebene_A2/Ebene_B2 in das Außenteil kopiert.

<table>
<tr><td>Öffnen → Gussbaugruppe</td></tr>
<tr><td>Aktivieren Innenteil</td></tr>
<tr><td>Einfügen
→ Gemeinsam benutzte Daten
→ Kopie-Geometrie
→ Nur Publiziergeometrie deaktivieren
→ Auswahl(Sammelfläche)
→ Auswahl(Bezugsebenen)</td></tr>
</table>

Abbildung 8-78: Einfügen von Kopie-Geometrie

In Abbildung 8-79 ist dargestellt, wie im Innenteil eine geschlossenen Sammelfläche und damit ein Körper erzeugt wird.

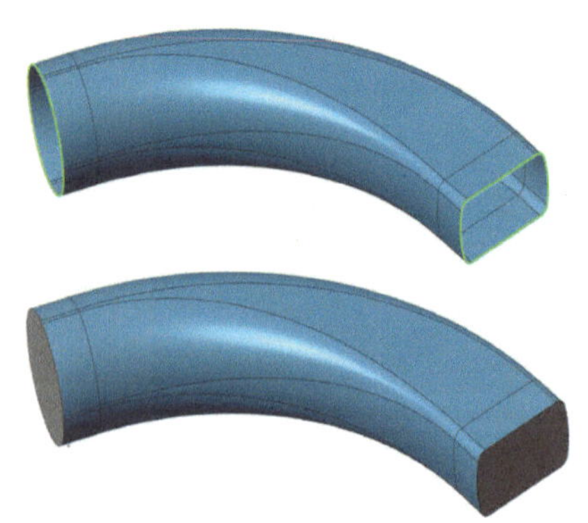

<table>
<tr><td>Öffnen → Innenteil</td></tr>
<tr><td>2x
Übernahme der Kantengeometrie in einer Skizze durch die Funktion Projizieren
Auswahl der Skizze → Füllen</td></tr>
<tr><td>Auswahl(zwei Deckelflächen und Verbundfläche)
→ Editieren → Zusammenführen</td></tr>
<tr><td>Auswahl(Sammelfläche)
→ Verbundvolumen</td></tr>
</table>

Abbildung 8-79: Erzeugen des Innenteilkörpers (Kern)

Am Außenteil werden Flansche nach Abbildung 8-80 angebracht und anschließend mit der Au-ßenfläche zu einem Volumen verschmolzen. Die Ausformbarkeit an den Flanschflächen wird durch das Anbringen von Schrägen an den Flanschen gesichert und anschließend noch einmal mit der Schrägenanalyse überprüft. Abschließend werden die Kanten zwischen dem Rohr und den Flanschen großzügig verrundet.

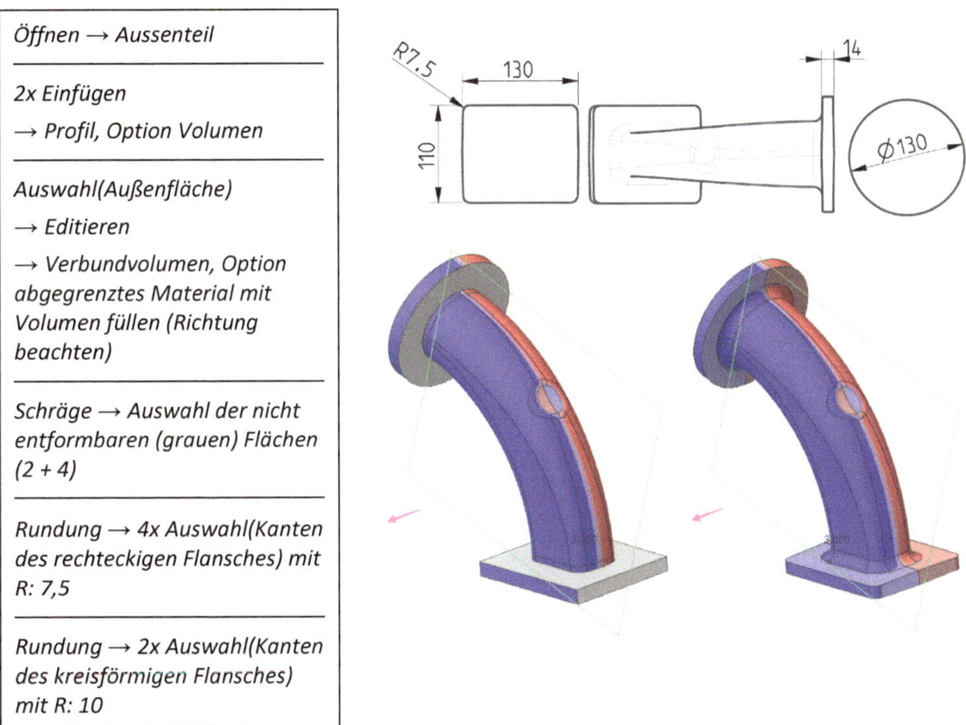

Abbildung 8-80: Erzeugen des Außenteilkörpers

8.5.5   Rohteildefinition

Auf dieser Basis kann nun das Rohteil als boolesche Differenz von Außen- und Innenteilgeo-metrie erzeugt werden.

Dazu gibt es mehrere Möglichkeiten. Abbildung 8-81 zeigt, wie über kopierte Bezugselemente und Flächengeometrien des Innen- und Außenteils das Rohteil erzeugt werden kann. Dabei wird über die Funktion Verbundvolumen auf Basis der Außenteilflächen ein Körper erstellt, von dem dann das aus den Innenteilflächen gebildete Verbundvolumen abgezogen wird. Es ist immer da-rauf zu achten, dass die gesamte Fläche mit allen Teilflächen gewählt wird.

Alternativ dazu könnten auch gleich die bereits vorhandenen Volumina des Innen- und Außen-teils genutzt werden, um das Rohteil zu erzeugen. Hier kommt sowohl der Einsatz von Verer-bungs-KEs oder auch Materialschnitte im Baugruppenzusammenhang in Frage.

Öffnen → Gussbaugruppe

Aktivieren Rohteil

Einfügen

→ Gemeinsam benutzte Daten

→ Kopie-Geometrie (Körperflächen
Aussenteil, Ebene_B2)

Editieren → Verbundvolumen

→ Option Körper

Einfügen

→ Gemeinsam benutzte Daten

→ Kopie-Geometrie
(Körperflächen Innenteil)

Editieren → Verbundvolumen

→ Option Schnitt

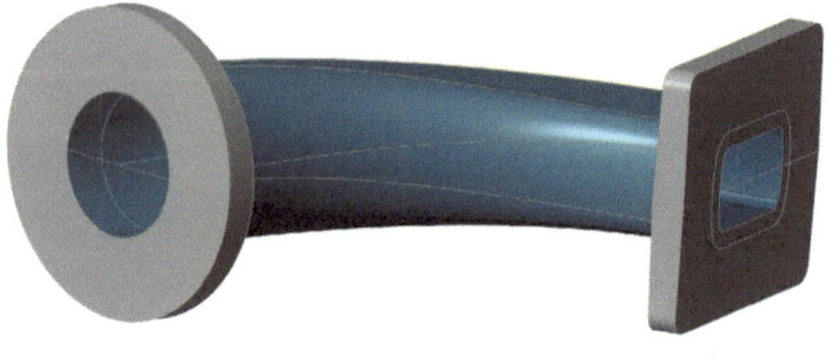

Abbildung 8-81: Rohteilerzeugung

8.5.6 Gussteilbearbeitung

Im letzten Schritt wird das Fertigteil erstellt. Auch hier kann das Vererbungs-KE eingesetzt werden, um eine abhängige Kopie des Rohteils als Ausgangsbasis für die Gestaltung des Fertigteils zu haben.

Bei komplexeren Bauteilgeometrien kann es jedoch mit Blick auf den benötigten Arbeitsspeicher günstiger sein, weiter mit kopierter Oberflächengeometrien zu arbeiten. In Abbildung 8-82 wird dazu bei aktiviertem Fertigteil eine Kopie-Geometrie mit den Körperflächen des Rohteils eingefügt.

Die für die Fertigbearbeitung benötigten Features sollen eigenständig gewählt werden und zu jedem Schritt Alternativen ausprobiert werden, z. B. kann statt einer Materialentfernung mit dem Feature *Profil* zur Bearbeitung der Flanschflächen (*Abtrag 2 mm*) auch eine geeignete Ebene (*2 mm* Versatz zu *A2* bzw. *B2*) generiert und die *Verbundvolumenfunktion*, Option *Schnitt*, genutzt werden. Bei der Bearbeitung sollte darauf geachtet werden, die Referenzen unabhängig von der Volumengeometrie zu wählen.

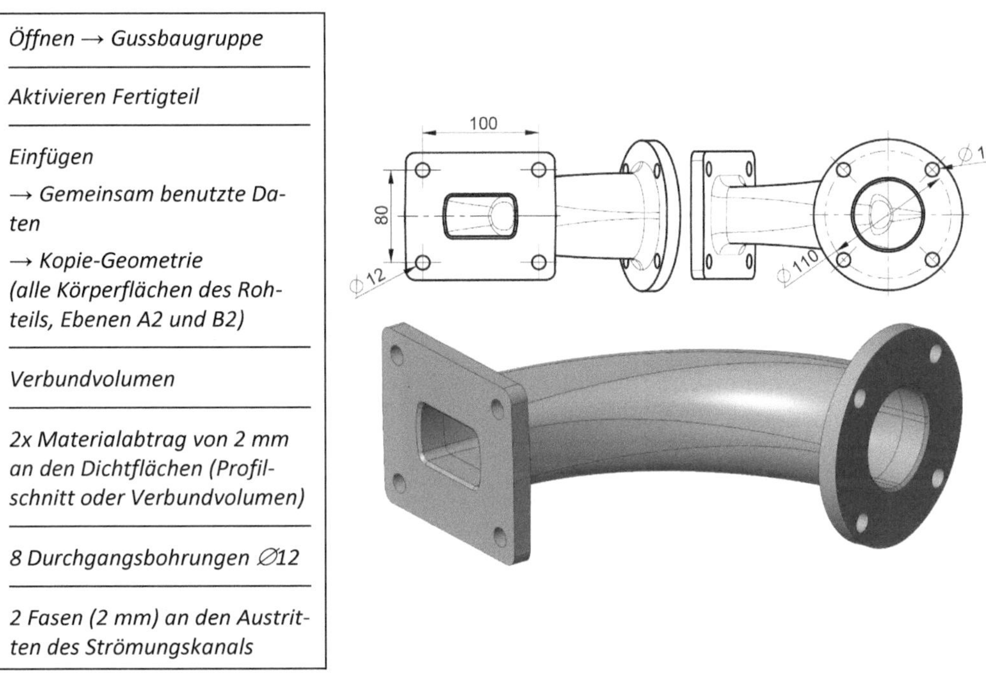

Öffnen → Gussbaugruppe

Aktivieren Fertigteil

Einfügen

→ Gemeinsam benutzte Daten

→ Kopie-Geometrie
(alle Körperflächen des Rohteils, Ebenen A2 und B2)

Verbundvolumen

2x Materialabtrag von 2 mm an den Dichtflächen (Profilschnitt oder Verbundvolumen)

8 Durchgangsbohrungen ⌀12

2 Fasen (2 mm) an den Austritten des Strömungskanals

Abbildung 8-82: Erzeugen des Fertigteils

8.5.7 Erstellung einer Gusskavität

Im Folgenden sollen aus der zuvor erstellten Gussbaugruppe zwei Formhälften erstellt werden. Anwendung findet dazu das Tool Gusskavität:

Datei → Neu → Fertigung → Gusskavität

Im ersten Schritt wird das zu gießende Bauteil *Rohteil* als Referenzmodell in die Baugruppe geladen. Dabei muss die Öffnungsrichtung der Baugruppe beachtet werden und dementsprechend die Koordinatensysteme angepasst werden. Als Sandkern wird das *Innenteil* verwendet. Zur Positionierung muss das Bauteil an beiden Enden um einen exemplarischen Betrag verlängert werden. Daraufhin wird ein Formblock mit sinnvollen Versätzen erstellt.

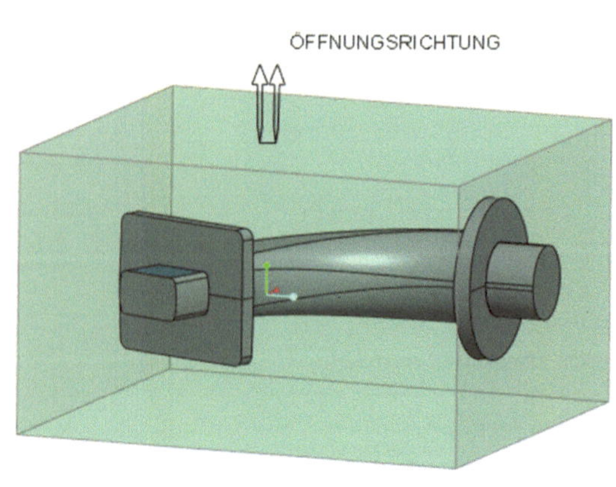

Referenzmodell finden

→ Über Referenz zusammenführen

→ Auswahl(Rohteil.prt)

→ Platzierung über CSYS

Automatischer Formblock

→ Auswahl(CSYS)

→ Einheitliche Versätze

Komponenten → Sandkern einbauen

→ Auswahl(Innenteil.prt)

→ Platzierung über CSYS

Abbildung 8-83: Erstellung Gusskavität

Im nächsten Schritt werden die beiden Formhälften der Gusskavität erstellt. Dafür müssen zuvor eine *Silhouettenkurve* und eine *Rockfläche* definiert werden. Eine Silhouttenkurve definiert eine gültige Trennlinie im Modell. Unter einer Rockfläche wird eine Trennfläche verstanden, welche aus dieser Silhouettenkurve erzeugt wird.

Trennflächenkonstruktion → Silhouttenkurve

Trennflächenkonstruktion → Kurve verlängern

→ Auswahl(Alle relevanten Kanten des Referenzmodells, Abbildung rechts)

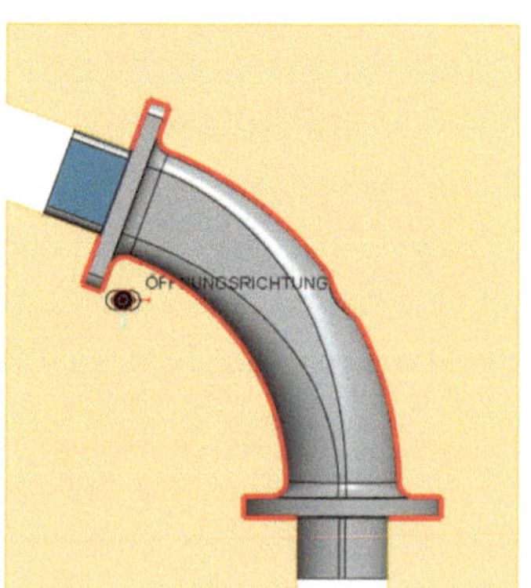

Abbildung 8-84: Erzeugung der Trennfläche

In diesem Beispiel kann die Rockfläche nicht automatisch, über Rockfläche, gebildet werden. Die relevanten Kurven werden über das Feature *Kurve verlängern* eingesammelt. Dabei werden Kurven der zuvor gebildeten Silhouettenkurve wie auch des Referenzmodells ausgewählt, wie in der Abbildung 8-84 dargestellt. Die beiden übrigen Abschnitte werden über zwei Skizzen und *Füllen* geschlossen. Anschließend können alle Elemente der Trennfläche über *Zusammenführen* vereint werden. Darauf folgend können dann die beiden Formhälften erstellt werden.

Gussgeometrie

$\rightarrow$ *Volumentrennung*

$\rightarrow$ *Zwei Volumen*

Trennflächen $\rightarrow$ Definieren

$\rightarrow$ *Auswahl(Trennfläche)*

Komponenten $\rightarrow$ Kavitäteinsatz

$\rightarrow$ *Auswahl(beide Formhälften)*

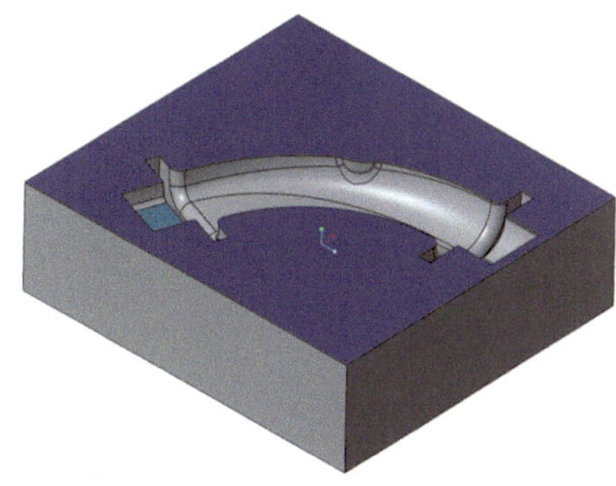

Abbildung 8-85: Erstellung der Formhälften

Beide Formhälften liegen jetzt im nativen Datenformat vor. Weiterhin können noch weitere Produktions-KEs, wie z. B. Speiser und Anguss, erstellt werden.

8.6 Stirnradgetriebe

Im Folgenden wird der Aufbau eines Mastermodelles eines wahlweise gerade- bzw. schrägverzahnten Zahnrades mit Evolventenverzahnung vorgestellt. Diese bietet den Vorteil, dass sie einfach und kostengünstig zu fertigen ist und findet im allgemeinen Maschinenbau große Verbreitung. Des Weiteren ist sie unempfindlich gegen Achsabstandsveränderungen und es können alle Zahnräder mit gleicher Teilung gepaart werden, unabhängig von der Zähnezahl. Es werden zunächst die mathematischen und logischen Beziehungen für ein Beispiel gesetzt und diese anschließend mit Skizzen und der Geometrie verknüpft. Abschließend soll am Beispiel der Antriebswelle des Getriebes das Anlegen einer CAD-CAM-Operation vorgestellt werden.

8.6.1 Zahnraderzeugung

Zunächst werden in einem neuen Teil eine Vielzahl von Beziehungen und Parameter festgelegt, welche die grundlegende Geometrie des Zahnrades definieren. Des Weiteren werden einige geometriebestimmenden Startparameter erstellt, die bei Bedarf verändert werden können.

```
/*Variable Werte
        m=5                     /*Modul
        z=17                    /*Zähnezahl
        b=95                    /*Zahnradbreite
        x=0                     /*Profilverschiebungsfaktor
        v=0                     /* Profilverschiebung
        alpha=20                /*Eingriffswinkel
        c=0.25*M                /*Zahnkopfspiel
        beta=18                 /*Schrägungswinkel
        Steigung = "R"          /*Steigungsrichtung
/*Bezugsprofil II
        Hp=2*M+C                /*Zahnhöhe (Werkzeug)
        Hap=1*M                 /*Kopfhöhe (Werkzeug)
        Hfp=1*M+C               /*Fusshöhe (Werkzeug)
/*Höhen an der Verzahnung
        h=Hp                    /*Nennzahnhöhe
        ha=Hap+v                /*Zahnkopfhöhe
        hf=Hfp-v                /*Zahnfusshöhe
/*Winkel
alpha_t=atan(tan(alpha)/cos(beta))              /*Stirneingriffswinkel
alpha_n=atan(tan(alpha_t)*cos(beta))            /*Normaleingriffswinkel
inv_alpha_n=tan(alpha_n)-alpha_n*pi/180         /*Involut alpha_n
inv_alpha_t=tan(alpha_t)-alpha_t*pi/180         /*Involut alpha_t
beta_b=acos(sin(alpha)/sin(alpha_t))            /*Grundschrägungswinkel
/*Zähnezahlen
        z_n=z/(cos(beta_b)^2*cos(beta))         /*Ersatzzähnezahl
        z_gt=floor(2/sin(alpha^2))              /*Theoretische Grenzzähnezahl
/*Praktische Grenzzähnezahl
        z_hilf=(z_gt*cos(beta))^3
        if mod(z_hilf,1)<0.5
```

```
                        z_strich_gt=floor(z_hilf)
        else
                        z_strich_gt=ceil(z_hilf)
        endif
/*Profilverschiebung
        Profilverschiebungsfaktor=x
        x_min=(z_gt-z)/(2/sin(alpha)^2)        /*Mindestprofilverschiebungsfaktor
        if z<z_gt
                if x_min<x
                        x=Profilverschiebungsfaktor
                        v=m*x
                else
                        x=x_min
                        v=m*x
                endif
        else
                x=Profilverschiebungsfaktor
                v=m*x
        endif
/*Durchmesser
        d=m*z/cos(beta)                /*Teilkreisdurchmesser
        db=d*cos(alpha_t)              /*Grundkreisdurchmesser
        da=d+2*(v+Hap)                 /*Kopfkreisdurchmesser
        da_th=d+2*(v+Hap)             /*Kopfkreisdurchmesser theoretisch
        df=d+2*(v-Hfp)                /*Fußkreisdurchmesser
/*Zahnlückenwinkel
        whz=(pi-(4*x*tan(alpha)))/(2*z)*180/pi
/*Winkel Zahnmitte und Zahnlücke
        wml=(pi/2*z)*180/pi
/*Sprung-Überdeckungswinkel
        if Steigung=="R"|Steigung=="r"
                phi_k=b*tan(beta)/(d/2)*180/pi
        endif
        if Steigung=="L"|Steigung=="l"
                phi_k=-(b*tan(beta)/(d/2))*180/pi
        endif
/*Fase am Kopfkreis abhängig vom Modul
        f_hilf=0.3*m
        if mod(f_hilf,1)<0.5
                if f_hilf<0.5
                        f=f_hilf
                else
                        f=floor(f_hilf)
                endif
        else
                f=ceil(f_hilf)
        endif
```

Abbildung 8-86: Definition und Berechnung der Parameter

Mit diesen Werten können nun die Durchmesser des Teil-, Grund-, Kopf-, und Fußkreisdurchmessers bestimmt werden. Diese werden anschließend als Skizzen definiert und mit den Parametern verknüpft (Abbildung 8-87).

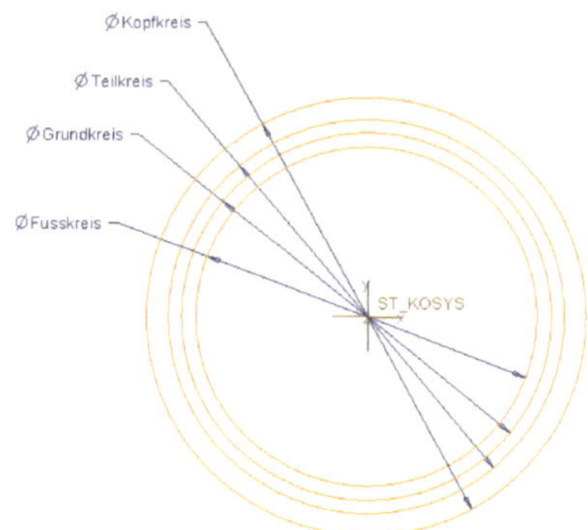

Abbildung 8-87: Erzeugung der Zahnradkreise

Anschließend werden einige Hilfsebenen und -Kurven nach Abbildung 8-88 eingefügt. Hierbei wird eine Evolventenkurve durch eine Kurve aus Gleichung erzeugt, welche durch die Evolventengleichung definiert ist:

$$inv(\alpha_{yt}) = \tan(\alpha_{yt}) - \alpha_{yt} * \frac{\pi}{180°}$$

Der Winkel α_{yt} entspricht in einem Zylinderkoordinatensystem dem Winkel θ, wobei dieser bereits in Grad umgerechnet ist. Die folgende Gleichung gibt jeden beliebigen Winkel für θ wieder:

$$\theta = \tan(w) * \frac{180}{\pi} - w$$

Hierbei ist w eine Variable, die von Null bis zum gewünschten Stirnprofilwinkel (im Beispiel 65°) läuft.

Bei der Erstellung der neuen Koordinatensysteme ist darauf zu achten, dass die Koordinatenachsen grob in dieselbe Richtung zeigen.

Nachdem die Hilfsgeometrie erzeugt wurde, wird nun die Zahngeometrie durch einen Materialschnitt entlang der eben erzeugten Kurven bestimmt. Um Material entfernen zu können, wird zunächst ein zylindrischer Grundkörper mit der Zahnradbreite als Höhe erzeugt. Der Durchmesser entspricht hierbei dem Kopfkreisdurchmesser. Die Kanten des Zylinders werden abgefast und es kann mit dem Materialschnitt fortgefahren werden (Abbildung 8-89).

Dazu wird ein Zug-KE mit konstantem Querschnitt genutzt. Dieser Querschnitt ergibt sich aus den beiden zuvor erzeugten Evolventenkurven, dem Kopf- und dem Fußkreis. Abschließend wird der Materialschnitt entsprechend der Zähnezahl gemustert und am Übergang zum Grundkörper verrundet. Auch diese Rundung wird über die Referenzerkennung gemustert. Die Fase am Kopfkreis wird vor der Erzeugung der Zahnlücken angebracht, um eine Regenerierbarkeit bei einer Veränderung der Zähnezahl gewährleisten zu können.

Bezug → Ebene → Referenzen XZ-Ebene und z-Achse → Rotation 360-alpha°
Bezug → Achse → Referenzen zuvor erzeugte Ebene und XY-Ebene
CSYS Evolvente: Bezug → Koordinatensystem → Referenzen: erzeugte Achse und z-Achse (x-Achse = erzeugte Achse)

Evolventenkurve: Bezug → Kurve aus Gleichung → Typ: zylindrisch
→ Referenz CSYS Evolvente:
 	
    z=0
    *w=t*65*
    *theta=(tan(w)*180/PI-w)*
    *r=Db/(2*cos(w))*

Evolventenpunkt: Bezug → Punkt → Referenzen Evolventenkurve und Teilkreis
Evolventenebene: Bezug → Ebene → Referenzen Evolventenpunkt und z-Achse
Lückenebene: Bezug → Ebene → Referenz Evolventenebene (Versatz) und z-Achse → Rotation Parameter 360-whz
LMT (Evolventenkurve) → Editieren → Spiegeln → Referenz Lückenebene
CSYS Steigung: Bezug *→ Koordinatensystem* *→ Lückenebene (y-Achse), XY-Ebene (z-Achse) und YZ-Ebene*

Kurve Steigung: Bezug
→ Kurve aus Gleichung
→ Typ: kartesisch
→ Referenz CSYS Steigung:
 	
    *y=(d/2)*sin(t*phi_k)*
    *x=(d/2)*cos(t* phi_k)*
    *z=b*t*

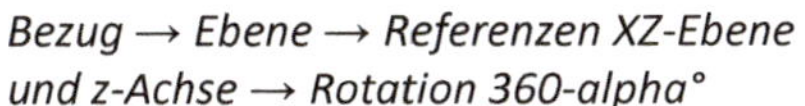

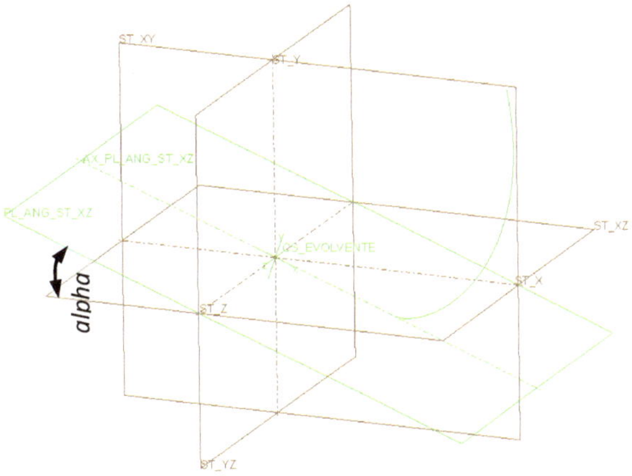

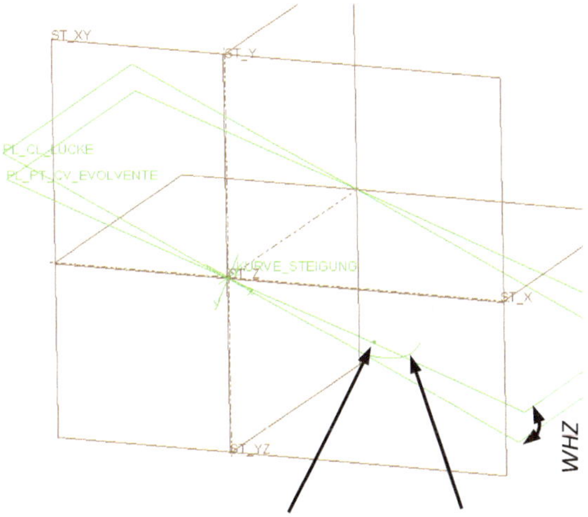

Abbildung 8-88: Definition von Referenz-KEs

Grundkörper: Formen → Profil → Tiefe: b

→ Referenz XY-Ebene → Skizze

→ Kreis im Ursprung

→ Durchmesser = Kopfkreis

Konstruktion → Fase → DxD → D=f

→ Zylinderkanten auswählen

Materialschnitt: Formen → Zug-KE

→ Volumen → Material entfernen

→ Konstanter Querschnitt

→ Referenzen Leitkurve durch Zylinderachse und Steigungskurve, Senkrecht zu Leitkurve, Horizontalen-/Vertikalen-Steuerung: X-Leitkurve → Skizze

> *Referenzen*
>
> *→ Beide Evolventenkurven, Kopf- und Fußkreis*
>
> *Skizze → Projizieren → LMT (Kopfkreis, Fußkreis, Evolventenkurven)*
>
> *Verbindung Evolvente zu Fußkreis durch Tangente an Evolventenendpunkt zum Fußkreis*
>
> *Editieren → Segment löschen → LMT (Material außerhalb des Zahnzwischenraumes)*

LMT (Materialschnitt) → Editieren → Muster → Typ Achse → Auswahl(Rotationsachse)

Werkzeuge → Beziehungen

> *Musteranzahl=z*

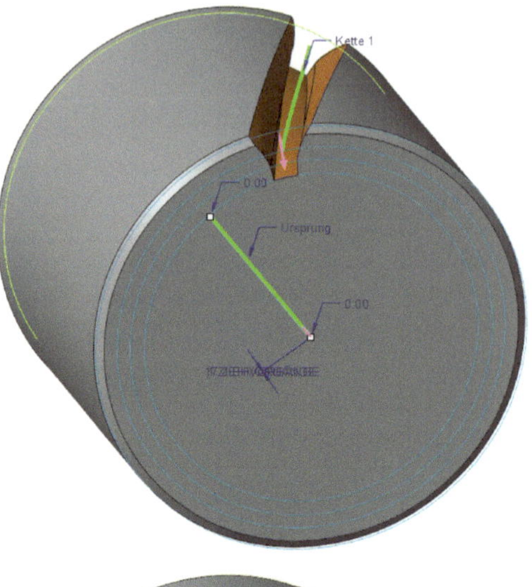

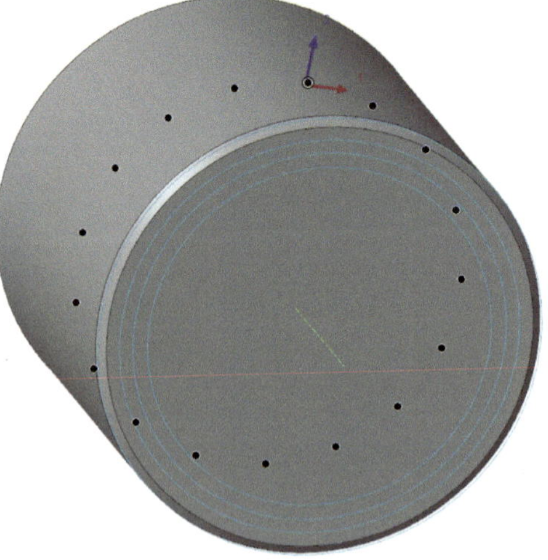

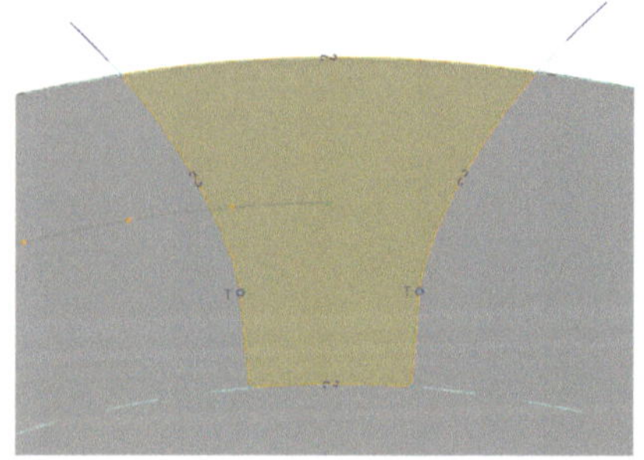

Abbildung 8-89: Materialschnitt zur Zahnerzeugung

Das Modell wird nun über Rundungen am Fußkreis weiter detailliert (Abbildung 8-90).

<table>
<tr><td>

Konstruktion → Rundung

→ Auswahl(beide Übergänge am Fußkreis)

*→ Radius: 0.38*m*

Editieren → Muster → Mustererkennung

</td></tr>
</table>

Abbildung 8-90: Verfeinerung des Zahnradmodells

Nun ist die Grundkonstruktion des Zahnrades mit schräger *Evolventenverzahnung* abgeschlossen und es kann weitestgehend beliebig über die Eingangsparameter gesteuert werden. Weitere Anpassungen, wie eine Durchgangsbohrung, sowie eine Passfedernut können in weiteren Konstruktionsprozessen angebracht werden.

8.6.2   Baugruppenkontext

Das oben beschriebene Modell wird nun in ein einstufiges *Zahnradgetriebe* überführt. Hierfür wird eine *Ritzelwelle* als Antrieb erzeugt und ein Zahnrad mit Hilfe einer Passfederverbindung mit einer Welle verbunden, welche als Abtriebswelle fungiert.

Für die *Ritzelwelle*, wird um eine Kopie des bereits existierenden Zahnrads eine Wellengeometrie generiert. Dazu wird aus dem Zahnrad eine *Kopie gespeichert (Ritzelwelle.prt)*.

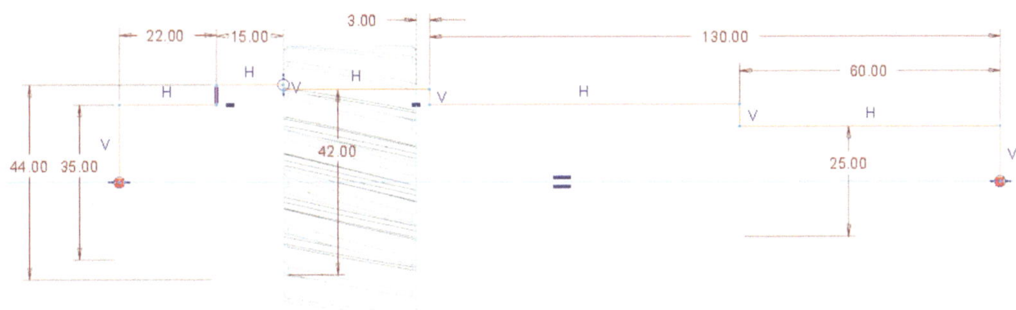

Abbildung 8-91: Wellengeometrie

Die *Ritzelwelle* wird im Rahmen der Feingestaltung mit Fasen, Freistichen sowie einer Passfedernut versehen.

Anschließend wird das Zahnrad des Abtriebes erstellt. Hierzu wird erneut eine Kopie des Mastermodelles verwendet und mit den Werten aus Abbildung 8-92 angepasst. In diesem Beispiel wird es zu Abweichungen im Bereich des Fußkreises kommen, da aufgrund des vergrößerten Zahnraddurchmessers keine tangentiale Verlängerung zwischen Evolvente und Fußkreis mehr notwendig ist. Vielmehr muss in diesem Fall das Evolventenprofil im Zug-KE an dem Fußkreis getrimmt werden. Anschließend wird ein Materialschnitt für eine Gewichtseinsparung mit Hilfe des Drehen-Features angebracht. Für die Welle-Nabe-Verbindung wird eine Bohrung mit einer Passfedernut angebracht.

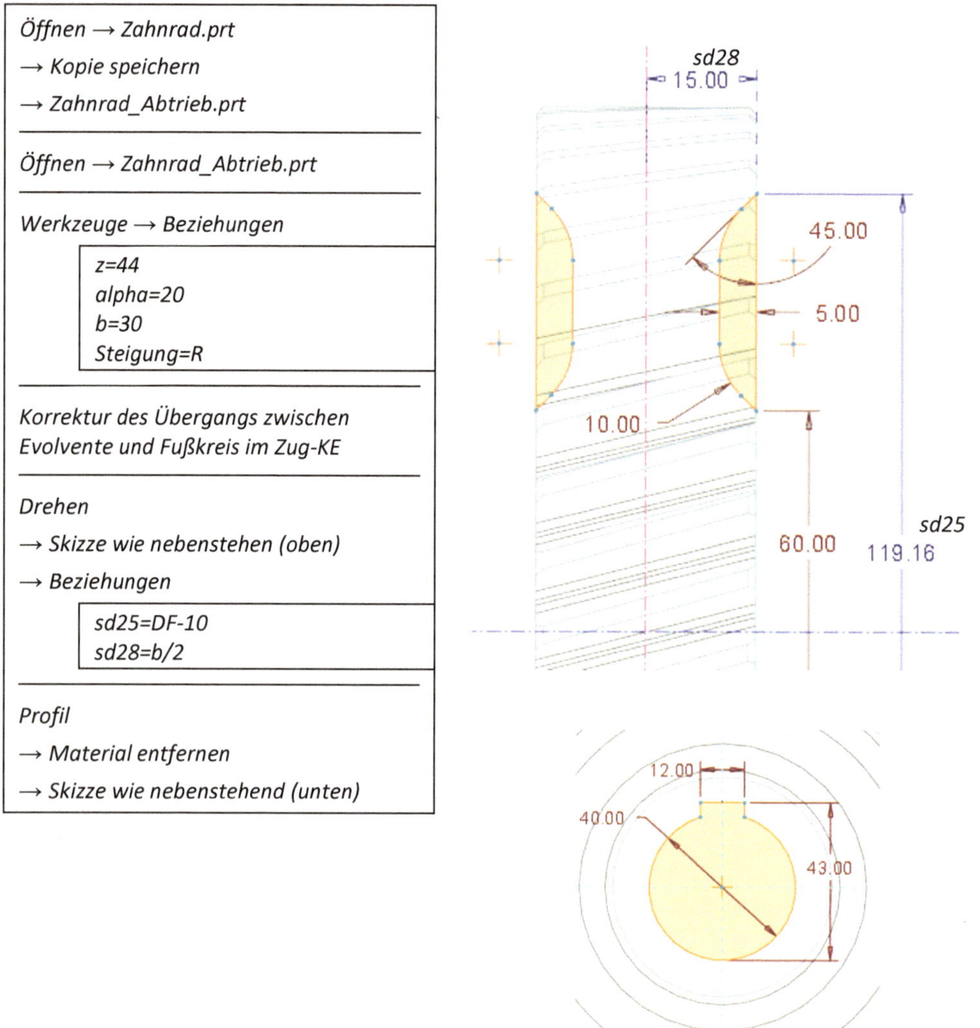

Abbildung 8-92: Ausgestaltung des Zahnrades

Nun kann eine Baugruppe erzeugt werden, welche eine Getriebestufe enthält. Hierzu wird zunächst ein Skelettmodell erzeugt, welches mit Hilfe von Bezugselementen die Lage und Orientierung der einzelnen Getriebekomponenten festlegt (vgl. Abbildung 8-93).

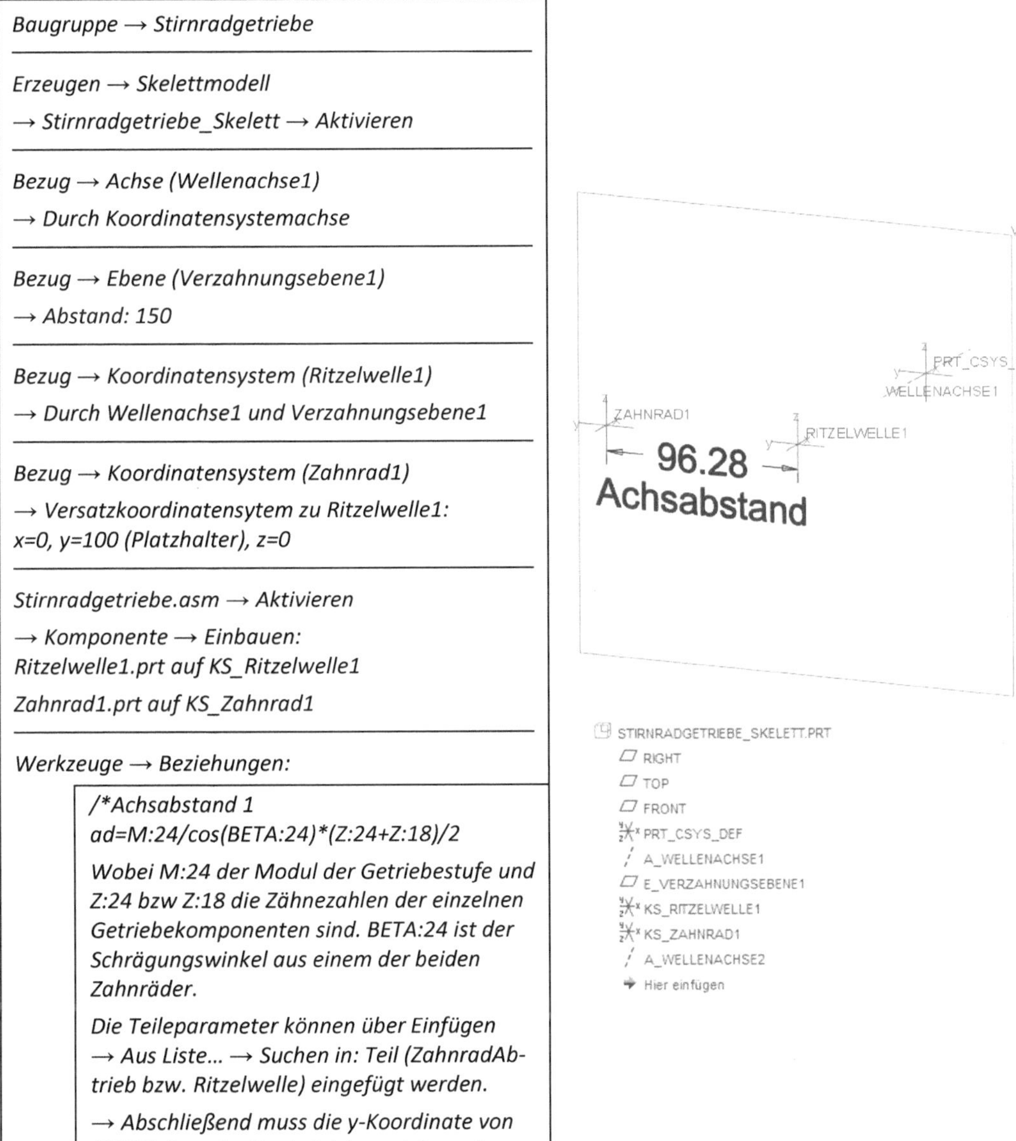

Abbildung 8-93: Zusammenbau Getriebe

Um den konsistenten Einbau der Komponenten zu sichern, ist darauf zu achten, dass die Zahnräder bzw. die Ritzel mit der gleichen Konstruktionsmethodik erzeugt wurden, sodass sich die

Geometrie der Getriebekomponenten in dieselbe Richtung ausdehnt. Um den Achsabstand zu bestimmen, wurden sowohl der Modul, als auch die beiden Zähnezahlen aus den Bauteilen in den Baugruppenmodus übergeben.

Nach dem Zusammenbau kann mit Hilfe der *Mechanismus-Anwendung* die Bewegung des Getriebes dargestellt werden. Hierzu wird zwischen den einzelnen Zahnradpaaren eine Getriebeverbindung erstellt, welche die über- bzw. untersetzte Bewegung ermöglicht.

Abbildung 8-94: Zweistufiges Getriebe

8.6.3   CAD-CAM am Beispiel einer Antriebswelle

In diesem Kapitel soll die Antriebswelle des Stirnradgetriebes mit dem Fertigungsfeature einer Passfedernut ergänzt werden. Zusätzlich soll verdeutlich werden, wie die einzelnen Fertigungsschritte der NC-Bearbeitung über sogenannte Fertigungsschablonen in ein UDF implementiert werden können.

Das UDF selbst wird an einem Lernteil erzeugt und kann dann für beliebige Bauteile weiterverwendet werden. Als Fertigungsverfahren wird Leitkurvenfräsen gewählt. Zunächst wird die Passfedernutgeometrie erzeugt. Als Referenzen für den Profilschnitt werden drei neue Referenzebenen erzeugt:

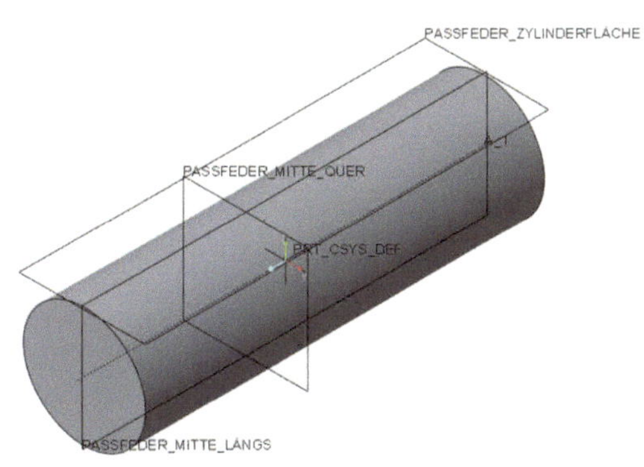

Neue Referenzen für das Lernbauteil

Ebene: Passfeder_Zylinderfläche

tangential zur Zylinderfläche und parallel zur
Draufsichtreferenzebene

Ebene: Passfeder_Mitte_Quer

parallel zu der Referenzebene, welche der
Ansicht von Vorne entspricht, Abstand 10

Ebene: Passfeder_Mitte_Längs

entspricht der Referenzebene von der Seite

Abbildung 8-95: Neue Referenzen UDF

Ebenso wird ein neues Koordinatensystem *Werkzeug_Nullpunkt* erzeugt. Der Materialschnitt
wird über Profil (Abmaße: 50 x 8 x 4 mm) erzeugt. Definiert wird dieser auf die zuvor erstellten
Referenzen. Für die Bewegung des Fräsers wird an dieser Stelle eine Leitkuve erstellt, welche
die beiden Mittelpunkte der Rundungen in der Schnittfläche der Nut verbindet. Jetzt erfolgt der
Wechsel ins CAM Tool:

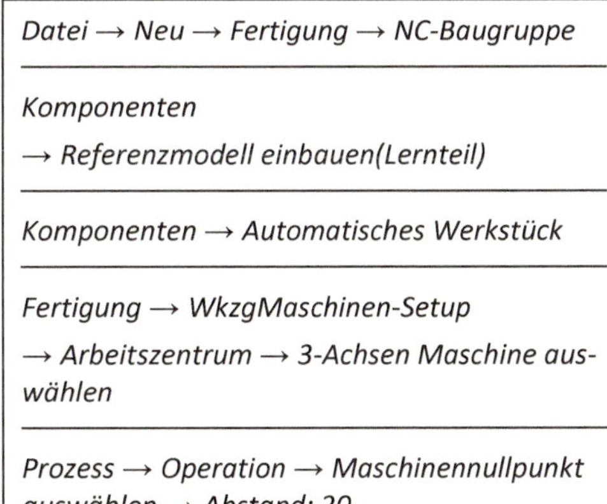

Datei → Neu → Fertigung → NC-Baugruppe

Komponenten
→ Referenzmodell einbauen(Lernteil)

Komponenten → Automatisches Werkstück

Fertigung → WkzgMaschinen-Setup
→ Arbeitszentrum → 3-Achsen Maschine auswählen

Prozess → Operation → Maschinennullpunkt
auswählen → Abstand: 20

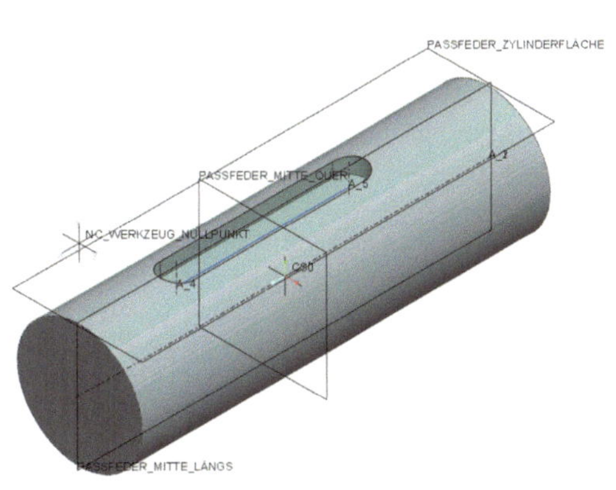

Abbildung 8-96: NC-Baugruppe UDF

Im nächsten Schritt wird die Operation Leitkurvenfräsen und das zugehörige Werkzeug definiert.
Das Werkzeug ist vom Typ Schaftfräser und der Werkzeugdurchmesser entspricht der Breite der
Passfedernut. Bei der Fräsbearbeitung sind mindestens drei Fertigungsparameter festzulegen.
Für das Beispiel können gewählt werden:

- Schnitt_Vorschub: 20

- Sicherheitsabstand: 5

- Spindeldrehzahl: 1200

Für die Werkzeugbewegung wird *Kurve folgen* ausgewählt. Als Referenz wird hierzu die zuvor erzeugte Leitkurve gewählt. Über die Option Werkzeugweg im Arbeitsfenster anzeigen kann die Werkzeugbewegung an dieser Stelle überprüft werden. An dieser Stelle ist die Fräsbearbeitung der Passfedernut vollständig definiert. Aus diesem Prozess wird eine Schablone erzeugt.

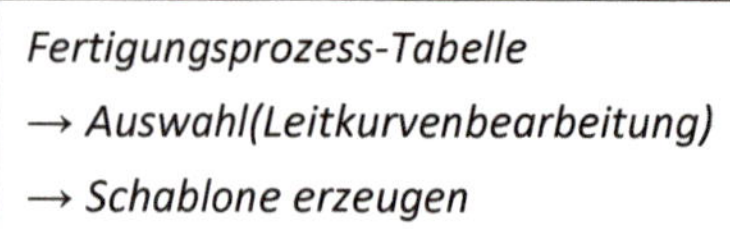

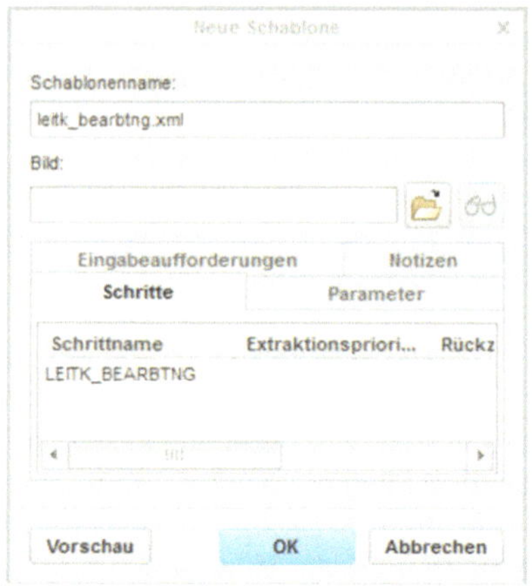

Abbildung 8-97: Schablone erzeugen UDF

Nun erfolgt wieder der Wechsel zu Creo Parametric. Damit die erzeugte Schablone in das UDF implementiert werden kann, muss diese zuerst über ein Anmerkungs-KE in den Modellbaum integriert werden.

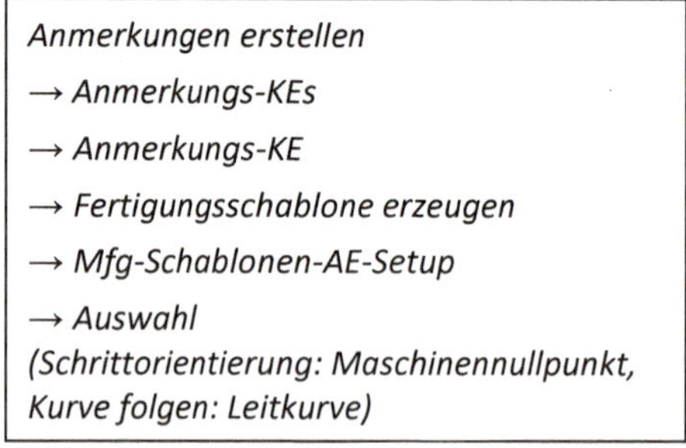

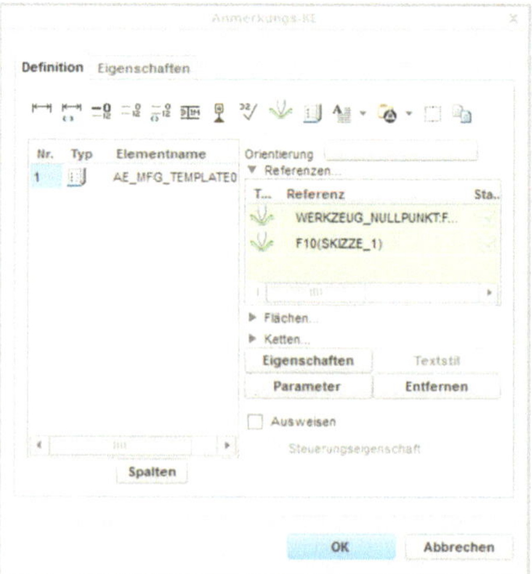

Abbildung 8-98: Fertigungsschablone erzeugen UDF

Jetzt kann die Erzeugung des UDFs erfolgen:

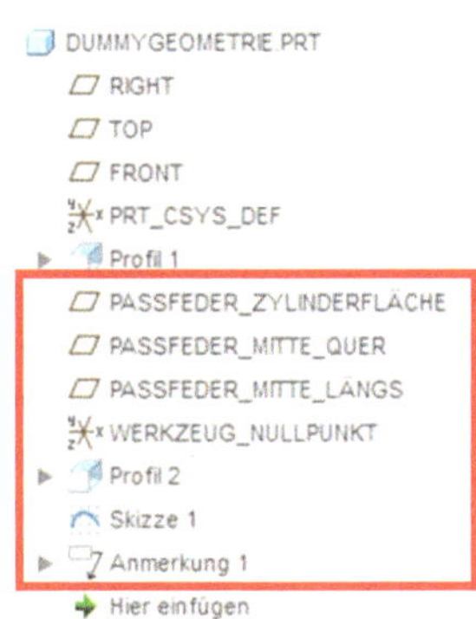

Werkzeuge → Dienstprogramme → UDF-Bibliothek

→ Erzeugen → Name: Passfedernut_UDF

→ Unabhängig → Referenzteil einschliessen: nein

→ Auswahl(Referenzen, Profil Passfedernut,
Leitkurve, Fertigungsschablone)

→ Var Bemaßung → Definieren

→ Auswahl: 330 → Abfrage: Versatz

Abbildung 8-99: Erzeugung des UDFs

Das UDF soll nach insgesamt fünf Referenzen fragen. Das hier erzeugte UDF wird nun in das Bauteil *Abtriebswelle* eingebaut. Hinweis: Ggf. muss das Koordinatensystem Werkzeug_Null-punkt gedreht werden.

Modell Daten abrufen

→ Benutzerdefiniertes KE

→ passfedernut_udf.gph einbauen

→ Versatz: 40
(in Bezug auf den nächsten Wellenabsatz)

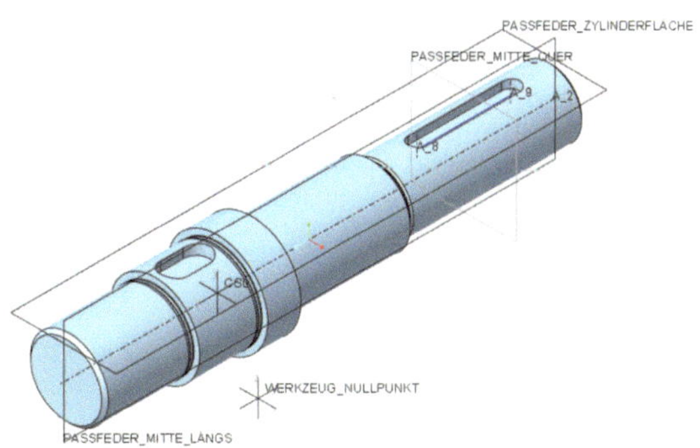

Abbildung 8-100: Einbau des UDFs

Zur Überprüfung wird jetzt in die NC-Bearbeitung gewechselt:

Datei → Neu → Fertigung → NC-Baugruppe

Komponenten

→ Referenzmodell einbauen→ Komponenten

→ Automatisches Werkstück → Angepasst

WkzgMaschinen-Setup

→ Arbeitszentrum

→ 3-Achsen Maschine auswählen

Prozess → Operation

→ Maschinennullpunkt auswählen

→ Prozess → Prozessmanager → Editieren

→ Schritte extrahieren

→ Werkzeugweg anzeigen

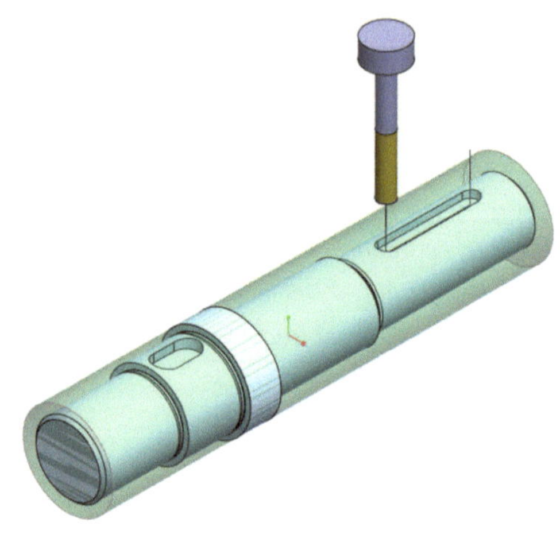

Abbildung 8-101: Extrahieren der Fertigungsschablone

8.7 Profilkonstruktion

Am Beispiel des Details einer Stahlbau-Dachkonstruktion wird die Creo Profilkonstruktions-Umgebung vorgestellt. Die Umgebung zur *Profilkonstruktion* beinhaltet eine umfassende Bibliothek zur Erzeugung von Stahl- und Aluminiumkonstruktionen, die auf Standardprofilen basieren. So stehen die gängigen Stahlprofile als auch herstellerspezifische Aluminiumprofile sowie entsprechende Verbinder und Zubehörteile wie Leitern, Geländer oder Rollen zur Verfügung.

Abbildung 8-102 zeigt den Profilstoß dieses Beispiels. An einem senkrechten I-Profil wird ein angewinkeltes I-Profil über ein mittels Dreieckblech versteiftes Stirnblech verschraubt. Das senkrechte I-Profil wird im Bereich des Anschlusses durch waagrechte Bleche zusätzlich versteift.

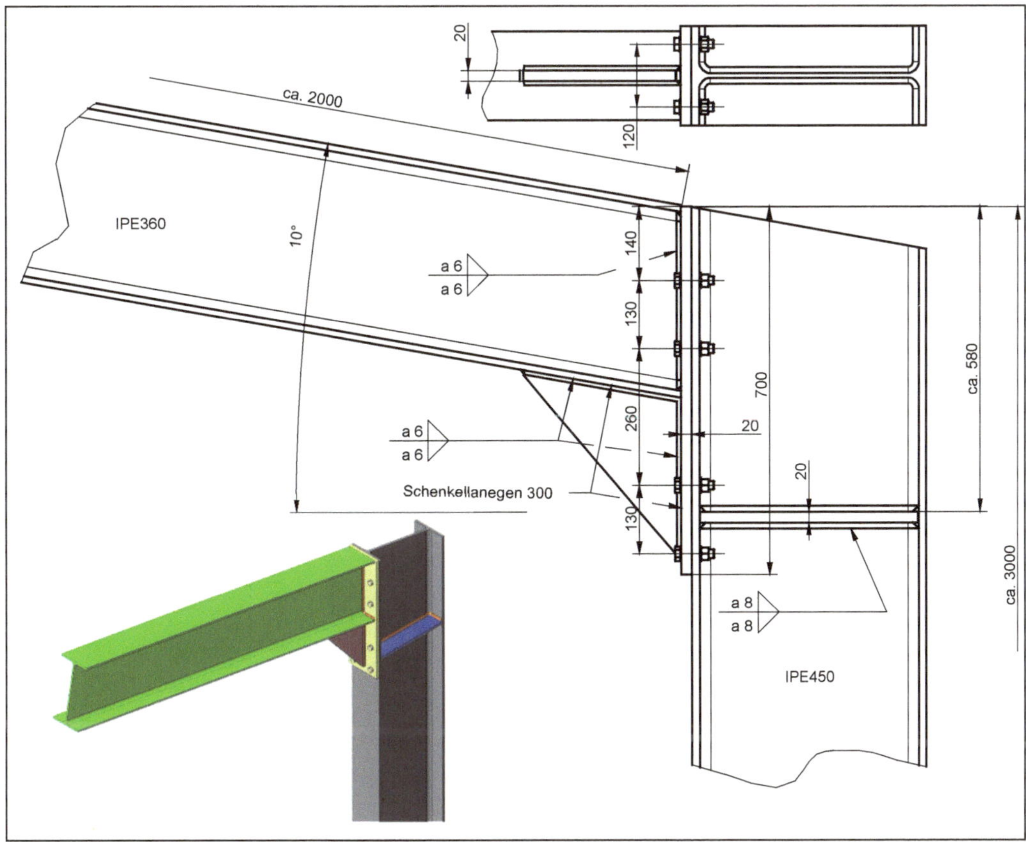

Abbildung 8-102: Maße der Baugruppe

8.7.1   Vorbereiten der Baugruppe

Nach der Erstellung einer neuen *Konstruktionsbauguppe* wird in dieser ein neues leeres *Skelettmodell* erzeugt (Abbildung 8-103). In dem Skelettmodell werden dann die notwenigen Referenzen: ein Koordinatensystem und drei Ebenen definiert. Ein Skelettmodell ist nicht unbedingt erforderlich, für die Anwendung der *Profilkonstruktion* aber durchaus sinnvoll. Die Profile werden anhand von skizzierten Geraden, Punkten oder gekrümmten Leitkurven definiert. Diese Referenzen können gut im Skelettmodell platziert werden.

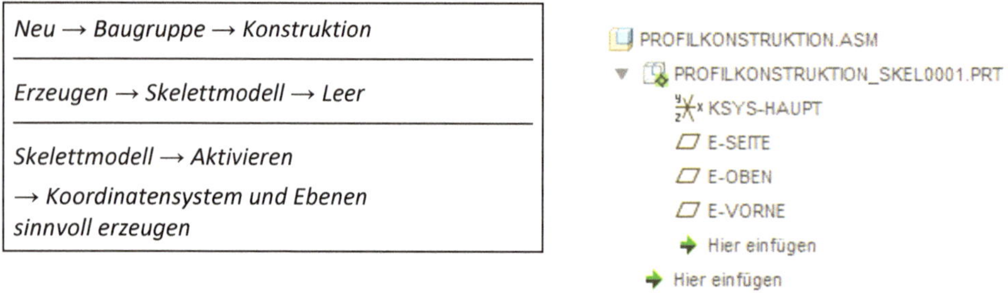

Abbildung 8-103: Skelettmodell und Referenzen erzeugen

In dem hier gezeigten Beispiel wird eine einfache Steuerskizze für die Definition der Profile genutzt. Erzeugen Sie die Skizze in der Seitenansicht des Skelettmodells (Abbildung 8-104).

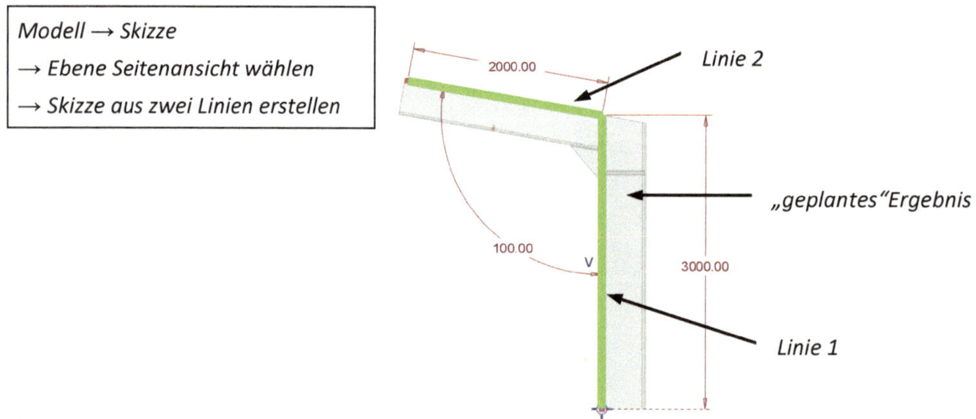

Abbildung 8-104: Steuerskizze im Skelettmodell (Gesamtergebnis wird mit abgebildet)

Nachdem alle Referenzen im Skelettmodell definiert wurden, wird die Baugruppe wieder aktiviert. Dann wird in der Profilkonstruktions-Umgebung ein neues Projekt erzeugt. Der Projektname wird u. a. zur Benennung von erzeugten Profilinstanzen genutzt:

Profilkonstruktion → Neues Projekt erzeugen → beliebiger Name

8.7.2 Einbau der Profile

Nachdem alle Vorbereitungen erfolgt sind, können die Profile eingebaut werden. Die Vorgehensweise bei der Platzierung von Profilen, Verbindungselementen etc. ist dabei immer dieselbe. Nach der entsprechenden Befehlsauswahl öffnet sich ein Fenster, über das sowohl die gewünschte Variante als auch die Einbauposition definiert werden. Hier müssen immer die Erläuterungen und Skizzen sowie der *Mitteilungsbereich* beachtet werden, um die gewünschte Ausprägung und Positionierung zu erreichen.

Für den Profileinbau ist vor allem die Einbauposition relevant, welche die Orientierung des Profilquerschnitts festlegt. Für den Einbau einer neuen *Instanz* müssen immer eine *Platzierungsebene* und eine *Leitkurve* gewählt werden. Werden mehrere *Instanzen* nacheinander verbaut, bleibt die Auswahl der *Platzierungsebene* erhalten, nur neue *Leitkurven* müssen gewählt werden. Über die Option *Auswahl der Orientierungsebene rückgängig machen* kann eine neue Ebene für die Orientierung gewählt werden. Bei der Auswahl der Referenzen ist immer der *Mitteilungsbereich* zu beachten. Die Orientierung des Profils wird hauptsächlich über die Position der *Leitkurve* in Bezug auf die *Orientierungsebene* und den Profilquerschnitt definiert. In Abbildung 8-105 ist dies dargestellt.

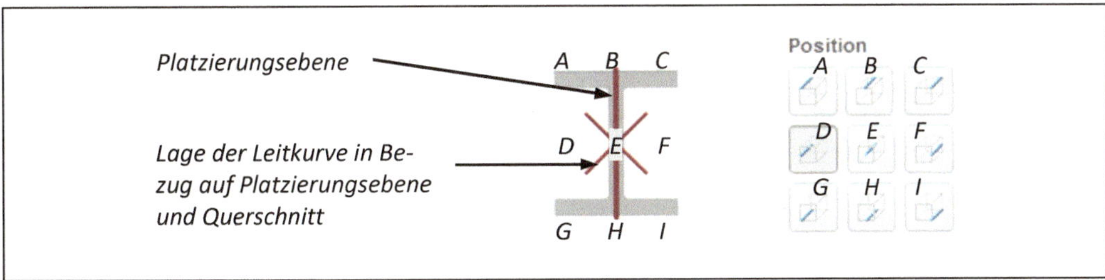

Abbildung 8-105: Positionierung der Leitkurve

Das erste zu platzierende Profil ist das senkrechte I-Profil. In Abbildung 8-106 ist gezeigt, wie die letztendliche Positionierung erfolgt. Das Profil wird als *neue Instanz* so positioniert, dass die senkrechte Linie der zuvor definierten Skizze als *Leitkurve* und die Ebene der Seitenansicht als *Platzierungsebene* gewählt werden. Die Position wird wie in der Abbildung gezeigt so gewählt, dass das Profil aus Baugruppensicht rechts von der Leitkurve platziert wird.

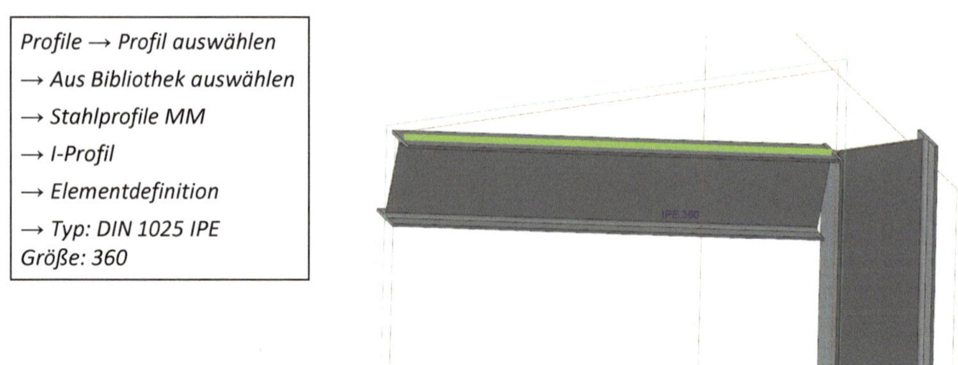

Profilkonstruktion

Profile → Profil auswählen

→ Aus Bibliothek auswählen

→ Stahlprofile MM

→ I-Profil

→ Elementdefinition

→ Typ: DIN 1025 IPE
Größe: 450

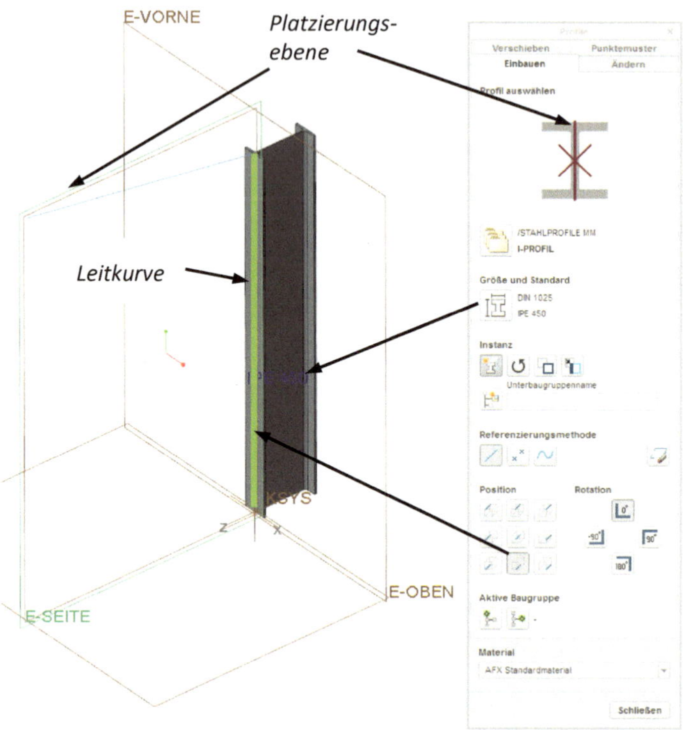

Abbildung 8-106: Einbauen des ersten Profils (IPE 450)

Der Einbau des zweiten, angewinkelten I-Profils erfolgt auf ähnliche Weise (Abbildung 8-107). Während die *Platzierungsebene* erhalten bleibt, wird die zweite Linie der Steuerskizze als *Leitkurve* gewählt. Diesmal so, dass das Profil aus Baugruppensicht unterhalb der Leitkurve liegt. Die entstehende Lücke zwischen den Profilen wird im nächsten Schritt angepasst und kann hier vernachlässigt werden.

Profile → Profil auswählen

→ Aus Bibliothek auswählen

→ Stahlprofile MM

→ I-Profil

→ Elementdefinition

→ Typ: DIN 1025 IPE
Größe: 360

Abbildung 8-107: Einbauen des zweiten Profils (IPE 360)

8.7.3 Definition von Verbindungsknoten

Nachdem die Positionierung der Profile abgeschlossen ist, werden die *Knoten* an den Verbindungsstellen definiert. Hier stehen verschiedene Varianten zur Verfügung. In diesem Fall wird ein einfacher Stumpfstoß ohne Versatz gewählt. Durch die gewinkelte Anordnung wird das erste Profil so entsprechend gekürzt, das zweite verlängert. Dazu wird der gewünschte Stoßtyp (Abbildung 8-108) gewählt, dann erst das senkrechte und dann das angewinkelte I-Profil als *erstes* und *zweites überlappendes Profil*. Mit dem X-Symbol in dem Fenster *Knoten* können bestehende *Knoten* wieder zurückgesetzt werden.

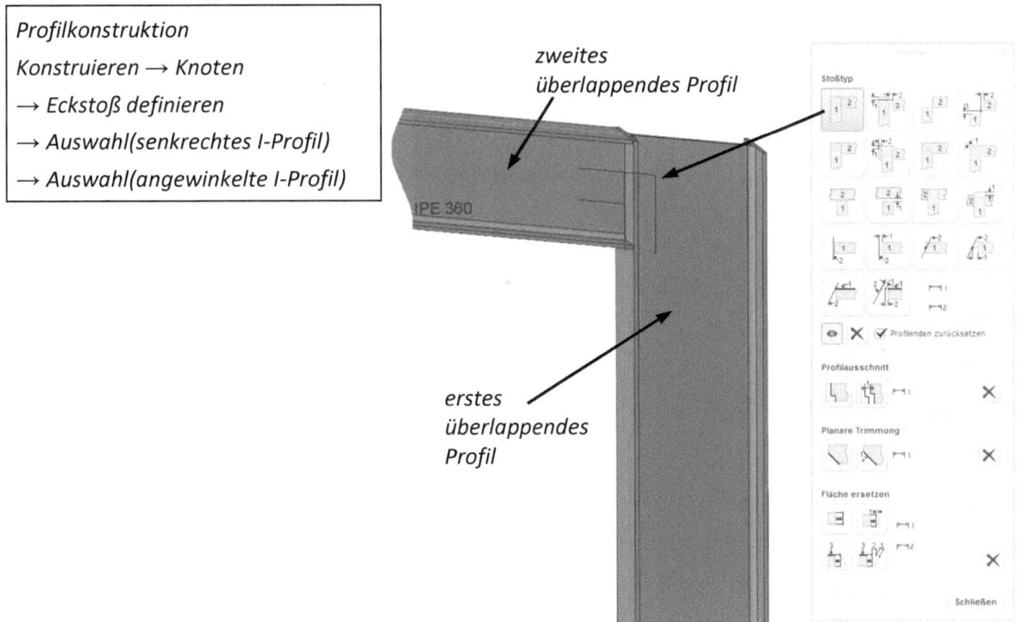

Abbildung 8-108: Knoten und Stoßtyp

8.7.4 Definition von Verbindungselementen

Nachdem der Knoten definiert wurde, können weitere *Verbindungselemente* platziert werden. In diesem Fall wird das 360er I-Profil zunächst mit einer Stirnplatte verschweißt, bevor diese Schweißbaugruppe dann mit dem senkrechten Träger verschraubt wird. Wie in Abbildung 8-109 dargestellt, müssen dann die Abmessungen und die Position der Platte gesetzt werden. In diesem Fall werden die Optionen *Symmetrie* und *Bohrungen* deaktiviert, um eine Positionierung entsprechend der Vorgabe zu erreichen. Die Bohrungen werden im Anschluss zusammen mit der Verschraubung erzeugt. Als Platzierungsreferenzen dienen die in der Abbildung gezeigten Flächen der beiden I-Profile. Im weiteren Verlauf werden die platzierten Bauteile farblich unterschiedlich hervorgehoben, um diese einfacher unterscheiden zu können.

Profilkonstruktion

Konstruieren

→ *Verbindungselemente*

→ *Aus Bibliothek wählen*

→ *Stahlkonstruktionen MM*

→ *kein Standard*

→ *Stirnplatte*

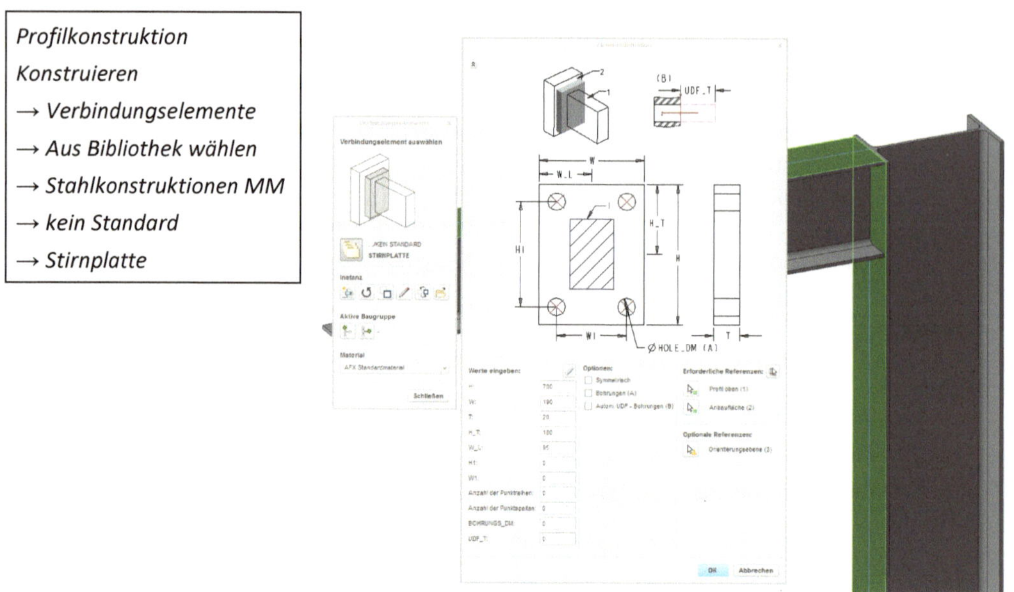

Abbildung 8-109: Elementdefinition der Stirnplatte

Auf vergleichbare Weise werden die weiteren Bleche platziert. Das Blech wird wie in Abbildung 8-110 dargestellt, auf der Mittenebene zwischen dem 360er I-Profil und der Stirnplatte definiert.

Profilkonstruktion

Konstruieren

→ *Verbindungselemente*

→ *Aus Bibliothek wählen*

→ *Stahlkonstruktionen MM*

→ *kein Standard*

→ *Platte Winkel Ecke*

→ *L=300, H=300, S=20, L1, L2, L3=10*

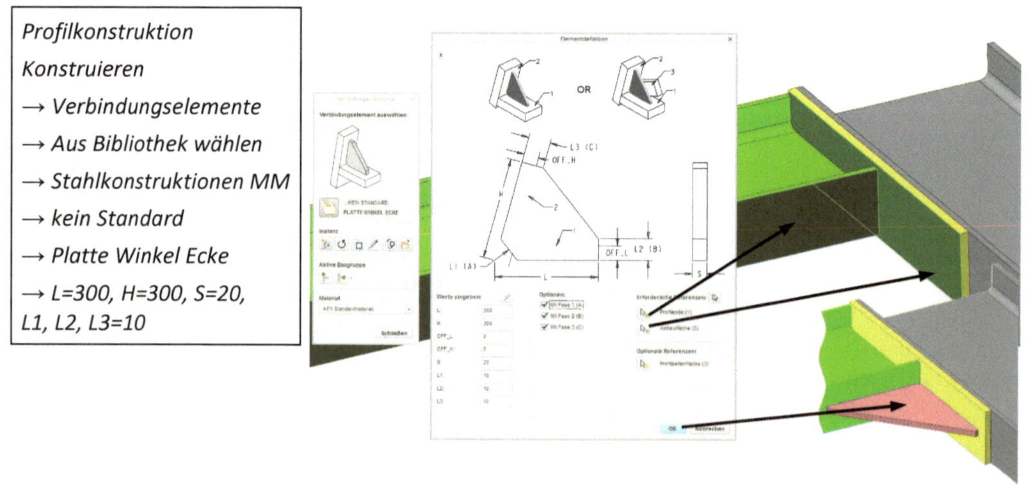

Abbildung 8-110: Elementdefinition des Dreieckbleches

Am senkrechten I-Profil werden beidseitig zwei Seitenplatten zur Versteifung eingesetzt (Abbildung 8-111). Als Einbauoption wird die Option *mit Versatz einbauen (A)* aktiviert. Dazu wird die untere, waagerechte Stirnfläche des 450er I-Profils als *Platzierungsebene* und die Seitenfläche des Profils als *I-Profil Seite* gewählt. Das Gegenstück auf der Rückseite platzieren Sie mit der Option *vorhandene Instanz eines Verbindungselements erneut einbauen* und wählen nur die gegenüberliegende Seitenfläche als Referenz für die Platzierung.

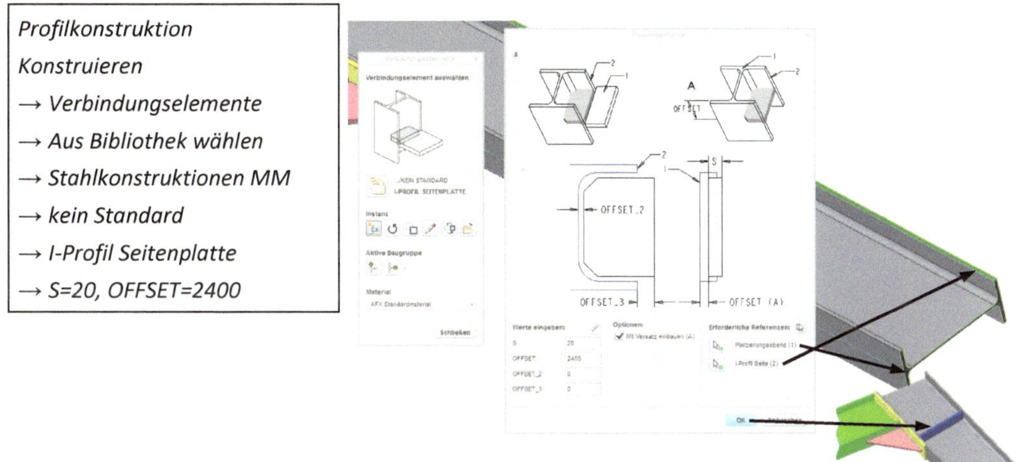

Abbildung 8-111: Elementdefinition der Seitenplatten zur Versteifung

8.7.5 Schraubverbindungen und Schweißnähte

Die Schraubverbindungen und Schweißnähte (vgl. Abbildung 8-112) werden analog zu der in Kapitel 5.8 vorgestellten Vorgehensweise definiert. Gemäß der Zeichnung in Abbildung 8-102 erhalten die Seitenplatten zur Versteifung jeweils symmetrische 8 mm Kehlnähte. Dabei werden alle an der Stirnplatte und am Dreieckblech benötigten Schweißnähte als symmetrische 6 mm Kehlnähte ausgeführt.

Die Verschraubungen sind Kombinationen aus M16-Sechskantschrauben und -Muttern. Hierzu wird ein Punkt auf der Seitenplatte, der gemäß den Maßen in Abbildung 8-102, erzeugt und gemustert. Dieses Muster wird für die Definition der Verschraubung genutzt.

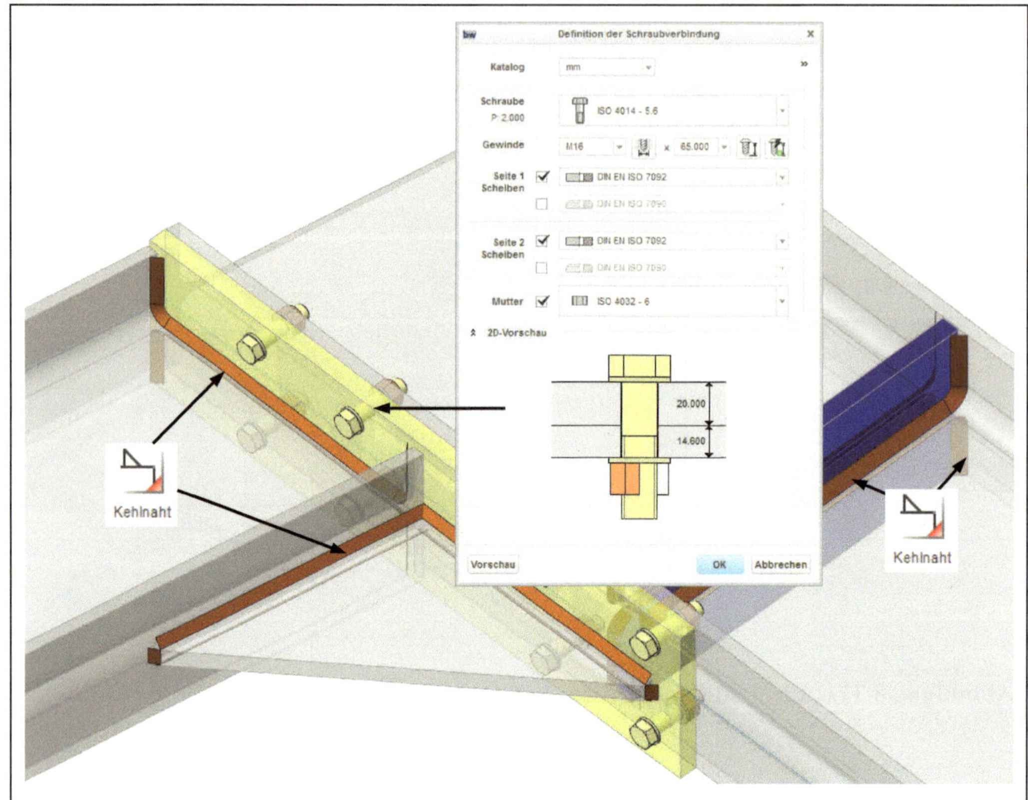

Abbildung 8-112: Verschraubungen und Schweißnähte

8.7.6   Nachträgliches Editieren der erzeugten Bauteile

Um die erzeugten Bauteile nachträglich zu editieren, wird die bekannte Option *Definition editieren* genutzt. So kann die Position und Ausprägung über die bekannten Baugruppen- und Bauteiloperationen angepasst werden. Um auch beim Editieren die Werkzeuge der *Profilkonstruktion* zu nutzen, muss zuvor in die Profilkonstruktionsumgebung gewechselt werden. Dann können über die bekannten Befehle *Profile*, *Knoten*, *Verbindungselemente*, usw. bestehende Elemente ausgewählt und editiert werden (Stiftsymbol).

Literaturverzeichnis

[1] P. Köhler: Moderne Konstruktionsmethoden im Maschinenbau. 1. Auflage. Würzburg: Vogel-Verlag 2002

[2] P. Köhler: Blechabwicklungen und Durchdringungen; 2. bearbeitete Auflage. Berlin: VEB Verlag Technik 1989

[3] P. Köhler, R. Hoffmann, M. Köhler: Pro/ENGINEER-Praktikum. 1. Auflage. Wiesbaden: Vieweg-Verlag 1999

[4] P. Köhler, R. Hoffmann, M. Köhler: Pro/ENGINEER-Praktikum. 2. Auflage. Wiesbaden: Vieweg-Verlag 2000

[5] P. Köhler, J. Bechthold, St. Danjou, S. Dungs, O. Strohmeier: Pro/ENGINEER-Praktikum. 3. Auflage. Wiesbaden: Vieweg-Verlag 2003

[6] P. Köhler, J. Bechthold, St. Danjou, S. Dungs, N. Lupa, O. Strohmeier: Pro/ENGINEER-Praktikum. 4. Auflage. Wiesbaden: Vieweg-Verlag 2006

[7] P. Köhler, St. Danjou, C. Kesselmans, U. Klemme, B. Meister, O. Strohmeier: Pro/ENGINEER-Praktikum. 5. Auflage. Wiesbaden: Vieweg+Teubner Verlag 2010

[9] P. Köhler, O. Strohmeier, S. Dungs, L. Brandenburg: CATIA-Praktikum. 1. Auflage. Wiesbaden: Vieweg-Verlag 2002

[10] P. Köhler, O. Strohmeier, S. Dungs, J. Bechthold: CATIA-Praktikum. 2. Auflage. Wiesbaden: Vieweg-Verlag 2004

[11] St. Danjou: Mehrzieloptimierung der Bauteilorientierung für Anwendungen der Rapid-Technologie. Cuvillier Verlag Göttingen 2010. (Dissertation Universität Duisburg-Essen)

[12] A. Martha: Optimierung des Produktentwicklungsprozesses durch CAD-CAM-Integration im Kontext der additiven Fertigung 2015. (Dissertation Universität Duisburg-Essen)

[13] P. Köhler: Skript zur Vorlesung "Technische Darstellung". Universität Duisburg-Essen 2015

Sachwortverzeichnis

Teileverzeichnis

Abbildungsverzeichnis

Tabellenverzeichnis